高职高专"十二五"规划教材

冶金机械设备故障诊断与维修

主　编　蒋立刚　陈再富
副主编　张成祥　刘德彬
主　审　华建慧　蒋祖信

北　京
冶金工业出版社
2020

内 容 提 要

本书共设 6 个学习情境，分别是设备与设备管理认知、设备使用维护及润滑认知与实践、机械零件失效分析、设备状态检测与故障诊断、设备维修技术认知与实践、设备大修工艺拟定与实施，每个学习情境下设若干个任务，所有知识与技能紧紧围绕任务展开。书后节选了与本学习领域密切相关的设备点检员、机修钳工、装配钳工、维修电工的国家职业标准，供读者对照参阅。

本书可作为高职高专、成人高校等机械类专业群有关设备工程与管理类学习领域的必修课教材，或者作为机械类其他专业领域、近机类其他专业学生的选修课教材；同时，也可供工矿企业从事设备安装、调试、使用、维护、诊断、检修及管理等工作的技术工人、点检人员、区域工程师及设备管理人员参考或作为培训教材。

图书在版编目 (CIP) 数据

冶金机械设备故障诊断与维修/蒋立刚，陈再富主编. —北京：冶金工业出版社，2015.8 （2020.1 重印）
高职高专"十二五"规划教材
ISBN 978- 7- 5024- 7021- 0

Ⅰ.①冶…　Ⅱ.①蒋…　②陈…　Ⅲ.①冶金设备—故障诊断
②冶金设备—维修　Ⅳ.①TF307

中国版本图书馆 CIP 数据核字 （2015） 第 161005 号

出 版 人　陈玉千
地　　址　北京市东城区嵩祝院北巷 39 号　邮编　100009　电话　(010)64027926
网　　址　www. cnmip. com. cn　电子信箱　yjcbs@ cnmip. com. cn
责任编辑　戈 兰　美术编辑　吕欣童　版式设计　葛新霞
责任校对　李 娜　责任印制　李玉山
ISBN 978-7-5024-7021-0
冶金工业出版社出版发行；各地新华书店经销；三河市双峰印刷装订有限公司印刷
2015 年 8 月第 1 版，2020 年 1 月第 3 次印刷
787mm×1092mm　1/16；23.25 印张；564 千字；361 页
55. 00 元
冶金工业出版社　投稿电话　(010)64027932　投稿信箱　tougao@ cnmip. com. cn
冶金工业出版社营销中心　电话　(010)64044283　传真　(010)64027893
冶金工业出版社天猫旗舰店　yjgycbs. tmall. com
（本书如有印装质量问题，本社营销中心负责退换）

前　言

现代设备是荟萃当代最新科技成果的产物，是现代企业不可或缺的主要生产工具，也是衡量企业现代化水平的重要标志。对于一个国家来说，设备既是发展国民经济的重要物质技术基础，又是衡量社会发展水平与物质文明程度的重要尺度。随着科学技术的飞速进步以及世界经济的蓬勃发展，新的科学技术成果不断应用于设备之中，使得设备的新技术含量急剧增加，设备的现代化水平空前提高。然而，现代设备的出现，一方面给企业和社会带来了巨大好处，创造了巨大的财富，取得了良好的经济效益和社会效益，但另一方面也应看到，正如任何事物都具有两面性一样，现代设备亦不例外，设备在进步发展的同时又反过来向人类提出了新的挑战，给企业和社会带来了一系列新的问题，许多因设备导致的震惊世界的灾难性的后果仍历历在目。如何才能最大限度地发挥设备性能、提高技术水平、优化设备效能、杜绝设备事故、确保安全环保、提高投资效益，已经成为各大企业必须面对且亟待解决的现实问题。

基于以上情况，当前社会对从事现代设备工程与管理的高技能人才的需求极为迫切。为切实增强高等教育，尤其是加强高职院校学生综合职业能力与素养的培养，提高人才培养质量，体现以服务为宗旨、以就业为导向、以职业资格标准为依据、以立德树人作为根本任务的精神实质，我们组织了一批长期从事设备工程与管理类课程教学与科研，并且有着丰富实践经验和企业实际工作经历的校企共建师资团队专门研讨"冶金机械设备故障诊断与维修"，合作编写了本书。本书涉及机械工程类专业群多方面专业基础和技术，这些基础和技术是该专业群绝大多数学生今后择业的主要条件，因此可以形象将之比喻为"饭碗课程"，其重要性不言而喻。

本书在编写时，主要依照现代企业实际工作岗位的具体要求，同时参照相关国家职业技能标准，本着"重基础、宽口径；以机为主、机电结合"的思路和注重实用性、新颖性、针对性和适应性的原则，以典型冶金机电设备为载体，打破传统学科体系，重构课程内容，同时遵循学习和认知规律及人才成长规律，适应现代职业教育发展趋势，体现先进教育理念，重新设计本领域对应的学习情境。全书共设6个学习情境，每个学习情境下又设置若干任务，所有知识与技能的讲解都紧紧围绕任务主题从"任务引入"、"任务描述"、"知识准备"、"任务实施"、"知识拓展"五大方面展开，并提供了大量的工程实例供学生参考。学习情境结束时又有"学习小结"、"思考练习"和"考核评价"，学生可对照进行自检。书后还附有与本书密切相关的设备点检员、机修钳工、装配钳工、维修电工的国家职业标准，供学生在学习时对照参阅，从而全面认知相关职业的具体需求，以便做到查漏补缺、有的放矢。

　　通过本书的学习，以期全面提升学生职业能力规格，使其具备较强的岗位适应能力和构建工作世界的能力，快速成长为一名精检修、懂诊断、善维护、会服务的"一专多能"型高素质设备管理、维护、诊断、检修的复合型人才，符合用工企业的实际要求。但是需要补充说明的是，正所谓"冰冻三尺非一日之寒"，一个好的设备工程与管理从业人员必定要内外兼修，这需要一个不断学习、不断实践、不断提高的长期过程，不能一蹴而就。

　　本书由四川机电职业技术学院机械工程系蒋立刚和攀钢西昌钢钒公司高级工程师陈再富担任主编，张成祥和刘德彬担任副主编，华建慧和蒋祖信担任主审。其中：学习情境1主要由文玲媛执笔编写；学习情境2主要由黄向红执笔编写；学习情境3、4和附录主要由蒋立刚执笔编写；学习情境5主要由张成祥执笔编写；学习情境6主要由刘德彬执笔编写。全书由蒋立刚最后负责统稿。万谊、高绍文、唐财、曾正琼等企业专家以及焦莉、汪娜、苟在彦、谭蓉、张书民等校内专家参与了本书的调研、研讨、论证、完善、资料收集和规整。本书在编写过程中，参考了大量专业文献、技术书籍、网上资料等，同时得到了攀钢钢钒公司、西昌钢钒公司、攀钢工程公司维检分公司等相关单位领导、技术专家和业务骨干的大力支持和热心帮助，在此一并表示由衷的谢意。此外，鉴于水平有限，书中疏漏与不妥之处，恳请广大读者给予批评指正。

编　者
2015年3月

目 录

学习情境 1   现代冶金企业设备与设备管理认知

【学习目标】

知识目标

(1) 知道设备概况，掌握设备管理定义及意义。

(2) 懂得现代设备的特征，了解现代设备管理的理论基础与基本内容。

(3) 知道设备管理的基本概念，了解现代设备管理的特点和意义。

(4) 理解设备管理的发展历程及组织形式。

(5) 知道国外设备管理的概况，明白我国设备管理制度。

(6) 了解信息技术在设备管理中的作用。

(7) 知道日本 TPM 及我国设备综合管理的基本内容。

(8) 理解企业资源计划 ERP 和企业资产管理 EAM 的基础知识。

能力目标

(1) 能确定设备管理的对象、内容。

(2) 能组建合适的设备管理组织机构。

(3) 会应用常见的设备管理方法对设备进行管理。

(4) 能运用设备管理知识保证设备完好率，使生产正常运行。

(5) 能查找文献资料，获取任务信息，自主学习新知识与新技术。

(6) 能对实施的任务进行归纳、总结及评估。

素养目标

(1) 培养学生对本专业实际工作的兴趣和热爱。

(2) 训练学生自主学习、终身学习的意识和能力。

(3) 培养学生理论联系实际的严谨作风，建立用科学的手段去发现问题、分析问题、解决问题的一般思路。

(4) 培养学生刻苦钻研、勇于拼搏的精神和敢于承担责任的勇气。

(5) 促使学生建立正确的人生观、世界观，树立一个良好的职业心态，增强面对事业挫折的能力。

(6) 解放思想、启发思维，培养学生勇于创新的精神。

任务 1.1   现代冶金企业设备管理模式认知

1.1.1   任务引入

学习新课内容之前，首先思考几个问题：

（1）设备在企业中所占的地位如何？

（2）什么是设备管理？

（3）设备管理是如何保障企业建立正常的生产秩序、实现连续均衡的生产的？

（4）如何根据企业生产经营管理的具体情况确定设备管理的组织结构呢？

"工欲善其事，必先利其器；君若利其器，首当顺其治"，企业进行生产经营的目的，就是获取最大的经济效益，企业的一切经营管理活动也是紧紧围绕着提高经济效益这个中心进行的，设备管理就是提高经济效益的基础。

下面，我们带着问题和任务，学习现代设备管理知识。

1.1.2   任务描述

设备管理是现代企业管理的重要组成部分，是钢铁企业生产经营管理的基础工作。新中国成立以来，我国工业企业的设备管理工作经历了六十多年起伏曲折的历程。回首过去，我国的设备管理和维修工作总的来说取得了长足的进步，出现了可喜的变化，但与国际先进水平和国内经济发展形势相比，还相差较远。本任务是让学生通过对我国冶金企业当前设备管理模式的学习，对我国工业企业设备管理概况有清楚的认识，能分析出我国工业企业设备管理存在的问题，并提出加强设备管理的对策。

1.1.3   知识准备

1.1.3.1   设备概论

A   设备的概念

每一个企业在生产、辅助生产、试验、交通运输、生活与服务的过程中都需要设备。设备是提高生产率、提高产品质量与服务质量、提高经济效益的重要工具。它是供企业在生产中长期使用，并在反复使用中基本保持原有实物形态和功能的劳动资料和物质资料的总称。它包括机器、仪器、炉窑、车辆、船舶、飞机、施工机械、工业设施等，其中最有代表性的是机器。

在企业管理工作中所指的"设备"有其明确的和具体的含义，它必须符合以下两个条件：一是用以直接开采自然财富或把自然财富加工成为社会必需品的劳动资料，例如车床能切削产品、零件，应该属于设备，而安装车床的厂房、建筑物仅是生产活动的场所，不直接加工零件，因此不能算作设备；二是符合固定资产应具备的两个条件：使用期限在一年以上，单位价值在一定限额以上（不同类型企业分别有各自标准）。所以本书所讨论的设备是指符合固定资产条件的，直接将投入的劳动对象加以处理，使之转化为预期产品的机器和设施，以及维持这些机器和设施正常运行的附属装置，即生产工艺设备和辅助设备（包括供试验、研究、管理用的机器和设施）。设备属于固定资产的范畴。

国外设备工程学定义设备为"有形固定资产的总称"，它包括一切列入固定资产的劳动资料，如土地、建筑物（厂房、仓库等）、构筑物（水池、码头、围墙、道路等）、机器（机床、起重机械等）、装置（容器、蒸馏塔、热交换器等）、车辆、船舶、工具（生产用工具、夹具和测试仪器等）。这可以认为是设备的广义定义。在研究设备管理时，我们将"设备"这个名称用于设备运动全过程，而固定资产这个名称不能用于设备运动的全过程，这是因为能够成为劳动资料的物品不一定都是固定资产，只有它参加生产过程，并在生产过程中起着劳动手段作用时才能算为固定资产。

　　B　设备的分类

　　设备是现代化企业的主要生产工具，也是企业现代化水平的重要标志。对于一个国家来说，设备既是发展国民经济的物质技术基础，又是衡量社会发展水平与物质文明程度的重要尺度。设备的种类繁多，型号规格各异。为了便于分清主次，加强管理，可以根据不同的需要，从不同的角度对它们进行合理的分类。

　　(1) 按照设备在生产中的重要程度分类。

　　1) 关键设备：指在生产过程中起主导、关键作用的设备。这类设备一旦发生故障，会严重影响产品质量、生产均衡、人身安全、环境保护等，造成重大的经济损失和严重的社会后果。关键设备也可称为重点设备。

　　2) 主要设备：指在生产过程中起主要作用的设备，如机械行业把修理复杂系数在 5 及以上的设备划为主要设备。

　　3) 一般设备：指结构简单、维修方便、数量众多、价格便宜的设备。这类设备若在生产中出现故障，对企业的生产影响较小。

　　这种分类方法，可以帮助我们分清主次，明确设备管理的主要对象，以便集中力量抓住重点，确保企业生产经营目标的顺利实现。例如，以攀钢为例，目前很多二级厂矿均实行的是设备分类管理，将所辖设备分为 A、B、C 三类，分别对应上述的关键、主要和一般设备，每类设备均由不同级别的设备管理部门进行负责。

　　(2) 按照设备的用途分类。

　　1) 生产工艺设备：指直接参加工业生产过程的设备，即用来改变劳动对象（原材料、毛坯、半成品等）的形状或性能，使劳动对象发生物理或化学变化的设备，如机械工业企业中的金属切削机床、锻压设备、铸造设备、专用工艺设备等；冶金工业企业中的焦炉、高炉、转炉、轧机等。

　　2) 辅助生产设备：指服务于主要生产过程的设备，如机械工业、冶金工业中的各种动力设备（如变压器、给水排水装置、空气压缩机、燃气设备等）、起重运输设备（如起重机、电梯、车辆等）、传导设备（如管道、电缆等）。

　　3) 科研实验设备：主要指企业及研究院所用于科研、新产品开发、实验检测的各种测试设备与计量仪器等。

　　4) 办公管理设备：主要指用于企业生产经营与技术管理的各种计算机、复印机、打印机、摄像机、录像机、电视监控设备及其他办公设备。

　　5) 生活福利设备：主要指用于职工生活福利事业的各种设备，如医疗卫生设备、炊事设备等。

　　对于工业交通企业来说，生产工艺设备和生产辅助设备对生产的关系最密切，影响也最直接，应该首先管好、用好。

　　(3) 按照设备的适用范围分类。

　　1) 通用设备：指适用于国民经济不同行业（部门）的设备，如金属切削机床、锻压设备、变压器、电动机、水泵、风机等。这种设备属于国家规定的标准系列，一般由专业性的工业企业生产供应。

2）专用设备：指只适用于某些部门或行业的某一特定工业生产过程的设备，如钢铁工业的高炉、造纸工业的造纸机、纺织工业的纺纱机等。

此外，因各行业设备不同，还有其他的一些分类法。常见设备分类方法见表 1-1。

表 1-1　常见设备分类

分 类 角 度	具 体 类 别
按生产中重要程度分类	关键设备（重点设备）、主要设备、一般设备
按设备用途分类	机械工业设备、化学工业设备、纺织工业设备、冶金工业设备等
按设备适用范围分类	通用设备、专用设备
按资产属性和行业特点分类	生产工艺设备、辅助生产设备、科研实验设备、生活福利设备、办公管理设备等

C　设备在企业中的地位

设备是企业进行生产活动的重要物质技术基础，它在现代化大生产中的作用与影响日益突出。

（1）设备是现代企业的物质技术基础。机器设备是现代企业进行生产活动不可或缺的重要物质技术基础，也是企业生产力发展水平与企业现代化程度的主要标志之一。马克思曾经高度评价机器的作用，他把机器设备称为"生产的骨骼和肌肉系统"；把化学工业企业生产中使用的炉、塔、罐、传输管道称为"生产的脉管系统"（《马恩全集》第 23 卷），这可谓是对设备所作的形象直接的比喻。由此可以认为，没有现代化的机器设备就没有现代化的大生产，也就没有现代化的企业。

（2）设备是企业固定资产的主体。企业的生产经营是"将本求利"，其中这个"本"就是企业所拥有的固定资产和流动资金。在企业的固定资产总额中，设备的价值所占的比例最大，一般达 60%~70%。用于备品备件和二类机电储备的资金，通常占到企业全部流动资金的 15%~20%。这两项资金合在一起，约占企业全部生产资金的 60% 以上。而且，随着设备技术含量与技术水平的日益提高，现代设备既是技术密集型的生产工具，也是资金密集型的社会财富。设计制造或者购置现代设备费用的增加，不仅会带来企业固定资产总额的增加，而且还会继续增大机器设备在固定资产总额中的比重。设备价值是企业资本的重中之重，对企业的兴衰关系重大。

（3）设备涉及企业生产经营活动的全局。在企业"产品市场调查—组织生产—经营销售"的管理循环过程中，设备始终处于十分重要的地位，影响企业生产经营活动的方方面面。首先，在市场调查、产品决策的阶段，必须充分考虑企业本身所具备的基本生产条件；否则，无论商品在市场上多么紧俏利大，企业也无法进行生产并供应市场。其次，质量是企业的生命，成批生产产品的质量必须靠精良的设备和有效的检测仪器来保证和控制。产品产量的高低、交货能否及时，很大程度上取决于设备的技术状态及其性能的发挥。同时，设备对生产过程中原材料和能源的消耗也关系极大，因而直接影响产品的成本和销售利润以及企业在市场上的竞争能力。此外，设备还是影响生产安全、环境保护的主要因素，并对操作者的劳动情绪有着不可忽视的影响。由此可见，设备对现代企业的产品质量、产量、交货期、成本、效益以及安全环保、劳动情绪都有密切的关系，是影响企业生产经营全局的重要因素。

　　(4) 提高设备的技术水平是企业技术进步的一项主要内容。先进的科学技术和先进的经营管理是推动现代经济高速发展的两个"车轮"，缺一不可，这已经成为人们的共识。我国发展国民经济的"八五"计划和"十年规划"，都特别强调"科学技术是第一生产力"，要把经济工作转移到依靠科技进步的轨道上来。企业的技术进步，主要表现在产品开发、升级换代、生产工艺技术的革新进步，生产装备的技术更新、改造以及人员技术素质、管理水平的提高。其中，设备的技术改造和技术更新尤为重要。因为高新技术产品的研制、开发，离不开必要的先进实验设备和测试仪器；新一代的生产工艺技术常常是凝结在新一代的设备之中，两者不可分割。因此，企业必须十分重视提高设备的技术水平，把改善和提高企业技术装备的素质，作为实现企业技术进步的主要内容。

　　基于以上情况，不少企业在生产经营活动中，提出了自身对设备地位认识的理念，并将其贯彻到实际工作中去，由此取得了巨大的成效。例如：攀钢新钢钒公司就提出了"设备是本"的口号，并确保在生产活动中，将这一理念落实到实处。"设备是本"一词可以认为是对设备地位认识的浓缩。

　　D　现代设备的特点

　　随着科学技术的迅速发展，新成果不断地应用在设备上，使设备的现代化水平迅速提高，现代设备正朝着两极化、高速化、精密化、机电一体化、自动化等方向发展。

　　(1) 两极化（大型化或超小型化）。一方面某些设备出现大型复杂化趋势，设备的容量、规模、能力越来越大。例如冶金工业中，我国宝钢的高炉容积为 4063m³；日本新日铁最大高炉容积为 5245m³，日产生铁 1.25 万吨；德国蒂森钢厂的最大转炉容积为 400m³；2008 年 10 月 18 日，在首钢京唐钢铁厂，世界最大级别的 5500m³ 高炉点火烘炉成功。设备的大型化带来了明显的经济效益。据前苏联的经验，5000m³ 的高炉与 3000m³ 的高炉相比，生产每吨生铁的基本建设投资可降低 12%，劳动生产率可提高 30%，生产成本可降低 1.9%。

　　另一方面，由于新技术和新材料的不断发展，微型化、轻量化的设备也日益得到重视和迅速发展。例如：采用大规模、超大规模集成电路的微型计算机遍布世界各地，不仅在企业和社会各部门得到了大量应用，甚至进入了寻常百姓家庭。纳米技术的发展，推动了设备微型化进程。高科技生物工程的发展，使 DNA 超微型计算机的问世成为可能。目前世界各国都在竞相发展微型机器人。在军事领域内，其可以伪装成蜜蜂、蚂蚁等进入敌人活动的区域，窃取声音、图像等资料，并且在适当的时候，还可以破坏敌人的装备或计算机系统，甚至杀伤敌人；在工业领域内，纳米机器人可以帮助清理石油管道内的污泥；在生物领域内，其可以制成药片或放入药剂内，从而进入人体，进行不开刀的手术治疗或诊断病情等。

　　(2) 高速化。设备的运转速度、运行速度、运算速度以及化学反应速度等大大加快，从而使生产效率显著提高。例如在机械制造工业中，20 世纪 50 年代采用高速钢刀具，切削速度只有 30~40m/min；现在采用硬质合金涂层刀具，最高切削速度已达到 500m/min，使用陶瓷刀具则可达到 800~1000m/min。

　　(3) 精密化。随着对零件使用性能、最终加工精度和表面质量要求的提高，对设备的制造及加工精度的要求也越来越高。比如机械制造工业中的金属切削加工设备，20 世纪 50 年代精密加工的精度为 1μm，80 年代提高到了 0.05μm。现在，主轴回转精度为

$0.02\sim0.05\mu m$、加工零件圆度误差小于 $0.1\mu m$、表面粗糙度 R_a 小于 $0.003\mu m$ 的精密机床已在生产中得到使用。

（4）机电一体化。微电子科学、自动控制与计算机科学的高度发展，已引起了机器设备的巨大变革，出现了以机电一体化为特色的崭新一代设备。例如数控机床、加工中心、机器人、柔性制造系统等，可以把车、铣、钻、镗、铰等不同工序集中在一台机床上自动顺序完成，易于快速调整，适应高精度、多品种、小批量的市场要求；又如工业机器人，可以突破人的生理限制，能在高温、高压、高真空等特殊环境中，无人直接参与的情况下准确地完成规定的动作。

（5）自动化。自动化不仅可以实现各生产线工序的自动顺序进行，还能实现对产品的自动控制、清理、包装，设备工作状态的实时监测、报警、反馈处理等。例如：汽车工业中，我国在 20 世纪 80 年代就已经在第一、第二汽车制造厂等企业的生产线上，成功地使用了驾驶室自动喷漆机器人、驾驶室自动焊接机器人，另外还拥有锻件、铸件生产自动线及发动机机匣等零件加工自动线多条；家电工业中有电路板装配焊接自动线、彩色显像管厂的玻璃罩壳生产自动线；冶金工业中有连铸、连轧、型材生产自动线；港口码头有散装货物（谷物、煤炭等）装卸自动线。宝钢的三期工程二炼钢二连铸单元采用 4 级计算机系统进行控制和管理。

以上情况表明，现代设备为了适应现代化经济发展的需要，广泛地应用了现代科学技术成果，正在向着性能更高级、技术更加综合、结构更加复杂、作业更加连续可靠的方向发展，为经济繁荣、社会进步提供更强大的创造物质财富的能力。

　　E　现代设备带来的新问题

一方面，现代设备的出现给企业和社会带来了巨大好处，如提高产品质量、增加产量和品种、减少原材料消耗、充分利用生产资源、减轻工人劳动强度等，从而创造了巨大的财富，取得了良好的经济效益和社会效益。但另一方面也应看到，正如任何事物都具有两面性一样，现代设备亦不例外，设备在进步发展的同时又反过来向人类提出了新的挑战，给企业和社会带来了一系列新的问题：

（1）购置设备需要大量投资。由于现代设备技术先进、性能高级、结构复杂、设计和制造费用很高，故设备投资费用的数额往往较为巨大。现在，大型、精密设备的价格一般都达数十万元至数百万元之多，进口的先进、高级设备价格更加昂贵，有的高达数百万美元，甚至达到千万、过亿的水平，因此建设一个现代化工厂所需的投资相当可观。例如：上海宝钢集团公司从 1978 年 12 月投资建厂，一期投资 128 亿元，1985 年 9 月建成；二期投资 172 亿元，1991 年 6 月投产；三期投资 623 亿元，于 1996 年开始陆续建成，到 2000 年底全部建成。又如：攀钢为使规模迈上新台阶，实现产品结构战略性调整，其二期工程于 1986 年破土动工，1997 年全面建成投产，总计投资 95.4 亿元；为优化钢铁主业结构，实现"材变精品"，把钒钛产业培育成攀钢新的经济增长点，变资源优势为经济优势，把攀钢建设成为现代化的钢铁钒钛基地的重要发展战略，攀钢于 2001 年 6 月 12 日正式启动三期工程建设，工程总投资近 84 亿元。虽然这些投资属于工程总投资，但是在现代企业里，设备投资一般要占固定资产总额的 60%~70%，从而使其成为企业建设投资的主要开支项目。

（2）维持设备正常运转也需要大量投资。在设备购置之后，为了维持设备正常运转、发挥设备效能，还需要继续不断地投入大量资金。首先是现代设备的能源、资源消耗量大，支出的能耗费用高。其次，进行必要的设备维护保养、检查修理也需要支出一笔为数不小的费用。据统计，日本钢铁企业的维修费用约占生产成本的 12%；德国钢铁企业的维修费用约占生产成本的 10%；我国冶金企业的维修费一般也占生产成本的 8%~10%，全国大中型冶金企业每年的维修费总额不下数十亿元。

（3）发生故障停机，经济损失巨大。由于现代设备的工作容量大、生产效率高、作业连续性强，一旦发生故障停机，造成生产中断，就会带来巨额的经济损失。例如：鞍钢的半连续热轧板厂，停产一天损失利润 100 万元；武钢的热连轧厂，停产一天损失产量 1 万吨板材，产值 2000 万元。又如：2008 年 8 月鞍钢股份有限公司炼铁总厂新 3 号高炉局部发生炉体爆炸，炉料外泄，致使部分供电线路破损。事故造成新 3 号高炉严重损毁并停产大修，导致该公司 2008 年铁产量减少约 13 万吨。

（4）一旦发生事故，将会带来严重后果。现代设备往往是在高转速、高负荷、高温、高压状态下运行，设备承受的应力大，设备的磨损、腐蚀也大大增加。一旦发生事故，极易造成设备损坏、人员伤亡、环境污染，导致灾难性的后果。例如，1984 年印度中央邦首府博帕尔的联合碳化物印度公司，因阀门失效，剧毒原料异氰酸甲酯泄漏，造成 3000 人死亡，50000 人双目失明，20 万人健康受到损害。1986 年的苏联切尔诺贝利核电站 2 号反应堆发生严重事故，造成 80 亿卢布的重大损失、严重的环境污染和社会灾难。这些灾难性的后果在历经数十年后仍然存在。

（5）设备的社会化程度越来越高。由于现代设备融汇的科学技术成果越来越多，涉及的科学知识门类越来越广，单靠某一学科的知识无法解决现代设备的重大技术问题，而且由于设备技术先进、结构复杂，零部件的品种、数量繁多，设备从研究、设计、制造、安装调试到使用、维修、改造、报废等，各个环节往往要涉及不同行业的许多单位和企业。由此可以认为，现代设备的社会化程度越来越高。改善设备性能，提高设备素质，优化设备效能，发挥设备投资效益，不仅需要企业内部有关部门的共同努力，而且还需要社会上有关行业、企业的协作配合。设备工程已经成为一项社会系统工程。

1.1.3.2　现代设备管理

A　现代设备管理的概念

所谓现代设备管理，即以设备为研究对象，追求设备综合效率和设备寿命周期费用的经济性，应用一系列理论、方法（如系统工程、价值工程、设备磨损及补偿的理论、设备的可靠性和维修性的理论、设备状态监测和诊断技术等），通过一系列技术、经济、组织措施，对设备一生的物质运动和价值运动进行全过程的科学管理。

随着科学技术的发展，设备现代化水平的不断提高，现代设备管理可以概括为系统工程的体系，综合性、全面管理的观点和方法。其核心与关键在于正确处理可靠性、维修性与经济性的关系，保证可靠性，正确确定维修方案，提高设备有效利用率，发挥设备的高效能，以获取最大的经济效益。

B　现代设备管理的特点

现代设备管理除了具有一般管理的共同特征外，与企业的其他专业管理相比较，其还具有以下一些特点。

(1) 综合性。现代设备管理的综合性主要体现在：1) 现代设备包含了多种专业技术知识，是多门科学技术的综合应用；2) 设备管理的内容是工程技术、经济财务、组织管理三者的综合；3) 为了获得设备的最佳经济效益，必须实行全过程管理，它是对设备一生各阶段管理的综合；4) 设备管理涉及物资准备、设计制造、计划调度、劳动组织、质量控制、经济核算等许多方面的业务，汇集了企业多项专业管理的内容。

(2) 技术性。作为企业的主要生产手段，设备是物化了的科学技术，是现代科技的物质载体。因此设备管理必然具有很强的技术性。首先，设备管理包含了机械、电子、液压、计算机、自动控制等许多方面的科学技术知识，缺乏这些知识就无法合理地设计、制造或选购设备；其次，正确地使用、维修这些设备，还需掌握状态监测和故障诊断技术、可靠性工程、摩擦磨损理论、表面工程、修复技术等专业知识。由此可见，设备管理需要工程技术作为基础，不懂技术就无法搞好设备管理工作。

(3) 随机性。许多设备故障具有随机性，这使得设备维修及其管理也带有随机性质。为了减少突发故障给企业生产经营带来损失和干扰，设备管理必须具备应付突发故障、承担意外突击任务的应变能力。这就要求设备管理部门信息渠道畅通，器材准备充分，组织严密，指挥灵活，人员作风过硬，业务技术精通，能够随时为现场提供服务，为生产排忧解难。

(4) 全员性。专业管理与群众管理相结合，是我国设备管理的优良传统。现代企业管理强调应用行为科学，调动广大职工参加管理的积极性，实行以人为中心的管理。设备管理的综合性更加迫切需要全员参与，只有建立从企业"一把手"到第一线工人都参加的企业全员设备管理体系，实行专业管理与群众管理相结合，才能真正搞好设备管理工作。

(5) 社会性。现代设备是汇集当代最新科技成果的产物，因此对现代设备的管理涉及现代管理科学的各个分支。现代设备从研究、开发到退役的全过程已经大大超出了本企业乃至本行业的界限，其社会化程度越来越高。如果仅仅只是依靠企业自身技术实力和经济财力，已很难自如地开展好设备管理。只有企业主体、相关社会经济团体、政府部门等共同介入，相互配合，相互协调，才可以实现全社会的设备管理良性循环。

(6) 动态性。现代设备管理涉及设备全过程物质运动形态和价值运动形态的科学管理，这本身就是一个动态的过程。动态性意味着在设备管理过程中，应不断通过外部环境的预测及内部数据分析，及时调整现有思路，对已有方案、措施或规程等进行修改、补充和完善，以快速适应新形势的不断变化，避免因循守旧、僵化呆板、故步自封，从而促使自身不断改进，不断优化。

C　现代设备管理在企业中的地位

企业要想在激烈的市场竞争中求得生存与发展，必须具有良好的综合素质和管理水平，这里面就包括装备素质及设备管理水平。设备是企业组织生产的重要物质技术基础，是构成生产力的重要要素之一，它在现代工业企业中有着举足轻重的地位。尤其是随着科学技术的发展，现代设备的两极化、高速化、精密化、机电一体化、自动化、连续化及多能化的发展趋势，使得设备的作用与日俱增。许多因设备事故导致的震惊世界的灾难性的后果目前仍历历在目。为此组织企业生产，必须重视设备管理。它是工业企业管理的一个不可或缺的重要组成部分，几乎涉及企业生产经营的各个方面。

(1) 设备管理是企业生产顺利进行的前提。生产过程的连续性和均衡性主要依靠设备的正常运转来保证。然而设备在长期使用中，其技术性能将逐渐劣化，由此会影响生产定额的完成。一旦出现故障停机，更会造成某些环节中断，甚至引起整个生产线停顿。因此，只有加强设备管理，正确地操作使用设备，精心地维护保养设备，严格地进行设备运行状态监测和故障诊断，正确地修理，科学地技术改造，使设备始终处于良好的技术状态，才能保证生产过程的连续、稳定地运行。反之，如果放松设备管理，该保养的设备不及时保养，该排除的故障不及时排除，该修理的设备不去修理，重生产、轻维修，设备技术状态严重劣化，甚至带病运转，其结果势必造成设备故障频繁，无法按时完成生产计划，从而使生产处于混乱无序状态。

（2）设备管理是提高企业经济效益的重要条件。在现代工业生产中，产品的数量、质量，生产所消耗的能源、资源，产品成本的高低，在很大程度上受设备技术状况的影响。特别是随着机器设备日益向大型化、精密化、电子化、自动化等方向发展，设备投资越来越昂贵，维持设备正常运行的代价也越来越大。在企业固定资产构成中，其所占比重亦在不断提高。因此，与设备有关的费用，如能源消耗费、维修费、折旧费、税金及利息等，在产品成本中的比重也在不断提高。由设备故障或事故给企业的生产经营带来的损失也越来越严重。因此，加强设备管理，挖掘企业生产潜力，管好、用好、修好现有设备，及时地对老旧设备进行技术升级和改造更新，已成为提高企业经济效益的重要手段之一。

（3）设备管理是企业安全生产和环境保护的保证。安全生产是企业搞好生产经营的基础。工业生产中意外的设备人身事故，不仅扰乱企业的正常生产秩序，同时也使国家和企业遭受重大的经济损失，因而在实际生产中如何更加有效地预防设备事故、保证安全生产、减少人身伤亡，已成为现代设备管理的一大课题。可以认为，如果没有安全生产，一切工作都将可能是无用之功。所以从中央到地方各级政府和部门，无不强调安全生产，紧抓、常抓安全生产。安全生产是强制性的，是必须无条件服从的，企业的任何生产经营活动都必须建立在安全生产的基础之上。根据有关安全事故的统计，除去个别人为因素，80%以上的安全事故是由设备的不安全因素造成的，特别是一些压力容器、动力运转设备、电器设备等管理不好则更是事故的常见隐患之一。要确保安全生产，必须有运转良好的设备，而良好的设备管理，可以极大地消除多数事故隐患，杜绝大多数安全事故的发生。

除了安全生产外，环保工作近年来日益得到社会各界的广泛重视。随着生产力的发展和工农业的现代化，保护和改善环境已成为劳动力再生产的必要条件。发达的资本主义国家已走过的道路证明，没有清洁的环境，就没有现代化。环境污染在一定程度上也是由于生产设备落后，设备管理不善造成的。消除事故、净化环境，是人类生存、社会发展的长远利益所在。加强发展经济，必须重视设备管理，为安全生产和环境保护创造良好的前提。

（4）设备管理对技术进步、工业现代化起促进作用。科学技术进步是推动经济发展的主要动力。企业的科技进步主要表现在新产品的研发、生产工艺的革新和生产装备技术水平的提升上。尤其是我国加入 WTO 以后，各类竞争更加激烈。企业若要在激烈的市场竞争中求得生存和发展，就必须要不断采用新技术，开发适销对路的新产品，同时要抓住时机迅速投产，形成批量优势，快速占领市场。这些都要求提高设备管理的科学性，推动在用装备的技术进步，力求设备每次修理和更新都使设备在技术上有不同程度的进步，以先进的试验研究装置和检测设备来保证新产品的开发和生产，促进技术进步，实现企业的长远发展目标。

（5）设备管理是保证产品质量的基础工作。产品质量直接受设备精度、性能、可靠性和耐久性的影响，高质量的产品靠高质量的设备来获得。科学的设备管理可以使设备经常处于良好的状态，保持正常的生产秩序与节奏，确保生产达到预定的产量、质量指标。如果某台现代设备在生产使用、维护保养、检修调试、定期检查和安全运行等任何一个管理环节上做得不当，就会打乱正常的生产节奏，从而影响到产量或质量指标的完成。特别是对一些投资和运转费用十分昂贵的大型、自动、连续型生产设备，不论是主机，还是其中某一子系统，在运行中若出现任何结构、性能等方面的不完好，就会影响整个企业的生产计划，或者导致产品质量的降低，或者达不到额定生产率，严重时还会造成重大的事故。由此可见，只有搞好设备管理，保证设备处于良好技术状态，才能为优质产品的生产提供物质上的必要条件。

1.1.3.3　现代设备管理的理论基础与基本内容

A　现代设备管理的理论基础

现代设备管理理论基础涵盖了系统工程、价值工程、工程经济学、摩擦学、可靠性工程学等不同的专业和学科。作为一门管理科学，现代设备管理必然具有三项基本特征，即系统性、择优性及重视定量分析，这些特征又是通过上述学科加以实现的。下面简要介绍构成现代设备管理的主要理论基础。

a　系统工程

（1）系统工程的概述。

系统工程（Systems Engineering）是一门统筹全局，综合协调研究系统的科学技术，是系统开发、设计、实施和运用的工程技术，是在系统思想指导下，综合应用自然科学和社会科学中有关的先进思想、理论、方法和工具（如电子计算机），对系统的结构、功能、要素、信息和反馈等，运用多学科成果，进行分析、处理和解决实际问题，以达到最优规划、最优设计、最优管理和最优控制的目的。系统工程的目的是解决总体优化问题，从复杂问题的总体入手，认为总体大于部分之和，各部分虽较劣但总体可以优化。系统工程是系统科学中直接或间接地改造客观世界的组织管理技术，经过半个多世纪的开发，已在诸如工程、社会、经济、军事、农业、企业、能源、运输、区域规划、人才开发等众多领域内获得了极为广泛的应用，并且新的应用领域还在不断开辟和拓展。

（2）系统的基本特征。

系统工程是实现系统最优化的科学，是一门高度综合性的管理工程技术。系统，是指具有特定功能的、相互间具有有机联系的诸多要素构成的一个有机整体。系统通常应具有以下特性：

1）集合性。任何一个系统至少应由两个或两个以上相互区别的要素，按照系统整体所应具有的综合整体性组合而成。由此可见，系统的结构往往是多层次的。为便于管理和控制，要注意各个层次和各个组成部分的分解和协调，按照系统的整体目标，提高其有序性及整体运行的效果。从设备的构成看，任何一个设备系统均是由各种零件、合件、组件、部件、子系统等部分所组成；从设备管理来说，设备寿命周期内的各个环节是彼此可相互区别、各自具有独立性的要素，这些要素又构成了设备一生管理这个整体。只有管理和控制好各组成要素，才能提高设备系统的总体运行效果。

2）相关性。系统的各要素之间存在某种相互依赖、相互制约的特定关系。为此，任何一个系统若要达到既定目标，不能仅仅只考虑系统内各元素的性质（或状态），而应该同时注意各元素间的相互联系，注意整个系统与其所处环境之间的相互关系，注意整个系统的整体目标。

3）目的性。每个系统都具有它所要达到的目标。对设备而言，就是为了生产合格的产品或提供良好的服务；对设备管理而言，就是追求寿命周期费用的经济性和不断提高设备的综合效率。

4）适应性。任何系统均处于一定的物质环境之中，且必然要与外部环境发生物质的、能量的及信息的交换，故应具有环境的适应性。在交换过程中，外部环境对系统有所输入，而系统则对外界环境有所输出。譬如：当设备系统工作时，会对外界输入的能量、原材料及指令进行处理，变为产品后向外界输出；而设备管理系统中，输入物是寿命周期费用，输出物则是设备的综合效率。

由此可见，设备及设备管理均具有系统的四个基本特性，为此可以采用系统工程的观点与方法来分析、解决其所存在的问题。

（3）系统工程的原则。

系统工程是一门研究总体与全局性的学科，用它处理具体问题时一般应遵循以下三个主要原则：

1）整体性原则。系统工程要求在处理问题时应着眼于系统整体，从全局把握事物。首先，不能对系统的各个局部考虑得过于仔细，而却没有周密地考虑系统的整体和全局；即使是处理局部性的问题，也要先看到它是全局中的一部分，要从全局出发来解决局部性的问题。这是从空间角度来理解系统的整体性原则。其次，还应注重时间的整体性，即要着眼于系统的整个寿命周期，要把系统的不同时间阶段联系起来看，不能只顾当前、忽视长远，只管后期、忽视前期。要坚持从系统的全过程来观察、处理问题。

2）综合性原则。这条原则首先要求考虑系统目标的多样性和综合性，比如工业企业的生产，既要注重高产，更要重视优质高效，降低消耗，不能只顾一头。其次，处理问题要全面，要综合考虑所采取的措施可能引起的多方面后果，比如发展现代工业，既生产了空前丰富的现代产品，同时也带来了向周围环境排放"三废"，造成环境污染以致危害人类生存的严重问题。再次，解决某一问题可以有多种方案，要从实际出发全面分析比较，选择最优的方案，或者博采众长、综合使用。

3）科学性原则。此原则是指要按科学规律办事，既要有严格的工作步骤和工作程序，又要尽量做到定量分析，系统优化。

（4）系统工程在设备管理上的应用。

应用系统工程的理论和方法，促进现代设备管理的形成与发展，集中表现在以下几个方面：

1）设备管理必须立足于企业全局。企业的生产经营管理包括计划管理、生产管理、技术管理、质量管理、财务管理、物资管理、劳动管理以及设备管理等许多方面的内容，设备管理只是其中的一个组成部分，是企业管理大系统中的一个子系统。从系统工程的整体性原则出发，在开展设备管理的时候，必须首先立足于企业管理的全局，自觉地坚持设备管理为企业的生产经营服务、为企业的长远发展服务。如果离开企业管理的全局，孤立地处理设备管理问题，就会失去设备管理的依据，必然难以得到企业的理解和支持，也就无法搞好设备管理工作。

2）设备管理需要企业整体的支持。既然企业管理系统中包含着生产、质量、财务、设备等诸多管理子系统，按照系统工程的综合性原则，企业管理系统的目标也具有多样性和综合性。就是说，企业在追求产量、利润的同时，也应讲求质量、注重设备完好与技术水平的提高，保护和发展企业的生产力。设备管理子系统与生产、技术、质量、财务等管理子系统是密切相关的，要搞好企业的设备管理，就需要按照系统工程的原理，对与设备管理工作关系密切的部门建立横向联系，加强协调配合，开展综合管理。

3）设备管理要对设备的全寿命进行管理。从系统工程的时间整体性原则出发，用系统工程的思想来看待设备系统，从设备全寿命管理这一全局出发，对技术、经济、组织进行整体规划和优化，以达到花费少、效率高的最佳效果。

b　全寿命周期费用理论

设备全寿命周期费用（Live Circle Cost，LCC）是指设备从规划、研究开始，经过设计、制造、运输、安装、调试、使用、维修、更新、改造、直至报废回收全过程所发生费用的总和。美国弗吉尼亚州立大学布兰查德教授将认为"寿命周期费用是指系统和产品在确定的寿命周期内的总费用，其中包括研究开发费、制造安装费、运行维修费、报废回收费用"。瑞典的乌尔曼教授在对设备的整个寿命周期内各个阶段费用的发生情况进行观察和分析后认为：一般情况下，设备的规划—设计—制造过程所支付的费用是递增的，到安装阶段后费用开始下降，其后在运行阶段费用保持在一定水平，而这一阶段持续的时间最长，最后当费用再度上升时，就是设备需要更新、改造或报废的时机。设备寿命周期费用曲线如图 1-1 所示，图中曲线所包络的面积即为寿命周期费用。

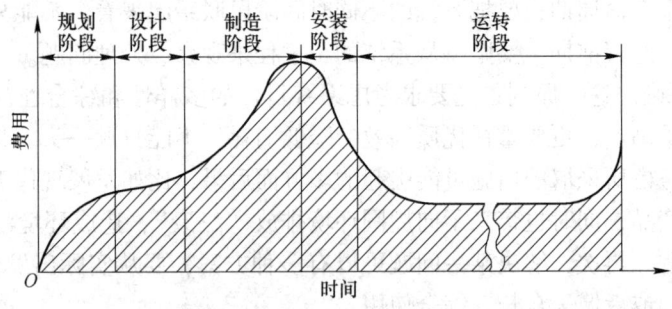

图 1-1　设备寿命周期费用曲线图

从内容上看，设备寿命周期费用是由两大部分组成的：一是设备的设置费（也称原始费，用 AC 表示），其特点是一次支付或者集中在比较短的时间内支付；二是维持费用（也称使用费，用 SC 表示），其特点是定期多次支付，以保证设备的正常运行。LCC 可用下式表示：

$$设备寿命周期费用（LCC）= 设置费（AC）+维持费（SC）$$

在计算 LCC 时，首先要明确寿命周期费用所包含的具体项目。一般可作如下划分：

（1）设置费 AC：对于自制设备，主要包括研究费、设计费、制造费、安装调试费和其他费用等；对于外购设备，主要包括购置费、运输费、安装调试费和其他费用等。

（2）维持费 SC：包括运行费（如能耗费、人工费等）、维修费、停机损失费、后勤支援费、报废费和其他费用等。

c 工程经济学

工程经济学（Engineering Economics）是工程与经济的交叉学科，是研究工程技术实践活动经济效果的学科，即是以工程项目为主体，以技术与经济系统为核心，研究如何有效利用资源，提高经济效益的学科。工程经济学研究各种工程技术方案的经济效益，研究各种技术在使用过程中如何以最小的投入获得预期产出，或者说如何以等量的投入获得最大产出；如何用最低的寿命周期成本，实现产品、作业以及服务的必要功能。

这里所说的工程项目，可以是一个工厂、车间，也可以是一项技术革新或改造计划，还可以是一台设备，甚至是设备中某一零部件的更换方案等。设备在其寿命周期内各个环节均有费用的支出及不同方案的比较，如何使费用支出经济、合理，求得最佳的决策方案，工程经济学为此提供了相关的理论和方法。

d 摩擦学

摩擦学是研究相对运动表面的摩擦、磨损、润滑以及三者之间相互关系的基础理论和实践（包括设计和计算、润滑材料和润滑方法、摩擦材料和表面状态以及摩擦故障诊断与监测和预报等）的一门边缘学科。

世界上使用的能源有 1/3~1/2 消耗于摩擦。对于设备管理来说，研究摩擦学的目的在于掌握设备的磨损规律，以控制和减少设备的维修费用。现代设备管理的代表——英国综合工程学的产生在一定程度上源自对摩擦学的研究，英国自 20 世纪 60 年代后期对摩擦学开展研究以来，每年可节省 5 亿英镑的维修费用。综合工程学（Terotechnology）这一词汇的产生，就是源于摩擦学（Tribology）这一学科取得的成果。日本学者中岛清一认为："摩擦技术是设备综合工程学的先驱"。

e 可靠性工程

可靠性工程（Reliability Engineering）是提高系统（或产品或元器件）在整个寿命周期内可靠性的一门有关设计、分析、试验的工程技术。有组织地进行可靠性工程研究，是 20 世纪 50 年代初从美国对电子设备可靠性研究开始的。到了 20 世纪 60 年代才陆续由电子设备的可靠性技术推广到机械、建筑等各个行业。后来，又相继发展了故障物理学、可靠性试验学、可靠性管理学等分支，使可靠性工程有了比较完善的理论基础。

可靠性工程对现代设备管理产生了深远影响。可靠性工程应用于设备管理，体现了现代管理科学重视量化分析的特征，它应用概率论、数理统计方法为设备管理提供了科学的、量化的依据。

可靠性管理是现代设备管理的重要组成部分。设备在设计、制造阶段形成的固有可靠度固然是设备系统最基本、最重要的方面，但只有通过使用、维修阶段的可靠性管理，使设备系统的使用环境、使用条件、维修条件符合规定的要求，才能实现设备系统的可靠性。对设备的可靠性管理是贯穿其全过程的综合管理。

B 现代设备管理的基本内容

鉴于现代设备管理是一种在设备寿命周期内的，应用一系列理论、方法，通过一系列技术、经济、组织措施，对设备的物质运动和价值运动的全过程进行科学管理的一系列活动的总称，因此它包含了从设备的规划、调研、招标/选型决策、采购、设计、制造、安装调试、试车验收、初期管理、运行使用、维护、保养、点检、维修、改造直到报废更新的一生全过程的综合管理。通常，可将设备一生管理划分为两个不同的阶段，即设备的前期管理和后期管理。其中，前期管理称为规划工程，内容涉及设备的规划直至初期管理等各环节管理；后期管理可称为维修工程，涵盖从设备运行使用直至报废更新等诸多环节的管理。从系统的观点来看，设备的前期管理和后期管理共同构成了完整的设备寿命周期管理循环系统，如图 1-2 所示。若想成为一名优秀的设备工作者，必须对现代设备管理各个阶段的内容有一个整体的、综合的、科学的认识和理解。限于篇幅有限，在此仅就设备管理的基本内容作一简介（若读者有更高的要求，建议自行参阅有关设备管理的专门著作）。

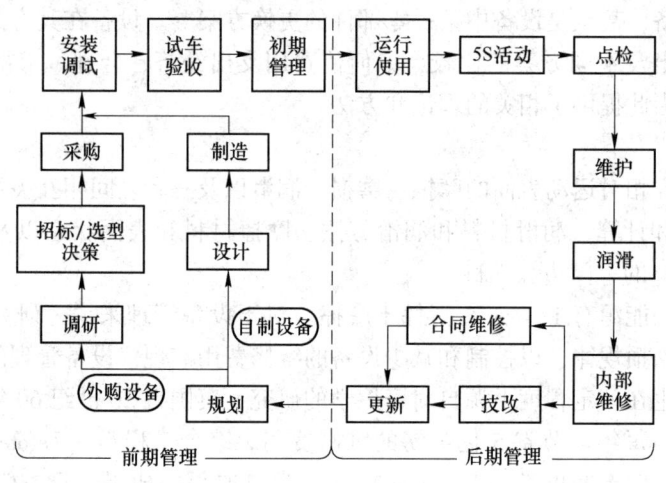

图 1-2　设备寿命周期管理循环系统

（1）设备的目标管理。作为企业生产经营中的一个重要环节，设备管理工作必须服从企业管理大局，为此应根据企业的经营目标来制订本部门的工作目标。当企业需要提高生产能力时，设备管理部门就应该通过技术改造、更新、新增设备、强化点检、合理维修等方式满足企业生产能力提高的需要。

（2）设备的资产管理。设备资产是企业固定资产的重要组成部分，是进行生产的技术物质基础。为了确保企业资产完整，充分发挥设备效能，提高生产技术装备水平和经济效益，必须严格实施设备固定资产管理。所谓设备资产管理，是指企业设备管理部门对属于固定资产的机械、动力设备进行的资产管理。要做好设备资产管理工作，设备管理部门、使用单位和财务部门需同心协力，相互配合。设备资产管理的主要内容包括生产设备的分类与资产编号、重点设备的划分与管理、设备资产管理基础资料的管理、设备资产变动的管理、设备的库存管理、设备资产的评估。

（3）设备的前期管理。设备前期管理是设备正式交付使用之前的管理，在设备"运行使用"之前的各环节，均属于设备前期管理的范畴。设备的前期管理，对于企业能否保持设备完好、不断改善和提高企业技术装备水平、充分发挥设备效能、取得良好的投资效益等起着关键性的作用。

设备前期管理的意义在于：1）前期管理几乎决定了设备寿命周期费用的 90%，也直接影响企业产品的成本；2）前期管理决定了企业装备的技术水平和系统功能，也直接影响企业的生产效率和产品质量；3）前期管理决定了设备的适用性、可靠性和维修性，也影响企业装备效能的发挥和可利用率。总之，设备的前期管理，不仅决定了企业技术装备的素质，关系着战略目标的实现，同时也决定了设备的费用效率和投资效益。

设备的前期管理主要包括：设备规划方案的调研、制定、论证和决策；设备市场货源调查和信息的收集、整理、分析；设备投资计划的编制、费用预算及实施程序；外购设备采购、订货、合同管理；自制设备的设计、制造；设备安装、调试、试车、验收；设备使用初期管理；设备投资效果分析、评价和信息反馈等。

（4）设备的技术状态管理。所谓设备的状态是指在用设备所具有的性能、精度、生产效率、安全、环境保护和能源消耗等的技术状态。设备的技术性能及其状态如何，体现着它在生产经营活动中存在的价值和对生产的保证程度。

设备技术状态管理就是指通过对在用设备（包括封存设备）的日常检查、定期检查（包括性能和精度检查）、润滑、维护、调整、日常维修、状态监测和诊断等活动所取得的技术状态信息进行统计、整理和分析，及时判断设备的精度、性能、效率等的变化，尽早发现或预测设备的功能失效和故障，适时采取维修或更换对策，以保证设备处于良好技术状态所进行的监督、控制等工作。

（5）设备的润滑管理。润滑工作在设备管理中占用重要的地位，是日常维护工作的主要内容。企业应设置专人（大型企业应设置专门机构）对润滑工作进行专责管理。

润滑管理的主要内容是建立各项润滑工作制度，严格执行定点、定质、定量、定期、定人的"五定"制度；编制各种润滑图表及各种润滑材料申请计划，做好换油记录；对主要设备建立润滑卡片，根据油质状态监测换油，逐步实行设备润滑的动态管理；组织好润滑油料保管、废油回收利用工作等。

（6）设备的计划管理。设备的计划管理包括各种维护、修理计划的编制和实施，主要有以下几方面的内容：1）根据企业生产经营目标和发展规划，编制各种修理计划和更新改造规划并组织实施；2）制定设备管理工作中的各项流程，明确各级人员在流程实施中的责任；3）制定有关设备管理的各种定额和指标及相应的统计、考核方法；4）建立和健全有关设备管理的规章、制度、规程及细则并组织贯彻执行。

（7）设备的备件管理。备件管理是设备管理的主要工作之一。其主要任务是为设备检修做好设备零部件的准备工作。备件管理工作的主要内容涉及组织好维修用备品配件的购置、生产、供应；做好备品配件的库存保管，编制备件储备定额，保证备件的经济合理储备；采用新技术、新工艺对旧备件进行修复翻新工作（修旧利废）。

（8）设备的财务管理。设备的财务管理主要涉及设备的折旧资金、维修费用、备件资金、更新改造资金等与设备有关的资金的管理。从综合管理的观点来看，设备的财务管理应包括设备一生全过程的管理，即设备寿命周期费用的管理。

（9）设备的信息管理。设备的信息管理是设备现代化管理的重要内容之一。设备信息管理的目标是在最恰当的时机，以可接受的准确度和合理的费用为设备管理机构提供信息，使企业设备管理的决策和控制及时、正确，使设备系统资源（人员、设备、物资、资金、技术方法等）得以充分利用，保证企业生产经营目标的实现。设备信息管理包括各种数据、定额标准、制度条例、文件资料、图纸档案、技术情报等。

（10）设备的节能环保管理。近年来，随着国家对能源及环保问题的重视，企业大都设置了专门的节能及环保机构对节能和环保工作进行综合管理。设备管理部门在对生产及动力设备进行"安全、可靠、经济、合理、环保"管理的同时，还应配合其他职能部门共同做好节能和环保工作，其范围包括：贯彻国家制定的能源及环保方针、政策、法令和法规，积极开展节能及环保工作；制定、整顿、完善本企业的能源消耗及环保排放定额、标准，制定各项能源与环保管理办法及管理制度；推广节能及环保技术，及时对本企业高能耗及高排放的设备进行更新和技术改造。

1.1.3.4　设备管理的发展历程

自从人类使用机械以来，就伴随有设备管理工作，只是由于当时的设备简单，管理工作单纯，仅凭操作者个人的经验来进行。随着工业生产的发展，设备现代化水平的提高，设备在现代化大生产中的作用与影响日益扩大，加上科学管理技术的进步，设备管理也得到了相应的重视和发展，就逐步形成了比较系统、完备的管理理论和管理模式。设备管理从产生发展至今已近数百年，与企业管理其他职能一样，它也是经历了一个逐步发展和完善的过程。纵观其发展历程，大致可以分为以下几个阶段。

A　事后维修阶段

事后维修（Breakdown Maintenance，BM）是指在生产设备发生故障后或性能、精度降低到不能满足生产要求时，才进行修理的一种维修体制。这种制度是 20 世纪 30 年代前主导的维修模式，又称为第一代维修模式。这个时代由两个阶段所组成，即兼修阶段和专修阶段。

众所周知，自 19 世纪产业革命以来，现代机器生产逐渐取代了手工劳动方式，当时的工业生产规模不大，设备本身的技术水平和复杂程度都较低。由于设备简单，修理方便，耗时较少，因此一般都是在设备使用到出现故障后才进行修理，此时设备的操作人员就是维修人员，因此这一阶段被称为兼修阶段。

随着工业生产规模的不断扩大，机器设备的复杂系数逐渐提高，维修机器的难度与消耗的费用日益增加，技术要求也越来越高，专业性也越来越强，从而使设备操作与设备维修渐渐成为两个不同的专门技术。设备维修必须经过一定的培训和实践才能掌握。如果此时再继续由操作工人兼做修理工作，显然已难以适应，于是企业主、资本家便从操作人员中分离一部分人员专门从事设备修理工作，由此便有了专业分工，这就进入了专修阶段。为了便于管理和提高工效，他们把这部分修理人员统一组织起来，建立相应的设备维修机构，并制定适应当时生产需要的最基本管理制度。

无论是兼修阶段还是专修阶段，其共同特点是：设备不坏不修，坏了才修。正是基于此，所以将之统称为事后维修阶段。这种维修体制看似简单实用，但是在实际运用中，却表现出极大的局限性，主要体现在：

（1）增加了无计划的停机时间，因而丧失较多的有效工作时间，降低设备的实际利用率。

（2）因故障发生往往是随机的、突然的，所以会打乱正常的生产作业计划，使生产秩序时常陷于被动局面。

（3）设备的损坏常常发生在生产紧张、工作负荷最大的时候，为了满足生产急需，通常会组织进行抢修，从而容易造成修理质量不高，在短期内可能会再次损坏返工。

（4）设备修理的准备工作难免仓促，先进的修理工艺技术难以适时采用，检修备件通常来不及制造和采购（以攀钢为例，国产备件一般到货周期为 3 个月，进口备件为 6 个月，特殊备件到货周期将更长），由此将会使设备修理停机时间较长，造成较大的停机损失。

（5）设备的突然损坏，常使人们事前难以有效防范，往往容易造成人身伤亡等事故，给企业的安全生产带来一定的不利局面。

虽然如此，但是这种维修制度也不是一无是处。对于那些简单低值、利用率低、维修性好或修理不复杂、出现故障停机后不影响生产大局的非重点设备，此种制度可最大限度地延长设备的利用时间，往往是最经济的维修策略，所以在目前的生产维修体系中，事后维修仍占有一席之地。

B　预防维修阶段

随着科学技术的不断进步，工业生产的不断发展，设备的技术水平也不断提高，企业管理由此进入了科学管理阶段。尤其是像飞机那样高度复杂机器的出现，以及社会化大生产的诞生，使得设备的完好程度对生产的影响越来越大。一旦设备发生故障或损坏，出现停机修理，势必引起生产中断，打乱生产计划安排和劳动定额的完成，使企业的生产活动不能正常进行，进而带来很大的经济损失，特别是在钢铁、石油、化工、汽车制造等作业连续性很强的行业里，设备突发故障造成的经济损失更为严重，继续采用事后维修就成了生产力发展的障碍。鉴于此，美国于 1925 年左右率先提出了预防维修（Preventive Maintenance，PM）的概念，其基本内涵是对影响正常运行的设备故障，通过采取"预防为主"、"防患于未然"的方针，加强设备使用时的日常及定期检查，在故障尚处于萌芽状态时便加以控制或采取预防措施，以此减少故障停机产生的直接及间接损失。该模式随后在西欧、北美、日本得到推广应用。同时，苏联在 20 世纪 30 年代，也开始推行自己的设备预防维修制度——计划预修制（Planning Preventive Maintenance，PPM）。按照计划预修制 PPM 的理论，影响设备修理工作量的主要因素是设备开动台时，为此其以开动台时为依据，由此构建一系列由定期检查、小修、中修、大修等组成的"修理周期结构"。此外，计划预修制还针对不同设备，规定计算修理劳动量和物资消耗量的标准单位——"修理复杂系数"。"修理周期结构"和"修理复杂系数"构成了计划预修制的两大支柱。该模式随后在东欧、中国得到推广应用。

上述两种设备维修管理模式虽在形式和做法上略有差异，但在深入分析后，可发现其本质却是相同的。二者均是以摩擦学为理论基础，基本上都属于以时间为基础的维修（Time Based Maintenance，TBM），其常被称作第二代设备维修管理。

C　生产维修阶段

针对预防维修推进过程中表现出的日常检查与定期检查过于频繁、更换零件过多、维修费用过高、容易出现过维修或欠维修等问题，美国通用电器公司（General Electric）于 1954 年开始把预防维修制向前推进了一步，突出维修策略的灵活性，实现了有针对性的预防维修，也就是所谓的生产维修制（Productive Maintenance，PM），其常被称作第三代设备维修管理。

生产维修制的基本出发点为维修的经济性，其主要依据设备在生产中的地位、作用和价值大小，分别采取事后维修（BM）、预防维修（PM）、改善维修（Corrective Maintenance，CM）和维修预防（Maintenance Prevention，MP）等不同的维修策略，以此减少故障停机损失、提高企业生产效率、降低设备维修费用、节省大量不必要的检查工作、获得良好综合经济效益。随后，这个思想被日本企业所引进，为其之后提出以 MP-PM-CM 全系统为目标的生产维修制奠定了相应基础。

D　各种方式并行阶段

现代科学技术与现代管理科学的发展成就，为现代设备维修管理的进步创造了良好的条件。在 20 世纪 60 年代后期，一些工业发达国家为了适应现代设备发展的要求，消除传统设备维修管理存在的种种弊端，提出了以英国的"设备综合工程学"、日本的"全员生产维修制（Total Productive Maintenance，TPM）"、美国的"后勤工程学（Logistics Engineering）"、德国的"综合管理（Integrierte Anlagenwirtschaft）"为典型代表的诸多新思想、新观念、新理论，从而把设备维修管理推进到一个崭新的发展阶段。

目前，国际上有关设备维修管理的理论，例如：预知维修（Predictive Maintenance，PM）、状态维修（Condition Based Maintenance，CBM）、利用率为中心的维修（Availability Centered Maintenance，ACM）、适应性维修（Adaptive Maintenance，AM）、全面计划质量维修（Total Planning Qualitative Maintenance，TPQM）、可靠性维修（Reliability Based Maintenance，RBM）、可靠性为中心的维修（Reliability Centered Maintenance，RCM）、风险维修（Risk Based Maintenance，RBM）、费用有效维修（Cost-effective Maintenance，CEM）、商业关键性分析（Commercial Criticality Analysis，CCA）维修、绿色维修（Green Maintenance，GM）、业务为中心维修（Business Centered Maintenance，BCM）以及价值为基础的维修管理（Valued Based Maintenance Management，VBM）等，仍在不断推陈出新之中，并在有关领域内取得了一定的实践效果。

1.1.3.5　我国设备管理的发展概况

新中国成立以来，我国工业交通企业的设备管理工作经历了起伏曲折的历程，大致可分为以下四个阶段。

A　初创阶段

从 1949 年到第一个五年计划开始之前的 3 年经济恢复时期，我国工交企业一般都是采用设备坏了再修的做法，处于事后维修的阶段。1953 年，随着第一个五年计划的实施，重点工程和大中型企业相继建立，与之相应的企业管理水平也得到了提高。1956 年，我国在设备管理方面引进了苏联的计划预修制，并据此建立了各级设备管理组织，培训设备管理人员和维修骨干，按照修理周期结构安排设备的大修、中修、小修，推行设备修理复杂系数等一系列技术标准定额，从而把我国的设备管理从事后维修推进到定期计划预防修理阶段。这对建立我国自己的设备管理体制、促进生产发展起到了积极的作用。经过多年实践，在"以我为主，博采众长"精神的指导下，我国对引进的计划预修制度进行了研究和改进，创造出具有我国特色的计划预修制度。其主要特点是：

(1) 计划预修与事后修理相结合。对重要设备实行计划预修，而对一般设备实行事后修理或按设备使用状况进行修理。

（2）合理确定修理周期。设备的检修周期不是根据理想磨损情况，而是根据各主要设备的具体情况来定。如按设备的设计水平、制造和安装质量、役龄和使用条件、使用强度等情况确定其修理周期，使修理周期和结构更符合实际情况，更加合理。

（3）正确采用项目修理。通常设备有保养、小修、中修和大修几个环节，但我国不少企业采用项目修理代替设备中修，或者采用几次项目修理代替大修，使修理作业量更均衡，节省了修理工时。

（4）修理与改造相结合。我国多数企业往往结合设备修理对原设备进行局部改进或改装，使大修与设备改造结合起来，延长了设备的使用寿命。

（5）强调设备保养维护与检修结合。"三分检修、七分维护"，这是我国设备预防维修制的最大特色之一。设备保养与设备检修一样重要，若能及时发现和处理设备在运行中出现的异常，就能保证设备正常运行，减轻和延缓设备的磨损，延长设备的物质寿命。

B　曲折阶段

20世纪60年代前后，受"左"的思想影响，产生了一些为产量拼设备的轻维护的做法，但也有许多企业在总结实行多年计划预修制的经验和教训的基础上，吸收三级保养的优点，创立了一种新的专群结合、以防为主、防修结合的设备维修管理制度——计划保修制。其主要特点是：

（1）以"预防为主"为方针，以"维护与计划检修并重"、"专业管理与群众管理相结合"为原则。

（2）建立了"三级保养制"、"三好四会"、"润滑五定"、"定人定机"等一套规章制度。

（3）在组织形式上，除了精简、健全专业管理外，还设立了"专群"结合的管理组织，实现了"专管成线，群管成网"，经常开展设备管理的评比检查活动。

（4）开展地区性的设备管理活动，建立设备专业修理厂、精修站、备件定点厂和备件总库等。

C　振兴阶段

十一届三中全会以来，设备管理工作得到了恢复并迅速发展。一些企业和行业率先起步，引进国外现代设备管理的理论和方法，积极探索赶上国际先进水平的途径。1981年国家经济贸易委员会设立了设备管理维修办公室，统筹全国设备管理工作；1982年成立了中国设备管理协会；1983年颁布了《国营工业交通企业设备管理试行条例》，开始引进了"设备综合工程学"、"全员生产维修"、"后勤工程学"等现代设备管理理论，经过多年研究、比较，本着"以我为主，博采众长，融合提炼，自成一家"的方针，在学习和参照设备综合工程学的理论和总结我国设备管理实践经验的基础上，经过反复研究，最终确定"设备综合管理"为我国设备管理的实践模式。1987年7月国务院正式颁布了《全民所有制工业交通企业设备管理条例》（以下简称《设备管理条例》），明确提出了这一管理模式。设备综合管理是对我国传统管理的重大挑战与突破，对加快实现我国设备管理现代化起到了重要的作用。

《设备管理条例》的颁布实施，使我国设备管理工作初步走上了法制轨道；国家统一管理，实行政府分级管理；有计划、有组织地大力贯彻实施，获得了明显效果，主要表现在以下几个方面：

（1）设备管理观念有了不同程度的转变，设备及其管理的意识有了不同程度的增强。

（2）设备管理基础工作普遍受到重视和加强。

（3）设备经济管理普遍开展，收到了一定的成效，设备管理经济效益和社会效益有了提高。

（4）提高了设备完好率，设备技术改造和更新得到加强，企业设备素质有了不同程度的增强。

（5）设备管理的组织机构得到了充实和提高，重视设备管理的培训和提高，设备管理人才的正规培训纳入了国家计划轨道，员工总体素质有了提高。

（6）在全国范围内开展了设备管理评优活动，有效促进了企业和主管部门设备管理的积极性，设备管理水平得到了提高。

在《设备管理条例》的指导下，原机械工业部及其下属企业在设备现代管理中，积极推进设备综合管理，并积累了许多好的经验，树立了许多先进典型，使机械工业企业设备管理逐步走上了具有自身特色的道路。

D　探索发展阶段

回首过去，我国的设备管理和维修工作总的来说取得了长足的进步，出现了可喜的变化。但是，这与国际先进水平和国内经济发展形势相比，还相差较远，它仍然是当前工交企业生产和管理中的一个薄弱环节。主要表现在以下几个方面：

（1）企业设备陈旧落后的情况较为严重。设备更新速度较为缓慢，设备带病运转和失修的情况还较普遍，设备问题拖企业后腿的现象仍然存在。

（2）对生产与维修的辩证关系认识不足。重生产轻维修、重使用轻管理、放松基础工作的倾向仍然存在，使得设备检修质量下降，直接影响企业安全生产和产品质量的提高。

（3）片面地追求产值、速度和利润指标，挤掉正常生产维修和设备大修计划，拼设备的短期行为仍旧存在。

（4）设备管理措施不落实，设备管理专业人员不足，技术水平有待提高。对新设备、新技术的操作人员、维修人员的技术培训工作仍然做得不够。

（5）对设备一生管理的认识存在差距，缺少必要的手段和条件，因而还处在设备前、后半期分段管理的局面。

（6）现有管理体制无法有效适应设备综合管理的要求，致使综合管理在部分企业流于形式，实际效果不佳。

作为一名设备工作者，应该看到我国设备管理的经济潜力还非常大。据初步估计，目前我国设备年维修费用高达 300 多亿元，占设备原值的 7%～9%。倘若我国的设备管理水平达到目前发达国家的水平，使年维修费用降至占设备原值的 4%～6% 的话，则每年可节省 100 亿元。所以，加强设备管理工作，提高设备管理水平，是当前深化经济改革的需要，也是设备管理部门和设备管理工程人员的一项迫切任务。尤其是当前，随着政府职能的转变和现代企业制度的建立，政府全面淡化了各项行政管理职能，设备管理逐渐成为了企业的自主行为。但我国有关资产经营、管理与维修的法律法规尚未健全和完善；设备固定资产的数量日益扩大，技术含量不断提高；企业经营机制转变过程中，全能型的组织模式正在改变或已经改变，而设备要素市场尚未健全完善；市场的动态化和竞争的进一步加剧，给企业设备管理带来了新的机遇与挑战。所以，如何把握现代企业的发展趋势，结合具体情况探索我国设备管理的未来发展，全面提升企业设备管理水平，增强企业综合竞争能力，提高企业经济效益，是当前我国设备管理急需研究的新课题。

1.1.3.6　国外设备管理简介及我国设备管理制度

A　国外现代设备管理模式简介

集中体现现代设备管理思想的管理理论与管理模式，主要有英国的设备综合工程学和日本的全员生产维修等。

a　设备综合工程学

（1）综合工程学概况。

设备综合工程学是英国人丹尼斯·巴克斯（Dennis Parkes）提出的。1970 年，在美国洛杉矶召开的国际设备工程年会上，英国维修保养技术杂志社主编丹尼斯·巴克斯发表了一篇题为《设备综合工程学——设备工程的改革》的著名论文，首次提出了"设备综合工程学"这个概念，其原意为"具有实用价值或工业用途的科学技术"。丹尼斯·巴克斯的这篇报告一经提出后，立即引起了国际设备管理界的普遍关注，并得到了广泛的传播。

1974 年，英国工商部给这门学科作了如下定义："为了求得经济的寿命周期费用，而把适用于有形资产的有关工程技术、管理、财务及其业务工作加以综合的学科，就是设备综合工程学，其涉及设备与构筑物的规划和设计的可靠性与维修性，涉及设备的安装、调试、维修、改造和更新，以及有关设计、性能和费用信息方面的反馈"。牛津大学将这一新的学科命名为"Terotechnology"，并将其定义列入牛津辞典中。1975 年 4 月，英国政府还成立了"国家设备综合工程中心（National Terotechnology Center，NTC）"，该中心通过刊物介绍设备综合工程典型实例，并召开各种研讨会以推动设备综合工程学科的发展。

（2）综合工程学的主要内容。

1）追求设备寿命周期费用最经济。设备综合工程学以寿命周期费用作为经济指标，并追求寿命周期费用最低。如前所述，设备寿命周期费用是由设备的设置费和维持费两部分组成。通常，设备的维持费远高于其设置费，因此在进行设备工程项目规划时，一定要对设备一生设置费和维持费作综合的分析权衡，以寿命周期费用最经济为目标进行管理，切不可仅仅只局限于设备设置费或部分项目费用支出。

研究表明，设备一经出厂就已决定了设备整个寿命周期的总费用。也就是说，设备的采购价格决定着设置费，而其可靠性等又决定着维持费。通常，一台性能优异、可靠性高、维修性好的设备在保持较高工作效率的同时，在使用中的维修、保养及能源消耗等费用一般是较低的。反之，如果只考虑购入价格便宜，而忽视设备的可靠性、维修性和安全、环保等方面的因素，则会带来故障频繁、停机损失增加、危害安全、污染环境等问题，而解决这些问题所需的投资数额往往更大。因此，设备规划初期的决策，对于整个寿命周期费用的经济性影响甚大，对此应对设备前期管理给予足够的重视。

2）综合管理的三个方面。设备综合管理包括工程技术管理、组织管理和财务经济管理这三方面的内容。在工程技术方面，现代设备是综合了机械、电气、电子、环保等各技术领域的产物，因此要管好、用好这些设备，必须综合运用多种科学技术知识，使其保持最佳的技术状态。在组织管理方面，就是在设备管理中积极运用管理工程、系统论、运筹学、信息论、价值工程、行为科学等现代科学管理技术和方法。在财务经济方面，就是要讲求经济效果，严格计算和控制与设备有关的各种费用，合理选择与确定设备购置、使用、维修、更新与改造的经济界限，创造最佳的经济效益。

3）把可靠性和维修性放到重要位置。综合工程学把研究重点放在可靠性和可靠设计上，即在设计、制造阶段就争取赋予设备较高的可靠性和可维修性，使设备在后天使用中长期可靠地发挥其功能，力求不出或少出故障，即使出了故障也便于维修。设备综合工程学把可靠性和可维修性设计，作为设备一生管理的重点环节，它把设备先天素质的提高放在首位，把设备管理工作立足于最根本的预防。

4）以系统论研究设备一生管理。这是系统论等现代管理理论在设备管理上的应用。设备管理是整个企业管理系统中的一个子系统，它是由各式各样的设备单元组合而成的。每台设备又是一个独立的投入产出单元。从空间上看，每台设备是由许多零部件组成的集合体；从时间上看，设备一生由规划、设计、制造、安装、使用、维修、改造、报废等各个环节组成，它们之间相互关联、相互影响、相互作用。运用系统工程的原理和方法，把设备一生作为研究和管理的对象，从整体优化的角度来把握各个环节，充分改善和发挥各个环节在全过程中的机能作用，才能取得最佳的技术经济效果。

5）注重设计、使用、费用的信息反馈。信息反馈是信息论的术语，也是闭环系统控制中不可缺少的环节。为了提高设备可靠性、可维修性设计，为了搞好设备综合管理，一定要有信息反馈。一方面，设计制造单位应通过用户访问、售后服务、技术培训等，帮助使用单位掌握设备性能、正确使用产品，同时应注重听取用户的意见和建议，甚至回收报废的零件；另一方面，使用单位应向设计制造单位反馈设备在使用过程中的性能、质量、可靠性、维修性、资源消耗、人机配合、安全环保等方面的信息，同时使用单位内部职能部门之间、基层车间之间也要有相应的信息反馈，以便做好设备综合管理与决策。随着计算机和网络技术的发展，信息反馈工作已越来越多的在计算机信息系统中进行。

需要指出的是，综合工程学作为一种全新的管理模式，为开创现代设备维修管理奠定了相应基础，但其因缺乏可操作性，实用性受到一定的限制。

b　全员生产维修制

（1）全员生产维修五要素。

TPM 又称全员生产维修体制，是日本前设备管理协会（中岛清一等人）在美国生产维修体制之后，在日本电装（Nippon Denso）公司（世界汽车系统零部件的顶级供应商）试点的基础上，于 1971 年正式提出的。TPM 是以丰富的理论作基础的，它也是各种理论在企业生产中的综合运用。按照日本工程师学会的定义，TPM 具有如下五个要素：

1）以最高的设备综合效率为目标。

2）在整个设备一生建立全系统的预防维修体制。

3）所有部门都要参与设备的计划、使用、维修等。

4）从企业的最高管理者到第一线员工全员参与。

5）实行动机管理，即通过开展小组的自主活动来推进生产维修。

（2）全员生产维修的特点。

将上述五个要素进行归纳，可以发现：第一个要素可以简称为"全效率"；第二个要素可以简称为"全系统";第三、四、五项分别从横向、纵向和基层的最小单元描述了"全员"的概念,因而可以将后三个要素简称为"全员"。

日本的全员生产维修与最初的生产维修相比,主要就是突出了这三个"全"字,即全效率、全系统和全员参加。三个"全"之间的关系是:全员是基础,全系统是载体,全效率是目标。有了这三个"全"字,可以使生产维修得以更加彻底贯彻执行,使生产维修的目标得以更有力的保障,这也是日本全员生产维修的独特之处。

随着 TPM 的不断发展,日本把这一从上到下、全系统参与的设备管理系统的目标提到更高水平,又提出"停机为零,废品为零,事故为零"的奋斗目标。

(3) TPM 的"5S"活动。

5S 是指整理、整顿、清洁、清扫、素养,部分企业在推行 5S 时,加上"安全"、"认真或坚持",便成为 6S、7S。

5S 活动通常为 TPM 推进的最好突破口或切入点,5S 的具体内容如下:

1) 整理 (Seiri):取舍分开,取留舍弃。

2) 整顿 (Seiton):条理摆放,取用快捷。

3) 清扫 (Seiso):清扫现场,不留污物。

4) 清洁 (Seiktsu):清除污物,美化环境。

5) 素养 (Shitsuke):形成制度,养成习惯。

其中,"素养"是 5S 活动的核心,是精神上的"清洁",是前"4S"的提升。5S 活动开展贵在坚持、持之以恒。

c 从预知维修到状态维修

早期的预知维修产生于计划预修之后,由于当时软硬件性能有限,缺乏完整、连续的数据采集系统,致使其预测结果不理想,但其却向传统以 TBM 为基础的预防维修提出了挑战。20 世纪 80 年代后,随着计算机的发展以及监测技术的进步,形成了更为完善的新维修体制——状态维修 (CBM),即以设备技术状态为基础,按实际需要进行修理的预防维修方式。CBM 是在设备状态监测与故障诊断基础之上,掌握其运行动态信息,由此可在高度预知的情况下,适时安排预防性修理(国内企业常将 CBM 又称为"视情维修")。

CBM 相对以往的 BM、以 TBM 为基础的预防维修体制更为经济、更为准确,但并不是企业所有设备均应改用此种模式,而应考虑对不同设备采用合适的维修体制。部分日本企业采用表 1-2 所示公式,计算不同模式的维修总费用,并按最小费用原则选定最佳维修体制,取得了良好效果。

表 1-2 不同维修体制维修总费用计算公式

维修费用	修理费	预防维修费	检查诊断费	故障维修损失
事后维修 BM 总费用		—		
以 TBM 为基础的预防维修总费用	$\dfrac{修理费}{平均故障间隔}$	$\dfrac{修理费}{平均预防维修间隔}$	—	$\dfrac{平均维修时间 \times 平均生产损失}{平均故障间隔}$
状态维修 CBM 总费用			$\dfrac{检测费用}{检测间隔} + 检测仪器费用年值$	

d　利用率为中心的维修

利用率为中心的维修（ACM）主要是将设备利用率置于首位来制定相应维修策略的维修体制，其维修规划编制流程为：

（1）依据生产流程，确定单台关键设备。

（2）依据维修数据，以利用率为中心进行评估、排序。

（3）依据状态检测与故障分析，确定设备故障模式，由此选取相应维修策略。

（4）依据生产安排，编制单台设备维修计划。

（5）依据维修资源，形成整套设备维修规划。

ACM 维修规划制定流程如图 1-3 所示。

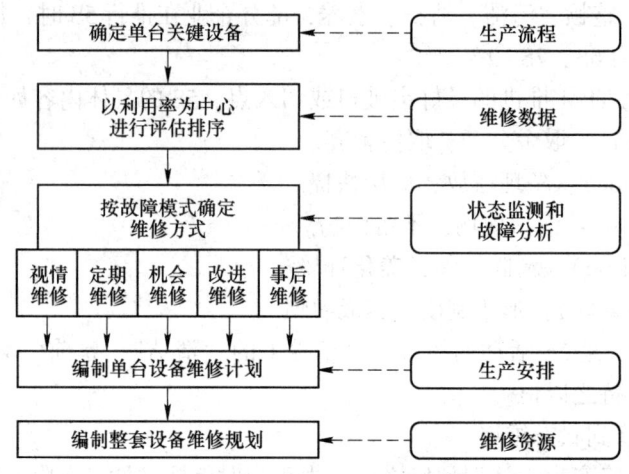

图 1-3　ACM 维修规划制定流程

e　可靠性维修

设备维修费用的不断提升，甚至维修费大于利润的情况，使得维修管理的成败与企业的兴衰之间的关系更为密切。可靠性维修（RBM）正是在这样的背景下，继被动维修（Reactive Maintenance，RM）、预防维修、预测维修之后，新发展起来的以设备可靠性为基础，以主动维修（Proactive Maintenance，PAM or Promaint）为导向的维修体制。

该体制将预防维修、预测维修、主动维修三者有机结合在一起，由此构成一个"天平"（见图 1-4），以预测维修为其支点，根据其提供的状态数据，在预防维修和主动维修之间达到相对平衡，从而形成一个统一的维修策略，以此系统消灭故障根源、显著降低维修费用、根本延长设备寿命，最终可使设备获得最高可靠性。

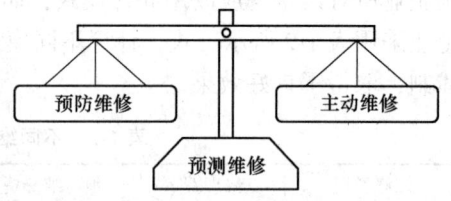

图 1-4　RBM 维修策略平衡关系

f　可靠性为中心的维修

可靠性为中心的维修（RCM）最早起源于 20 世纪 60 年代的美国航空界，经过数十年的发展与完善，现已在世界范围内得到广泛应用，不少现代设备维修管理体制（如日本 TPM、英国 Terotechnology、美国 Logistics Engineering）均或多或少吸收了 RCM 的思想。RCM 是指依据设备可靠性状况，凭借最低的维修资源消耗，运用相关逻辑决断分析方法，确定所需的维修类型、维修内容、维修间隔期及维修级别等，进而形成预防维修大纲，以此实现优化维修的目的。

RCM 对传统维修理念提出了挑战，其主要分析逻辑（见图 1-5）为：首先应对设备功能和故障模式与影响进行结构性评价分析，由此实现故障后果影响评估；然后结合设备运行反馈信息，运用相应逻辑决断分析方法，制定出一个综合了安全、最小维修资源消耗的维修策略，并且自觉以故障模式最新研究成果为重要依据。因此，可以认为 RCM 是综合了故障后果与故障模式的有关信息，并以维修停机损失最小为目标的一种优化维修制度的系统工程方法。

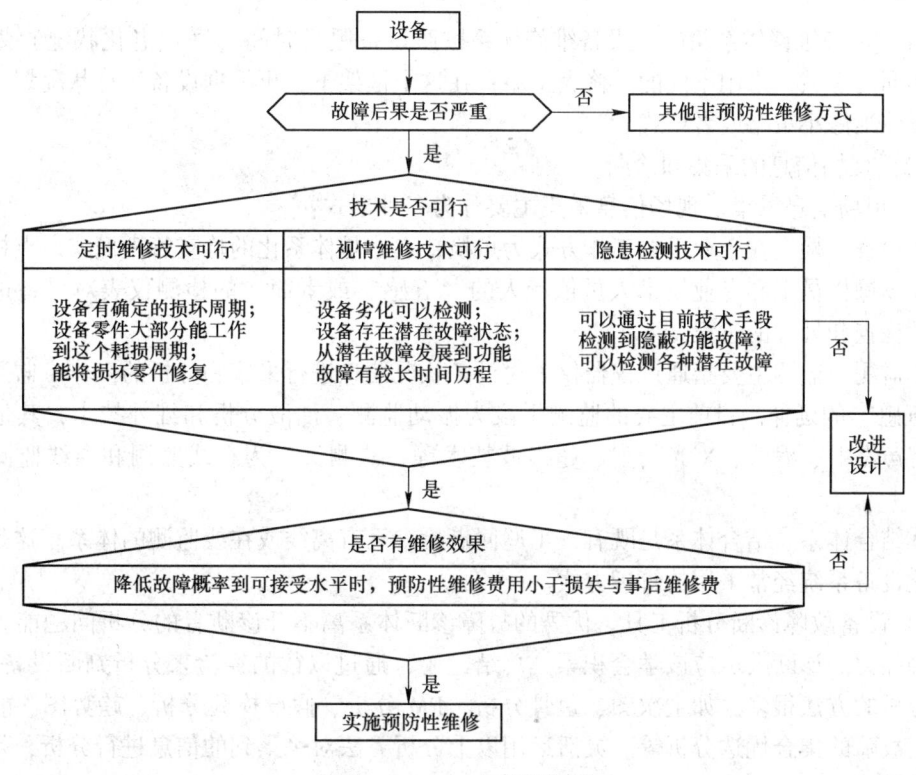

图 1-5　RCM 分析逻辑图

B　我国现行的设备管理制度

鉴于 TPM 在我国推广过程中面临的种种问题，广州大学李葆文教授在日本 TPM 基础上，于 1998 年提出了适合我国企业现状的全面规范化生产维护体系（TnPM）理念。TnPM 可以简单认为是规范化的、中国式的 TPM，其以设备综合效率 OEE（对设备系统而言）和完全有效生产率 TEEP（对整个生产系统而言）为目标，以全系统（即由空间维、时间维、功能维、资源维构成的四维结构）的预防维修体系为载体，以员工的行为全面规范化为过程，以全体人员参与为基础的生产和设备系统的维护、保养与维修体制。

TnPM 阐述了具有自身特色的四个"全"、五阶六维评估体系、五个"六"架构、八大支柱（要素）、"FROG"模型等内容外，还重点对企业设备预防维护体系（即 SOON 体系）进行了整体设计，如图 1-6 所示。

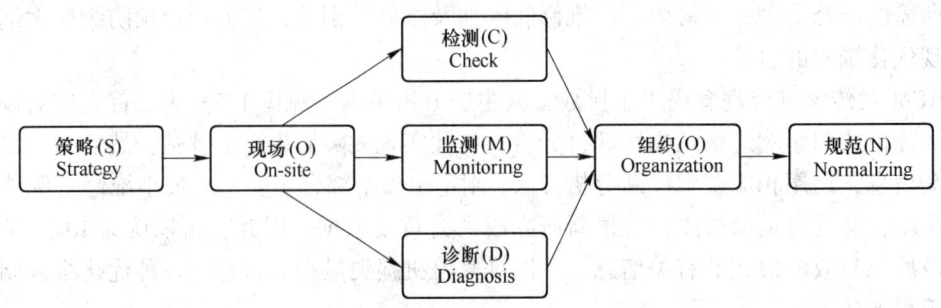

图 1-6　TnPM 的 SOON 体系框架

（1）设备维修体系策略。设备维修体系按照设备服役时间（磨损老化状况）划分为三个不同的区域，采用不同的维修大策略；在这个框架下，再根据设备运行状况划分为不同的具体维修小策略或者模式。

（2）现场信息的采集和诊断。

1）现场信息采集。现场信息采集主要分为三种形式：

①检查。检查在企业里的工作方式为点检，点检是体系化的检查管理模式。点检也是生产现场操作员工和专业技术人员依赖人的"五感"或者简单的检测仪表对设备进行的周期性检查和处理的过程。

②监测。监测主要指通过仪器仪表对设备状况信息进行采集和分析的工作。监测是人类"五感"的延伸。目前主要的监测手段为振动监测、油液分析和红外技术，其他的监测还有声发射、涡流、X 光衍射、超声波技术等。监测又分为在线监测和离线监测两种形式。

③结合体系。结合体系是既有人工巡回点检，又有离线或在线监测的体系。这是许多现代化设备系统经常采用的管理方式。

2）设备故障诊断分析工具。优秀的故障诊断体系离不开诊断者的分析问题能力和逻辑推理能力。诊断人员应该学会积累、总结经验，通过以往的经验来分析判断设备故障。诊断分析的方法很多，如主次图、鱼骨分析、PM 分析、假设检验分析、趋势图、故障树分析、故障的集合优选分析等。灵活运用以上分析方法对采集到的信息进行分析，是正确诊断的保障。

（3）维修的组织安排和运行过程。

1）维修组织的设定。企业内部的维修组织可分为集中、分散以及二者的结合形式及矩阵式。

2）选择资源配置。企业设备管理涉及的维修资源，包括内部专业维修队伍、企业多技能的操作员工、合同化的外部维修协力队伍三方面的力量。企业维修资源的整合，就是按照合理的比例配置内部、外委和多技能员工这三部分不同的维修力量，让维修成本逐渐走低。

（4）维修行为的规范化。维修行为规范化实质上就是制定和执行维修工艺的过程。

1.1.4　任务实施

（1）企业调研，了解国内企业设备管理情况。通过实地考察、问卷调查、电话访谈、小组座谈等方式，进行企业调研，深入了解目前国内企业设备管理的概况。

（2）总结我国企业设备管理的优点。我国各工业企业在"以我为主，博采众长"精神的指导下，引进了"后勤工程学"、"设备综合工程学"、"全员生产维修"等现代设备管理理论，在这些先进管理理论的基础上，总结我国设备管理实践经验，"融合提炼，自成一家"。通过对典型企业的实地考察，总结出我国设备管理的"可行之处"。

（3）总结我国企业设备管理的不足。与国际先进水平和国内经济发展形势相比，我国企业设备管理还存在诸多问题，通过实地考察相关企业，提出我国企业设备管理存在的问题。

（4）TnPM 在我国企业中的应用情况。国内不少企业在设备管理工作中全面或部分实施了 TnPM 这种设备管理模式，通过实地考察，总结 TnPM 在企业中的实施过程。

（5）加强我国企业设备管理水平的对策。通过实地考察，结合企业具体的情况，总结出加强我国企业设备管理水平的对策。

1.1.5　知识拓展

现代设备管理是一项极为复杂的系统工程。为了改善系统的总体性能，一方面应提升构成这一系统的各个要素的性能，另一方面应改善构成这一系统各要素的组织形式，来达到改善系统总体性能的目的。换句话说，在企业设备、人员、资金等要素均不变的条件下，通过合理组织，大大改善设备管理这一系统的总体效能。因此，设备管理组织形式对提高设备管理的效率，增强企业经济效益和社会效益具有重要意义。

1.1.5.1　企业设备管理的职能

工业企业生产的主要手段之一就是它的设备。生产过程有赖于具有技能的人员利用机械设备将原材料转化为市场需要的产品，因此设备是生产经营的要素，是企业资产的重要组成部分。如何确保企业设备安全稳定运行、降低设备故障、减少事故停车、合理改造维修等，已成为企业提高生产效率、控制生产成本、加强市场竞争力的重要课题。因此，设备管理部门在现代工交企业中，尤其是大型工业交通企业中占据着不可或缺的重要地位。现将企业设备管理的职责简要归纳如下：

（1）负责企业设备的资产管理，使其保持安全、稳定、正常、高效的运转，以满足生产的需要。

（2）负责企业的动力等公用工程系统的运转，保证生产的电力、热力、能源等的需要。

（3）制定所辖设备检修和改造更新计划，制定本企业的设备技术及管理的规章制度。

（4）负责企业生产设备的维护、检查、监测、分析、维修等，并合理控制维修费用，保持设备的可靠性，促使其发挥应有效能，产生最佳经济效益。

（5）负责企业设备的技术管理。设备是技术的综合实体，需要机械、电气、仪表、自动控制、热工等专业技术的管理与维修，同时还要执行国家相关部门制定的有关特种设备的安全、卫生、环保等监察规章制度。

（6）负责企业的固定资产管理，参加对设备的规划、选型、采购、仓储、安装、调试、维护、检修、改造、更新直至报废的全过程管理，做出技术、经济分析评价。

（7）管理设备的各类信息，包括设备的投资规划信息、资产和备件信息、技术状态信息、修理计划信息、人员管理信息等，例如：设备图纸、技术资料、定额标准、制度规程、技术情报、维修档案等，并根据设备的动态变化，适时修订、补充、完善其内容。

1.1.5.2　企业设备管理组织机构的设置

A　设备管理组织机构的设置原则

组织机构是指企业内部按分工协作关系和领导隶属关系有序结合的总体。健全而有效的设备管理组织机构是搞好企业设备管理工作的前提条件。设备管理组织的设置与其他管理组织的设置一样，是一个十分复杂的问题。一般来说，它应该遵循以下原则：

（1）统一领导、分级管理的原则。统一领导是组织理论的一项重要原则，企业各部门、各环节的组织机构必须是一个有机结合的统一的组织体系。在此体系中，各层次的机构形成一条范围、内容、职责、权限分明的等级链，不得越级指挥和管理。指挥者和执行者各负其责，自上而下地逐级负责、层层负责，共同确保生产经营任务的顺利完成。

（2）精干高效的原则。设备管理组织机构的设置应讲求合理，力求高效、精干。而要做到这一点，关键是要提高管理人员的业务水平和管理能力。在选择、配备管理人员时，应做到人尽其才，使其在分管的工作范围内，能充分发挥应有的才干，高效率地完成所分管的工作。然而，高效的前提是精干。为此，在设置设备管理组织机构时还应注意以下几点：1）应因事设岗，因岗设人。机构的设置和人员的配备应基于企业生产经营目标的需要，力求精兵简政，以达到组织机构设置的合理化。2）力求减少管理层次，精简机构和人员，以减少管理费用的支出。3）建立有效的信息传递渠道，使上情下达、下情上达、外情内达，搞好机构内外的配合及协调关系。

（3）分工与协作统一的原则。设备管理组织机构的设置应有合理的分工，在此基础上还必须注意相互协作、相互配合。设备系统的机构应从各项管理职能的业务出发，进行适当的分工，划清职责范围，提高管理专业化程度和工作效率。此外，由于设备管理和各项专业管理工作之间存在着内在的联系，因此各级管理组织之间和内部各职能人员之间在分工的基础上还必须加强协作和配合。破除过去那种小生产的自然经济管理思想，改变"小而全"、"大而全"的陈旧局面。

（4）责权利统一的原则。对各级管理人员应贯彻责权利统一的原则，其职责应与职权、利益相互对应。负什么样的职责，就应当有什么样的职权，否则便谈不上负责，同时还应规定相应的奖惩办法。对上级来说，必须对下级有一个正确的授权问题，即职责不能大于也不应小于所授予的职权；对下级来说，就不能拥有职责范围上的更多职权。有职无权和有权无责都是违背责权利统一原则的。产生有职无权的主要原因是上级要求下属对工作结果承担责任而又没有给予相应的权力；产生有权无责的原因则是不规定或不明确严格的职责范围，规定的职责含糊不清，没有明确法律上、道义上、经济上应承担的义务。

（5）综合管理的原则。1987 年国务院正式颁布的《设备管理条例》中，明确提出将"设备综合管理"作为我国设备管理的实践模式。设备综合管理是对我国传统管理的重大挑战与突破，对加快实现我国设备管理现代化具有重大的积极作用，为此，在建立设备管理组织机构时，必须适应综合管理的要求。

B　影响设备管理组织机构设置的有关因素

影响设备管理组织机构的因素很多，一般应考虑以下几个方面：

（1）企业规模。对于大型或特大型企业，鉴于其生产环节多，技术与管理专业范围跨度大，设备管理业务涉及面广，内容复杂，工作量大，通常在公司（总厂）一级设置主管设备的副总经理（或副厂长），在其领导下，由各设备职能部门负责人履行设备业务和行政方面的管理职能。下属分公司（或分厂）则分别设置相应的对口机构及管理人员。

对于中小企业，鉴于其生产环节少，技术与管理专业范围跨度小，设备管理业务内容简单，管理幅度小，设备管理业务内容较简单，工作量小，可由厂长直接领导或授权某副厂长领导设备系统的工作。

（2）技术装备水平。一般来说，技术装备水平高的企业，其设备管理及维修的业务通常较为繁杂，为此，设备管理机构的设置相应也要多一些，分工也要细一些，通常应设置专门的职能部门负责高新技术装备与应用的管理工作。

（3）生产工艺性质。流程化生产的企业，如冶金、化工等，生产工序环环相扣、联系密切，对设备的可靠性要求很高，因而设备管理及维修的工作量很大，要求也很高，设备管理机构相应应设置齐全一些。而对于一般企业而言，设置的机构可相对减少一些。

（4）生产类型。在加工装配行业中，例如机器制造、汽车、家用电器等行业，由于生产类型（大量生产、成批生产、单件小批量生产）不同，设备管理机构的设置也有较大的差别。

（5）社会化协作程度。设备维修、备件及材料的物流配送、涉及设备管理与维修的各类中介服务的社会化协作程度越高，社会服务体系越完善，设备管理组织机构的设置就可以越精简，从而使相关的管理工作量得以简化。这也是我国企业设备管理机构未来的发展趋势。例如：上海宝山钢铁总厂，坚持"不在钢厂内部设庞大的修理厂"的方针，通过采取将主生产线设备检修外协，面向社会引进部分专业检修力量，自身拥有一支精干的设备检修队伍，开展备件供应的社会协作，加上生活后勤的社会协作等措施，率先解决了"企业办社会"、"大而全"的弊病，从而使原有机构及人员得以有效精简，提升了企业的综合竞争能力。目前，这一做法已在其他各大钢厂得到推广应用。

C　设备管理的领导体制与组织形式

（1）厂（公司）级设备管理领导体制。

1）厂级领导成员之间的分工。厂（公司）级设备管理领导体制，是企业最高层次领导班子诸成员之间在设备管理方面的分工协作关系。我国企业内设备管理领导体制大致有以下几种情况：①设备厂长与生产副厂长并列，在厂长统一领导下，企业设备系统与生产系统并联，分别由两位副厂长领导各自系统的工作；②生产副厂长领导企业设备系统工作，由生产副厂长直接领导设备处（科、室）；③总工程师领导企业设备系统工作。

2）设备综合管理委员会（综合管理小组）。它是我国不少企业在推行设备综合管理过程中逐步建立的机构。它在厂长直接领导下，由企业各业务系统主要负责人参加。它的主要任务是处理设备工作中重大事项的横向协调，如《设备管理条例》的贯彻执行、重大设备的引进或改造、折旧率的调整和折旧费的使用等。我国航空工业有50多个企业建立了设备综合管理委员会；铁道部戚墅堰机床厂、上海第三钢铁厂等也成立了设备（综合）管理委员会或小组。

3）技术装备中心。有些企业内部成立了几大中心或多个公司，技术装备中心（设备工程公司）是其中之一，承担对设备的综合管理。在经济体制改革过程中，随着各类承包责任制的推行，技术装备中心（设备工程公司）一般都逐步发展成为相对独立、自主经营、自负盈亏的经济实体。

（2）基层设备管理组织形式。我国大多数企业在推行设备综合管理过程中，继承了我国群众参加管理的优良传统，参照日本 TPM 的经验，在基层建立了生产操作工人参加的 PM 小组。

随着企业内部承包制的发展，在企业基层班组中出现了多种设备管理模式，其重要特点是打破了两种传统分工：一是生产操作工人与设备维修工人的分工；二是检修工人内部机械、电气的分工。有些企业成立了包机组，把与设备运行有直接关系的工人组成一个整体，成为企业生产设备管理的基层组织和内部相对独立的基本单位。

任务 1.2　冶金企业 EAM 设备资产管理信息系统认知

1.2.1　任务引入

随着设备管理方式的不断变革，对管理现代化的要求日益提高，计算机信息系统的引入成为发展的必然趋势。设备管理领域的信息化，使得 CMMS（设备维护管理和状态信息采集的计算机辅助设备维护管理系统）、EAM（设备资产管理信息系统）等信息软件已被广泛应用于制造业、采矿业、电力生产、交通运输等行业。那么，什么是设备管理信息系统？国内外企业设备管理信息系统的建设情况如何？我国各企业目前主要采用什么系统软件来进行设备管理？下面我们带着这些问题，学习企业设备管理信息系统的知识。

1.2.2　任务描述

某大型钢铁企业采用了设备与物资管理系统对企业设备进行管理，通过实地考察等方式，了解企业对该软件的应用情况。

1.2.3　知识准备

1.2.3.1　设备管理信息系统

A　概述

设备管理信息系统是管理信息系统（Management Information System，MIS）的一个重要组成部分。管理信息系统，是 20 世纪 80 年代才逐渐形成的一门新学科，其概念至今尚无统一的定义。这也反映了 MIS 作为一个新学科的特点，就是其理论基础尚不完善，其概念方法尚未明确统一。在现阶段普遍认为 MIS 是由人和计算机设备或其他信息处理手段组成并用于管理信息的系统。换句话说，管理信息系统是信息系统在管理领域的具体应用，具有信息系统的一般属性。从管理信息系统的建立、功能等方面来分析，管理信息系统可以定义为：是一个以人为主导，利用计算机硬件、软件、网络通信设备以及其他办公设备，进行信息的收集、传输、加工、储存、更新和维护，以企业战略竞优、提高效益和效率为目的，支持企业高层决策、中层控制、基层运作的集成化的人机系统。

由此可见，MIS 是集计算机技术、网络通信技术、管理技术等为一体的信息系统工程，是一个覆盖企业或主要业务部门辅助管理的人-机（计算机）系统，主要为企业经营、生产和行政管理工作服务，完成经营管理、设备管理、生产管理、财务管理等。它和企业的管理模式、经营意识密切相关，为企业的最终目标服务。

目前国内使用和发展的 MIS 平台模式大体上分为两种：一是客户机/服务器模式（Client/Server，C/S）；二是 Web 浏览器/服务器模式（Browser/Server，B/S）。MIS 都是以数据库为基础实现的。目前常用的数据库有支持单机的 dBase、Paradox 数据库和 Oracle、Sybase、SQL Server 等关系数据库。常用的开发数据库应用软件工具很多，如：Visual C++、Delphi、Visual Basic、Visual Foxpro 等。

a　管理信息系统的功能

（1）管理信息系统的基本功能。

1）信息的输入、存储、加工处理、维护、传输、输出等。

2）支持决策，这是管理信息系统的主要功能。决策是为达到某一目的而在若干个可行方案中经过比较、分析，从中选择合适的方案并赋予实施的过程。

3）全面系统地保存大量的信息，并能迅速地查询与综合，为组织的决策提供信息支持。利用数学方法和各种模型处理信息，以期预测未来，并进行科学的决策。

（2）管理信息系统的结构。MIS 总体结构由信息源、信息处理器、信息用户和信息管理者组成。信息源是信息的来源或者说是以各种不同的方式存在的信息；信息处理器负责信息的传输、加工、存储；信息用户是系统的使用者；信息管理者负责系统设计、实现、运行和维护。一个管理信息系统大致包括这样几个子系统：数据的收集与整理系统、输入系统、加工系统、传输系统、检索系统、输出系统等。

（3）管理信息系统的类型。根据不同的标准，管理信息系统有不同的分类。

1）基于组织职能可以划分为：办公系统、决策系统、生产系统和信息系统等。

2）基于信息处理层次进行划分为：面向数量的执行系统、面向价值的核算系统、报告监控系统、分析信息系统、规划决策系统，自底向上形成信息金字塔。

3）基于历史发展进行分类：第一代 MIS 是手工操作，使用工具是文件柜、笔记本等；第二代 MIS 增加了机械辅助办公设备，如打字机、收款机、自动记账机等；第三代 MIS 使用计算机、电传、电话、打印机等电子设备。

4）基于 MIS 的综合结构可以划分为：横向综合结构和纵向综合结构。其中，横向综合结构指同一管理层次各种职能部门的综合，如劳资、人事部门等；纵向综合结构指具有某种职能的各管理层的业务组织在一起，如上下级的对口部门。

5）基于规模进行划分：随着电信技术和计算机技术的飞速发展，现代 MIS 从地域上划分已逐渐由局域范围走向广域范围。

据有关资料显示，目前我国 520 家国家重点企业 80% 以上已建立办公自动化系统（OA）和管理信息系统（MIS），70% 以上接入互联网，50% 以上建立了内部局域网。企业已不同程度地在日常管理和决策环节上应用了信息技术。

b　信息技术在设备管理中应用的发展

信息技术特别是软件技术，于 20 世纪 70 年代开始应用于设备管理，至今已有 40 多年的历史。同信息技术在其他管理领域的应用一样，设备管理的计算机应用先后经历了文件管理、信息管理、动态工作管理，目前正向管理决策分析阶段发展。

（1）文件管理阶段。利用文件编辑工具（如 Word、Excel、WPS 等）制作工作表，辅助管理人员进行工作表格制作和数据统计。在后来的发展中，文件管理进一步为数据库应用所取代，如使用数据库功能进行设备台账管理等。

（2）信息管理阶段。运用数据库管理技术，以科室管理为主要对象，以实际标准化管理为核心，对设备资产、设备运行、设备维修、备件管理、工作计划和工作记录进行管理，控制维护及修理费用，并对设备管理的主要工作环节进行技术经济方面的数据统计和管理指标分析。在这一阶段，产生了以 CMMS 为名称的专门化计算机设备维护管理系统。

（3）动态工作管理阶段。面向管理流程进行优化管理，为企业提供可自定义的基于数字化管理技术的工作平台，建立从现场、科室到企业的动态工作体系。利用对设备资产管理信息流与工作流的控制，并结合先进的管理方法，提高生产设备的可利用率及可靠性，满足先进的生产设备对现代生产组织保障的要求。在这一阶段，CMMS 为企业 EAM 所取代。

（4）管理决策分析阶段。在实现动态工作管理要求的基础上，支持对设备故障、可靠性、运行效能、维修策略、更新改造、备件合理库存、关键绩效指标（Key Performance Indicator，KPI）等，进行技术分析和管理分析，为管理流程优化和管理决策提供直接的数据依据。

　　c　典型工程实例——国内、外钢铁企业信息化建设的概况

随着我国加入世贸组织以及经济全球化趋势的发展，国内钢铁工业在更大程度上融入了国际化市场竞争中，为此，我国钢铁企业不得不面对诸如奥钢联、新日铁、韩国浦项等国际钢铁巨头咄咄逼人的竞争态势。这对于我国钢铁企业来说，无疑是一场严峻挑战。加快企业信息管理系统的建设，对企业进行全方位、多角度、高效和安全的流程改造，通过对信息资源的深度开发和广泛利用，有效提高管理水平和效率，满足用户需求，不断提高企业市场竞争能力，已成为钢铁行业在激烈的市场竞争中求得生存和发展的必由之路。

国外钢铁企业为了适应市场环境的不断变化，提高客户满意度，从 20 世纪 80 年代开始，实施了以"ERP"（企业资源计划，现已成为钢铁企业信息化的代名词）为核心的信息系统的建设。目前，国外发达国家的钢铁工业已基本实现了钢铁制造业的信息化，现在正朝向高度智能化和网络化的方向发展。例如：韩国浦项制铁（简称 POSCO，全球最大的钢铁制造厂商之一），于 1999 年将实现企业数字化管理作为主要战略目标，开始实施基于面向未来、高度流畅、标准统一的信息系统的建设。针对浦项制铁的业务范围广泛，信息处理量巨大，以及对信息系统稳定性、灵活性和继承性要求极高的特点，浦项制铁最终选择了 Oracle 商务集成解决方案，信息系统以 Oracle 的 40 个套件为基础，从 1999 年 3 月开始实施，在两年半的时间里，先后完成了包括：客户关系管理（CRM）、企业决策管理（SEM）、企业资源管理（ERP）、人力资源管理（HR）、项目管理（Project）和财务管理（Finance）等在内的系统模块，并于 2001 年 7 月上线运行。在浦项制铁信息系统平台上，集成了供应链管理系统、客户关系管理系统和企业内部管理系统。

又如：我国上海宝钢的信息管理系统主要是由台湾中钢与宝信软件公司会同宝钢生产经营管理部门历时 5 年开发而成的。第一个阶段是以生产制造为中心，实施了信息化建设

的一、二期工程；第二个阶段是以财务为中心，实施了三期工程；第三阶段是以客户为中心，实施了管理信息系统的建设。生产主线应用功能于 1998 年 3 月开发完成并投入正式运行。建成后的整个宝钢管理信息系统主要包括销售管理、质量管理、生产管理、出厂发货管理、会计管理、设备管理等 6 个子系统，覆盖了从销售订单开始，经过接收用户订单、合同处理、计划编制、生产指令下达、生产实绩收集、质量控制、发货管理等环节，直至合同结算完成等过程，构成了宝钢产、销、设备维修等企业活动的计算机管理格局，实现了从合同签订到产品出厂、财务结算、用户服务的计算机全程管理。

钢铁行业信息系统建设已成为钢铁企业生产经营不可或缺的重要管理工具，更是我国钢铁行业走向国际化经营之路的必然选择。随着以宝钢、武钢、首钢、鞍钢等一批国内大型钢铁企业信息系统的成功实施与推进，钢铁行业信息系统功能日臻完善，其强大的管理优势必将更加凸现，从而将成为我国钢铁行业纵横国际市场的又一制胜法宝。

B   设备管理信息系统的基础知识

设备管理水平的高低、设备运行状况的好坏、设备综合效率的高低，直接关系生产计划的制定实施、产品的产量和质量、原材料的消耗以及工艺指标的控制等方面，因此，开发和建立企业设备管理信息系统有着重要意义。

a   设备管理信息系统的概念

现代设备管理涉及内容广泛，信息复杂，数据量大。在传统手工管理方式下，信息的采集和反馈速度慢，数据失真、丢失严重，导致设备管理各个环节的相互脱节，各种指标的分析不准确，计划与实际脱离，严重影响了设备管理水平的提高。为满足现代化工业生产的无故障、无缺陷、无伤亡、无公害等要求，各工业发达国家先后提出了设备管理的新理论。设备管理信息系统（Plant Management Information System，PMIS）就是以系统思想的方法，利用现代信息通讯技术和设备管理理论的最新发展成果，并结合国家有关设备管理的法律、法规，对企业设备管理活动中的信息进行收集、提取、加工、输出，从而形成支持组织决策的信息系统。设备管理信息系统是管理信息系统的一个重要组成部分。

设备管理信息系统是为设备管理提供决策信息的系统。在企业中，它可以作为企业管理信息系统的一个子系统，利用计算机数据处理快速、准确、方便的优势，从而使企业设备管理的决策和控制及时、正确，使设备系统资源（人员、设备、物资、资金、技术、方法等）得到充分利用，并对牵涉面很广的设备工程的复杂任务及时做出评价，采取有效措施保证企业经营目标的实现。

因此，企业开发设备管理信息系统的基本任务，就是要通过将信息技术和管理技术结合，利用计算机辅助设备管理人员工作，提高工作效率，达到促进设备管理现代化，为提高企业生产技术水平和产品质量、降低消耗、确保安全生产、增加经济效益等服务的目的。近几年来，我国在计算机辅助设备管理方面，取得较大的进展和成效，应用面涉及设备全过程管理的各个领域，有力地推动了设备工程现代化的进程。

b   设备管理信息系统的性能要求

（1）适用性：能够满足企业的管理要求，适应企业的具体实际情况，为企业提供一个规范化的管理体系。

（2）开放性：任何模块可以根据需要连接或分离，且不影响其他模块的正常使用，系统性能扩充方便、易行。

（3）准确性：保证设备物质形态与价值形态管理相统一，且各类数据准确可靠。

（4）实时性：符合最新的企业信息交互及数据传输方式，充分利用网络的优越特性，实现实时的、在线的信息系统。

（5）前瞻性：建立基于故障诊断和状态监测、预报的设备动态集成管理系统，为企业的生产经营、检修维护等提供可靠的设备信息及趋势预测。

（6）易用性：人机操作界面友好、美观，尽量使用全中文图形界面（Graphical User Interface，GUI），实现操作的简单、方便、易学、易维护等。

（7）安全性：只有授权用户方可进入系统，并可根据用户权限的大小，实行分级管理。

c　设备管理信息系统的组成

设备管理信息系统是设备生命周期的信息化管理系统，包括设备前期管理、固定资产管理、设备档案管理、设备维护管理、设备运行管理、设备备件管理、设备维修管理等子系统。各子系统之间的相互联系如图 1-7 所示。

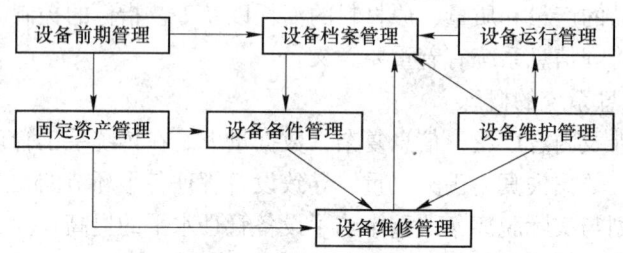

图 1-7　设备管理信息系统各子系统的关系

设备管理信息系统各子系统本身是一个独立的系统，它们之间通过设备编码联系起来。设备作为固定资产的一部分，设备编号必须与固定资产编号相一致。为了使设备管理信息系统，特别是所建立的数据库具有延续性和生命力，设备编码规则必须具有较强的可扩充性和可扩展性。其中，可扩充性主要考虑的是设备及设备系统将来可能不断增多的情形；可扩展性主要考虑的是设备编码向下可扩展成设备备件编码的需要。

不同的企业和不同的设备管理方式，其设备管理信息系统的开发具有不同的特点，但其基本的功能和方法是一致的。

（1）设备前期管理子系统。设备前期管理是设备寿命周期的开始。该子系统主要包括设备规划、招投标选型决策、设备设计制造、安装验收、合同管理、设备使用初期管理等功能模块。设备前期管理要形成设备的基本档案和固定资产管理的基本数据。

（2）固定资产管理子系统。固定资产管理主要包括固定资产登记、使用状态、调拨、租赁、报废、折旧等功能模块。固定资产登记的相关数据来源于设备前期管理。

（3）设备档案管理子系统。设备档案管理主要包括设备基本档案、设备图样资料、设备运行档案、设备维护档案、设备维修档案管理等功能模块。设备基本档案数据来源于设备前期管理；运行档案数据来源于设备运行管理；设备维护档案数据来源于设备维护管理；设备维修档案数据来源于设备维修管理。

（4）设备维护管理子系统。设备维护管理主要包括设备润滑管理、设备点检管理等功能模块。设备维护管理要形成设备维护档案，给设备维修管理提供设备检修依据，给设备运行管理提供保证，并从运行管理中得到设备维护的要求。

（5）设备运行管理子系统。设备运行管理主要包括设备运行参数（如温度、流量、压力等）管理、设备运行指标分析、设备故障管理等功能模块。设备运行管理要形成设备运行档案。

（6）设备备件管理子系统。设备备件管理是设备管理信息系统最重要的子系统，通过应用设备及备件的 ABC 分类管理、定额管理、定置管理、协作库存和零库存管理等手段来保证企业的正常生产和经济效益的提高。

（7）设备维修管理子系统。设备维修管理主要包括设备维修计划管理、维修合同管理、材料管理、维修执行管理和维修质量管理等功能模块。设备维修管理要形成设备维修档案。

d　设备管理信息系统的特点

（1）编码的一致性。设备管理信息系统设备编码贯穿于各个子系统中，并把各子系统联系起来，把设备编码进一步扩展成为固定资产编码和设备备件编码。

（2）备件属性编码和材料编码的可变长度多面码。备件属性编码和材料编码，是按照设备备件和材料本身固有的性质进行编码的，不可能对使用的所有设备备件和材料一次性的编码，必须根据设备的不断增加和所使用材料的增多而不断地补充。可变长度的编码方式使得编码的容量和所表达的内容可以不断延伸，并且一个数据项可以有多方面的特性。

（3）数据的共享。设备管理信息系统各子系统本身是一个独立的系统，但它们之间又通过设备编码联系起来。为减少数据输入时出错的机会，一种数据应该只有一个入口，这就称为管理系统的共享数据。

1.2.3.2　ERP 与 EAM 简介

A　企业资源计划 ERP

a　ERP 的概念

所谓 ERP，即为英文 Enterprise Resource Planning（企业资源计划）的简写，是指建立在信息技术基础上，以系统化的管理思想，为企业决策层及员工提供决策运行手段的管理平台。ERP 系统集信息技术与先进管理思想于一身，成为现代企业的运行模式，反映时代对企业合理调配资源、最大化地创造社会财富的要求，成为企业在信息时代生存、发展的基石。它对于改善企业业务流程、提高企业核心竞争力具有显著作用。

进一步地，可以从管理思想、软件产品、管理系统三个层次给出 ERP 的定义：

（1）是由美国著名的计算机技术咨询和评估集团加特纳公司（Garter Group Inc.）于 1991 年率先提出的一整套企业管理系统体系标准，其实质是在 MRP Ⅱ（Manufacturing Resources Planning，制造资源计划）基础上，进一步发展而成的一种面向整个供应链管理（Supply Chain Management，SCM）的现代企业管理思想和方法。

（2）是整合了企业管理理念、业务流程、基础数据、人力物力、计算机硬件和软件于一体的企业资源管理系统。

（3）是综合应用了客户机/服务器体系、关系数据库结构、面向对象技术、图形用户界面、第四代语言（Fourth-Generation Language，4GL）、网络通信等信息产业成果，以

ERP 管理思想为灵魂的软件产品。

　　b　ERP 系统的管理思想

　　ERP 的核心管理思想就是实现对整个供应链的有效管理，主要体现在以下三个方面：

　　(1) 体现对整个供应链资源进行管理的思想。在知识经济时代，如果仅仅依靠企业自身的资源，是不可能有效地参与激励的市场竞争的，只有把经营过程中的有关各方如供应商、制造工厂、分销网络、客户等纳入一个紧密的供应链中，才能有效地安排企业的产、供、销活动，满足企业利用全社会一切市场资源快速高效地进行生产经营的需求，以期进一步提高效率和在市场上获得竞争优势。换句话说，现代企业竞争不是单一企业与单一企业间的竞争，而是一个企业供应链与另一个企业供应链之间的竞争。ERP 系统实现了对整个企业供应链的管理，适应了企业在知识经济时代市场竞争的需要。

　　(2) 体现精益生产、同步工程和敏捷制造的思想。ERP 系统支持对混合型生产方式的管理，其管理思想表现在两个方面：1) "精益生产 (Lean Production，LP)" 的思想，它是由美国麻省理工学院提出的一种企业经营战略体系，即企业按大批量生产方式组织生产时，把客户、销售代理商、供应商、协作单位等纳入生产体系，企业同其销售代理、客户和供应商的关系，已不再简单地是业务往来关系，而是利益共享的合作伙伴关系，这种合作伙伴关系组成了一个企业的供应链。2) "敏捷制造 (Agile Manufacturing，AM)" 的思想。敏捷制造是美国国防部为了指导 21 世纪制造业发展而支持的一项研究计划。当市场发生变化，企业遇到特定的市场和产品需求时，企业的基本合作伙伴不一定能满足新产品开发生产的要求，这时，企业会组织一个由特定的供应商和销售渠道组成的短期或一次性供应链，形成 "虚拟工厂"，把供应和协作单位看成是企业的一个组成部分，运用 "同步工程"（Simultaneous Engineering，SE，又称并行工程）组织生产，用最短的时间将新产品打入市场，时刻保持产品的高质量、多样化和灵活性。

　　(3) 体现事先计划与事中控制的思想。ERP 系统中的计划体系主要包括主生产计划、物料需求计划、能力计划、采购计划、销售执行计划、利润计划、财务预算和人力资源计划等，而且这些计划功能与价值控制功能已完全集成到整个供应链系统中。

　　ERP 系统通过定义事务处理相关的会计核算科目与核算方式，以便在事务处理发生的同时自动生成会计核算分录，保证了资金流与物流的同步记录和数据的一致性，从而实现了根据财务资金现状，可以追溯资金的来龙去脉，并进一步追溯所发生的相关业务活动，改变了资金信息滞后于物料信息的状况，便于实现事中控制和实时做出决策。此外，计划、事务处理、控制与决策功能都在整个供应链的业务处理流程中实现，要求在每个流程业务处理过程中，最大限度地发挥每个员工的工作潜能与责任心；流程与流程之间则强调人与人之间的合作精神，以便在有机组织中充分发挥每个人的主观能动性与潜能，实现企业管理从 "高耸式" 组织结构向 "扁平式" 组织机构的转变，从而有效提高企业对市场动态变化的响应速度。

　　c　信息技术在企业资源管理中的应用过程

　　企业资源系统的发展与市场的需求、管理思想、计算机技术和信息技术的发展等密不可分。企业之所以能生存和壮大，就在于其能不断满足市场不断变化的需求。而不断发展的管理思想、计算机技术和信息技术又为企业满足市场需求提供了有效的工具。实践证明，信息技术已在企业管理层面扮演越来越重要的角色。

信息技术最初在管理上的运用，也是十分简单的，主要是记录一些数据，方便查询和汇总，而现在发展到建立在全球 Internet 基础上的跨国家、跨企业的运行体系，粗略可分作以下几个阶段：

（1）MRP 阶段（Material Require Planning，物料需求计划）。

在传统的生产管理中，生产的产品品种繁多，批量变化较大，为了及时生产出合格的产品就必须采用各种方法解决生产中存在的问题。早期通常采用监视库存的方法，一旦库存降低，就重新订货，以保证不间断地生产。这种方法在企业生产较为复杂的情况下，常常造成库存占用过高，资金利用率较低。美国管理学家 R. H. Wilson 在 1915 年提出了经济批量的概念，1934 年又提出用统计方法确定订货点的方法，首开库存管理研究之先河，后经人们不断完善，形成现在的古典生产存储系统。古典生产存储系统虽具有相对严密、完善的理论体系，但它是以理论假设和理想的生产环境为前提，订货点方法建立在历史数据环境上，用预测方法确定需求项目，适用于物料需求是连续不变的、库存消耗是稳定的情况。

在多变的市场中，物料需求也是随时间而变化的，为了避免物料短缺，而对每个项目设置安全库存，使得库存投资增加、生产成本上升。为了解决生产中库存量较高的弊端，提高资金利用率，人们逐渐把注意力转向企业生产的物料需求上来，希望物料能在需要时运来，而不是过早地存放在仓库中，从而达到降低库存的目的。1965 年，美国的 Joseph A. OrliCky 博士与 Oliver W. Wight 等管理专家一起在深入调查美国企业管理状况的基础上，针对制造业物料需求随机性大的特点，提出了物料需求计划（MRP）这种新的管理思想。

所谓物料需求计划，即根据产品的需求情况和产品结构，确定原材料和零部件的需求数量及订货时间，在满足生产需要的前提下，有效降低库存。随着计算机技术的发展，MRP 管理思想借助于计算机这一强有力的工具，发展成为一种有效的管理方法。

最初的 MRP 又称为时段式 MRP，其基本任务有两个：一是从最终产品的生产计划（独立需求）导出相关物（原材料、零部件）的需求量和需求时间（相关需求）；二是根据物料的需求时间和生产（订货）周期来确定其开始生产（订货）的时间。要完成这两项任务，在 MRP 中，首先要求将生产计划分解为零件出产进度计划，这一计划又被称作主生产计划（Master Production Schedule，MPS）；然后根据主生产计划，同时参照产品结构与物料清单（Bill of Material，BOM）、库存信息等基础数据，确定生产所需的物料采购计划，从而实现减少库存、优化库存的管理目标。

MRP 系统是建立在两个假设的基础之上：一是生产计划是可行的，即假定有足够的设备、人力和资金来保证生产计划的实现；二是假设物料采购计划是可行的，即有足够的供货能力和运输能力来保证完成物料供应。但是在实际生产中，能力资源和物料资源总是有限的，往往会出现生产计划无法完成的情况。因而，为了保证生产计划符合实际，必须把计划与资源统一起来，以保证计划的可行性。后来的研究者在 MRP 的基础上增加了能力需求计划，使系统具有生产计划与能力的平衡过程，形成了闭环 MRP。

（2）MRP Ⅱ 阶段（Manufacture Resource Planning，制造资源计划）。

随着 MRP 系统的应用，人们开始认识到，在企业管理中，生产管理只是一个方面。它所涉及的仅仅是物流，而与物流密切相关的还有资金流。在许多企业中，资金流主要是由财会人员另行管理的，这就造成了数据的重复录入与存储，甚至还会导致数据的不一致。

有鉴于此，在 20 世纪 70 年代末 80 年代初，美国著名管理专家、MRP 的鼻祖奥列弗·怀特（Oliver W. Wight）在闭环 MRP 的基础上，增加了经营计划、销售、成本核算、技术管理等内容，从而构成完整的企业管理系统制造资源计划（MRP Ⅱ）。

MRP Ⅱ 是以工业工程的计划与控制为主线的、体现物流与资金流信息集成的管理信息系统。它从 MRP 发展出来，但并非取代传统 MRP，而是在 MRP 管理系统的基础上，增加了对企业生产中心、加工工时、生产能力等方面的管理，以实现计算机进行生产排程的功能，同时也将财务的功能囊括进来，在企业中形成以计算机为核心的闭环管理系统，这种管理系统已能动态监察到产、供、销的全部生产过程。

近 20 年来，国外已有数万个企业建立并运行了 MRP Ⅱ 系统。我国开发应用 MRP Ⅱ 的单位也有数百家，并形成了有中国特色的 MRP Ⅱ 产品。MRP Ⅱ 利用计算机网络把生产计划、库存控制、物料需求、车间控制、能力需求、工艺路线、成本核算、采购、销售、财务等功能综合起来，实现企业生产的计算机集成管理，全方位地提高了企业管理效率。

（3）ERP 阶段（Enterprise Resource Planning，企业资源计划）。

进入 20 世纪 90 年代，随着市场竞争的进一步加剧，企业竞争空间与范围的进一步扩大，MRP Ⅱ 主要面向企业内部资源全面计划管理的思想，逐步发展为怎样有效利用和管理整体资源的管理思想，ERP 也就随之产生。

ERP 是在 MRP Ⅱ 的基础上扩展了管理范围，给出了新的结构。它的应用可以有效地促进现有企业管理的现代化、科学化，适应竞争日益激烈的市场要求它的导入，已经成为大势所趋。

（4）电子商务时代的 ERP。

Internet 技术的成熟为企业信息管理系统增加与客户或供应商实现信息共享和直接的数据交换的能力，从而强化了企业间的联系，形成共同发展的生存链，体现企业为达到生存竞争的供应链管理思想。ERP 系统相应实现这方面的功能，使决策者及业务部门实现跨企业的联合作战。

d　推行 MRP Ⅱ/ERP 系统的经济效益

依据美国生产与库存控制学会（APICS）统计，使用一个 MRP Ⅱ/ERP 系统，平均可以为企业带来如下经济效益：

（1）库存下降 30%～50%。这是人们谈论最多的效益。因为它可使一般用户的库存投资减少 1.4～1.5 倍，库存周转率提高 50%。

（2）延期交货减少 80%。当库存减少并稳定的时候，用户服务的水平提高了，使采用 MRP Ⅱ/ERP 企业的准时交货率平均提高 55%，误期率平均降低 35%，这就使销售部门的信誉大大提高。

（3）采购提前期缩短 50%。采购人员有了及时准确的生产计划信息，就能集中精力进行价值分析、货源选择、研究谈判策略、了解生产问题，缩短了采购时间和节省了采购费用。

（4）停工待料减少 60%。由于零件需求的透明度提高，计划也作了改进，能够做到及时与准确，零件也能以更合理的速度准时到达，因此，生产线上的停工待料现象将会大大减少。

（5）制造成本降低 12%。由于库存费用下降、劳力的节约、采购费用节省等一系列人、财、物的效应，必然会引起生产成本的降低。

（6）管理水平提高，管理人员减少 10%，生产能力提高 10%~15%。

e　典型工程实例——武钢整体产销资讯系统的建设

武汉钢铁（集团）公司（以下简称武钢）是新中国成立后兴建的第一个特大型钢铁联合企业，现已形成年产钢铁各 1000 万吨的综合生产能力。为应对经济全球化以及新一轮信息技术革命挑战，武钢不断进行管理创新，在钢铁主业集团范围内对原有的业务流程进行了重新设计和再造，并以信息化为推动力，对业务流程进行整合，于 2001 年 3 月份开始，实施当时国内在建的最大企业信息化系统工程——武钢整体产销资讯系统建设工程。

该系统按照 ERP 管理模式开发，建立以市场为导向、合同为主轴的产销整合管理和追踪，实现产销一体化。武钢整体产销资讯系统一期工程是在台湾中钢专家的指导下，由武钢和中钢联合开发销售管理、技术质量管理、生产管理、出货管理、财务管理、信息作业管理六大子系统，并于 2003 年 1 月 1 日成功实现了一次上线投运。武钢 ERP 一期工程的成功运行，在武钢的客户满意度、企业运行效率、成材率、库存、作业率、订货周期和合同执行率等方面，为武钢创造了巨大的直接和间接经济效益。

（1）信息系统直接经济效益。

1）利用信息系统实现减少带出品、降低废品率、提高成材率，从而增加了产量，作业率、生产率提高 1%~2%。武钢轧板厂在系统上线后月轧钢产量上升到 7 万吨以上，创历史最高水平。

2）板坯库存减少 20%，平均由 7 万吨降到 4.5 万吨。中间库存从日均 2.6 万吨降低到 1.8 万吨左右，平均降低 30%。

3）订货周期由原来的 45 天减少到 30 天；用户异议率减少 50%；合同执行率达到 100%，提高服务水平。

（2）信息系统间接经济效益。

1）实现企业精细管理，大幅度降低生产成本。

2）缩短货币资金回笼时间。资金回笼时间平均缩短了 3 天，每年可为企业减少大量的利息支付。

3）实现人员的精简和高效。例如，负责销售结算开发票的岗位人员由过去的 40 多人减少到 15 人左右；负责公司生产计划编排人员也相应减少了 50% 以上。

4）提高企业产能和整体调控能力，通过系统每年可以为企业节约大量的出货外发运输成本。

5）通过信息系统工程的建设，培养和造就了信息产业的专业化人才队伍，形成了武钢新的经济增长点。

6）对企业各类规章制度、标准和规范等基础管理工作进行全面的清理，并结合实际情况进行进一步的完善和修订。武钢共完成了配套的 28 项涉及企业管理的基础工作。

经有关部门测算，武钢信息系统全面投运后，由于降低生产成本、减少库存量、加快原料采购资金周转、提高生产作业率和精简人员等，每年可为武钢创造直接经济效益

5000 万元以上。

B　企业资产管理信息系统 EAM

a　EAM 简介

EAM 是英文 Enterprise Asset Management 的缩写，直译为企业设备资产管理，主要包括装置、厂房、工具设备、移动物品（车辆等）和场地环境。

关于 EAM 的概念，现在比较流行的说法主要有以下三种：

（1）美国 Gartner Group 咨询公司对 EAM 定义为：在资产密集型企业的新建、在建与运行维修中，在不明显增加维修费用下，采用现代信息技术（IT）降低停机时间，增加生产产量的一套企业资源计划系统。

（2）EAM 是资产密集型企业的解决方案。

（3）EAM 是资产密集型企业的 ERP。

从以上三个说法可以明确以下内容：EAM 主要是面向资产密集型企业，能为资产密集型企业带来更多价值；运用现代 IT 技术；面向新建、在建工程及运行维修。

EAM 以提高资产可利用率、降低企业运行维护成本为目标，以优化企业维修资源为核心，通过信息化手段，合理安排维修计划及相关资源与活动。通过提高设备可利用率得以增加收益，通过优化安排维修资源得以降低成本，从而提高企业的经济效益和企业的市场竞争力。

对于企业来讲，资产管理过去往往被认为是一个财务问题。随着管理理论和管理技术的发展，企业资产管理被赋予了更深的内涵。尤其是在商业竞争日益激烈的今天，对于拥有高价值资产的企业来说，设备维护已不再局限于成本范畴，更成为获取利润的战略工具。EAM 是使这一目标得以实现的有力工具。EAM 通常以企业资产及其维修管理为核心的商品化应用软件的形式出现在大众眼前，它主要包括基础管理、工单管理、预防性维护管理、资产管理、作业计划管理、安全管理、库存管理、采购管理、报表管理、检修管理、数据采集管理等基本功能模块，以及工作流管理、决策分析等可选模块。

与其他企业信息化系统不同的是，EAM 是以资产模型、设备台账为基础，工单的提交、审批和执行为主线，通过将设备管理理念、实践与 IT 的有机结合，对设备进行全寿命管理的数据充分分享的信息系统。EAM 强化成本核算的管理思想，以工作单的创建、审批、执行、关闭为主线，按照缺陷处理、计划检修、预防性维修、预测性维修几种可能模式，以提高维修效率、降低总体维护成本为目标，将采购管理、库存管理、人力资源管理集成在一个数据充分共享的闭环信息系统中。EAM 系统是全企业范围对于设备资产的全面管理，贯穿设备资产从采购到退役全生命周期。由此可以认为，EAM 是由管理系统和技术系统组成的一个复合型信息化系统，是通过技术系统实现管理的典型实例。因此要正确认识 EAM，必须将信息技术在管理系统中的作用，和作为管理工具对管理的支持与影响一并加以理解，而不能片面地、肤浅地认为 EAM 只是一套企业资源管理的软件系统而已。

b　EAM 的起源和发展

EAM 的前身是 CMMS。CMMS 更多侧重于维修管理，包括预防性、预测性维修计划，从系统的应用范围来看，CMMS 更多停留在部门级的水平。

EAM 系统已经在管理的广度和深度上提高到整个企业级，甚至是多企业的管理，

EAM 系统支持多组织管理。在这样的管理模式下，充分保留了各分公司自身的管理特点，并在需要时互相方便地交换信息和共享流程。

这样的 EAM 系统将帮助管理决策层方便、及时、完整的了解下属企业的运营状况，特别是可以直接在系统中直接对下属企业、部门、系统或其混合模式进行预算控制，以此帮助跨国公司、集团企业全局掌控和管理资产，最大程度降低管理成本，实现企业价值最大化。

作为行业领先的 EAM，IT 技术的应用同时帮助企业把实现企业设备资产管理的战略目标变得更加灵活和简单。随着计算机、数据库，尤其是 Internet 的广泛应用，EAM 系统也从过去 CMMS 可以单机安装发展到今天的网络化运行。任何地点、任何时间，用户只需要运用标准 Internet 浏览器即可登录系统，获取实时的管理信息。这样的运作方式同时降低了企业对于 IT 设施投资以及维护的成本。

全球 EAM 软件及服务市场规模早在 2000 年已超过 13 亿美金，2005 年达到 19 亿美金。而对于国内 EAM 的市场空间，各家公司对于具体的数字说法不一，而通常的看法是 EAM 的增长速度将远远超出 ERP。

c　EAM 的理论基础

EAM 是与设备管理现代化同步发展起来的，在设备工程学中，设备管理现代化的具有里程碑意义的管理理论也逐步融合到 EAM 中，典型的三类理论是：计划预防维修、RCM（可靠性为中心的维修）和 TPM（全员生产维修），这些理论构成了 EAM 系统中关于"最佳维修实践"的基石。

美国的 RCM（Reliability Centered Maintenance）起源于美国航空界，在 20 世纪 90 年代以后，RCM 逐渐在工业发达国家兴起并应用于生产设备的维修管理。英国的设备综合工程学以有形资产（设备）的使用寿命作为研究对象，强调发挥设备使用寿命各阶段机能的作用，以提高设备效率，使其设备寿命周期费用最少。日本的全员生产维修是对生产维修和设备综合工程学的发展，建立以设备使用寿命为对象的生产维修系统，追求最大限度地提高设备综合效率，实现企业的最佳经济效益。

上述理论的一些核心理念是 EAM 理念与产品的核心。比如：RCM 强调资产维护的指标，是所有 EAM 系统的目标；PM（计划性维修）与 CBM（状态检测检修）是 EAM 系统的重要组成部分等。当然，EAM 理念与其他管理理念一样，既有继承又有发展。比如，由设备的管理延伸到企业所有资产的管理，由设备的寿命周期到资产的寿命周期等。

d　EAM 的实施过程及实施效益

EAM 的实施过程一般分为六个阶段：

（1）销售阶段：需求沟通，统一目标，确定合同。

（2）定义阶段：建立项目组织，确定项目实施制度。

（3）设计阶段：需求分析，具体设计。

（4）定置阶段：按照设计进行配置、测试。

（5）实现阶段：培训、上线运行，系统功能实现。

（6）改进阶段：对现有系统进行评估，提出改进意见。

随着管理信息化程度的不断提高，企业资产管理的内容和范畴也在不断丰富和深化。不仅设备是企业的重要资源，而且企业的生产环境、设备维护工人的劳动技能和劳动热情也是企业重要的资源。企业资产管理是实现企业资产管理信息化的重要手段。

企业资产管理能集成设备管理中各个业务层面的信息，满足先进的生产设备对现代生产组织保障的要求，使企业更好地适应瞬息万变的市场竞争。实施企业资产管理，能让企业达到以下目标：量化 TPM、固化 TPM 流程；实现资产管理信息化；更有效地配置生产设备、人员及其他资源；借助 EAM 系统的帮助，每位维修管理人员可以管理更多的设备；改善工人的安全保障，促进规程的执行，减少停产时间；建立清晰的、动态的设备数据库，提高设备可利用率及可靠性，控制维护及维修费用，延长设备生命周期；降低备件库存及备件成本；帮助企业更好地贯彻 ISO9000，符合行业和政府部门的法律法规等；对已经实施了 ERP 的企业来说，通过 EAM 与 ERP 系统的集成，可以使企业资产管理不再成为企业发展的瓶颈。

根据国际权威调查机构 Gartner Group 对已经实施过 EAM 企业的调查，普遍显示企业在以下几个方面获得了经济效益：减少设备停机时间 10% ~ 20%；增加设备使用效益 20% ~ 30%；延长设备生命周期超过 10%；提高有效工作时间 10% ~ 20%；减低库存成本 10% ~ 25%；备件库存准确率超过 95%。

【工程实例 1-1】　我国神华集团神府东胜煤矿公司（神府东胜煤田是世界七大煤田之一，是我国已探明储量最大的煤田）投资 790 万元建设 EAM 管理系统。神东公司的初衷起源于对设备维护及进口设备备件库存管理的改善，从初期规划的"设备备件管理信息系统"到"ERP 企业资源计划系统"，再到采用 EAM 的决策，反映了神东公司信息化建设稳妥推进的思路是符合神东实际的。

神东公司采用了美国 DATASTREAM 公司的 EAM 软件，该项目于 2001 年 8 月 1 日正式启动，2002 年 7 月 24 日竣工验收。公司近 40 亿元设备资产、约 5 亿元零部件库存、16 个与资产管理有关的部门，完全纳入 EAM 管理系统。通过这套系统，大到上亿元的大型采矿设备，小到数元钱零件的实时状况都了如指掌，每年在备件采购及管理费方面就可降低 1160 万元，减少资金占用 4300 万元。

e　EAM 与 ERP 的关系

由上述关于 MRP、MRP Ⅱ 与 ERP 等系统的介绍可以知道，生产能力是现代企业核心竞争力的最重要体现，而现代企业的生产能力大多通过技术装备来具体体现，因此设备生产能力及其最大化利用，是决定 ERP 系统实施效果的一个极为重要的因素。我国企业在实施 ERP 中遇到的最大难题是基于生产能力的排产的困难，很多 ERP 系统都因无法执行排产操作而使物料计划、财务管理等仅限于报表的处理和操作。在信息化已经逐渐普及的今天，企业 ERP 系统及其他信息化系统和设备资产资源之间的冲突不断发生，并普遍表现为生产排程的困难、物料供应的控制缺失、企业产品提供能力的紧张等现象。这些冲突现象的产生，往往是因为不能够给予生产设备能力控制与维护功能以足够重视引起的，尤其是当企业设备管理不善，不得不以更多的设备资产投入来满足市场需求的时候，会导致更多的设备维护和运行成本的产生和更低的资产利用率。在资产密集型企业这一矛盾会更加突出。EAM 将为企业提供全面的设备资产资源配置、设备生产能力控制和设备运行状况的数据信息处理功能，成为企业重要的信息化系统，并通过为 ERP 系统提供数据信息的支持，确保设备生产能力得到最大化的利用。

对设备生产能力的管理及其保障，要求我们将眼光转向 EAM，通过 EAM 提供对 ERP

的运行支持和对设备生产能力的优化利用。所以，EAM 就其功能和工作重点来说，是与 ERP 完全不同的两个信息化系统，它们之间的关系可以概括为：

（1）EAM 是为 ERP 运行提供服务的相对独立的信息化系统。EAM 将即时传递影响生产的有关设备运行和维护的信息，并使设备资产的运行数据成为生产组织与管理、设备维护、成本控制与物料采购的基础，为 ERP 系统提供对生产计划的支持和生产能力计算的数据支持，从而降低生产成本、提高资本收益率。由此可以认为，EAM 是保证生产高效安全、支持 ERP 运行的一个相对独立的信息化系统。

（2）EAM 与 ERP 是并行的信息化系统。EAM 既不在 ERP 之外，也不在 ERP 之内。一般通过两个系统之间的业务集成或数据接口实现数据信息的相互支持与共享，强化和提高设备对企业生产的支持能力。

目前，随着 EAM 自身的发展，设备管理的信息化已经从信息管理关注于设备维护工作的功能模式，向全面整合企业设备资源的后 ERP 时代转换。与 ERP 系统相比，EAM 的管理范畴相对聚焦，涉及部门少（以设备部门为主）、牵涉流程简单（以设备维修、维护为主）、投资规模小（一般为 ERP 的 $1/10 \sim 1/5$）、实施周期短（为 ERP 的 $1/10 \sim 1/3$）、回报快（一般在一年左右就可以收回投资），因而更具备解决实际问题的应用价值。

1.2.4　任务实施

（1）设备四大标准。通过实地考察、下厂参观或实习等方式，了解设备管理四大标准的概念以及企业四大标准的制定。

（2）EAM 软件学习。

1）通过实地考察、下厂参观或实习等方式，了解企业 EAM 软件的应用（安装、启动、初始设置等）。

2）通过实地考察、下厂参观或实习等方式，了解企业 EAM 软件的应用情况。主要掌握以下内容：

①系统的构成、运行环境、性能及主要特色；

②系统的安装与启动；

③系统初始设置；

④系统用户界面、操作方法及注意事项。

（3）写出企业 EAM 使用分析报告。分析报告应包括：前言，企业引入该系统的情况分析，EAM 的安装、启动、初始设置，软件的用户界面和操作方法，总结企业引入该系统后取得的成效。

1.2.5　知识拓展

下面介绍几种企业资产管理信息系统。

（1）Maximo Enterprise。Maximo 是 MRO 软件公司的产品，发布于 1985 年，在信息技术的发展过程中，特别在电力、石油天然气、大型制造业中具有相当高的市场份额。Maximo 全球企业用户超过 1 万家，终端用户超过 26 万，在我国也建立了相当稳固的客户基础。

Maximo Enterprise 的基本功能包括资产管理、工作管理、采购管理、物资管理、服务管理、合同管理等，其独特的定位在于对资产管理的理解，并将基于过程的资产维修、维护与运营视作面向企业生产部门或者其他相关部门的"服务"，从而强化资产管理的目标意识，让资产管理更好地服务于企业整体目标。

（2）HD-EAM。HD-EAM 是北京海顿新科技术有限公司开发集成的设备维护系统，可以集成设备管理中各个业务层面的信息，满足先进的生产设备对现代生产组织保障的要求，使企业更好地适应瞬息万变的市场竞争。

HD-EAM 是面向资产密集型企业的经营管理解决方案，主要适用于企业对固定资产的维护、保养、跟踪等业务管理。它以提高资产利用率、降低企业运行维护成本为目标，以优化企业维修资源为核心，协助企业合理安排维修计划及相关资源与活动，从而提高企业的经济效益和企业的市场竞争力。

（3）Datastream 7i。Datastream 7i 是美国 Datastream 公司出品的技术先进的资产管理系统，可以帮助公司购买、跟踪、管理和出售他们的重要资产。通过模块化设计的先进技术，Datastream 7i 帮助公司将资产管理结合到工作的方方面面。

（4）InSite EE。资产和客户管理解决方案供应商 Indus International 公司正式推出的资产管理解决方案 InSite 的创新之处在于具有网络结构。InSite EE 拥有先进的企业资产管理能力，全面的功能为资产密集型的企业提供了行业内灵活的和可扩展的 EAM 系统。InSite EE 基于网络平台和导航服务的结构推动项目迅速、高效的实施，并且支持信息在多个部门、地域和计算环境间灵活访问。公开的通信标准促进实时状态管理，推导维护策略利用状态监测和分析工具把实施资产信息录入到 InSite EE，可以在设备发生故障之前采用预防性措施。

学 习 小 结

（1）以 TnPM 在我国工业企业的应用为载体开展研究，学习了设备及设备管理的基本概念；设备管理发展历程及组织形式；国外设备管理及我国设备管理制度；现代设备管理的理论基础与基本内容等。

（2）以信息技术在设备管理中的应用为载体，学习了设备管理信息系统的基本概念、组成结构；EAM 的定义及实施效益；EAM 与 ERP 的关系。

思考练习

1-1　设备的定义是什么？简述设备的分类。

1-2　设备在企业中的地位是什么？现代设备带来的新问题有哪些？

1-3　设备管理的基本概念是什么？简述现代设备管理的特点及其意义。

1-4　依据设备管理的沿革，它可以划分为几个阶段？简述传统设备管理模式的局限性以及设备综合管理的特点。

1-5　企业设备管理的职能有哪些？

1-6　简述现代设备管理的基本内容。

1-7　设备综合工程学的主要观点是什么？

1-8　什么是 TPM？按照日本工程师学会的定义，TPM 的五个要素有哪些？

1-9 设备管理信息系统的概念是什么？简述设备管理信息系统的性能要求及其组成结构。

1-10 什么是 ERP？ERP 系统的管理思想主要体现在哪三个方面？

1-11 什么是 EAM？EAM 的实施效益有哪些？

1-12 EAM 与 ERP 的关系是什么？

【考核评价】

本学习情境评价内容包括基础知识与技能评价、学习过程与方法评价、团队协作能力评价及工作态度评价；评价方式包括学生自评、组内互评、教师评价。具体见表 1-3。

表 1-3 学习情境考核评价表

姓 名		班级		组别		
学习情境		指导教师		时间		
考核项目	考核内容		配分	学生自评 比重 30%	组内互评 比重 30%	教师评价 比重 40%
实践技能评价	分析 TnPM 在国内企业的应用情况； 会使用 EAM		40			
理论知识评价	设备、设备管理的定义及意义；现代设备管理的理论基础与基本内容；我国设备管理制度；信息技术在设备管理中的应用等基本知识		20			
学习过程与方法评价	各阶段学习状况及学习方法		20			
团队协作能力评价	团队协作意识、团队配合状况		10			
工作态度评价	纪律作风、责任意识、主动性、纪律性、进取心		10			
合 计			100			

学习情境 2　设备使用、维护及润滑认知与实践

【学习目标】

知识目标
(1) 明白冶金机械设备使用、维护及润滑的意义。
(2) 懂得冶金机械设备使用管理、维护管理及润滑管理的方法。

能力目标
(1) 能根据冶金设备的生产状况、工作条件，编制和使用维护规程。
(2) 会按操作规程正确使用设备、保养设备；能根据不正常的声音、温度和运行情况，发现设备的异常状态；会排除简单故障。

素养目标
(1) 培养学生对本专业实际工作的兴趣和热爱。
(2) 训练学生自主学习、终身学习的意识和能力。
(3) 培养学生理论联系实际的严谨作风，建立用科学的手段去发现问题、分析问题、解决问题的一般思路。
(4) 培养学生刻苦钻研、勇于拼搏的精神和敢于承担责任的勇气。
(5) 促使学生建立正确的人生观、世界观，树立一个良好的职业心态，增强面对事业挫折的能力。
(6) 解放思想、启发思维，培养学生勇于创新的精神。

任务 2.1　圆锥破碎机使用及维护认知与实践

2.1.1　任务引入

铁矿石是钢铁生产企业的重要原材料，因为铁矿石通常硬度较大，破碎难度大，并且磨蚀性较强，所以在铁矿石选矿设备中，破碎机设备投资、运行费用、能源消耗所占的比重最大。而圆锥破碎机具有破碎力大、效率高、处理量高、动作成本低、调整方便、使用经济等特点，在铁矿石生产中的作用越来越大，逐渐成为破碎机中的战斗机。但是再好的设备也要经常的保养和维护，才能使设备发挥更大的效率。那么，怎样才能正确使用和维护好设备呢？本次任务需要解决的就是圆锥破碎机的使用及维护方法。

2.1.2　任务描述

圆锥破碎机主要由机架、传动部、偏心套部、碗形轴承部、破碎圆锥部、支承套部、

调整套部、弹簧部以及调整排矿口用的液压站和提供润滑油的稀油站等组成。其外形结构如图 2-1 所示。

图 2-1　PYB2200 标准型圆锥破碎机

　　工作过程中，圆锥破碎锥在偏心套带动下做旋摆运动，带动破碎壁对轧臼壁间的物料进行挤压、搓碾，物料由于受到多个方向的作用力，根据自身纹理破碎并被打磨，最终形成稳定的石料颗粒。由于圆锥破碎机受力条件苛刻，同时由于使用环境中会出现粉尘过大的现象，操作人员又不太注重设备的维护工作，所以在运行中常会出现不少的问题。因此预防机器故障，做好破碎机的日常维护工作，极为重要。

　　本次任务就是给某厂圆锥破碎机制定使用维护和检修制度并要求严格执行，以使圆锥破碎机设备一直都保持良好的运行状态，从而可以使机器正常运行、提高工作效率。

2.1.3　知识准备

2.1.3.1　设备使用管理

　　任何生产活动都离不开设备，在现代化生产中更是如此。要使企业生产经营顺利进行，生产任务能出色完成，必须依赖于设备和加强设备的管理。冶金机械设备管理在冶金机械企业管理中，是不容忽视和极其重要的一环。其重要作用在于：设备是企业从事生产经营活动的必要手段之一，是企业生产和扩大再生产的重要物质基础，是企业高产、优质、低耗完成生产任务的基本因素。设备管理的任务是用好设备，最大限度发挥在生产中的效能，以创造更多的物质财富。

　　A　正确使用设备的意义

　　设备在负荷下运行并发挥其规定功能的过程，即为使用过程。设备在使用过程中，由于受到各种力和化学作用、使用方法、工作规范、工作持续时间等影响，其技术状况发生变化而逐渐降低工作能力，要控制这一时期的技术状态变化，延缓设备工作能力的下降的过程，必须根据设备所处的工作条件及结构性能特点，掌握劣化的规律，创造适合设备工作的环境条件，遵守正确合理的使用方法、允许的工作规范，控制设备的负荷和持续工作时间，精心维护设备。这些措施都要由操作者来执行，只有操作者正确使用设备，才能保持设备良好的工作性能，充分发挥设备效率，延长设备的使用寿命，也只有操作者正确使用设备，才能减少和避免突发性设备故障。正确使用设备是控制技术状态变化和延缓工作能力下降的首要事项。因此，强调正确使用设备具有重要意义。

B　设备的合理使用

合理使用设备，应该做到以下几方面工作：

（1）发挥设备管理人员的作用。为了检查、督促设备的合理使用，企业一般专门配备一定数量的设备管理人员，称为设备检查员（设备员），其职责包括：负责拟订设备使用守则、设备操作维护规程等规章制度；检查、督促操作工人严格使用守则、操作规程使用设备；在企业有关部门配合下，负责组织操作工人岗前技术培训；负责设备使用期信息的储存、传递和反馈。设备检查员有权对违反操作规程的行为采取相应的措施，直至改正。由于设备检查员责任重大，工作范围广，技术性强，知识面宽，一般选择组织能力较强、经验丰富、具有大专以上文化水平和专业知识的工程师和技师担任。

（2）发挥操作工人的积极性。设备是由工人操作和使用的，充分发挥他们的积极性是用好、管好设备的根本保证。因此，企业应经常对职工进行爱护设备的宣传教育，积极吸收群众参加设备管理，不断提高职工爱护设备的自觉性和责任心。

（3）合理配置设备。企业应根据自己的生产工艺特点和要求，合理地配备各种类型的设备，使它们都能充分发挥效能。首先应根据企业的生产任务、工艺特点对设备进行单机配套、机组配套、生产系统配套，使各种主要设备、辅助设备、运输设备等有机地结合起来，做到相互协调、配套合理，才能充分发挥设备效能。其次，在制定和安排生产任务计划、设计制造加工工艺时，要使所安排的任务和设备的实际能力相适应，不能精机安排粗活，也不能小马长时间拉大车，应该满负荷而不是超负荷。要求操作工人超负荷、超范围使用设备的情况必须禁止。设备技术状态完好与否，是工艺管理和产品质量的先决条件，同时工艺的合理与否又直接影响设备状态。应严格按照设备的技术性能、要求和范围、设备的结构、精度等来确定加工设备。同时，为了适应产品品种、结构和数量的不断变化，还要及时调整设备配置，使设备能力适应生产发展的要求。

（4）配备合格的操作者。企业应根据设备的技术要求和复杂程度，配备相应的工种和胜任操作者，并根据设备性能、精度、适用范围和工作条件安排相应的加工任务和工作负荷，确保生产的正常进行和操作人员的安全。

机器设备是科学技术的物化，随着设备日益现代化，其结构和原理也日益复杂，要求具有一定的文化技术水平和熟悉设备结构的工人来掌管使用。因此，必须根据设备的技术要求，采取多种形式对职工进行文化专业理论教育，帮助他们熟悉设备的构造和性能。

（5）使设备性能有效发挥。合理使用设备的目的是提高设备的综合效率，即充分、有效地利用设备生产能力，高性能地生产合格产品，从而提高生产率、降低生产成本，提高企业的经济效益。

提高设备综合效率应从设备的数量、工作时间、工作能力、加工质量四方面着手。

1）设备的数量利用。企业拥有的设备不一定都安装在生产现场，即使已安装在生产现场的设备，在一定时间内也不一定全部投入运行。所以对企业拥有的设备，可按其使用情况分为实有数、安装数和使用数三类。

实有设备数量是指企业实际拥有，可供调配的全部设备。

已安装设备数是指已安装在现场，经验收合格可以投入生产的设备。

实际使用的数量是指已安装设备中实际投入运转的设备，包括正常开动和暂停运转的设备，但不包括已安装而还未开动过的设备。

备用设备的数量是影响设备利用效率的重要因素。一方面，备用设备越多，占用的资金、设备折旧、维护费用也就越多，设备利用效率越低；另一方面，如果备用设备不足，则设备损坏时造成的停机损失越大，对于某些关键生产设备更是如此。

2）设备的时间利用。设备的数量利用仅仅从一个侧面反映了设备的利用情况，没有反映出设备的时间负荷。因为设备只要是在一定时间内开动过，即便这段时间很短，设备就算被利用过了，这显然是不全面的，因此需要用设备的时间利用率反映设备的时间利用情况。

设备的时间利用率较低是我国工业企业中普遍存在的一个问题，也是企业经济效益不高的原因之一。设备的开动时间不足是资源的一种极大浪费。首先，设备投资不能及早收回，因为只有在时间上对设备加以充分利用，才能多生产产品以及早收回投资。某些价格昂贵的设备其单位时间停机造成的生产效益损失十分惊人，每分钟的直接停机损失高达几千元甚至上万元。其次，设备的时间利用率低，将使设备的无形磨损对设备贬值产生的影响加剧。此外，设备使用时间少，而同时发生的各种费用和支出将在一定程度上降低设备的效益。

提高设备的利用率，可以从以下几个方面入手进行：

①增加设备的工作班数，缩短制度外时间；

②保持前后工序、生产环节之间设备生产能力的平衡；

③保证原材料、动力及备件的供应，避免和减少停工和待料时间；

④缩短设备检修时间，加强日常维护、改善维修质量、延长检修间隔期，减少修理次数和频次；

⑤部分项目采用专业化维修和社会化协作，提高维修效率。

3）设备的性能利用。设备的数量及时间利用从不同角度反映了利用情况，但并没有涉及设备生产能力的利用。在某种条件下，虽然设备的数量和时间都得到了充分的利用，但是并没有发挥出设备自身的性能，例如电焊机空载开启，虽然数量、时间都得到有效利用，但其作为焊接工件的职能并没有发挥出来。另外，加工期间频繁的小停机、工具切换等，也都降低了设备性能效率的发挥。企业一般使用设备负荷率或设备性能开动率指标对设备的能力利用情况和性能发挥情况进行考核，也就是设备实际工作能力（如实际工作中的单位时间的产量）和理论工作能力（如额定的单位时间的产量）之间的比值进行考核。

4）设备的加工质量。即使设备的时间利用情况和性能效率发挥很好，仍然不能说设备的使用情况是好的，这还要看设备开动期间生产产品的质量情况。设备运行好坏的评价标准，应该是在开动期间内尽可能生产更多的合格产品。从这个角度讲，考核产品质量情况同样是考核设备使用情况的一个重要方面。

实际工作中，设备的时间利用、性能发挥和产品质量情况往往统一起来进行分析。即设备的利用应从时间利用、生产能力、产品合格率三方面综合加以分析。目前国际上通用的做法是采用设备综合效率（OEE）和完全有效生产率（TEEP）两个指标对设备进行考核。

设备综合效率（OEE）相应的计算公式如下：

$$OEE = 时间开动率 \times 性能开动率 \times 合格品率 \times 100\%$$

在 OEE 计算公式中，时间开动率反映了设备的时间利用情况；性能开动率反映了设备的性能发挥情况；合格品率反映了设备的有效利用情况。也就是说：一条生产线的可利用时间只占计划运行时间的一部分，在此期间可能只发挥部分性能，而且可能只有部分产品是合格的。

$$时间开动率 = 开动时间 / 负荷时间$$

其中：

$$负荷时间 = 日历工作时间 - 计划停机时间 - 非设备因素停机时间$$
$$开动时间 = 负荷时间 - 故障停机时间 - 设备调整初始化时间$$
（包括更换产品规格、更换工装夹具等活动所使用的时间）
$$性能开动率 = 净开动率 \times 速度开动率$$

其中：

$$净开动率 = 加工数量 \times 实际加工周期 / 开动时间$$
$$速度开动率 = 理论加工周期 / 实际加工周期$$
$$合格品率 = 合格品数量 / 加工数量$$

性能开动率反映了实际加工产品所用的时间与开动时间的比例，它的高低反映了生产中的设备空转，无法统计小停机损失。净开动率是不大于 100% 的统计量。净开动率计算公式中，开动时间可由时间开动率计算得出，加工数量即计算周期内的产量，实际加工周期是指稳定不间断状态，生产单位产量上述产品所用的时间。

$$完全有效生产率（TEEP） = 设备利用率 \times OEE$$
$$设备利用率 = （日历工作时间 - 计划停机时间 - 非设备因素停机时间）/ 日历工作时间$$
$$= 负荷时间 / 日历工作时间$$

【例 2-1】 假定某设备 1 天工作时间为 8h，班前计划停机 20min，故障停机周期为 20min，更换产品型号设备调整 40min，产品理论加工周期为 0.5min/件，实际加工周期为 0.8min/件，一天共加工产品 400 件，有 8 件废品，求这台设备的 OEE。

解：

$$负荷时间 = 8 \times 60 - 20 = 480 - 20 = 460min$$
$$开动时间 = 460 - 20 - 40 = 400min$$
$$时间开动率 = 400 / 460 = 87\%$$
$$速度开动率 = 0.5 / 0.8 = 62.5\%$$
$$净开动率 = 400 \times 0.8 / 400 = 80\%$$
$$性能开动率 = 62.5\% \times 80\% = 50\%$$
$$合格品率 = （400 - 8）/ 400 = 98\%$$
$$OEE = 87\% \times 50\% \times 98\% = 42.6\%$$

（6）建立健全必要的规章制度。保证设备正确使用的主要措施是：制定设备使用程序；制定设备操作维护规程；建立设备使用责任制；建立设备维护制度。

C　设备使用前的准备工作

设备使用前的具体准备工作包括：技术资料的编制；对操作人员的培训和配备必需的

检查及维护用机具；全面检查设备的安装、精度、性能及安全装置等。技术资料准备包括设备操作维护规程、设备润滑卡片、设备日常检查和定期检查卡片等。对操作人员的培训包括技术教育、安全教育和业务管理教育三方面内容。操作工人经教育、培训后要经过理论和实际的考试，合格后方能独立操作使用设备。

D　设备使用制度

a　包机制

包机制是岗位责任制的一种形式，它体现了全员管理的原则，在责、权、利统一的基础上，由包机组负责设备的管理、使用、维护，使包机组成员成为设备的直接管理者。

包机组由操作和维护人员组成，由一名组长负责协调各班组工作，各班组又由一名班长负责，各班组对当班设备状态负责，各班组之间严格执行交接班制度。

包机组一般实行五包，即包生产出勤、包安全经济运行、包设备工作状态良好、包电力、能源及物质消耗、包生产环境清洁。小组内部进行明确分工，做到"岗位固定、分工包干、挂牌留名、责任到人"。每一岗位都应有责任制、交接班制；每种设备都有操作规程、设备工作状态良好标准、能耗标准和维护质量标准；设备周围的清洁要求。

包机组负责保管设备及其附件、工具，有权拒绝任何不合理使用设备（如超负荷、超范围使用设备）的生产计划安排；有权拒绝接管不符合质量标准的设备和拒绝使用不合质量标准的物品。

包机制必须配套相应的奖惩制度和绩效考核标准，使管理工作的好坏与个人利益紧密结合。对安全运转和节能降耗有成效的包机组应进行精神和物质奖励，反之则施以必要的惩罚，做到奖惩分明，以调动包机组成员的积极性。

b　定人定机制

定人定机制是将设备的使用及维护中的具体措施落实到人，严格设备岗位制，确保每一台设备都有专人操作和维护。同时，不允许无证人员单独使用设备，定机的机种型号应根据工人的技术水平和工作责任心，并经考试合格后确定。原则上既要管好、用好设备，又不束缚生产力。

主要生产设备的操作工作由设备使用单位提出定人定机名单，经考试合格，由设备动力科最后执行。精、大、稀、关键设备的操作者经考试合格后，经设备主管部门审查后报技术副厂长批准后执行。定人定机名单审批后，应保持相对稳定，有变动时按规定呈报审批，批准后方能变更。原则上每个操作工人每班只能操作一台设备。多人操作的设备，必须有值班机长负责。

c　交接班制

机械设备为多班制生产时，必须执行设备交接班制度。交班人须把本班设备的运转情况、运行中发现的问题、详细记录在"交接班记录簿"上并主动向接班人介绍设备运行情况，双方共同查看，交接班完毕后在记录簿上签字。如是连续生产的设备或加工时不允许停机的设备，可在运行中完成交接班手续。如果操作工人不能当面交接生产设备，交班人可在做好日常维护工作，使设备处于安全状态，并将运行情况及发现的问题详细记录后交有关负责人签字代接。接班人如发现设备有异常情况，交接班记录不清、情况不明和设备未按规定维护时可拒绝接班。如因交接不清，设备在接班后发生问题由接班人负责。

企业在用的每一台设备，均须有"交接班记录簿"，并应保持清洁、完整，不得撕毁、涂改或遗失，设备维修组应随时查看交接班记录，从中分析设备技术现状，为设备状态管理和维修提供信息。设备管理部门和车间负责人应注意抽查交接班制度的执行情况。

　　d　"三好"、"四会"和"五项纪律"

　　"三好"包括：

　　（1）管好设备。操作者负责管好自己所使用的设备，管好工具、附件、不损坏、不丢失、放置整齐。

　　（2）用好设备。严格贯彻设备操作维护规程及工艺规程，不得超负荷、超规范使用，不大机小用、精机粗用，细心爱护设备，防止设备发生事故。

　　（3）修好设备。操作者要配合维修工人修好设备，做好设备的日常维护工作，及时排除设备的故障，使设备保持良好的性能。

　　"四会"包括：

　　（1）会使用设备。熟悉设备技术性能、结构、工作原理和操作方法，懂得加工工艺，能正确地使用设备。

　　（2）会保养设备。会按规定进行一级保养，保持设备内外清洁，做到无污垢、无脏物；会按设备的有关润滑规定进行换油、加油、润滑，保持油路畅通无阻及时发现异常情况会及时处理。

　　（3）会检查设备。熟悉设备开动前及使用后的检查项目内容；会检查与设备加工工艺有关的项目，并能进行适当调整；会检查安全防护和保险装置。

　　（4）会排除设备故障。熟悉所使用设备的特点，能根据不正常的声音、温度和运行情况，发现设备的异常状态；会排除简单故障，排除不了的应及时上报，并配合维修人员加以排除。

　　"五项纪律"包括：

　　（1）凭操作证使用设备，并严格遵守安全操作规程。

　　（2）保持设备清洁，并按规定加油，保证合理润滑。

　　（3）遵守设备的交接班制度。

　　（4）管好随机工具、附件，不得遗失。

　　（5）发现异常现象立即停机检查，自己不能处理的问题应及时上报。

　　2.1.3.2　设备的维护管理

　　设备的维护是操作工人为了保持设备处于完好的技术状态，延长设备使用寿命所进行的日常工作，也是操作工人的主要责任之一。在设备使用过程中，运动零件的摩擦、磨损使设备产生技术状态变化，正确合理地进行维护，可减少故障发生，提高设备使用效率，降低设备检修的费用，提高企业经济效益。实践证明，设备的寿命在很大程度上取决于维护保养的程度。设备的维护工作按时间可分为日常维护和定期维护；按维护方式可分为一般维护、区域维护和重点设备维护。

　　A　设备的维护保养

　　通过擦拭、清扫、润滑、调整等一般方法对设备进行护理，以保持设备的性能和技术状况，称为设备维护保养。设备维护保养的要求主要有四项：

　　（1）清洁。设备内外整洁，各滑动面、丝杠、齿条、齿轮箱、油孔等处无油污，各部位不漏油、不漏气，设备周围的切屑、杂物、脏物要清扫干净。

（2）整齐。工具、附件、工件要放置整齐，管道、线路要有条理。

（3）润滑良好。按时加油或换油，油压正常，油标明亮，油路畅通，油质符合要求，油枪、油杯、油毡清洁。

（4）安全。遵守安全操作规程，不超负荷使用设备，设备的安全防护装置齐全可靠，及时消除不安全因素。

设备的维护保养内容一般包括日常维护、定期维护、定期检查和精度检查，设备润滑和冷却系统维护也是设备维护保养的一个重要内容。

设备的日常维护保养是设备维护的基础工作，必须做到制度化和规范化。对设备的定期维护保养工作要制定工作定额和物资消耗定额，并按定额进行考核，设备定期维护保养工作应纳入车间承包责任制的考核内容。设备定期检查是一种有计划的预防性检查，检查的手段除人的感官以外，还需要用一定的检查工具和仪器，按定期检查卡规定的项目进行检查。对机械设备还应进行精度检查，以确定设备实际精度的优劣程度。

设备维护应按维护规程进行。设备维护规程是对设备日常维护方面的要求和规定，其主要内容应包括：

（1）设备要达到整齐、清洁、坚固、润滑、防腐、安全等的作业内容、作业方法、使用的工器具及材料、达到的标准及注意事项。

（2）日常检查维护及定期检查的部位、方法和标准。

（3）检查和评定操作工人维护设备程度的内容和方法等。

B　设备的三级保养制

三级保养制度是我国 20 世纪 60 年代中期开始，逐步完善而形成的以操作者为主，对设备进行以保为主，保修并重的保养修理制度。三级保养制主要内容包括设备的日常维护保养、一级保养和二级保养。

a　设备的日常维护保养

设备的日常维护保养，由操作工人负责进行，其中专业性强的工作可由专职维修人员负责。它一般有每日维护和周末保养。

（1）每日维护。每日维护（又称为日保养、日例保）要求操作工人每班生产中要认真做到班前四件事、班中五注意和班后四件事。

1）班前四件事。消化图样资料，检查交接班记录；擦拭设备，按规定润滑加油；检查手柄位置和手动运转部位是否正确、灵活，安全装置是否可靠；低速运转检查传动是否正常，润滑、冷却是否畅通，然后再开动设备。

2）班中五注意。班中要严格按操作规程使用设备，注意设备运转时发出的声音、温度、压力、仪表信号、安全保险等是否正常。

3）班后四件事。关闭开关，所有手柄置零位；擦净设备各部分并加油；清扫工作场地，整理附件、工具；并将设备运行状况填写在交接班记录本上，办理交接班手续。

（2）周末保养。周末保养（又称为周保养、周例保）由设备操作者在周末进行，保养时间一般设备为 1~2h，精、大、稀设备约 4h，主要完成下述工作内容：

1）外观。擦净设备导轨、各传动部位及外露部分，清扫工作场地，达到内洁外净无死角、无锈蚀，周围环境整洁。

2）操纵传动。检查各部位的技术状况，紧固松动部位，调整配合间隙，检查互锁、保险装置，达到工作声音正常、安全可靠。

3）液压润滑。清洁并检查润滑装置，油箱加油或换油；检查液压系统，达到油质清洁，油路畅通，无渗漏。

4）电气系统。擦拭电动机，检查各电器绝缘、接地，达到完整、清洁、可靠。

b　一级保养

一级保养是以操作工人为主，维修工人协助，按计划定期对设备进行维护性检修。对设备进行局部拆卸和检查，清洗内部和外表，疏通油路、管道，更换或清洗油线、毛毡、滤油器，调整设备各部位的配合间隙，紧固设备的各个部位。其目的是清除设备使用过程中由于零件磨损和维护保养不良所造成的局部损伤，减少设备的有形磨损，调整或更换零部件，消除隐患、恢复设备的工作能力及技术状态，延长设备使用寿命，为完成生产任务提供保障。

一级保养完成后应对调整、修理及更换的零部件作出记录，并记录设备存在的问题，为日后的项修及大修提供参考依据。同时，维修人员应填写设备维修卡记录设备维修情况，交维修组长及生产工长验收，机械员对设备存在的问题提出处理意见，反馈至设备管理部门进行处理。

一级保养维护时应安排在生产间隙中进行，在不影响项修及大修的前提下，也可安排在停产检修日进行。维护的周期是根据设备的结构、生产环境及生产条件、维护保养水平等条件综合加以确定。一般两班制生产的设备每三个月进行一次，干磨多尘的设备每一个月进行一次，保养所用时间为 4~8h。一保的范围应是企业全部在用设备，对重点设备应严格执行。

c　二级保养

设备的二级保养是对设备磨损的一种补偿形式，它是以维持设备的技术状况为主的检修形式。二级保养是以维修工人为主，操作工人协助完成。它的内容包括：

（1）对设备进行部分解体检查和修理，更换或修复磨损件。

（2）要求润滑部位全部清洗，并按油质状况更换或添加。

（3）刮研磨损的导轨面，修复调整精度劣化部位。

（4）校验仪表。

（5）清洗或更换电动机轴承、测量绝缘电阻。

（6）预检关键部件及加工周期长的零件等。

二级保养列入设备的检修计划，要求设备的技术状况全面达到设备完好标准的要求。其所用时间约为 7 天。二保完成后，维修工人应详细填写检修记录，由车间机械员和操作者验收，验收单交设备管理部门存档。二保的主要目的是使设备达到完好标准，提高和巩固设备完好率，延长大修周期。

C　设备的区域维护

设备区域维护又称维修工包机制，即维修工人承担一定生产区域内的设备维修工作，与生产操作工人共同做好日常维护、巡回检查、定期维护、计划修理及故障排除等工作，并负责完成管区内的设备完好率、故障停机率等考核指标。区域维修责任制是加强设备维修为生产服务、调动维修工人积极性和使生产工人主动关心设备保养和维修工作的一种岗位责任制。

维护区域可按主要生产设备的分布情况和生产需要，按设备的技术状况和复杂程度进行划分。对于流水线上的设备，也可按整条线划分。设备区域维护主要组织形式是区域维护组。区域维护组均应配备一定数量的维修电工和维修钳工，并由一名负责人负责组织协调工作，全面负责生产区域的设备维护保养和应急修理工作。它的工作任务是：

(1) 负责本区域内设备的维护修理工作，确保完成设备完好率、故障停机率等指标。

(2) 认真执行设备定期点检和区域巡回检查制，指导和督促操作工人做好日常维护和定期维护工作。

(3) 在车间机械员指导下参加设备状况普查、精度检查、调整、治漏，开展故障分析和状态监测等工作。

区域维护组这种设备维护组织形式的优点是：在完成应急修理时有高度机动性，从而可使设备修理停歇时间最短，而且值班钳工在无人召请时，可以完成各项预防作业和参与计划修理。

区域维护组要编制定期检查和精度检查计划，并规定每班对设备进行常规检查的时间。为了使这些工作不影响生产，设备的计划检查要安排在工厂的非工作日进行，而每班的常规检查要安排在生产工人的午休时间进行。

D　精、大、稀、关、重设备的使用维护要求

精密、大型、稀有、关键设备以及企业自己划分的重点设备都是企业生产极为重要的物质技术基础，是保证实现企业经营方针目标的重点设备。这些设备的使用维护除了执行上述各项要求外，还应执行以下特殊要求：

(1) 做好四定工作。

1) 定使用人员。按定人定机制度，精、大、稀设备操作工人应选择本工种中责任心强、技术水平高和实践经验丰富者，并尽可能保持较长时间的相对稳定。

2) 定检修人员。精、大、稀设备较多的企业，根据本企业条件，可组织精、大、稀设备专业维修组，专门负责对精、大、稀设备的检查、精度调整、维护、修理。

3) 定操作规程。精、大、稀设备应分机型逐台编制操作规程，并严格执行。

4) 定备品配件。根据各种精、大、稀设备在企业生产中的作用及备件来源情况，确定储备定额，并优先解决。

(2) 做好使用维护工作（以机床为例）。

1) 必须严格按说明书规定安装设备；每半年检查、调整一次安装水平和精度并做出详细的记录，存档备查。

2) 对环境有特殊要求的设备（恒温、恒湿、防振、防尘），企业应采取相应措施，确保设备精度性能。

3) 设备在日常维护保养中，不许拆卸零部件，发现异常立即停车，不允许带病运转。

4) 严格执行设备说明书规定的加工规范进行操作，不允许超规格、超重量、超负荷、超压力使用设备。只允许按直接用途进行零件精加工。加工余量应尽可能小。加工铸件时，毛坯面应预先喷砂或涂漆。

5) 设备的润滑油料、擦拭材料和清洗剂要严格按照说明书的规定使用，不得随便

代用。

6）非工作时间应加护罩，如果长时间停歇，应定期进行擦拭、润滑及空运转。

7）附件和专用工具应有专用框架搁置，保持清洁，防止锈蚀和碰伤，不得外借或做其他用途。

E　生产现场的 5S/6S 管理

5S 管理源于日本，指的是在生产现场，对材料、设备、人员等生产要素开展相应的整理、整顿、清扫、清洁、素养等活动，为其他管理活动奠定良好的基础，是日本产品品质迅猛提高得以行销全球的成功要点。

整理就是将必需物品与非必需品区分开。必需品摆在指定的位置，挂牌明示，实行目标管理，不要的东西则坚决处理掉，在岗位上不要放置必须以外的物品。其目的使现场清爽，行道通畅，减少碰撞，保证安全；消除混料差错，减少库存、节约资金；同时使人心情舒畅，减少疲倦，提高劳动兴趣。

整顿就是除必需品放在能够立即取到的位置以外，一切乱堆乱放、暂时不需放置而又无特别说明的东西，均应受到现场管理干部（小组长、车间主任等）的责任追究。这种整顿对每个部门都同样重要，它其实也是研究提高效率方面的科学，它研究怎样才可以立即取得物品，以及如何能立即放回原位。整顿的目的是使工作场所一目了然，消除寻找物品的时间，消除过多的积压品。

清扫就是将工作场所、环境、仪器设备、材料、工具等上的灰尘、污垢、碎屑、泥沙等脏东西清扫、擦拭干净，创造一个一尘不染的环境，公司所有人员（含董事长）都应一起来执行这个工作。清扫的目的就是消除脏污，保持职场内干干净净、明明亮亮；稳定品质；减少工业伤害。

清洁就是在整理、整顿、清扫之后的日常维持活动，即形成制度和习惯。每位员工随时检讨和确认自己的工作区域内有无不良现象，如有，则应立即改正，在每天下班前几分钟（视情况而定）实行全员参加的清洁作业，使整个环境随时都维持良好状态。清洁的目的是维持上面 3S 的成果，把 3S 规律化并向深层次发展。

素养就是培养全体员工良好的工作习惯、组织纪律和敬业精神。每一位员工都应自觉遵守规章制度、工作纪律的习惯，努力创造一个具有良好氛围的工作场所。素养的目的是培养具有好习惯、遵守规则的员工，提高员工的文明礼貌水准，营造团体精神。

整理、整顿、清扫、清洁、素养的日语外来词汇的罗马文拼写时，它们的第一个字母都为 S，所以日本人又称之为 5S。我国的工业安全形势十分严峻，考虑到人生命的重要性，"安全第一"，"安全工作是一切工作的前提"，为强化现场的"安全"，防止和减少生产安全事故，保障员工的安全，所以将"安全"纳入成为 6S。

不论是 5S 还是 6S 现场管理制度，都是随着企业的发展、员工素质的不断提高，在不断地改进和提高，我们应该把优秀企业的管理经验加以消化吸收，使"以人为本"的管理思想，安全生产、精益生产和清洁生产的思想，6S 管理等内容，逐渐地和企业自身的特点相结合，从而形成具有创新特色，并且不断发展和完善的企业现场管理制度。

F　提高设备维护水平的措施

为提高设备维护水平，应使维护工作做到三化，即规范化、工艺化、制度化。

规范化就是使维护内容统一，哪些部位该清洗、哪些零件该调整、哪些装置该检查，要根据各企业情况按客观规律加以统一考虑和规定。

工艺化是指根据不同设备制定相应的维护工艺规程，按规程进行维护。

制度化是根据不同设备、不同工作条件，规定不同维护周期和维护时间并严格执行。

设备维护工作应结合企业生产经营目标进行考核。同时，企业还应发动群众开展专群结合的设备维护工作，进行自检、互检，开展设备大检查。

2.1.3.3 圆锥破碎机的结构及工作原理

图 2-2 所示为圆锥破碎机的结构。在圆锥破碎机的工作过程中，物料从上方给入破碎机中，电动机 1 通过传动装置带动偏心套旋转，可动锥 6 在偏心轴套的迫动下做旋转摆动，可动锥靠近定锥的区段即成为破碎腔。此破碎腔类似一个倒立的锥体，即破碎腔上部（给料口）直径大，下部（排料口）的直径小。物料受到动锥 6 和定锥 7 的多次挤压和撞击而破碎。动锥离开该区段时，该处已破碎至要求粒度的物料

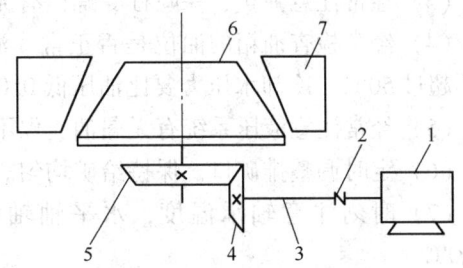

图 2-2 圆锥破碎机的结构
1—电动机；2—联轴器；3—传动轴；4—小圆锥齿轮；
5—大圆锥齿轮；6—可动锥体；7—定锥部

在自身重力作用下下落，从锥底排出。在不可破异物通过破碎腔或因某种原因机器超载时，弹簧保险系统实现保险，排矿口增大，异物从破碎腔排出。如异物卡在排矿口，可使用清腔系统使排矿口继续增大，使异物排除破碎腔。在弹簧的作用下，排矿口可以自动复位，机器恢复正常工作。

2.1.4 任务实施

（1）咨讯。

1）任务：对某厂圆锥破碎机进行维护和检修。

2）相关知识：设备的使用管理知识、设备的维护管理知识、圆锥破碎机工作特点。

3）要求：给选矿圆锥破碎机制定合理的使用和维护制度，在该制度的指导下，使圆锥破碎机一直都保持在一个良好的运行状态上。

（2）计划。学生把圆锥破碎机使用和维护计划内容讲给老师听，并独立编制维护保养的实施计划，过程中教师要经常获得项目的反馈，与学生交流，提出自己的观点。

（3）决策。学生尽可能独立读懂圆锥破碎机的结构图，了解其工作原理，了解安全措施，做出维护决策。教师为学生准备材料（或带学生参观工作现场），与学生交流，讨论学生做出的决策。

（4）实施。学生分组或独立编制圆锥破碎机的使用和维护方法、制度，并进行维护实施，教师接受咨询并指出学生实施中的问题。

（5）检查。学生独立观察圆锥破碎机的结构、工作状况、特点，检查并整理相关资料，先学生自己检查，再小组相互检查，最后教师检查。

（6）评价。检查实施效果，师生共同讨论评价。

2.1.5　知识拓展

2.1.5.1　圆锥破碎机维护规程

A　设备的检查与清扫

a　自检内容

（1）操作人员每隔 1h 要全面检查一次设备，填写点检卡（记录）。

（2）经常检查各部分螺丝、衬板和分矿盘是否松动。

（3）经常注意弹簧、保险杠、螺栓有无断裂现象。

（4）经常检查油箱的油位是否正常，油流指示器是否断流，油压是否正常，回油温度不超过 50℃，冷却水压力要比油压低 0.02MPa。

（5）经常注意液压系统有无漏油、保不住压力的现象。

（6）定时调整排矿口，保持给矿均匀。

（7）时刻注意轴承温度，水平轴轴承温度不超过 60℃，电动机轴承温度不超过 70℃。

b　清扫要求

（1）设备及环境要经常打扫，保持"机器光、马达亮"，地面无油泥、无积矿。

（2）废旧件、工具等杂物要放到指定地点，保持设备和环境整齐美观。

c　安全与严禁事项

（1）严格遵守操作牌制度，无操作牌及非本岗位人员不准操作设备。

（2）安全设施必须齐全可靠。

（3）严禁破碎机带负荷启动。

（4）出现下列情况时，严禁破碎机继续运转：

1）水封水突然中断时；

2）排矿口过小出现"打帮"（即破碎壁与轧臼壁接触）时；

3）电动机有严重振动时；

4）电动机与轴承温度超过允许值，电动机有焦味、冒烟现象时；

5）破碎机出现喳铁、喳矿，电流突然增大，电动机转速低或停转时；

6）对轮连接螺丝有掉落时；

7）发现油水混合（包括油箱进水和回水中有油）时；

8）动锥空载自转超过 10r/min 时；

9）回油温度超过 50℃；

10）油流指示器有断油现象，或油压低于 0.1MPa 时；

11）下矿偏向一侧，短时间内不能纠正时；

12）弹簧螺栓损坏，有一组内超过 2 根，或总数超过 5 根时；

13）破碎壁或轧臼壁松动，或出现明显裂纹时；

14）液压系统漏油严重，打不上压或蓄能器氮气压力低于 7MPa 时。

d　维护人员检查内容

（1）检查润滑、液压油路是否堵塞，油泵齿轮是否卡住或磨损，冷却器、滤网是否堵塞。

(2) 检查水封水管是否堵塞或破裂, 水槽密封是否良好。

(3) 检查分料盘、破碎壁、轧臼壁是否有破裂、松动、掉落及磨损情况。

(4) 伞齿轮啮合是否有异响或冲击。

(5) 破碎锥转速是否超过 10r/min。

(6) 水平轴瓦温度是否过高。

(7) 电动机及其轴承温升是否正常, 电流是否波动过大。

B 润滑制度

要求严格按照各部位润滑要求对设备进行定时加油润滑, 各部润滑明细见表 2-1。

表 2-1 圆锥破碎机各部润滑明细

润 滑 部 位	润滑方式	换油周期/个月	换油量/kg	润滑油种类
液压系统	循环	12	500	32 号机械油
稀油循环润滑	循环	3~4	1400	220 号机械油
调整环梯形螺纹	定期	6	50	3 号锂基脂

C 主要故障及清除方法

圆锥破碎机主要故障及清除方法见表 2-2。

表 2-2 圆锥破碎机主要故障及清除方法

序号	故 障	原 因	清 除 方 法
1	油流指示器中没有油流, 油泵正常运转, 但油压低于 0.08MPa	(1) 油泵齿轮磨损过限; (2) 油路开关未打开; (3) 油质太脏, 油泵进油口堵	(1) 更换油泵; (2) 将阀门打开; (3) 换油清洗油箱
2	过滤器前后油管中油压差大于 0.04MPa	过滤网堵塞	清洗过滤器, 更换过滤网
3	油压升高的同时油温也升高	油管或破碎机内油路堵塞	停机, 并消除之
4	油温超过 50℃, 但油压并未升高	锥形衬套、直衬套与偏心套的配合间隙过小	停机, 并消除之
5	碗形瓦烧	油压低, 油路堵	停机, 并消除之
6	油箱中回油量少, 油箱油面明显降低	(1) 破碎机底盘漏油; (2) 水平轴法兰盘或上油管漏油; (3) 碗形轴承甩油	停机, 消除故障并向油箱加油
7	从冷却器出来的油温超过 45℃	冷却效果不好	(1) 给冷却水; (2) 测冷却水温, 加大水量; (3) 清洗冷却器
8	水封排水中有油, 油温并未升高	(1) 锥快甩油; (2) 碗形轴承座有裂纹或有缩孔; (3) 球面轴承球面油槽堵塞; (4) 给油压力过大	(1) 重新刮研球面; (2) 更换碗形轴承; (3) 清洗挡油环油槽; (4) 调整过油压

序号	故　　障	原　　因	清　除　方　法
9	油箱中油面升高	(1) 冷却器漏水; (2) 水槽螺丝松动，密封不好; (3) 水封水量过大	(1) 更换冷却器; (2) 更换碗形轴承座或水管; (3) 调整水封水量
10	水封给不进水	(1) 水管堵塞; (2) 水管被矿石砸坏	(1) 停机检查管路; (2) 修复砸坏管路
11	支承环振动严重	(1) 过铁，排矿口太小; (2) 给矿不匀或过多，矿块大; (3) 保险压力不够; (4) 机体与支承环斜面磨损过大	(1) 消除故障原因; (2) 修复机体与支承环斜面
12	齿轮啮合有冲击声，有喑哑的噼啪声	伞齿轮断齿	更换小伞齿轮
13	水平轴转，破碎锥不转	(1) 水平轴折断; (2) 伞齿轮折断; (3) 竖轴折断	停下破碎机，更换损坏的部件
14	破碎锥旋转过速	(1) 运转中缺油; (2) 锥形衬套与竖轴间隙太小; (3) 碗形轴承接触不好; (4) 直衬套与偏心套间隙过大	停机，找出原因，并消除之
15	油箱中进灰尘太多	(1) 防尘水中断或水质差; (2) 防尘胶皮圈或锥体防尘圈坏	找出原因并消除之
16	回油冒烟或水平轴冒烟	(1) 上油量不足，断油; (2) 水平轴与轴套间隙小或油脏	查找原因，消除故障

2.1.5.2　选矿工艺简介

利用矿物之间物理或物理化学性质的差异，借助各种选矿设备，实现将矿石中的有用矿物和脉石矿物之间相对分离，并使有用矿物相对富集的过程。

选矿的前提条件是：矿物之间一定存在某种性质差异。

选矿的任务是：为冶炼准备品位合格的物料；除去对冶炼有害的杂质；实现资源的综合利用。

选矿过程如下：

（1）选前的准备作业。克服矿石的内聚力，使其碎裂变小。然后根据粒度不同将混合物料通过单层或多层筛子分成若干不同粒度级别。

（2）浮选。浮选是利用矿物表面的润湿性的差异将矿物分选的过程。

（3）浓缩。浓缩是在重力或离心力的作用下，使选矿产品中的固体颗粒发生沉淀，从而脱去部分水分的作业。

（4）过滤。过滤是借助多孔介质，固体颗粒大于介质孔隙，留在介质表面；液体易于流过介质空隙，实现固液分离。

（5）干燥。干燥是脱水过程的最后阶段。它是根据加热蒸发的原理减少产品中水分的作业。干燥作业一般在干燥机中进行，也有采用其他干燥装置的。干燥的原理是热空气与物料形成对流，从而带走物料中的水分。

（6）尾矿处理。尾矿处理的作用是储存暂时不能处理的有用成分，消除对环境的污染，变废为宝。

任务 2.2　球磨机润滑管理认知与实践

2.2.1　任务引入

球磨机是物料被破碎之后，再进行粉碎的关键设备，对于整个生产起着至关重要的作用。生产过程中球磨机用来粉碎、研磨各种矿石及其他物料，被研制成细料后的矿粉进入下一道工序进行分级处理。球磨机和破碎机一样均是工作部件与坚硬矿石相接触，受力状况复杂、磨损严重，一旦发生故障会使生产全线停产。因此需经常进行维护检修以及制定合理的润滑制度，以使球磨机一直保持良好的运行状态，从而可以使机器正常运行、提高工作效率。

2.2.2　任务描述

格子型球磨机主要由筒体部、给矿部、排矿部、轴承部、传动部和润滑系统等组成。图 2-3 是 MQG3600×4000 湿式格子型球磨机外形结构图。

球磨机生产运转与设备润滑的关系是非常密切的，是相辅相成的。只有润滑到位才能保证设备的正常运行，才能保证设备的生产质量和产量。但是如何才能保证球磨机设备的完美润滑呢？

首先是主轴承的润滑，主轴承是球磨机生产转动的灵魂；其次是齿轮的润滑；再次是球磨机各个安全点的润滑。设备润滑的好坏直接影响到设备使用寿命，润滑不当直接会缩短其寿命，务必会造成难以想象的后果。因此本次任务就是给某厂球磨机制定润滑制度，以延长设备的使用寿命。

图 2-3　MQG3600×4000 湿式格子型球磨机

2.2.3　知识准备

2.2.3.1　润滑的作用及其分类

A　润滑的作用

所谓润滑，就是在机械相对运动的接触面间加入润滑介质，使接触面间形成一层润滑膜，从而把两摩擦面分隔开来，减小摩擦，降低磨损，延长机械设备的使用寿命。机械设备中有许多做相对运动的摩擦副，它们是最容易磨损、损坏而导致设备不能工作的薄弱零部件。有数据表明，世界能源 50% 消耗于摩擦生热，80% 零件毁于磨损。而润滑则可以控制摩擦、降低磨损。因此，润滑对机械设备的正常运转、延长其工作寿命起着十分重要的作用。

（1）减少摩擦和磨损。在机器或机构的摩擦表面之间加入润滑材料，使相对运动的机件摩擦表面不发生或尽量少直接接触，从而降低摩擦系数，减小摩擦阻力，使磨损减少。这是机器润滑最主要的目的。

（2）降温冷却作用。机器在运转中，因摩擦而消耗的功全部转化为热量，引起摩擦部件温度的升高。当采用润滑油进行润滑时，一方面由于减小摩擦系数而减少了摩擦热的产生；另一方面润滑剂本身可以吸热，并通过循环进行传热、散热，从而不断从摩擦表面吸取热量加以散发，使摩擦表面的温度降低。

（3）防止锈蚀。一般摩擦副都是在空气、蒸汽、潮湿环境甚至在有腐蚀性气体、液体等介质中工作，润滑剂覆盖摩擦表面可以使金属表面和这些腐蚀介质隔开，从而保护金属不被腐蚀、锈蚀。

（4）冲洗作用。摩擦副磨损的微粒与外来的介质微粒，都会进一步加速摩擦表面的磨损，但润滑油的流动油膜，可以将金属表面由于摩擦或氧化而形成的碎屑和其他杂质冲洗掉，以保证摩擦表面的清洁。

（5）减振降噪。润滑剂吸附在摩擦副表面上，虽然厚度很小，但在摩擦副受到冲击载荷时却具有吸收冲击的能力，从而起到减振降噪的作用。

（6）密封阻尘的作用。在摩擦副中的润滑剂膜，既可以防止内部工作介质向外泄漏，也可以阻止外部有害介质向内部侵入，从而起到密封阻尘的作用。

B　润滑的分类

润滑的分类方法依出发点不同而异，有按润滑剂的物质形态分的，也有按润滑膜在摩擦表面的分布状态分的。前者考虑的重点是润滑剂，后者考虑的重点是润滑机理。

a　按润滑剂的物质形态分

（1）气体润滑。气体润滑一般采用空气、蒸汽或氮气、氦气等气体作为润滑剂。进行气体润滑时使用高压气体作为润滑剂，将摩擦表面隔开。气体润滑的优点是摩擦系数极小，几乎接近于零，且气体的黏度不受温度影响，因而气体润滑的轴承，阻力小、精度高。气体润滑材料目前主要用于航空、航天及某些精密仪表的气体静压轴承。

（2）液体润滑。这是使用最广泛的一种润滑类型，使用的润滑剂主要是矿物油和各种植物油、乳化液和水等。近年来性能优异的合成润滑油发展很快，得到广泛的应用，如聚醚、二烷基苯、硅油、聚全氟烷基醚等。液体润滑剂品种多、性能好，适用于各种工作条件的摩擦副。

（3）半固体润滑。半固体润滑是指使用介于液体与固体之间的、呈塑性状态或膏脂状态的半固体脂。这类材料主要是由矿物油及合成润滑油等通过稠化而成润滑脂，以及近年来试制的半流体润滑脂等。润滑脂具有黏附性好、不流失、不滴落、抗压性好、密封防尘好、抗腐蚀性强等特点。故其应用也非常普遍，是仅次于液体润滑的一种润滑类型。

（4）固体润滑。固体润滑是采用具有特殊润滑性能的固态物质作为润滑剂的润滑，这种润滑剂一般有石墨、二硫化钼、二硫化钨、聚四氟乙烯等。固体润滑剂适应性强，既可以在高温也可以在低温下工作，形成的润滑膜较稳定，既耐压又不易变质和老化，可以在高负荷低转速条件下工作。

b　按润滑剂的供给方式分

（1）分散润滑。分散润滑是针对个别的、分散的润滑点实施的润滑方式，各润滑部位由单独装置供油。润滑方式有手工加油、油绳、油垫、飞溅式、油浴式、油杯及油链等。常用的加油工具有油壶、油枪、气溶胶喷枪等。

（2）集中润滑。集中润滑是指对设备的多个润滑点使用供油润滑系统提供润滑的方式，由同一装置向各润滑部位供油。这种方式的主要的优点是从润滑站一次可以供应数量较多、分布较广的润滑点，保证每隔预定的时间向许多摩擦表面供给一定分量的润滑剂，特别是可以润滑采用人工难以润滑的点。

c　按润滑剂的状态分

（1）全膜润滑。摩擦副的摩擦面之间有一层完整的润滑油膜，将摩擦表面完全隔开，使两摩擦副之间的干摩擦变成润滑剂内分子之间的内摩擦。这称为全膜润滑，是一种理想的润滑状态。流体全膜润滑又可以分为动压全膜润滑和静压全膜润滑。

使用固体或半流体润滑剂时，也可以形成一种完整的润滑膜，而且在边界摩擦和极压摩擦状态下，只要润滑剂选用得当，在一定条件下同样也能获得一层完整的边界润滑膜和极压润滑膜。

（2）非全膜润滑。摩擦表面的润滑膜，由于某些因素的影响而被破坏，使得一部分有油膜，一部分则变为干摩擦，这种状态称为非全膜润滑。导致非全膜润滑的因素很多，例如摩擦表面粗糙度太大、载荷过大、速度变化、润滑剂选用不当等。非全膜润滑是一种不理想的润滑状态。

2.2.3.2　润滑原理及润滑材料

A　润滑原理

a　流体动压润滑原理

（1）曲面接触。

图 2-4 所示为滑动轴承摩擦副建立流体动压润滑的过程。其中，图 2-4（a）是轴承静止状态时的接触状态。轴的下部正中与轴承接触，轴的两侧形成楔形间隙。开始启动时，轴滚向一侧，如图 2-4（b）所示。具有一定黏度的润滑油黏附在轴颈表面，随着轴的转动被不断带入楔形间隙。油在楔形间隙中只能沿轴向溢出，但轴颈有一定长度，而油的黏度使其沿轴向的流动受到阻力而流动不畅。这样，油就聚积在楔形间隙的尖端互相挤压，从而使油的压力升高，随着轴的转速不断上升，楔形间隙尖端处的油压也愈升愈高，形成

一个压力油楔逐渐把轴抬起，如图2-4（c）所示。但此时轴处于一种不稳定状态，轴心位置随着轴被抬起的过程而逐渐向轴承中心另一侧移动，当达到一定转速后轴就趋于稳定状态，如图2-4（d）所示。此时油楔作用于轴上的压力总和与轴上负载（包括轴的自重）相平衡，轴与轴承的表面完全被一层油膜隔开，实现了液体润滑。这就是动压液体润滑的油楔效应。由于动压流体润滑的油膜是借助于轴的运动而建立的，一旦轴的速度降低（如启动和制动的过程中）油膜就不足以把轴和轴承隔开。而且，可以看出，如载荷过重或轴的转速低都有可能建立不起足够厚度的油膜，从而不能实现动压润滑。

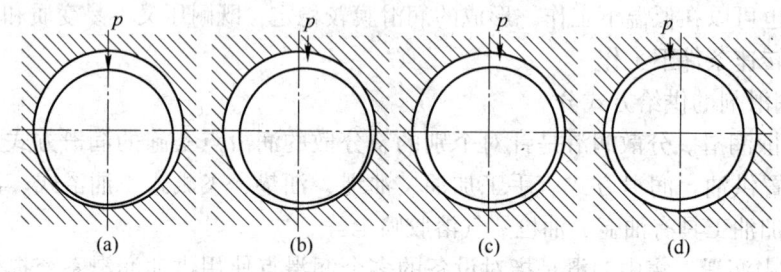

图2-4　滑动轴承动压润滑油膜建立过程
（a）静止状态；（b）开始转动；（c）不稳定状态；（d）平衡状态

　　通过轴承副轴颈的旋转将润滑油带入摩擦表面，由于润滑油的黏性和油在轴承副中的楔形间隙形成的流体动力作用而产生油压，即形成承载油膜，称为流体动压润滑。
　　流体动压润滑轴承径向及轴向的油膜压力分布如图2-5所示。

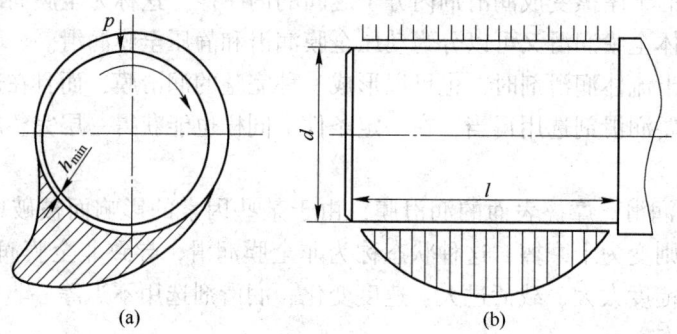

图2-5　滑动轴承动压流体润滑油膜压力分布

　　如图2-5（a）所示，在楔形间隙出口处油膜厚度最小。根据雷诺方程经一定简化导出流体动压润滑径向轴承的最小油膜厚度公式：

$$h_{\min} = \frac{d^2 n \eta}{18.36qsc} \tag{2-1}$$

式中　η ——润滑油的运动黏度，Pa·s；
　　　　n ——轴的转速，r/min；
　　　　d ——轴的名义直径，m；
　　　　q ——轴承在与载荷垂直的投影面积上的单位载荷，Pa；
　　　　s ——轴承的顶间隙，m；

c——考虑轴颈长度对漏油的影响系数，$c = \dfrac{d+l}{l}$；

l——轴颈的有效长度，m。

实现动压润滑的条件是动压油膜必须将两摩擦表面可靠地隔开，即：

$$h_{\min} > \delta_1 + \delta_2 \tag{2-2}$$

式中　δ_1，δ_2——轴颈与轴承表面的最大粗糙度，m。

流体动压润滑理论的假设条件是润滑剂的黏性（即润滑油的黏度）在一定的温度下，不随压力的变化而改变；其次是假定发生相对摩擦运动的表面是刚性的，即在受载及油膜压力作用下，不考虑其弹性变形。对于一般非重载（接触压力在 15MPa）的滑动轴承，上述假设条件接近实际情况。但是，在滚动轴承和齿轮表面接触压力增大至 400 ~ 1500MPa 时，上述假定条件就与实际情况不同了。这时摩擦表面的变形可达油膜厚度的数倍，而且润滑油的黏度也会成几何倍数增加。因此在流体动压润滑理论的基础上，考虑由压力引起的金属摩擦表面的弹性变形和润滑油黏度随压力改变这两个因素，来研究和计算油膜形成的规律及厚度、油膜截面形状和油膜内的压力分布更为切合实际。这种润滑就称为弹性流体动压润滑。

（2）平面接触。

如图 2-6（a）所示，在两块平行平板 I 与 II 之间充满润滑油，若平板 I 固定不动，平板 II 以速度 v 做平行移动，在未承受载荷时，由于润滑油的黏度和油性，与平板 I 接触的油层能较牢固地吸附在平板 I 的表面，所以黏附在平板 I 的这层油层的流速为零；而与平板 II 接触的油层流速和平板 II 的速度相等，即流速为 v。而在两平板之间的润滑油膜中各油层的流速，随着与平板 II 距离的增加而逐渐递减，呈线性规律分布。图 2-6（b）为不考虑相对运动时，在载荷 p 作用下润滑油从两平板间被挤出的流动速度分布。图 2-6（c）是图 2-6（a）和图 2-6（b）叠加后在出口和入口处油液流速分布。如用单位时间内的流量来代替流速，则可以看出：对于两平面来说，在载荷 p 和相对运动的联合作用下，单位时间流入平面间的润滑油流量小于流出的流量。根据前面分析的曲面接触动压润滑的原理可知，这种情况下不可能出现油楔效应，因此也就不可能实现流体动压润滑。

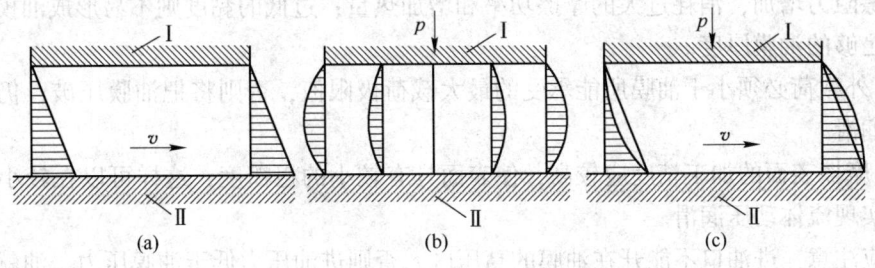

图 2-6　两平行平面间油液流动情况

将上述两平面接触改为由曲面板 II 和平板 I 组成具有收敛楔形间隙的形式，如图 2-7（a）所示。若曲面板 II 固定不动，平面平板 I 以滑动速度 v 沿箭头所示方向相对曲面板 II 移动，同时将润滑油从楔形间隙的小口 a—a 带向大口 b—b，即沿着运动方向，间隙逐渐变宽。这时，如果油膜中各个截面的流速沿油膜厚度方向的分布和上述的图 2-6（a）速度流动一样，仍依三角形变化，则截面入口 a—a 和出口 b—b 等处三角形的面积不相等，油进入截面 b—b 的流量将大于通过截面 a—a 的流量，单位时间流入楔形间隙的润滑油流量小于流出的流量，则不能建立起任何可以承载的油膜压力。如果平板以图 2-7（b）所示的方向移动，将润滑油从大口 b—b 带向小口 a—a。则油进入入口 b—b 的流量将大于出口截面 a—a 的流量，单位时间流入楔形间隙的润滑油流量大于流出的流量，则可以建立起润滑油膜。当载荷 p 施加于板 I 时，油液在流动中受到挤压，楔形间隙中油压逐渐增高，使平面平板向上抬起。但平面平板本身的质量和承受的载荷又阻止平面平板抬起，与此同时楔形间隙中的油向两端挤压，从而产生压力流动，把 b—b 截面的流速减弱，a—a 截面的流速增加。

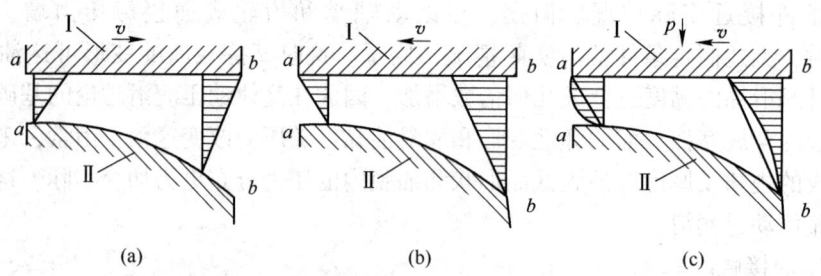

图 2-7　曲面和平行板间的油液流动情况

若油膜进出口处的压力与外界压力相等，即 $p_a = 0$，则在油膜中间部分产生高压，由于油膜中间有压力存在，所以具有承受载荷的能力。

由上面有分析可知，实现流体动压润滑必须具备以下条件：

1）两相对运动的摩擦表面，必须沿运动的方向形成收敛的楔形间隙。

2）两摩擦面应具有足够的相对速度。相对运动速度愈高带入油楔的油量愈多，因而油膜压力、油膜厚度以及承载能力也都相应增加。

3）润滑油具有适当的黏度，并且供油充足。黏度增加，润滑油端泄阻力就提高，因而油膜压力和油膜厚度就增加，有利于形成液体润滑。但是过高的黏度使得油膜内部分子间的摩擦阻力增加，消耗过大的摩擦功率和增加热量；过低的黏度则不易形成油楔压力和达不到足够的油膜厚度。

4）外载荷必须小于油膜所能承受的最大载荷极限值，否则将把油膜压破，仍不能形成液体润滑。

5）摩擦表面的加工精度应较高，使表面具有较小的粗糙度，这样可以在较小的油膜厚度下实现流体动压润滑。

还应注意，进油口不能开在油膜的高压区，否则进油压力低于油膜压力，油就不能连续供入，会破坏油膜的连续性。

b　流体静压润滑原理

通过一套高压的液压供油系统，将具有一定压力的润滑油经过节流阻尼器，强行供到运动副摩擦表面的间隙中（如在静压滑动轴承的间隙中、平面静压滑动导轨的间隙中、静压丝杆的间隙中等）。摩擦表面在尚未开始运动之前，就被高压油分隔开，强制形成油膜，从而保证了运动副能在承受一定工作载荷条件下，完全处于液体润滑状态，这种润滑称为液体静压润滑。

图 2-8 所示为静压轴承的工作原理。由图中可以看出，油泵供出的油经过滤器过滤后，分别送至与轴承的各个油腔相串联的节流阻尼器（R_1、R_2、R_3、R_4）中从而进入轴承的各个油腔，把轴浮起在轴承的中央。在轴没有受到径向载荷时，轴与轴承四周有一个厚度相同的油膜，各个油腔内的压力相同。如果轴受到一个径向载荷 p（包括轴的质量）作用，则轴将顺着 p 的方向偏向一边，即与 p 的方向相同的一边的轴承间隙（即图 2-8 中轴承与轴承套上面油腔的间隙）增大；由于轴承每个油腔串联有节流阻尼器，在轴承间隙减小的地方，相应油腔（即图 2-8 中轴承与轴承套下面的油腔）的压力便增大；在轴承间隙增大的地方，相应油腔的压力便减小。这样，轴在载荷方向的上下两个方向所受到的液体压力就不平衡，也就是出现了压力差。正是这个压力差与轴所受的径向载荷平衡，使轴受到载荷 p 后仍能处于平衡，而保持液体润滑状态。

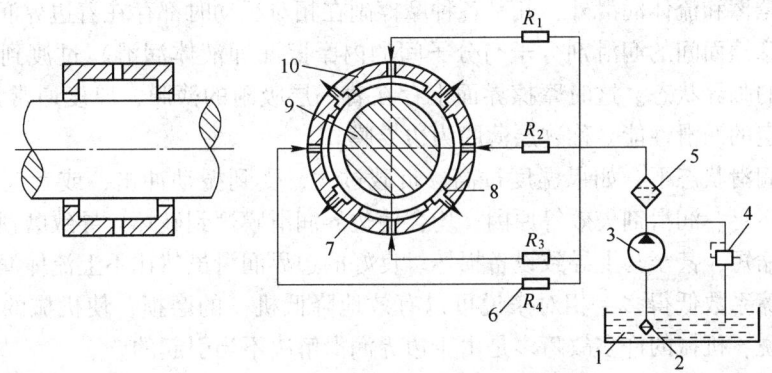

图 2-8　静压轴承润滑原理

1—油箱；2—粗过滤器；3—油泵；4—溢流阀；5—精过滤；6—节流器；
7—油腔；8—回油槽；9—轴颈；10—轴承套

静压润滑油膜形成的特点与动压润滑不同。静压轴承的承载能力与供油压力大小有关，而与轴的转速、间隙、载荷大小关系不大。液体静压轴承的优点是：

（1）速度范围广。当其速度极低甚至静止时，也能正常工作。

（2）承载能力大。只要选配合理，就可以承受足够大的载荷。

（3）运动精度高。由于摩擦副之间始终存在有压油膜，因此摩擦副两个相对滑动面本身的制造误差对运动精度的影响减小，这称为油膜均化效应。因此其径向定位精度和运动精度非常高。

（4）抗振性好。油膜具有良好的吸振作用，因此运动平稳。

（5）使用寿命长。由于液体静压轴承在纯液体状态下工作，摩擦表面不直接接触，因而磨损小，寿命长。

（6）静压支承可以获得很高的刚度，并能在速度和载荷都异常广泛的范围内保持这种刚度。

c　流体动、静压润滑原理

流体静压润滑的优点很多，但是油泵长期工作要耗费大量能源，而流体动压润滑在启动、制动过程中，由于速度低不能形成足够厚度的流体动压油膜，使轴承的磨损增大，严重地影响动压轴承的使用寿命。如果采用液体动、静压联合轴承，则可充分发挥液体动压轴承和液体静压轴承两者的优点，克服两者的不足。其主要工作原理是：当轴承副在启动或制动过程中，采用静压液体润滑的办法，将高压润滑油压入轴承承载区，把轴颈浮起，保证液体润滑条件，从而避免在启动或制动过程中因速度变化不能形成动压油膜而使摩擦副表面直接接触产生的摩擦与磨损。当轴承副进入全速稳定运转时，可将静压供油系统停止，利用动压润滑供油形成动压油膜，仍能保持住轴颈在轴承中的液体润滑条件。

这样的方法从理论上来讲，在轴承副启动、运转、制动、正反转的整个过程中，完全避免了半液体润滑和边界润滑，成为液体润滑。因此，摩擦系数很低，只要克服润滑油液体内部分子间的摩擦阻力即可。此外，摩擦表面完全被静压油膜和动压油膜分隔开，若情况正常，则几乎没有磨损产生，从而大大地延长了轴承的工作寿命，减少了动能消耗。

d　边界润滑原理

除了干摩擦和流体润滑外，几乎各种摩擦副在相对运动时都存在着边界润滑状态。边界润滑是从摩擦面间的润滑剂分子与分子间的内摩擦（即液体润滑）过渡到摩擦表面直接接触之前的临界状态。这时摩擦界面上存在着一层吸附的薄膜，厚度通常为 0.1μm 左右，具有一定的润滑性能，称这层薄膜为边界膜。

在边界润滑状态下，如果温度过高、负载过大、受到振动冲击，或者润滑剂选用不当、加入量不足、润滑剂失效等原因，均会使边界润滑膜遭到破坏，导致磨损加剧，使机械寿命大大缩短，甚至马上导致设备损坏。良好的边界润滑虽然比不上流体润滑，但是比干摩擦的摩擦系数低得多，相对来说可以有效地降低机械的磨损，使机械的寿命大大提高。一般来说，机械的许多故障多是由于边界润滑解决不当引起的。

在润滑油中，某些有机物的分子在分子引力和静电引力作用下能够牢固地附着在摩擦副的金属表面，这种现象称为润滑油的油性。边界润滑的油膜，就是由这种牢固地吸附在摩擦副表面的有机物分子构成的。边界膜的润滑性能主要取决于摩擦表面的性质，取决于润滑剂中的油性添加剂、极压添加剂对金属摩擦表面形成的边界膜的结构形式，而与润滑油品的黏度关系不大。

一般动物脂肪的油性最好，植物油次之，矿物油最差。所以，矿物油用于边界润滑是不好的，必须加入油性添加剂以改善其油性。

靠油性起润滑作用的边界油膜只有在摩擦副处于较低或中等温度以下的载荷时才能保持。在温度较高时，润滑油中的油性分子在金属表面附着的牢度下降，油膜容易破裂，这称为"脱附"现象。还有一种情况是在低速重载或有冲击载荷的条件下，摩擦副中的边界油膜不能承受这样高的压力，油膜易被压破而产生瞬时局部高温。上述这种高温、低速重载或有冲击振动的恶劣工作条件，称为极压状态。在极压状态下，靠润滑油的油性已不能维持正常的边界润滑。但是，对含硫、磷、氯等元素的添加剂的润滑油，进入到摩擦副之间，能与金属摩擦表面起化学反应生成一层边界膜，称为化学反应膜（或极压润滑膜），这层膜具有较低的摩擦系数和较高的抗压性能。如果在过高的载荷下局部反应膜被压破，又能立即再生成新的反应膜，因而能在极压状态下有效地防止摩擦副的金属直接接触。

改善边界润滑的措施是：

（1）减小表面粗糙度。金属表面各处边界膜承受真实压强的大小与金属表面状态有关。摩擦副表面粗糙度越大，则真实接触面积越小，同样的载荷作用下，接触处的压强就越大，边界膜易被压破。减小粗糙度可以增大真实接触面积，降低负载对油膜的压强，使边界膜不易被压破。

（2）合理选用润滑剂。根据边界膜工作温度高低、负载大小和是否工作在极压状态，合适选择润滑油品种和添加剂，以改善边界膜的润滑特性。

（3）改用固体润滑材料等新型润滑材料，改变润滑方式。如对某些冲击振动大有重载速的摩擦副，可考虑采用添加固体润滑剂的新型半流体润滑脂进行干油喷溅润滑。

　　e　固体润滑原理

在摩擦面之间放入固体粉状物质的润滑剂，同样也能起到良好的润滑效果。由于在两摩擦面之间加入了固体润滑剂，它的剪切阻力很小，稍有外力，分子间就会产生滑移，从而把两摩擦面之间的外摩擦转变为固体润滑剂分子间的内摩擦。对固体润滑剂的基本性能有以下要求：

（1）能与摩擦表面牢固地附着，有保护表面功能。

（2）具有较低的抗剪强度。

（3）稳定性好，包括物理热稳定、化学热稳定、时效稳定和不产生腐蚀及其他有害的作用。

（4）要求固体润滑剂有较高的承载能力。

具有上述性质的固体物质很多，如石墨、二硫化钼、滑石粉等。

　　f　自润滑原理

前面的几种润滑，在摩擦运动过程中，都需要向摩擦表面间加入润滑剂。而自润滑则是将具有润滑性能的固体润滑剂粉末与其他固体材料相混合并经压制、烧结成材，或是在多孔性材料中浸入固体润滑剂；或是用固体润滑剂直接压制成材，作为摩擦表面。这样在整个摩擦过程中，不需要再加入润滑剂，仍能具有良好的润滑作用。自润滑的机理包括固体润滑、边界润滑或两者皆有的情况。例如，用聚四氟乙烯制品做成的压缩机活塞环、轴瓦、轴套等都属于自润滑，因此在这类零件的工作过程中，不需要再加任何润滑剂也能保持良好的润滑作用。

　　B　润滑材料

凡是能够在做相对运动的摩擦表面间起到抑制摩擦、减少磨损的物质，都可称为润滑材料。润滑材料按润滑剂的物质形态不同通常可划分为液体润滑材料、半固体润滑材料、固体润滑材料、气体润滑材料四类。

气体润滑材料目前主要用于航空、航天及某些精密仪表的气体静压轴承。矿物油和由矿物油稠化而得的润滑脂是目前使用最广泛、使用量最大的两类润滑材料，主要是因为来源稳定且价格相对低廉。动、植物油脂主要用作润滑油脂的添加剂和某些有特殊要求的润滑部位。乳化液主要用作机械加工和冷轧带钢时的冷却润滑液。而水只用于某些塑料轴瓦（如胶木）的冷却润滑。固体润滑材料是一种新型的很有发展前途的润滑材料，可以单独使用或作润滑油脂的添加剂。

　　a　润滑油

润滑油是石油产品中非常重要的一大类，虽然其数量只占石油燃料消耗量的2%~3%，但由于其应用领域极其广泛，所以其品种牌号是石油产品中最多的一大类产品。它是利用从原油提炼中蒸馏出来的高沸点物质再经过精制而成的石油产品。

矿物润滑油是目前最重要的一种润滑材料，占润滑剂总量的 90% 以上。它往往作为基础油，通过加入添加剂而成为常用的润滑剂，按所有润滑剂的质量平均计算，基础油占润滑剂配方的 95% 以上。除矿物润滑油以外，还有以软蜡、石蜡等为原料用人工方法生产的合成润滑油。植物油和蓖麻子油用于制取某些特种用途的高级润滑油。

近年来我国的石油工业迅速发展，润滑油的质量不断提高，品种亦不断扩大，达 200 种以上。在一般工矿企业中所采用的润滑油，根据不同的使用要求，有以下几种类别：

(1) 机械油。如高速机械油、普通机械油、轧钢机油，称为通用机械油，主要用于各种机械设备及其轴承的润滑。近年发展的精密机床润滑油，如主轴油、导轨油等，主要用于各种精密机床。

(2) 齿轮油。齿轮油具有抗磨、抗氧化、抗腐蚀、抗泡等性能，主要用于齿轮传动装置。

(3) 汽轮机油（透平油）。汽轮机油具有良好的抗氧化稳定性、抗乳化性和防锈性，主要用于汽轮机轴承、透平泵、透平鼓风机、透平压缩机等的润滑，也可用作风动工具油。

(4) 蒸汽机油。蒸汽机油具有高的抗乳化性、黏度和闪点，在高温和高压蒸汽下能保持足够的油膜强度。它又分为汽缸油、过热汽缸油和合成汽缸油三种。

(5) 内燃机油。内燃机油具有高的抗氧化、抗腐蚀性能和一定的低温流动性。它分为汽油机油和柴油机油两种。

(6) 压缩机油。压缩机油具有良好的抗氧化稳定性和油性、高的黏度和闪点，主要用于空气压缩机、鼓风机的气缸、阀和活塞杆的润滑。

(7) 电器用油。电器用油具有高的抗氧化稳定性和绝缘性能、低的凝固点，要求油中的胶质、沥青质、酸性氧化物、机械杂质和水分的含量少，有变压器油、电器开关油、电缆油等。

除了上述各种润滑油类外，还有防锈油、工艺油、仪表油以及其他用途的润滑油。

润滑油的主要质量指标有黏度、凝点或倾点、闪点、抗乳化性、抗磨性和氧化安定性等。

(1) 黏度。

物质流动时内摩擦力的量度称为黏度，其值随温度的升高而降低。它是润滑油的主要技术指标，绝大多数润滑油是根据其黏度来分牌号的，黏度是各种设备选油的主要依据。黏度分为绝对黏度和相对黏度两大类。绝对黏度分为动力黏度、运动黏度两种；相对黏度有恩氏黏度、赛氏黏度和雷氏黏度等几种表示方法。

动力黏度实质上反映了流体内摩擦力的大小，它是指两块面积为 1m² 的板浸于液体中，两板距离为 1m，若在某一块板上加 1N 的切应力，使两板之间的相对运动速度为 1m/s，所产生的阻力。其单位为 Pa·s（帕·秒）。

运动黏度是在相同温度下液体的动力黏度和液体密度的比值，用符号 ν 表示。

$$\nu = \eta/\rho \tag{2-3}$$

式中　ν ——运动黏度，m²/s；

　　　η ——动力黏度，Pa·s；

ρ——液体的密度，t/m^3。

运动黏度工程实用单位为 mm^2/s，$1mm^2/s = 10^{-6}m^2/s$。过去规定测定运动黏度的标准温度是50℃和100℃，现在采用ISO标准，规定为40℃。标号的数值就是润滑油在40℃时的运动黏度的中心值。例如新标号N32在40℃时的运动黏度中心值就是$32mm^2/s$，其误差范围为±10%，即 $28.8 \sim 35.2mm^2/s$。为了与旧标号相区别，新标号前都加"N"作为一种过渡。按国家标准GB/T 265—1988，运动黏度的测定是用毛细管黏度计在恒温浴中，测量油样在毛细管中的流动时间再乘以毛细管的校正值。通常用运动黏度表示润滑油的牌号。

相对黏度也称为条件黏度。各国采用的测定相对黏度的黏度计不同，因而相对黏度有恩氏、赛氏和雷氏黏度等几种。我国采用恩氏黏度，代表符号为°E，测定方法按照GB/T 266—1988。

$$°E = t_1/t_2 \tag{2-4}$$

式中　t_1——200mL 蒸馏水在20℃时从恩氏黏度计流出所需要的时间，s，一般为51s；

　　　t_2——200mL 实验油在规定的温度下从恩氏黏度计流出所需要的时间，s。

赛氏黏度的代表符号为 $S.U.S$ 或者 SSU，雷氏黏度的代表符号为"R。在商业上世界各国采用的相对黏度不完全相同。各种黏度之间的数值可以互换，最简单的方法就是查表，也可以用表2-3中的公式换算。

表 2-3　各种黏度单位以及换算公式

黏 度 名 称		符号	单位	采用国家或地区	与运动黏度 ν 的换算公式
绝对黏度	动力黏度	η	Pa·s	俄	$\eta = \nu\rho$
	运动黏度	ν	mm^2/s	中、俄、美、英、日	$\nu = \eta/\rho$
相对黏度	恩氏黏度	°E	度	中、欧洲	$\nu = 7.31°E - \dfrac{6.31}{°E}$
	赛氏黏度	SSU	秒	美、日	$\nu = 0.22(SSU) - \dfrac{180}{SSU}$
	雷氏黏度	"R	秒	英	$\nu = 0.26"R - \dfrac{172}{"R}$
	巴氏度	°B	度	法	$\nu = \dfrac{4580}{°B}$

润滑油的黏度随温度的变化而变化：温度升高，黏度减小；温度降低，黏度增大。这种黏度随温度变化的性质，称为黏温性能。黏度指数是表示油品黏温性能的一个约定量值。黏度指数高，表示油品的黏度随温度变化小，油的黏温性能好。反之油的黏温性能差。

黏度比是润滑油在50℃和100℃时黏度的比值，黏度比越小，黏温特性越好。黏度指数表示该润滑油的黏度随温度变化的程度同标准油黏度随温度变化程度比较的相对值。黏度指数大，表示黏温曲线平缓，黏温特性较好。

黏温性能对润滑油的使用有重要意义。如发动机润滑油的黏温性能不好，当温度低时黏度过大，就会启动困难，而且启动后润滑油不易流到摩擦表面上，造成机械零件的磨损。如果温度过高，黏度变小，则不易在摩擦表面上产生适当的油膜，失去润滑作用，使机械零件的摩擦面产生擦伤和胶合等故障。

（2）凝点或倾点。

润滑油试样在规定的试验条件下冷却至停止流动时的最高温度称为凝点。而在规定的试验条件下，被冷却的试样能够流动的最低温度称为倾点。凝点和倾点都是表示油品低温流动性的指标，二者无原则差别，只是测定方法有所不同。同一试样测得的凝点和倾点并不完全相等，一般倾点都高于凝点 2~3℃，但也有两者相等或倾点低于凝点的情况。国外常用倾点（流动点），我国也一般采用倾点这个标准。在寒冷季节，机器在开动前或停车时，因温度降低会使润滑油凝固失去流动性，当再开动机器时，即失去润滑作用，使摩擦表面处于干摩擦状态，增加机器的磨损和动力消耗。或润滑系统的输送管道由于润滑油凝固而使润滑中断发生设备事故。应该根据最低环境温度适当选择润滑油的凝点或倾点。

（3）闪点。

在规定条件下，加热油品所逸出的蒸汽和空气组成的混合物与火焰接触发生瞬间闪火时的最低温度称为闪点，以℃表示。

润滑油闪点的高低，取决于润滑油质量的轻重，或润滑油中是否混入轻质组分和轻质组分含量的多少。轻质润滑油或含轻质组分多的润滑油，其闪点较低。相反，重质润滑油的闪点或含轻质组分少的润滑油，其闪点较高。

润滑油的闪点是润滑油在储存、运输和使用中的一个安全指标，同时也是润滑油的挥发性指标。闪点低的润滑油，挥发性高，容易着火，安全性差。润滑油挥发性高，在工作过程中容易蒸发损失，严重时甚至引起润滑油黏度增大，影响润滑油的使用。重质润滑油的闪点如突然降低，可能发生轻油混入事故。一般润滑油的闪点在 130~325℃ 之间，在高温下工作所采用的润滑油应该选取较高的闪点，并且闪点要比最高工作温度大 20~30℃。

（4）抗乳化性。

乳化是一种液体在另一种液体中紧密分散形成乳状液的现象，它是两种液体的混合而并非相互溶解。

抗乳化则是从乳状物质中把两种液体分离开的过程。润滑油的抗乳化性是指油品遇水不乳化，或虽是乳化但经过静置，油和水能迅速分离的性能。

两种液体能否形成稳定的乳状液取决于两种液体之间的界面张力。由于界面张力的存在，分散相总是倾向于缩小两种液体之间的接触面积以降低系统的表面能，即分散相总是倾向于由小液滴合并大液滴以减少液滴的总面积，乳化状态也就随之而被破坏。界面张力越大，这一倾向就越强烈，也就越不易形成稳定的乳状液。润滑油与水之间的界面张力随润滑油的组成不同而不同。深度精制的基础油以及某些成品油与水之间的界面张力相当大，因此，不会生成稳定的乳状液。但是如果润滑油基础油的精制深度不够，其抗乳化性也就较差，尤其是当润滑油中含有一些表面活性物质时，如清净分散剂、油性剂、极压剂、胶质、沥青质及尘土粒等，它们都是一些亲油剂和亲水基物质，它们吸附在油水表面上，使油品与水之间的界面张力降低，形成稳定的乳状液。因此在选用这些添加剂时必须对其性能作用做全面的考虑，以取得最佳的综合平衡。

对于用于循环系统中的工业润滑油，如液压油、齿轮油、汽轮机油、油膜轴承油等，在使用中不可避免地和冷却水或蒸汽甚至乳化液等接触，这就是要求这些油品在油箱中能迅速和水分离（按油箱容量，一般要求 6~30min 分离），从油箱底部排出混入的水分，便于油品的循环使用，并保持良好的润滑。通常润滑油在 60℃ 左右有空气存在并与水混合搅拌的情况下，不仅易发生氧化和乳化而降低润滑性能，而且还会生成可溶性油泥，受热作用则生成不溶性油泥，并剧烈增加流体黏度，造成堵塞润滑系统、发生机械故障。因此，一定要处理好基础油的精制深度和所用添加剂与其抗乳化剂的关系，在调和、使用、保管和储运过程中亦要避免杂质的混入和污染，否则若形成了乳化液，则不仅会降低润滑性能，损坏机件，而且易形成油泥。另外，随着时间的增长，油品的氧化、酸性的增加、杂质的混入都会使抗乳化性的变差，用户必须及时处理或者更换。

（5）抗磨性。

抗磨性是指润滑油在外界润滑条件下，油膜抗磨损的性能。

抗磨损包括两个概念，即油性和极压性。油性剂是润滑油中含有的极性分子，能够比较牢固地吸附在摩擦表面上，增加了油膜强度。但油性剂一般只能在载荷和冲击不很大、温度不很高的条件下有效，而当摩擦部件温度达到 150℃，负荷接近 25MPa 时会失去油性作用。此时应采用极压抗磨剂。极压抗磨剂在高温、高速、高负荷或低速重载、冲击时能放出活性元素与金属表面起化学反应，形成低熔点。高强度的反应膜，填平了金属表面的凹坑，增加了接触面积，降低了接触面的单位负荷，减少了磨损。

目前常用极压抗磨剂主要是硫、磷、氯等有机极压化合物，但是如果油性剂（摩擦改进剂）抗磨和极压剂不在相应条件下使用，就有不良效果。油性剂在低温、低负荷下对改善摩擦系数，减少磨损有明显效果；但在高温、高负荷下，油性剂几乎没什么效果。而抗磨剂，极压剂在低温、低负荷条件下反而使磨损增大。

（6）氧化安定性。

润滑油在使用过程中，在温升、氧气、金属催化等因素下，会逐渐氧化变质。我们把润滑油在加热和金属催化作用下抵抗氧化变质的能力称为润滑油氧化安定性。润滑油抗老化的能力是润滑油耐用性指标，也是使用储存和运输过程中氧化变质重要特性。

所有润滑油都依其化学组成和所处条件不同，而具有不同自动氧化倾向。由于抗氧化安定性不同，换油期也不同。如氧化安定性良好汽轮机油，有的可以连续使用 10 年以上，而差的不到 2~3 年，甚至更短。润滑油在常温下氧化很慢，到 50℃ 以上，如有催化作用氧化显著，大致可以分 3 个阶段：125℃ 以下慢慢氧化生成酸沉淀，125~200℃ 润滑油剧烈氧化形成薄膜和结焦，200℃ 以上时更为剧烈，一部分燃烧、焦化，不能使用。另外润滑油氧化也受压力影响，每单位体积空气中含氧量越大（氧分压）氧化也越大，特别纯氧情况下，即压力不高也会发生剧烈反应，引起爆炸。所以氧气压缩机或氧气瓶都禁止用润滑油，而用甘油或肥皂水。

此外，润滑油还有腐蚀性、酸值、机械杂质、残炭、灰分、水分等多项性能指标。

b　润滑脂

润滑脂俗称黄油或干油，是在润滑油（基础油）里加入起稠化作用的稠化剂，把润滑油稠化成具有塑性膏状的润滑剂。

基础油通常采用矿物润滑油，如 30 号或 40 号机械油、11 号或 24 号汽缸油等，也有采用合成油的，如合成烃油、硅油、酯类油等。为了改善润滑脂的性能，亦可加入抗氧化、极压抗磨、防锈等添加剂。

稠化剂分为皂基和非皂基两种。由天然脂肪酸（动物脂或植物油）或合成脂肪酸和碱土金属进行中和（皂化）反应生成的脂肪酸金属盐即为皂，用皂稠化的润滑脂称为皂基润滑脂。由非皂物质（石蜡、地蜡、膨润土、二硫化钼、炭黑等）稠化的润滑脂称为非皂基润滑脂。

用一种皂作为稠化剂制成的润滑脂称为单皂基脂，如以钙皂（脂肪酸钙）作为稠化剂制成的润滑脂称为钙基润滑脂。同样用其他皂的有钠基润滑脂、锂基润滑脂、铝基润滑脂、钡基润滑脂等。用两种皂作为稠化剂以提高性能所制成的润滑脂称为混合皂基脂，如以钙皂和钠皂稠化制成的润滑脂称为钙钠基润滑脂，用其他混合皂基的有钙铝基润滑脂、铝钡基润滑脂等。除用皂外再加入复合剂以提高性能经稠化制成的润滑脂称为复合皂基脂，如以醋酸为复合剂和钙皂稠化制成的润滑脂称为复合钙基润滑脂，以苯甲酸和铝皂稠化制成的润滑脂称为复合铝基润滑脂。用非金属作为稠化剂的润滑脂，称为非皂基润滑脂，例如用石蜡和地蜡为主稠化剂制成的凡士林，用无机化合物为稠化剂制成的二硫化钼脂、炭黑脂、膨润土脂，也有用有机化合物为稠化剂制成的阴丹士林蓝脂等。

润滑脂常用质量指标主要有滴点、锥入度、蒸发性、胶体安定性、机械安定性、氧化安定性等。

（1）滴点。GB/T 4929—1985 是测量滴点的标准，即润滑脂在测定器中受热后，滴下第一滴时的温度，单位为℃。滴点越高，耐温性越好。通常选用润滑脂时，滴点应该比工作温度高 20~30℃。

（2）锥入度（针入度）。锥入度表示润滑脂的软硬程度。用重量为 150g 的标准圆锥体，从锥入度计上释放，在 5s 内插入到温度为 25℃ 润滑脂试样的深度（以 0.1mm 为单位）称为锥入度，也称针入度。锥入度愈大，表示润滑脂的稠度愈小，压送性愈好，但在重负荷下容易从摩擦表面间被挤出来。应该根据摩擦机件的工作条件选择锥入度，而润滑脂锥入度的数值，是选用润滑脂的一项重要质量指标。

锥入度是鉴定润滑脂稠度的常用指标，也是润滑脂最基本的性能要求。锥入度值是润滑脂划分牌号的基础。锥入度越大，润滑脂越软；锥入度越小，润滑脂越硬。

锥入度反映了润滑脂的如下性能：

1）反映润滑脂稠厚程度。当机械表面负荷很大时，应用锥入度小的润滑脂，不然因不能承受负荷而被挤出。如摩擦力很小时，应用锥入度较大的脂，否则不易形成油膜。通常 2 号、3 号，因软硬程度比较适合，用得比较广。

2）反映润滑脂强度。锥入度在一定程度上可以表示润滑脂塑性强度，从而可以初步了解润滑脂抗挤压和抗剪断能力。

3）反映润滑脂流动性。锥入度可以反映润滑脂在外力作用下产生流动的难易程度。锥入度越大，润滑脂越易流动。通常锥入度为 220~340，如果锥入度超过 400，即失去可塑性，变成半流体。此时就失去润滑脂维持固定形状的特点，需要补充新脂。我们常把脂的压送锥入度控制在 290 以内。

4）反映润滑脂机械安定性。机械安定性又称剪切安定性，取决于稠化剂纤维本身的强度。在高速、大型强烈振动下工作的轴承，必须选用机械安定性好的润滑脂。机械安定性一定程度反应润滑脂寿命长短。

（3）水分。水分是指润滑脂中水的含量。润滑脂中游离水的含量过多时，会降低润滑脂的工作性和加大金属表面的腐蚀。但是润滑脂含有的结合水，可以作为较好的结构改善剂。

（4）氧化安定性。氧化安定性是指润滑脂抗空气氧化的能力。氧化安定性差的润滑脂，易和空气氧化生成各种有机酸，腐蚀金属表面，使滴点、稠度及强度极限下降，并由于润滑脂变质其外观颜色变深，出现异臭味。

润滑脂的氧化直接关系润滑脂最高使用温度和使用寿命。为了提高润滑脂氧化安定性，除了使用抗氧化性能较好的基础油外，一般向润滑脂中加抗氧化添加剂。

（5）胶体安定性。润滑脂在长期使用或长期储存中会有少量的析油，这种现象称为分油。润滑脂抵抗分油的能力称为胶体安定性。

润滑脂是一个胶体体系。在稠化剂纤维之间依靠毛细管的作用吸附一定量的基础油。当胶体体系受到重力和外力或温度升高时，都会使胶体结构变化而析出油。当胶体体系被破坏，就会发生纤维结构解体而析出更多的油，从而润滑脂丧失润滑能力。

（6）蒸发性。润滑脂的蒸发性，是指按规定温度和其他试验条件下，在一定时间内的蒸发量。润滑脂的蒸发主要是基础油的蒸发，造成脂中皂浓度相应增大，一般润滑脂到 $200\sim300℃$ 就开始蒸发，到 $350\sim450℃$ 蒸发显著，最后导致脂的稠度改变，内摩擦增大，脂硬化，滴点改变，酸值增加，氧化分油缩短使用寿命。如果脂中基础油损失 50%，就会造成润滑失效。因此，蒸发对高温、宽温度范围使用的脂寿命，影响很大。

此外，反映润滑脂理化性能的还有机械杂质、含皂量、灰分、游离酸和碱等多项指标。

c　固体润滑材料

固体润滑材料是指利用固体粉末、薄膜或某些整体材料来减少两承载表面间的摩擦磨损作用。在固体润滑过程中，固体润滑材料和周围介质要与摩擦表面发生物理、化学反应生成固体润滑膜，降低摩擦磨损。

固体润滑材料的优点是：可以在高负荷和低速度下工作；使用温度范围较广，能够用于低温和高温下的润滑；可以在无封闭有尘土的环境中使用；可以简化润滑系统和润滑设备，使维护工作简单；和环境介质不起反应。其缺点是摩擦系数稍高，不易散热，在防锈、排除磨屑等方面不如润滑油、脂润滑。

固体润滑材料的种类很多，但是理想的并不多。我国常用的固体润滑材料有无机物质（石墨、氮化硼、玻璃粉）、金属硫化物（二硫化钼 MoS_2、二硫化钨 WS_2）、有机物质（酚醛、尼龙、聚四氟乙烯）等。

（1）常用固体润滑材料的性能和用途。

1）二硫化钼（MoS_2）。二硫化钼是用辉钼矿提炼获得的蓝灰色至黑色的固体粉末，有滑腻感，具有良好的黏附性、抗辐照性能和减摩性能。其摩擦系数较低，一般为 $0.03\sim0.15$，能在高温（350℃）和低温（-180℃或更低）中使用；有强的化学稳定性，与金属表面不产生化学反应，也不侵蚀橡胶料；具有较高的承载能力，为良好的固体润滑材料；用于国防和轻重工业的各种润滑方面，成功地解决了许多润滑难题，特别是对于重载、高温、高速的冶金、矿山机械设备的润滑取得了很好的效果。

2）石墨。石墨为呈黑色鳞片状晶体物质，有脂肪质滑腻感，在常压、高温（达400℃）下可长期使用，是一种较好的固体润滑材料。石墨在干燥时摩擦系数较大，当吸收一定的潮湿气（$7\%\sim13\%$），摩擦系数就显著降低（为 $0.05\sim0.19$）。石墨在真空中的润滑性极低，这与真空中水汽的蒸发消失有关。石墨与钢、铬和橡胶等的表面有良好的黏附能力，因此，在一般条件下，石墨是一种优良的润滑剂。但是，当吸附膜解吸后，石墨的摩擦磨损性能会变坏。所以，一般倾向于在氧化的钢或铜的表面上以石墨作润滑剂。

3）聚四氟乙烯。聚四氟乙烯是一种工程塑料，也是氟化乙烯的聚合物。它本身具有自润滑性，被誉为"塑料之王"，耐温性能（可达 250℃）和自润滑性能在目前一般塑料中是最好的一种，因此可以代替金属制成某些机械零件或作为密封材料，也可以用各种金属或金属的氧化物或硫化物等作为填料掺入到聚四氟乙烯中，用以改善其力学性能、导热率和线膨胀系数等指标。

4）氮化硼。氮化硼是新型润滑材料之一，具有"白石墨"之称，可用在 900℃ 左右的高温。它在一般温度条件下使用时不与任何金属反应，具有良好的加工性、耐腐蚀性、良好的电绝缘性、热传导性和自润滑性等。高温时氮化硼仍能保持良好的润滑性能，因此被认为是唯一耐高温的润滑材料。在常温下润滑性能较差，故常与氟化石墨、石墨与二硫化钼混合用作高温润滑剂，将氮化硼粉末分散在油中或水中可以作为拉丝或压制成型的润滑剂，也可用作高温炉滑动零件的润滑剂，氮化硼的烧结体可用作具有自润滑性能的轴承、滑动零件的材料。

（2）固体润滑材料的使用方法。

1）做成整体零件使用。某些工程塑料如聚四氟乙烯、聚缩醛、聚甲醛、聚碳酸酯、聚酰胺、聚砜、聚酰亚胺、氯化聚醚、聚苯硫醚和聚对苯二甲酸酯等的摩擦系数较低，成型加工性和化学稳定性好，电绝缘性优良，抗冲击能力强，可以制成整体零部件，若采用玻璃纤维、金属纤维、石墨纤维、硼纤维等对这些塑料增强，综合性能更好，较多用于制作齿轮、轴承、导轨、凸轮、滚动轴承保持架等。

2）做成各种覆盖膜来使用。通过物理方法将固体润滑剂施加到摩擦界面或表面，使之成为具有一定自润滑性能的干膜，这是较常用的方法之一。成膜的方法很多，各种固体润滑剂可通过溅射、电泳沉积、等离子喷镀、离子镀、电镀、黏结剂黏结、化学生成、挤压、浸渍、滚涂等方法来成膜。

3）制成复合或组合材料使用。所谓复合（组合）材料，是指由两种或两种以上的材料组合或复合起来使用的材料系统。这些材料的物理、化学性质以及形状都是不同的，而且互不可溶。组合或复合的最终目的是要获得性能更优越的新材料，一般都称为复合材料。

4）作为固体润滑粉末使用。将固体润滑粉末（如 MoS_2）适量添加到润滑油或润滑脂中，可提高润滑油脂的承载能力及改善边界润滑状态等，如 MoS_2 油剂、MoS_2 油膏、MoS_2 润滑脂及 MoS_2 水剂等。

d　润滑材料的选用

正确选择润滑材料是搞好设备润滑的关键。如果选用得当，则磨损减少，寿命延长；否则就会加剧摩擦，甚至造成设备故障。如何在众多品种、规格和牌号的润滑材料中，选择出能满足特定设备的摩擦副工况要求的润滑剂，是一门实用性很强的技术，也是润滑技术人员一项十分重要的工作。

（1）润滑材料种类的选择。

在各种润滑材料中，由于润滑油内摩擦较小，形成油膜均匀，兼有冷却和冲洗作用，清洗、换油和补充加油都比较方便，所以除了部分滚动轴承、由于机器的结构特点和特殊工作条件要求必须采用润滑脂外，一般多采用润滑油。

对长期工作而又不易经常换油、加油的部位或不易密封的部位，应尽可能优先选用润滑脂。摩擦面处于垂直或非水平方向要选用高黏度润滑油或润滑脂；摩擦表面粗糙，特别是冶金和矿山的开式齿轮传动应先选用润滑脂。

对不适于采用润滑脂的地方，如负荷过重或有剧烈的冲击、振动，工作温度范围较宽或极高、极低，相对运动速度低而又需要减少爬行现象，真空或有强烈辐射等这些极端或苛刻的条件下，最适合采用固体润滑材料。近年来的经验证明，在许多设备上都可以采用固体润滑材料来代替润滑油而取得更好的润滑效果。

（2）润滑材料选择的一般原则。

1）负荷大小。各种润滑材料都具有一定的承载能力，负荷较小，可以选取黏度小的润滑油；负荷愈大，润滑油的黏度也应该愈大；重负荷的条件下，应该考虑润滑油的极压性能；如果在重负荷下润滑油膜不易形成，则选用针入度小的润滑脂。

2）运动速度。摩擦副相对运动速度高，应该选用黏度较小的润滑油或针入度较大的润滑脂；在低速时，应该选用黏度较大的润滑油或针入度较小的润滑脂。

3）运动状态。当承受冲击负荷、交变负荷、振动、往复和间歇运动时，不利于油膜的形成，应该采用黏度较大的润滑油；有时也可以采用润滑脂或固体润滑材料。

4）工作温度。温度是影响润滑油黏度的主要因素。润滑油在使用过程中，其黏度不是一成不变的，它是随着温度的变化而变化。温度升高时，黏度降低；温度降低时，黏度升高。环境温度的升降正是通过对油质黏度的影响，改变油膜厚度，从而引发出设备的润滑故障，这类故障在冬季和夏季特别明显。所以，处理这类润滑故障应从温度和黏度两方面入手，采取相应措施。

工作温度较高时，应该选用黏度较大、闪点较高、油性和氧化安定性较好的润滑油，或选用滴点较高的润滑脂；工作温度较低时，则采用黏度较小和凝点低的润滑油，要使油的凝点低于工作温度10℃左右，或选用锥入度较大润滑脂；当温度的变化较大时，则采用黏温性能较好的润滑油。

5）摩擦部件的间隙、加工精度和润滑装置的特点。摩擦部件的间隙越小，选用润滑油的黏度越低；摩擦表面的精度越高，选用润滑油的黏度应越低；粗糙表面应该采用黏度较大的润滑油；循环润滑系统要求采用精制、杂质少和具有良好氧化安定性的润滑油；在飞溅和油雾润滑中多选用有抗氧化添加剂的润滑油；在干油集中润滑系统中，要求采用机械安定性和输送性好的润滑脂；对垂直润滑面、导轨、丝杠、开式齿轮、钢丝绳等不易密封的表面，应该采用黏度较大的润滑油或润滑脂，从而减少流失，保证润滑。

6）环境条件。除了工作温度外，还应考虑运动副所处的潮湿环境和介质环境。处于潮湿环境下，如梅雨季节、盐雾、水蒸气、冷却液或乳化液等环境条件，一般润滑油、脂容易变质、乳化或被水冲走而流失，这时应选用抗乳化性强、防锈性和抗腐蚀性好和黏附性强的润滑油，同时应采取相应的密封措施，防止水分和湿气、盐雾等的侵入。介质环境如化学环境、腐蚀性介质（强酸、碱、盐等）等易于造成润滑油、脂的腐蚀性加大，应选用化学稳定性好的润滑油。

此外，在超真空条件下工作的润滑油品，蒸发度应较低。对于在辐射条件下工作的油品，应有较强的抗辐射性。而在高温易燃条件下工作的系统所使用的介质应选用难燃介质。

（3）润滑油的代用原则。

在某种油品供应偶尔短缺而又必须保证生产正常进行的情况下才临时采用代用油，同时应尽快恢复原来的油品。润滑油的代用原则如下：

1）代用油的黏度应与原用油的黏度相等或稍高。

2）代用油的性能应与原用油的性能相近。

高温代用油要求有足够高的闪点、良好的氧化安定性与油性；低温代用油应有足够低的凝点；宽温度范围代用油应有良好的黏温性能；含有动植物油的复合油不允许用在循环系统或有显著氧化倾向的地方；对极压润滑油的摩擦副，代用油应具有相同或更高的极压性能。

（4）润滑脂的代用原则。

通常，代用润滑脂主要考虑锥入度和滴点，应使代用脂的锥入度与原用脂相等或稍小，滴点更高；对潮湿的环境，应考虑代用脂的抗水性；代用脂最好是性能更好的润滑脂，如用锂基脂代替钙基脂和钠基脂，用加入了极压添加剂的脂代替未加极压添加剂的脂，而不宜反过来代用。如果原来的脂具有抗极压性而又暂时找不到这样的润滑脂，可考虑在低性能的脂中加入极压添加剂。

2.2.3.3　润滑的方法和装置

各种机器和机构中摩擦部件的润滑，都是依靠专门的润滑装置来完成的。凡实现润滑材料的进给、分配和引向润滑点的机械和装置都称为润滑装置。

润滑装置根据润滑材料的分类，通常有两种形式：一种是向摩擦副供给润滑油的稀油装置；另一种是供给润滑脂的干油装置。

润滑方法根据将润滑材料送入机器中润滑点的方式，可以分为单独润滑和集中润滑两种。如果在润滑点附近设置独立的润滑装置对临近的摩擦副进行润滑，称为单独润滑。由一个润滑装置同时供给几个或许多润滑点进行润滑，称为集中润滑。

润滑方法根据对摩擦副供油的不同，可分为无压润滑和压力润滑、间歇润滑和连续润滑以及全消耗润滑和非全消耗润滑（循环润滑）等方式。无压润滑时，油的进给是靠润滑油自身的重力或毛细管的作用来实现，而压力润滑则利用压注或油泵实现油的进给。在经过一定的间隔时间才进行一次润滑称为间歇润滑；当机器在整个工作期间连续供油，称为连续润滑。如果供给的润滑材料进行润滑后即排出消耗，称为全消耗润滑；当供给的润滑油经过润滑后又能不断送到摩擦表面重复循环使用时，称为非全消耗润滑（循环润滑）。

A　润滑油润滑装置

a　全消耗润滑

（1）手工给油。手工给油润滑是由操作工人用油壶或油枪向润滑点的油孔、油嘴及油杯加油，主要用于低速、轻载和间歇工作的滑动面、开式齿轮、链条以及其他单个摩擦副。加油量依靠工人感觉与经验加以控制。图 2-9 中（a）、（b）均为手工给油装置。

1）油孔、油嘴及油杯：一般在位置受到限制时只能采用带喇叭口的油孔，油孔内可填充毛毡或毛绳，使之起储油和过滤的作用。也可在油孔处安装油杯，如旋套式注油杯、压注油杯等。油嘴分为橡胶制注油嘴和钢制注油嘴。油枪的注油嘴要求能承受 20MPa 的工作压力，并在最小为 800MPa 的破坏力下无泄漏。

2）油壶和油枪：油壶和油枪是常用的供油装置，种类繁多，选择时主要看它的出油处能否与用油孔、油嘴、油杯相适应，使用方便可靠即可。

（2）滴油润滑。滴油润滑主要使用油杯向润滑点供油润滑。通常的油杯有针阀式注油杯（见图 2-9c）、压力作用滴油油杯、跳针式油杯、连续压注油杯、活塞式滴油油杯等。油杯多用铝和铝合金等轻金属制成骨架，用透明的塑料或玻璃制造杯壁和检查孔，以便观察其内部油位。

（3）油绳和油垫润滑。此种方式主要是将油绳、毡垫等浸在润滑油中，应用虹吸管和毛细管作用吸油。所使用油的黏度应较低。油绳和油垫等具有一定过滤作用，可保持油的清洁。

油绳润滑可应用弹簧盖油杯，毛绳的吸油端浸在油中，另一端则通过送油管向下悬垂而滴油（见图 2-9d）对润滑点供油，但毛绳不能和所润滑的表面接触。也可以在机件上铸出边缘，形成油池，把送油管及油绳接到润滑点上。油杯或油池的油位应保持在机件全高的 3/4 以上，以保证吸油量。滴油端应低于杯底 50mm 以上，一个容积为 0.12L 的油杯，可维持润滑 4~10h。

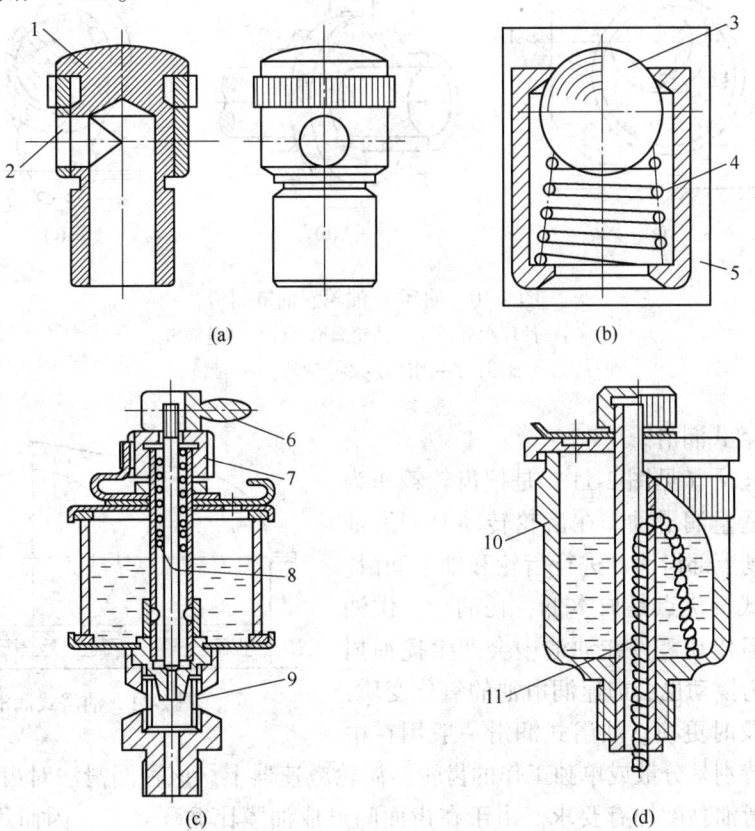

图 2-9 油杯
（a）旋套式注油杯；（b）球阀注油杯；（c）针阀油杯；（d）油芯油杯
1，5，10—杯体；2—杯套；3—球阀；4—弹簧；6—手柄；7—调节螺母；8—针阀；9—透视孔；11—油绳

　　油垫润滑一般应用于加油有困难或不易接近的轴承，但所润滑的表面的速度不宜过高。油垫从专用的储油槽中吸进润滑油以供给与它相接触的轴颈。油垫主要用粗毛毡制造，使用时应定期清洗并加以烘干，然后重新装配使用。

　　b　循环润滑

　　循环润滑包括油环、油链和油轮润滑，油池润滑（浴油润滑和飞溅润滑），喷油循环润滑和油雾润滑等。

　　（1）油环、油轮和油链润滑。

　　油环润滑（见图 2-10a）是靠油环随轴转动把润滑油带到轴上，并被导入轴承中。这种装置适用于直径为 25~50mm 的轴，转速不超过 3000r/min；对直径超过 50mm 的轴，转速应更低，但不得低于 50r/min，因为油环的圆周速度过高会因离心力而使油淌不到轴上，而圆周速度过低又可能带不起油来。油链润滑（见图 2-10c）的作用原理与油环的相同，由于链的结构特点，带起的油比油环多。油链只能用于低速轴，否则由于离心力和搅拌作用可能造成摩擦副断油。油轮润滑（见图 2-10b）是前两种方式的结合，油轮固定在轴上与轴一起转动，由刮板将油刮下并导入轴承中。油环、油轮、油链润滑同属于单独式循环润滑。

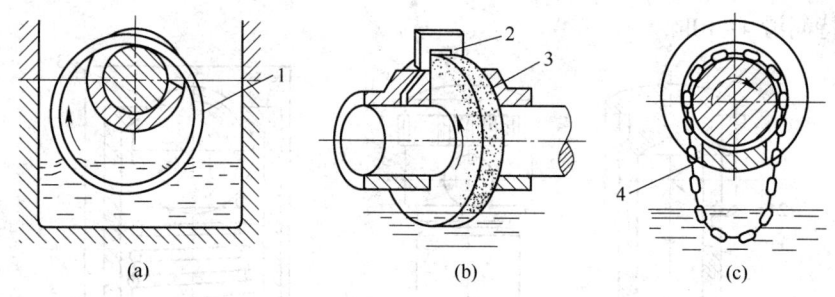

图 2-10　油环、油轮、油链润滑

（a）油环润滑；（b）油轮润滑；（c）油链润滑

1—油环；2—刮油板；3—油轮；4—油链

　　（2）油浴式润滑。

　　油浴式润滑（见图 2-11）是把齿轮箱作为油池，装入适量润滑油。在齿轮转动时润滑油携带或飞溅到上部齿面，进行齿轮和轴承润滑。这种润滑方式的优点是成本低，耗油少，供油丰富可靠；但传动零件在油池中会产生搅油损失，而且因为搅动也会加速润滑油的氧化变质，要注意油的及时更换。油浴式润滑一般用在中

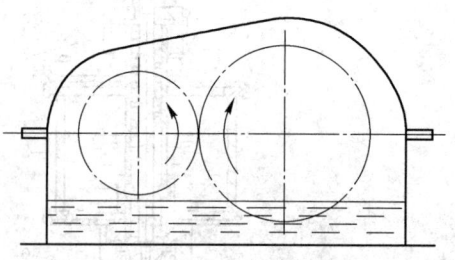

图 2-11　油浴式润滑

小型装置，特别是分散或单独工作的齿轮、涡轮减速器上。该种润滑法对齿轮运转速度、装油量、润滑油黏度均有要求。由于在齿面间形成油膜比循环式差，因而用油黏度应稍大。根据需要，可对齿轮箱设冷却风扇，或在油中通冷水管冷却。当浸入油池中的回转件圆周速度较大时（5m/s<v<12m/s），可将润滑油溅洒雾化成小滴飞起，直接飞溅到需要润滑的零件上，或者是先集中到集油器中，然后再经过设计好的油沟流入到润滑部位，这

种润滑方式称飞溅润滑。它和油浴润滑一样都是主要用于闭式齿轮箱、链条和内燃机等。飞溅润滑所用油池应装设油标，油池的油位深度应保持最低齿轮被淹没 2~3 个齿高。最好在密闭的齿轮箱上设置通风孔以加强箱内外空气的对流，有助于散热。

（3）喷油润滑。

当机器中回转件的速度大于 12m/s 时，若采用油浴或飞溅润滑，搅油损失将会显著增大，并会加剧润滑油氧化变质。这时可以改用喷油润滑。喷油润滑是利用油泵产生的压力，保证不断地将所需的、净化过的润滑油输喷到摩擦表面上，向润滑点供油采用强制喷油的方法，并不断地将由于摩擦损失发生的热量随同润滑油一起带走。当直齿圆柱齿轮的圆周速度小于 25m/s 时、斜齿圆柱齿轮的圆周速度小于 40m/s 时可直接将油喷到啮合点上，如图 2-12（a）所示。当圆周速度更高时，润滑油应分别喷到两个齿轮上，如图 2-12（b）所示，以避免在工作齿廓间形成过大的流体动压力，影响齿轮的强度和寿命。喷油润滑多用在闭式齿轮的传动中。

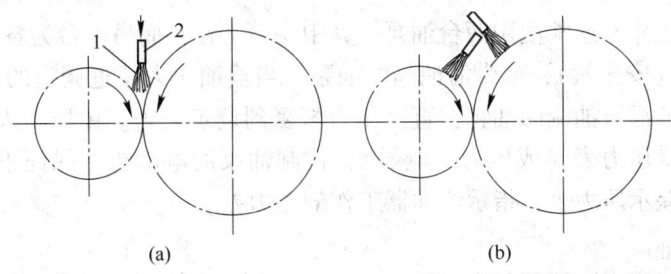

图 2-12　喷油润滑
1—压力油；2—喷嘴

喷油压力润滑的优点是简单可靠，润滑油的使用期较长，缺点是在喷油中可能使润滑油汽化和产生凝结水。当采用油池润滑而速度过大时，由于离心力的作用，油就要从轮齿的表面甩出，不能保证轮齿表面形成油膜，所以必须以喷油润滑代替油池润滑。

循环润滑系统有小型的、中型的和大型的，也有非标准的和标准的各种类型。

小型的循环润滑系统用于润滑一个机构或一台机器，一般是将润滑系统的装置附属于机器之中，也可以单独设立一个润滑站。图 2-13 所示为大型减速机的循环润滑系统。油泵 3 从油箱 1 中将润滑油吸出，通过冷却过滤器 7 将油分别送入齿轮啮合处和轴承中。溢油阀 2 调定供油压力，多余的润滑油流回油箱。供给摩擦部件的油量由给油指示器 6 调节，三通旋阀 5 和截止阀 4 用来控制油路，箱体下部用过的润滑油由排油管输送返回油箱。

钢铁企业的许多机组、机械制造业的某些金属切削机床，普遍采用齿轮泵供油的循环润滑系统。目前这套系统已经逐步标准化、系列化。

图 2-14 所示为带有齿轮泵、整体组装式的标准稀油润滑站（XRZ 型）系统。如果稀油润滑站和所润滑的机组供油管路和回油管路相连接，就组成了稀油集中循环润滑系统。各种规格的稀油润滑站工作原理都是一样的，由齿轮泵把润滑油从油箱吸出，经单向阀、双筒网式过滤器及冷却器送到机械设备的各润滑点。当稀油站的公称压力超过规定值时，安全阀自动开启，多余的润滑油经安全阀流回油箱。在重要机器的稀油循环润滑系统中，

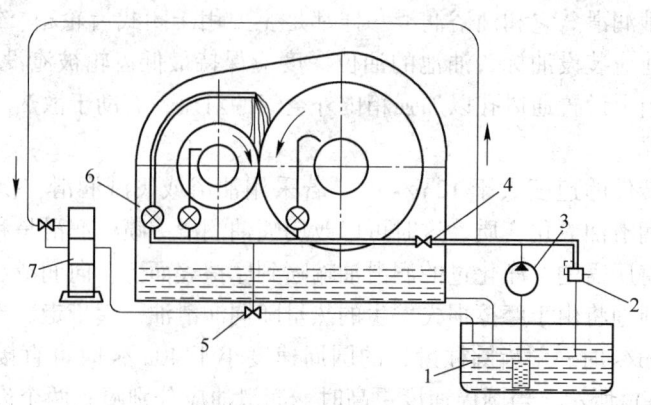

图 2-13　大型减速机的循环润滑系统
1—油箱；2—溢流阀；3—油泵；4—截止阀；5—三通旋阀；6—给油指示器；7—冷却过滤器

为了保证可靠的工作，通常使用两台油泵，其中一台工作，而另一台为备用。为了控制压力，设有溢油阀（安全阀），或带溢油阀的油泵。当输油压力超过调定的压力时，溢油阀自动打开，多余的润滑油流回油箱，直至压力恢复到调定压力。由压力表指示输油压力，并设有两个电接触压力表（或压力继电器），控制油泵的电动机，保证正常输油和安全。设在滤油器处的差示压力表，指示滤油器工作的压力差。

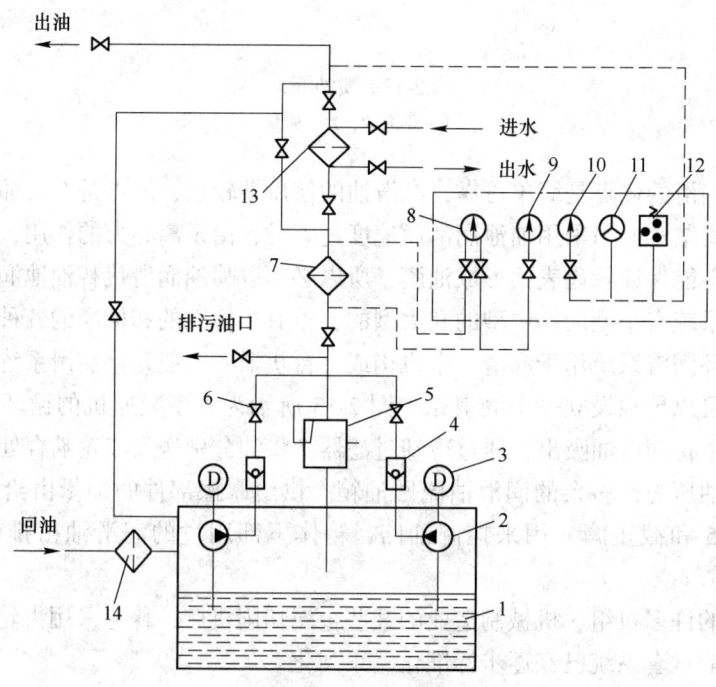

图 2-14　XRZ 型低压稀油站系统
1—油箱；2—齿轮泵；3—电动机；4—单向阀；5—安全阀；6—截止阀；7—网式过滤器；8—差式压力计；
9—压力计；10—出油压力计；11—接触式温度计；12—压力调节器；13—板式冷却器；14—磁性过滤器

为了观察油箱中的油温和液面高度，装置有普通的或电控制的温度计和液面计。

　　B　润滑脂润滑装置

在工程习惯上，通常称润滑脂润滑为干油润滑。干油润滑密封简单，不易泄漏和流失，在稀油容易泄漏和不宜稀油润滑的地方，特别具有优越性。金属压力加工机械设备许多摩擦副中采用干油润滑。干油润滑的润滑装置均属全消耗润滑，润滑脂在润滑摩擦表面之后就流出消耗，一般润滑脂在使用熔化后即失去其基本性能，所以目前还不能在润滑脂润滑系统中使润滑脂连续地循环使用。按润滑方式干油润滑可分为分散润滑和集中润滑。

　　a　分散润滑

（1）手工涂抹润滑脂润滑。即人工将润滑脂涂抹到摩擦表面上来润滑。这种润滑方法由于极不完善，故只在粗制、低速机械的外露摩擦面上使用，如农业机械、矿山机械和起重运输设备的开式齿轮传动以及钢丝绳的润滑等。

（2）预先填充润滑脂润滑。由于润滑脂不易流失，故对滚动轴承等零部件可在装配或检修时，可在其空间填充一些润滑脂以实现润滑。此方式适用于不经常工作的开式齿轮和齿条传动装置、闭式低速齿轮和蜗杆传动装置、开式滑动平面等。

（3）润滑脂杯润滑。采用压力脂杯或罩形脂杯，将润滑脂压注到摩擦表面上，均属单独间歇压力润滑，常用于润滑点很少的机构中，或用于移动和旋转零件上的不重要的润滑点。常用的有直通式压注润滑油杯、接头式压注润滑油杯和旋盖式润滑脂杯。此方式适用于速度不大和载荷较小的摩擦部件，一般用在圆周速度小于 4.5m/s 的各种摩擦副中。

　　b　集中润滑

集中润滑给油系统是指从一个润滑油供给源通过一些分配器分送管道和油量计量件，按照一定的时间把需要的润滑油、脂准确地供往多个润滑点的系统，包括输送、分配的整套系统。干油集中润滑系统具有明显的优点，因为压力供油有足够的供量，因此可保证数量众多、分布较广的润滑点得到润滑。集中润滑给油系统解决了传统人工润滑的不足之处，在机械运作时能定时、定点、定量的给予润滑，使机件的磨损降至最低，大大减少润滑油剂的使用量，在环保和节能的同时，降低机件的损耗和保养维修的时间，最终达到提高营运收益的最佳效果。

集中润滑给油系统按润滑泵供油方式分，可分为手动供油系统和自动电动供油系统；按润滑方式，可分为间歇供油系统和连续供油系统；按运输介质分，可分干油集中润滑系统和稀油集中润滑系统；按润滑功能分，可分为抵抗式集中润滑系统和容积式集中润滑系统；按照自动化程度分，可分普通自动润滑系统和智能润滑系统。

集中润滑系统是目前应用最广泛的润滑系统，包括全损耗与循环润滑方式的节流式、单线式、双线式、多线式及递进式等类型。

干油集中润滑系统就是以润滑脂作为摩擦副的润滑介质，通过干油站向润滑点供送润滑脂的一套设备。干油集中润滑系统按管路的分布和给油器的结构特点可以分为环式和流出式两类。

（1）环式干油集中润滑系统。如图 2-15 所示，该系统由带液压换向阀的电动干油站、输脂主管及给油器等组成。工作时，润滑脂通过液压换向阀压入主油管Ⅰ或Ⅱ，通过主油管Ⅰ或Ⅱ向给油器压送润滑脂，供给各润滑点。当沿主油管Ⅰ或Ⅱ的各给油器都动作完毕后，压力升高并传至换向阀处，使换向阀换向，润滑脂即沿另一主油管通过给油器向润滑点供给润滑脂。各给油器又动作完毕，保证全部润滑点的润滑，压力升高，又使换向阀换向，并使油泵电机断电。经一定间隔时间后，下一个供给润滑脂的周期同样按上述顺序工作。

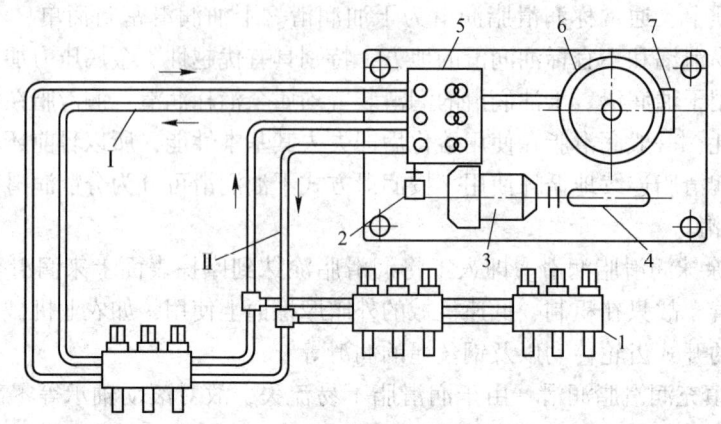

图 2-15　环式干油集中润滑系统

1—SGQ 给油器；2—极限开关；3—电动机；4—蜗杆减速机；5—液压换向阀；6—储油筒；7—柱塞泵；

I，II—输脂主管

国产 SGQ 型双线给油器的结构及工作原理如图 2-16 所示。从主油管 I （见图 2-15）来的润滑脂由 A 口进入给油器，在油压的作用下使滑阀 6 移动到下极限位置，打开 A 口与油缸上腔的通道 a，润脂通过 a 进入油缸上腔，如图 2-16（a）所示。进入油缸上腔的润滑脂推动活塞 5 向下运动，将活塞下腔中的润滑脂经通道 b 与滑阀 6 中部空腔压向出油口 7 并送润滑点，如图 2-16（b）所示。活塞 5 运动到最下端位置时压油停止，给油器完成了一次给油动作后停止工作。当液压换向阀换向后，主油管 I 与油站储油筒连通而泄压，这时主油管 II （见图 2-15）压油，压力油脂从给油器 B 口进入，推动滑阀 6 向上运动，从而把油缸下腔与 B 口的通道 b 打开，同时滑阀 6 把 A 口封闭，并使活塞上腔的通道 a 经滑阀 6 中部空腔与另一出油口连通，如图 2-16（c）所示。在油脂压力推动下，活塞 5 向上运动，把活塞上腔的润滑脂压入另一出油口，如图 2-16（d）所示。

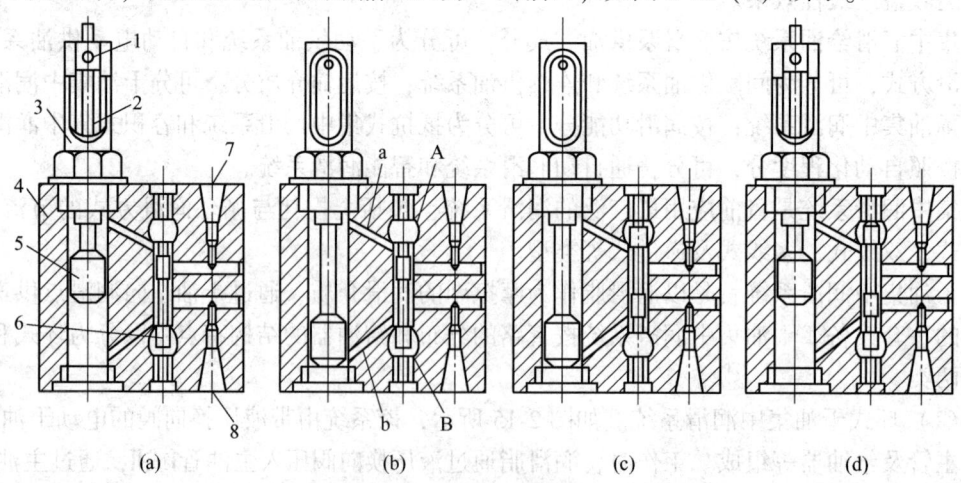

(a)　　　　　　　(b)　　　　　　　(c)　　　　　　　(d)

图 2-16　SGQ 型双线给油器的结构工作原理

1—调节螺丝；2—活塞杆；3—限位器体；4—壳体；5—活塞；6—滑阀；

7，8—出油口；a，b—通道；A，B—进油口

旋动限位器体上的调节螺钉 1 可以限制活塞杆 2 的行程，也就是限制了活塞 5 的行程，从而调节了给油量。把两个出油口连通，即可增大给油脂量一倍。

给油器的技术性能见表 2-4。

表 2-4　国产 SGQ 型双线给油器的技术性能

型　号	给油孔数	公称压力/MPa	每孔每次给油量			质量/kg	型号	给油孔数	公称压力/MPa	每孔每次给油量			质量/kg
			系列	最小/mL	最大/mL					系列	最小/mL	最大/mL	
SGQ-11	1	10	1	0.1	0.5	1.0	SGQ-13	1	10	3	1.5	5.0	1.4
SGQ-21	2					1.3	SGQ-23	2					2.0
SGQ-31	3					1.8	SGQ-33	3					2.7
SGQ-41	4					2.3	SGQ-43	4					3.4
SGQ-21S	2					1.0	SGQ-23S	2					1.4
SGQ-41S	4					1.3	SGQ-43S	4					2.0
SGQ-61S	6					1.7	SGQ-63S	6					2.7
SGQ-81S	8					2.3	SGQ-83S	8					3.3
SGQ-12	1		2	0.5	2.0	1.1	SGQ-14	1		4	3	10	1.8
SGQ-22	2					1.7	SGQ-24	2					2.9
SGQ-32	3					2.3	SGQ-24S	2	10				1.8
SGQ-42	4					2.8	SGQ-44S	4					2.9
SGQ-22S	2					1.1	SGQ-15	1		5	6	20	2.9
SGQ-42S	4					1.7							
SGQ-62S	6					2.2							
SGQ-82S	8					2.8							

单线给油器用于单线输送润滑脂的干油集中润滑系统。它是在双线给油器的基础上发展起来的一种定量供脂元件。单线给油器的优点是结构紧凑、体积小、重量轻；采用单管线输送润滑脂，简化线路、节约管材，适用于润滑点不多而又比较集中的单机设备（如剪切机、矫直机等）。目前世界各国都在研究设计各种形式的单线给油器。图 2-17 所示的 PSQ 型片式给油器是具有代表性的单线给油器。PSQ 型片式给油器最少由 3 片（上片、中片、下片）组成。中片可以在组合时根据系统中润滑点数量的不同而增加，但最多不能超过 4 片，连同上片与下片，最多由 6 片组成。PSQ 型给油器是我国的新产品标准。

PSQ 型片式给油器的工作原理如图 2-17（a）所示。压力润滑脂从输油管进入后，首先将柱塞Ⅱ推向左端，然后再将柱塞Ⅲ推向左端，并分别依次将左腔内的润滑脂从出油口 1、2 排送到润滑点。待活塞Ⅲ动作完毕后（指示杆同时向左伸出，表示给油器正常工作），在柱塞Ⅲ左腔的压力润滑脂从内部通道进入柱塞Ⅰ的左腔内，并推动柱塞Ⅰ到右端，同时将右腔内的润滑脂从出油口 3 排至润滑点。柱塞Ⅰ向右动作完毕，如图 2-17（b）所示，柱塞又按照上述将润滑脂又从右边的 3 个出油口 4、5、6 顺序压出送往润滑点。只要油泵连续供脂，该给油器就连续往复动作，不断地把润滑脂从各出油口送出。

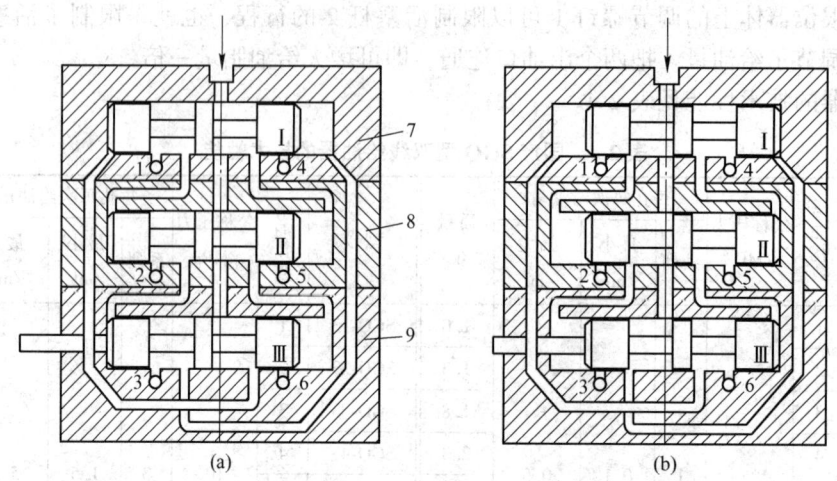

图 2-17　PSQ 型片式给油器工作原理

1~6—出油口；7—上片；8—中片；9—下片；Ⅰ~Ⅲ—柱塞

（2）流出式干油集中润滑系统。如图 2-18 所示，流出式干油集中润滑系统采用与双线环式干油集中润滑系统同样的给油器，只是管路的布置不同。系统工作时，润滑站通过换向阀将润滑脂从一条给油主管压送到各给油器，在管路内的润滑脂压力作用下，给油器开始动作，将一定分量的润滑脂供给各润滑点。当所有给油器都动作完毕，位于管路最远支管末端的压力操纵阀内的压力升高，达到一定数值时，压力操纵阀触杆即触动行程开关，使换向阀换向。这时润滑站压送的润滑脂沿另一条给油主管通过给油器向各润滑点供给润滑脂，各给油器动作完毕，保证全部润滑点的润滑。当压力操纵阀内的压力又升高到一定数值时，换向阀又换向，同时润滑站的电动机切断，油泵停止工作。经过一定间隔时间后，润滑站又按上述顺序工作。

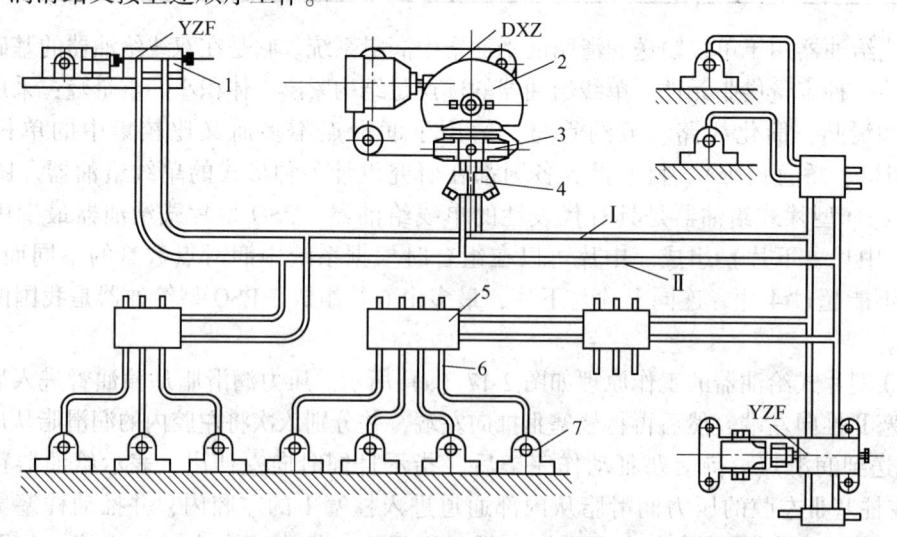

图 2-18　流出式干油集中润滑系统

1—压力操纵阀；2—电动干油站；3—电磁换向阀；4—干油过滤器；5—给油器；6—输脂支管；

7—轴承副；Ⅰ，Ⅱ—输脂主管

C　油雾润滑和油气润滑

油雾润滑是以压缩空气作为动力，使油液雾化，即产生一种像烟雾一样的、粒度在 $2\mu m$ 以下的干燥油雾，然后经管道输送到润滑部位。在油雾进入润滑点之前，还需通过"凝缩嘴"，使油雾变成油气从专设的排气孔排出。它分为油雾润滑装置和干油喷雾润滑装置两类。油雾润滑适用于封闭的齿轮、蜗轮、链轮、滑板、导轨以及各种轴承的润滑。目前在冶金企业中，油雾润滑装置大多用于大型、高速、重载的滚动轴承等的润滑。

油雾润滑的优点是：

（1）油雾能弥散到所有需要润滑的部位，可以获得良好而均匀的润滑效果。

（2）压缩空气质量热容小、流速高，很容易带走摩擦产生的热量，对摩擦副的散热效果好，因而可以提高高速滚动轴承的极限转速，延长其使用寿命。

（3）大幅度降低润滑油的消耗。

（4）由于油雾具有一定的压力，对摩擦副起到良好的密封作用，避免了外界杂质、水分的侵入。

（5）较稀油集中润滑系统结构简单，动力消耗少，维护管理方便，易于实现自动控制。

油雾润滑的缺点是：

（1）在排出的压缩空气中，含有少量的浮悬油粒，污染环境，对操作人员健康不利，所以需增设抽风排雾装置。

（2）不宜用在电动机轴承上。因为油雾侵入电动绕组将会降低绝缘性能，缩短电动机使用寿命。

（3）油雾的输送距离不宜太长，一般在 30m 以内为可靠，最长不得超过 80m。

（4）必须具有一套压缩空气系统。

油雾润滑的上述缺点，在一定程度上限制了它的使用范围。但它的独特优点，是其他润滑方式所无法比拟的，所以在金属压力加工设备上，将会获得越来越广泛的应用。

a　油雾润滑装置

（1）油雾润滑的工作原理和结构组成。

稀油油雾润滑是把压缩空气接入油雾发生器，将润滑油雾化成为粒度十分细小雾状的干燥油雾，并通过管路输送至摩擦部件上进行润滑。

图 2-19 所示的油雾润滑系统主要包括油雾发生器 1、调压阀 2、电磁阀 3、分水滤气器 4、油雾输送管道 5 以及控制检测仪表等。分水滤气器是为了过滤压缩空气中的杂质和排除空气中的水分，使得到纯净和干燥的压缩空气。电磁阀用以控制输送压缩空气的管路的接通和断开，而调压阀则使压缩空气保持恒定的压力，并根据需要可以进行调节。油雾发生器为油雾润滑装置的主要部分，压缩空气通过文氏管时产生压差，使油池中的润滑油沿管路被吸上升进入文氏管中，被压缩空气气流雾化成各种油粒，较大的油粒在重力作用下返回油池，微小的油粒形成油雾随压缩空气送往润滑点。由于当油雾发生器产生的油雾直接输送至润滑点时，尚不能产生润滑油膜，因此在润滑点前必须装置凝缩嘴，当油雾通过凝缩嘴的细长小孔时，一方面，由于油雾的密度突然增大，处于饱和状态；另一方面，高速通过的油雾与孔壁发生强烈的摩擦，破坏了油雾粒子的表面张力，使之结合成较大的油粒而投向摩擦面，形成润滑的油膜。因此，只有正确选用凝缩嘴，才能对不同的摩擦副

起有效地润滑作用。

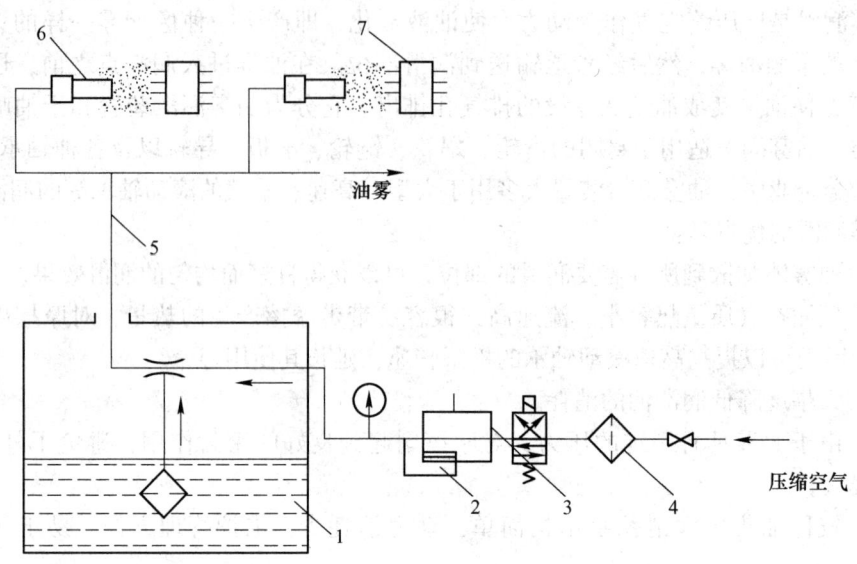

图 2-19　油雾润滑系统

1—油雾发生器；2—调压阀；3—电磁阀；4—分水滤气器；5—油雾输送管道；6—凝缩嘴；7—润滑点

（2）油雾发生器。

油雾发生器是油雾润滑装置的核心部分，其工作原理如图 2-20 所示。压缩空气由阀体 2 上部输入后，迅速充满阀体与喷油嘴 3 之间的环形间隙，并经喷油嘴 3 圆周方向的 4 个均布小孔进入喷嘴内室，压缩空气沿喷嘴中部与文氏管 4 之间狭窄的环形间隙向左流动（喷油嘴内室右端不通），由于间隙小，气流流速很高，喷油嘴中心孔的静压降至最低而形成真空度，即文氏管效应。此时罐内的油液在大气压力和输入压缩空气的压力的共同作用下，通过过滤器 5 沿油管压入油室内。接着进入喷油嘴中心孔，在文氏管 4 的中部（雾

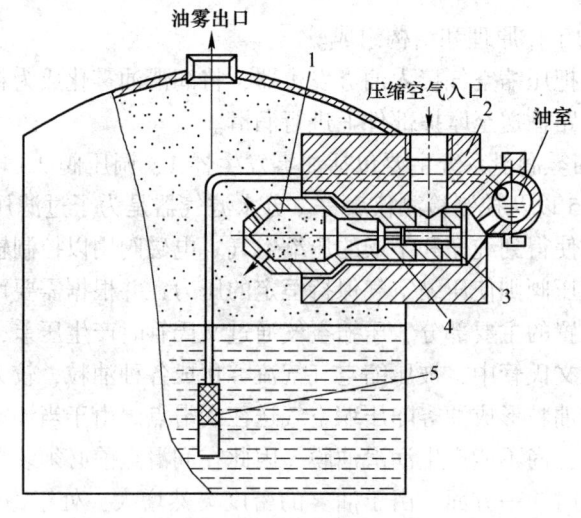

图 2-20　油雾发生器的结构及工作原理

1—喷雾头；2—阀体；3—喷油嘴；4—文氏管；5—过滤器

化室）与压缩空气汇合。油液即被压缩空气击碎形成不均匀的油粒，一起经喷雾头 1 的斜孔喷入油罐。其中较大的油粒在重力的作用下附入油池中，细微的（2μm 以下）油粒随压缩空气送至润滑部位。为了加强雾化作用，在文氏管的前端还有 4 个小孔，一部分压缩空气经小孔喷出时再次将油液雾化，使输出的油雾更加细微均匀。

油室的前端装有密封而透明的有机玻璃罩，以供操作人员随时观察润滑油的流动情况。进入玻璃罩的油液量并不等于油雾管道输出的油量，实际上只有可见油流的 5% ~ 10% 变成了油雾输出。

b　干油喷雾润滑装置

干油喷射润滑和油雾润滑一样，也是依靠压缩空气为动力的一种润滑方式。由于干油黏度太大，它不能像油雾润滑那样，利用文氏管效应形成雾状，而是靠单独的泵（干油站）来输送油脂。油脂在喷嘴与压缩空气汇合，并被吹散成颗粒状的油雾，随同压缩空气直接喷射到摩擦副进行润滑。它的显著特点是润滑剂能超越一定的空间，定向、定量而均匀地投到摩擦表面。此方式不仅使用方便、工作可靠、用油节省，而且在恶劣的工作环境下，也能获得较好的润滑效果。这种润滑方法简称喷射润滑。

干油喷射装置特别适用于冶金、矿山、水泥、化工、造纸等行业的大型开式齿轮（如球磨机、回转窑、挖掘机、高炉布料器等）以及钢丝绳、链条的润滑。

干油油雾润滑系统的结构一般由供油装置（手动润滑站和给油器）、控制阀和喷嘴等组成。GWZ 型干油喷雾润滑系统如图 2-21 所示，手动干油润滑站 1 将润滑脂压送至双线给油器 2，并将润滑脂定点、定量地供给控制阀 3，控制压缩空气和润滑脂通过管路同时分别进入喷嘴中，从压力表可以观察压缩空气的压力。

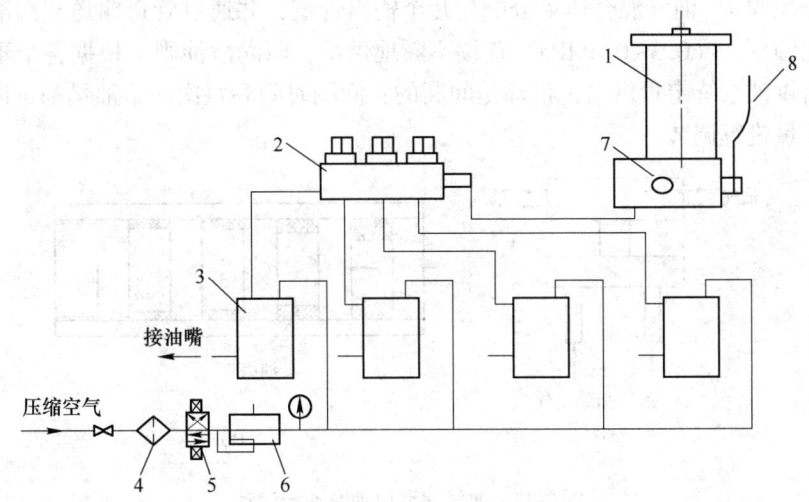

图 2-21　GWZ 型干油喷雾润滑装置

1—手动干油润滑站；2—双线给油器；3—控制阀；4—分水滤气器；5—调压阀；
6—电磁阀；7—换向手柄；8—压油手柄

干油喷雾润滑装置的润滑剂，常用复合铝基润滑脂加 20% 轧钢机油或 10 号汽油机油，稀释后效果较好；也可以采用二硫化钼油膏，或二硫化钼粉剂 40% 和 60% 的 52 号汽缸油（或 62 号汽缸油）。根据试验，凡是锥入度不小于 250 的润滑脂均能适用于干油喷雾润滑。

c　油气润滑装置

油气润滑与油雾润滑相似，都是以压缩空气为动力将稀油输送到轴承，不同的是油气润滑并不将油撞击为细雾，而是利用压缩空气流动把油沿管路输送到轴承，因此不再需要凝缩。凡是能流动的液体都可以输送，不受黏度的限制。空气输送的压力较高，在0.3MPa左右。此方式适用于润滑滚动轴承，尤其是重负荷的轧机轧辊轴承。

（1）油气润滑的优点。

1）不产生油雾，不污染周围环境。

2）计量精确。油和空气可分别精确计量，按照不同的需要输送到每一个润滑点，因而非常经济。

3）与油的黏度无关。凡是能流动的油都可以输送，不存在高黏度油雾化困难的问题。

4）可以监控。系统的工作状况很容易实现电子监控。

5）特别适用于滚动轴承，尤其是重负荷的轧机轧辊轴承，气冷效果好，可降低轴承的运行温度，从而延长轴承的使用寿命。

6）耗油量微小。

（2）油气润滑的工作原理。

油气润滑的原理如图2-22（a）所示。润滑油由进油管1，压缩空气由进气管2同时进入油气混合器3。润滑油被吹成油滴，附着在管壁上形成油膜。油膜随着气流的方向沿管壁流动，在流动过程中油膜层的厚度逐渐减薄，并不凝聚，如图2-22（b）所示。进入特波油路分配阀4，油气混合体被分配到几个输出管道，并通过管道输送至润滑点。压缩空气以恒定的压力（0.3~0.4MPa）连续不断地供给，而润滑油则是根据各个不同润滑点的消耗量由供油系统定量供给，供油是间断的，间隔时间和每次的给油量都可以根据实际消耗的需要量进行调节。

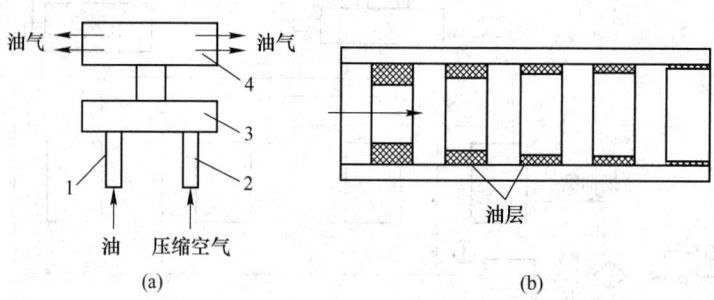

图2-22　油气润滑原理及油层流动

1—进油管；2—进气管；3—油气混合器；4—特波油路分配阀

（3）油气润滑系统。

油气润滑系统大体可划分为供油、供气、油气混合三大部分。图2-23所示为四辊轧机轴承（均为四列圆锥轴承）的油气润滑系统。

1）供油部分。这部分由油箱、油泵、步进式给油器等组成，都是根据系统的供油量选定的。油泵两台，一台工作，一台备用，通过电子监控装置启动或停止。油泵的排量一

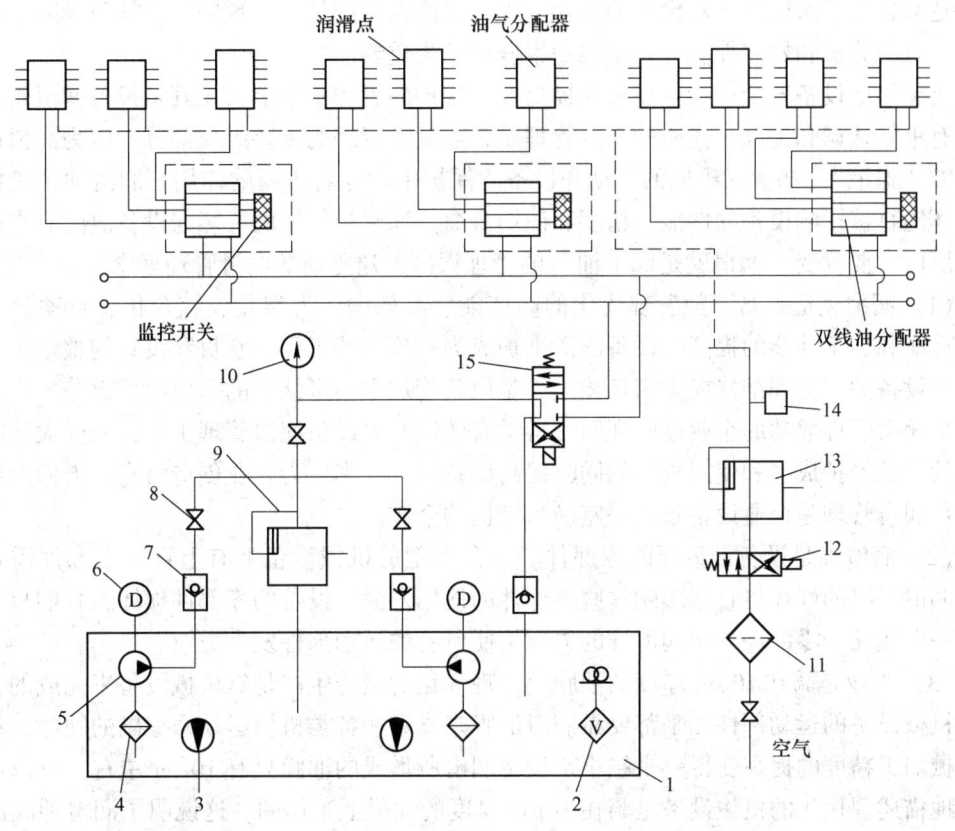

图 2-23　步进式油气润滑系统

1—油箱；2—油位控制器；3—油位镜；4—油过滤器；5—油泵；6—电动机；7—单向阀；8—截止阀；
9—溢流阀；10—压力计；11—空气过滤器；12—气路电磁阀；13—减压阀；14—压力监测器；15—油路电磁阀

般都较低，而压力较高。步进式给油器由片式给油器组合而成，其工作压力一般在 2~4MPa，有多种排油量规格。步进式给油器排出的油输送到油气混合器去，如果其中有一个排油口堵塞，则整个步进式给油器停止工作。可以通过检测装置发出警报信号，同时给油器每工作一个循环也可通过电子控制装置使油泵停歇一定时间后再次启动。

2）供气部分。供给的压缩空气应该是清洁而干燥的，必须先经过油水分离及过滤。当油气润滑启动时，压缩空气由电磁阀接通，经过减压，排出的气压为 0.3~0.4MPa，并在排气管线上装有压力监测器，以保证工作中有足够的气压。

3）油气混合部分。油气混合部分是使油和气在混合器中能很好地吹散成油滴，均匀地分散在管道内表面。油气混合器亦有多种规格的供给量可供选用。如果供给的润滑点在两个以上，油气混合物还必须经油气分配阀适量地供给每个润滑点。

2.2.3.4　设备的润滑管理

A　设备润滑管理的新理念

冶金生产离不开机械设备，随着技术发展冶金生产设备在冶金安全生产中越来越重要，同时冶金生产企业对设备生产能力的依赖性更为紧密，对冶金生产设备的使用效率要求也越来越高。所以加强对设备的管理、提高生产设备的效率、预知设备故障诊断、设备运行状态的分析和检测控制及科学维护手段就尤为重要。

要想保证设备安全运行就需要在提高设备维护的管理水平上，尤其是设备润滑管理技术上有重新认识和提高。优质的润滑管理是企业设备管理的重要组成部分。因为润滑剂是机器的"血液"。润滑在机械的传动和设备的保护中均起着重要的作用。润滑油污染控制的好坏能直接影响设备的性能、精度和使用寿命。润滑油使用的好坏与设备故障有直接关系。所以，要改变"润滑就是润滑油"的管理误区，建立新的润滑管理理念。

（1）润滑创造财富。随着现代化的高产能、高效率、大型化、综合化、自动化设备机械性能和加工性能的提高，设备润滑维护成为一项系统工程。它贯穿设备的整个生命过程，与设备的安全和维修成本密切相关，是设备管理中不可缺少的重要组成部分。目前许多设备润滑管理成功的企业经验证明，科学有效地开展设备润滑管理工作，能极大地降低企业的设备维护成本和使用成本的同时提高设备生产效率，为企业创造财富。人们形象的比喻：润滑管理是企业设备管理一座尚未挖掘的金矿。

（2）润滑油是设备最重要的零部件。一台大型的机械设备上有上百个零部件需要润滑，润滑工况的好坏将直接影响这些零部件的使用寿命。设备的零部件损坏，我们只需要更换一个或几个零部件，而润滑油的失效将使所有的运动部件发生失效。

（3）工业是骑在 $10\mu m$ 厚度的油膜上。现代化的冶金生产是靠机械设备来完成的，而各类机械设备的运动部件几乎都要靠润滑油膜来支撑。各类机械运动摩擦副的间隙，都随着机械加工精度的提高变得越来越小。设备润滑所形成的油膜只有 $10\mu m$ 左右，所以可以形象地描述现代化的机械设备是骑在 $10\mu m$ 厚度的油膜上工作的。这说明了润滑油膜的重要性，也说明了企业对润滑油的依赖。只有采用先进科学的润滑技术，才能确保润滑油的可靠，才能确保企业所依赖设备的安全。

（4）润滑隐患是设备故障的根源。设备的温度上升、振动噪声增大、力学性能下降等现象是设备失效的宏观表现形式，而导致上述现象的根源往往是设备零部件的异常磨损所引起的。据调查机械设备表面失效 70% 的原因是磨损和腐蚀引起的，其主要原因则是润滑油的失效和润滑不合理。所以润滑隐患是设备故障的根源，也是保证冶金设备安全生产的重要因素。

（5）设备润滑需要正确管理。许多企业管理者将设备的润滑管理与油品的质量混为一谈，误认为只要用质量好的润滑油，设备的润滑就没有问题。其实设备的润滑状况好坏，除了油品的质量外，还受设备用油的选型、设备的操作使用、设备润滑系统的合理性、润滑油的污染等多方面因素的影响，特别是设备在用润滑油的污染问题。例如发动机在使用过程中经常进水、进粉尘等污染物，用再好的润滑油也不能保证不发生事故。况且冶金企业生产设备是在高污染环境下工作的，设备润滑系统污染非常严重，所以设备管理人员必须对设备的润滑系统进行维护，有效控制设备运行过程中因油液污染所导致的润滑性能失效。

B　设备润滑管理的目的和任务

a　设备润滑管理的目的

企业润滑管理就是采用科学管理的手段，按照技术规范的要求，实现设备的及时、正确、合理润滑，在此过程中同时注意安全、环境及节约能源等方面的问题，最终保证设备安全可靠高效运行。做好润滑管理工作，可达到以下目的：

（1）延长设备的使用寿命，减少设备的维修费用。

（2）减少设备事故的发生，保证设备安全运行。

（3）提高设备生产效率和利用率，为企业创造可观的经济效益。

（4）节约能源，减少环境污染。

（5）文明生产，节约劳动力。

（6）促进设备的现代化管理，使企业管理水平得到提升。

b　设备润滑管理的主要任务

设备润滑管理的主要任务有以下几个方面：

（1）按照企业规模大小设置相应的润滑管理机构，建立健全各项润滑管理制度，拟定有关润滑工作人员的职责范围和工作条例，并贯彻到日常工作中。

（2）编制各类设备的润滑卡片和有关技术资料，指导操作人员、维修人员和润滑人员正确、及时地做好设备润滑工作。

（3）制定设备检查、清洗、换油计划和油品配制、切削液、废油再生、润滑油脂等的材料申请计划及消耗定额，制定和修订设备清洗换油周期。

（4）协同设备管理人员、维修人员和操作人员，认真做好设备润滑的防漏、治漏工作和废油的回收、再生、利用工作。

（5）管理切削液和特种油品的配制及应用。

（6）协同环保单位管理，对切削液等的工业油污废水进行处理，达到国家排放标准，避免对环境造成污染。

（7）指定专业人员切实做好精密、大型、稀有、关键设备的润滑工作。确保各类设备润滑系统装置齐全，油质符合要求，油路畅通，油标醒目，无漏油、漏水现象。

（8）全面贯彻制造设备润滑的"五定"（定点、定质、定量、定时、定人）要求，切实保证设备处于良好的润滑状态。

（9）进行设备润滑状态的监测，做到：

1）对所有选用或配制的润滑油脂、切削液、掺配油、再生油等，都必须检定其质量性能，合乎要求才能使用。

2）润滑油、切削液等都要实行"定期检查、定质换油"的状态监测，不合格者都应及时更换。

3）对设备摩擦部件在不同工况条件下发生的非正常磨损，应通过各种诊断手段了解其与润滑的关系，为改进润滑条件提供依据。

4）定期对润滑系统、润滑装置的工作性能进行检测，对产生不良润滑的装置应及时更换或改进。

（10）进行润滑状态检查工作，包括：

1）日常检查。每天对设备的加油、缺油、少油情况进行巡回检查；每周结合设备大清扫，对设备维护保养情况进行情况检查；每月结合设备完好状态检查，抽查用油质量，了解润滑装置和润滑工具的完好情况。

2）润滑普查。润滑专业人员每年应对所管设备的润滑状态最少进行两次普查，作为有计划改进设备润滑工作的依据。

3) 专题调查。润滑专业人员对设备存在的重要问题，应协同有关人员进行专题调查，以求得及时解决。

（11）开展摩擦、磨损、润滑的技术教育工作，有计划地对操作工人和维修工人进行摩擦、磨损与润滑的科学技术普及教育，并通过各种形式的活动提高润滑专业人员的摩擦、磨损、润滑的理论与技术水平。

（12）建立设备的润滑技术档案。对每台设备都应根据设备使用说明书及生产实践制定和修改润滑图表、润滑卡片，收集润滑材料、润滑装置、润滑方式、润滑系统等技术资料，建立润滑技术档案。

（13）要经常抓好设备润滑管理的查、治、管、教、收五个环节；对润滑专业人员，要强调做到四勤：

1) 勤检查设备的润滑状态。

2) 勤治理设备查明的问题。

3) 勤管理设备查治的效果。

4) 勤回收设备渗、漏和已失效的废油。

（14）学习、试验、总结和推广有关设备润滑、摩擦、磨损的新技术、新材料、新工艺及润滑管理的先进经验。

c　设备润滑管理的内容及实施

润滑管理贯穿于设备的全寿命周期，它是一项系统工程，首先需要领导的关注，建立健全企业的组织和制度予以保证。其具体内容包括物质管理和技术管理两个方面：物质管理是指润滑剂的采购、运输、库存、发放和废油处置等方面的工作；技术管理是指润滑剂的选用、维护、分析检测、润滑故障的分析处理等方面的工作。有效地实施润滑管理需要抓住以下几个环节：

（1）建立和健全润滑管理的组织。建立和健全润滑管理的组织是实现润滑管理的目的和落实润滑管理全过程的基础。从企业多年的实践来看，在各级设备管理部门配备专兼职设备润滑管理人员，建立各级润滑站是一种行之有效的办法。由专业润滑技术队伍作为技术骨干来具体实施润滑管理的全过程，彻底改变过去那种由千百个设备操作者进行的分散、落后的管理。

（2）制定并贯彻各项润滑管理工作制度。润滑管理是一项系统工程，是非常复杂而细致的，涉及各个方面，必须制定各种管理制度来规范和保证润滑管理工作的进行。同时，由于各企业所拥有的设备不同，设备的润滑装置和所用润滑剂品种不同等，使得相应的管理制度，尤其是使用、检测等方面的制度有很大的不同，因此在制定润滑管理制度时，必须与各单位的设备实际相结合，这样制定的润滑管理制度才能得到有效的贯彻和实施。

（3）明确润滑管理相关人员职责，特别是润滑管理技术人员和润滑工的职责。

1) 润滑管理技术人员职责。拟定各项润滑管理制度及相关人员的工作职责范围，经常深入基层、调查研究，定期总结经验、查找差距，提出改进管理方案并负责实施，逐步提高润滑管理水平。

制定设备用油消耗定额和年度、季度用油计划，提交供应部门及时供油，并统计其实施情况。指导检查润滑工、维修工、操作工按照润滑规范进行加油或清洗换油工作。

编制润滑图表和卡片，并指导润滑站（点）及下属单位的润滑工作，定期召开润滑会议。组织润滑工、维修工、操作工的业务学习并相互交流，不断改进工作。

2）润滑工职责。熟悉设备润滑系统和润滑装置。按润滑规程和"五定"要求正确加油润滑，并及时排除润滑故障，若不能解决应及时通知维修工解决。

对设备漏油要做到：查（查清漏油点、漏油量）、治（在力所能及的情况下自己动手治理漏油部位）、管（管好设备、合理润滑、经常保持清洁）。

指导操作工对设备进行日常保养，承担定期保养工作。

（4）加强润滑站建设和管理，实施润滑"五定"。

润滑站是设备润滑管理的重要组织和核心，在长期的设备润滑管理实践中，人们总结出润滑"五定"这一有效的管理方法。所谓润滑"五定"是指定点、定质、定量、定期、定人，其含义如下：

1）定点。确定每台设备的润滑点，保持其清洁与完整无损，实施定点给油。

2）定质。按照润滑规程规定用油，润滑材料及代用油品需经检验合格，润滑装置和加油器具保持清洁。

3）定量。在保证良好润滑的基础上，实行日常耗油量定额和定量换油，做好废油回收，治理设备漏油，防止浪费，节约能源。

4）定期。按照润滑规程规定的时间加油、补油和清洗换油；对重要设备、储油量大的设备按规定时间取样化验，根据油质状况采取对策（清洗换油、循环过滤等）。

5）定人。按照润滑规程，明确操作工、维修工、润滑工在维护保养中的分工，各司其职，互相配合。

（5）强化润滑状态的技术检查，做好废油的回收利用。润滑状态的技术检查，是实施润滑管理的重要工作，通过对设备润滑状态的技术检查，一是可以真正做到按质换油，减少设备润滑故障的发生；二是能够及时发现润滑隐患，排除故障，预防重大事故的发生。

（6）建立健全设备润滑资料档案，做好信息处理工作。设备润滑资料档案是实施设备润滑管理的基础，是确定润滑方式和选择润滑油脂的基本依据。它主要包括设备的基本结构和相关参数、润滑部位、润滑要求、润滑油脂等设备润滑的基础信息，这些信息可以从设备使用说明书、图纸以及实际工作中的相关资料中获得。将以上信息按设备型号、种类整理成档。同时，根据设备润滑管理工作的实际需要，还应建立润滑油脂采购进货台账、润滑油脂质量检验台账和设备换油台账等。此外，在设备运转记录中，应有反映润滑油脂加油、补油和换油的记录。

为了反映设备润滑管理的效果，应进行相关的信息处理，以便发现问题，总结规律，指导润滑管理工作的改进和提高。

d　设备润滑管理的基本方法

（1）设备润滑的"五定"和油品的"三级"过滤。设备润滑"五定"之前已介绍过，这里不再赘述。润滑油品从进库到加注到润滑部位上，一般要经过几次容器的倒换、存储和搬运。为保证油品的清洁，要求入库过滤、发放过滤和加油过滤。三次过滤网的密度要逐次加密，故称为"三级"过滤。"三级"过滤所用滤网要符合下述规定：

1）大桶到储油槽（箱）之间为 $250\sim420\mu m$。

2）储油槽（箱）到加油壶之间为 178μm。

3）加油壶到设备之间为 150μm。

（2）编制润滑技术档案。

1）设备润滑图表标明设备润滑部位、油品牌号、加油量及时间间隔。

2）润滑记录卡注明设备名称、加油部位、油品牌号，加（换）油日期等。

3）根据装置内设备的具体情况制订合理的设备清洗、换油计划。该计划一般应尽量与设备检修计划相吻合。

（3）设备润滑状态管理。

1）设备润滑状态检查是巡检的重要内容之一。要注意设备润滑系统的工作状况，如供油压力、回油流量、油杯或油桶液面、油路是否畅通及油质情况等。对设备润滑装置或润滑系统部件缺损或故障要及时补充或更换。

2）定期对主要运转设备的润滑油进行常规分析、铁谱或光谱分析，检查润滑油中的杂质、金属微粒等，了解设备的润滑状态和磨损情况，常规分析是状态监测的重要方法之一。

（4）装置润滑油品计划管理。

1）润滑油品计划。每年应根据装置润滑油的使用和消耗情况编制年、季度用油计划。

2）油料存放与检验。油品进入装置，必须进行分析化验，确认合格后方可使用。油库内油品需分类储存，定期抽检。

3）油品选配与代用。一般机械设备说明书都规定或推荐使用润滑油（脂）的种类、牌号及有关规格指标。这是选配和代用油品的依据，据此查找相似的油品和牌号。重要设备润滑油的选配与代用必须慎重。要根据设备的工作条件如转速、轴承载荷、工作温度、润滑方式、环境状况等，提出专业性报告，必要时要经有关技术机构进行代用油的试验，方可进入试用阶段。在试用代用油（脂）期间要严格加强设备运行状态的监测，定期取样进行油质分析，及时检查，试用效果良好的，可由主管部门备案正式作为代用油。

2.2.3.5　格子型球磨机的结构及工作原理

格子型球磨机结构如图 2-24 所示，它主要由筒体部、给矿部、排矿部、轴承部、传动部和润滑系统等组成。筒体利用端盖支承在主轴承上。筒体和端盖里面衬有高锰钢衬板，在排矿侧还安装有格子衬板，筒体内按配比装入不同尺寸的小齿轮，带动筒体上的大齿轮，使球磨机回转，矿石由给矿机给入，经给矿轴颈内套进入磨机。当磨机旋转时，研磨体由于惯性离心力作用贴附在磨机体内壁的衬板上与磨机一起回转并带到一定高度，并由于其自身的重力作用，像抛射体一样落下，将筒体内的物料击碎；此外研磨体之间还存在滚动和滑动的现象，主要对物料起研磨作用，物料由前仓的连续加入，并随筒体一起回转受挤压，加上进料端与出料端之间本身的料面高度差以及磨机内强制通风，因此磨机筒体虽然是水平安装的，而物料由进料端缓慢向出料端移动，完成粉磨作业。磨碎后的矿浆通过格子衬板经通向排矿口的扇形室提升到高于排矿口的水平，使矿浆排出磨机。

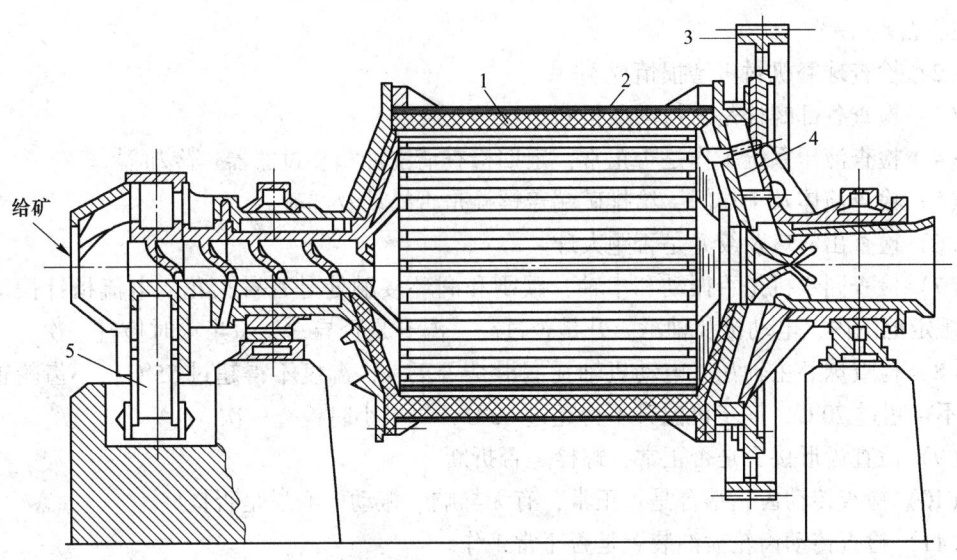

图 2-24　格子型球磨机

1—筒体；2—筒体衬板；3—大齿环；4—排矿格子；5—给矿器

2.2.4　任务实施

（1）咨讯。

1）任务：对某厂格子型球磨机进行润滑管理。

2）相关知识：设备的润滑管理知识、润滑的作用、润滑的原理、润滑的材料和设备、格子型球磨机工作特点。

3）要求：给格子型球磨机制定合理的使用和润滑制度，在该制度的指导下，使格子型球磨机设备一直都保持良好的运行状态。

（2）计划。学生把球磨机使用和润滑管理的计划内容讲给老师听，并独立编制润滑保养的实施计划，过程中教师要经常获得项目的反馈，与学生交流，提出自己的观点。

（3）决策。学生尽可能独立读懂球磨机的结构图，了解其工作原理，了解安全措施，做出润滑决策。教师为学生准备材料（或带学生参观工作现场），与学生交流，讨论学生作出的决策。

（4）实施。学生分组或独立编制球磨机的润滑管理制度，并进行维护实施，教师接受咨询并指出学生实施中的问题。

（5）检查。学生独立观察球磨机的结构、工作状况、特点，对相关资料检查整理，先学生自己检查，再小组相互检查，最后教师检查。

（6）评价。检查实施效果，师生共同讨论评价。

2.2.5　知识拓展

2.2.5.1　格子型球磨机的检查与清扫

A　自检内容

（1）检查联合给矿器、给矿圆鼓、进排矿端盖、勺头、进料口、出料口、法兰螺栓磨损情况。

（2）检查球磨机衬板磨损情况。

（3）检查各部螺栓是否松动或折断。

（4）检查液压系统工作是否正常，定期检查清洗油箱、过滤器、冷却器。

（5）检查筒体及工作门，给排矿端盖螺栓是否松动及漏矿。

（6）检查出料口及绞笼是否跑大球。

（7）检查同步机是否振动和串轴，碳刷和润环接触处是否冒火花，电流指针摆动是否在规定范围内，电动机及轴承温升是否过高，温升是否异常，每半小时检查一次。

（8）检查球磨主轴瓦、电动机轴瓦润滑是否正常，温度不得超过 55℃，小齿轮轴承温度不得超过 70℃，同步机温升不得超过 60℃，每半小时检查一次。

（9）检查齿形接手是否正常，螺栓是否折断。

（10）检查传动齿轮啮合是否正常，有无异响、振动，润滑是否良好。

（11）检查传动齿轮喷油装置是否正常工作。

（12）对于主轴静压轴承应检查：

1）液压系统油压是否在 2.6~6.0MPa 范围，各压力表压力是否相差太大。

2）液压油管密闭情况，电动机、油泵是否发热，溢流阀、分流器是否泄漏，冷却器是否堵塞，油管是否断裂或堵塞。

B　清扫要求

（1）设备本身及周围必须每班清扫、擦抹，筒体、大牙下、排矿瓦底座下不得有存矿。

（2）所有零件、工具、材料、杂物等要放到指定地点，不得乱放，保持整齐美观。

2.2.5.2　格子型球磨机的润滑制度

A　润滑管理要求

（1）球磨机的主轴瓦、电动机轴瓦润滑要正常，温度不得超过 55℃，小齿轮温度不得超过 70℃，同步机温升不得超过 60℃。

（2）主轴瓦润滑与同步机应有断油连锁装置，当断油时，同步机自动停转。

（3）油泵排油管油压应在 3.5~6.0MPa 范围内，油管畅通，轴瓦给油处油压不低于 3.5MPa。

B　各部润滑明细

格子型球磨机各部润滑明细见表 2-5。

表 2-5　格子型球磨机各部润滑明细

润滑部位	润滑剂名称、型号	润滑周期/个月	润滑方式
主轴瓦	100 号机械油	6~12	自动润滑
同步机轴瓦	46 号汽轮机油	6~12	自动润滑
传动齿轮	680 号极压齿轮油	1~2	自动润滑
小齿轮轴承	钙基润滑脂	1~2	人工润滑
齿轮联轴器	钙基润滑脂	1~2	人工润滑

学 习 小 结

(1) 设备使用管理包括设备使用管理的意义、设备的合理使用、设备使用前的准备工作、设备使用制度等内容。

(2) 设备维护管理包括设备的维护保养，设备的三级保养制，设备的区域维护，精、大、稀设备的使用维护要求和生产现场的 5S/6S 管理等内容。

(3) 润滑包括润滑的作用及其分类、润滑原理及润滑材料、润滑的方法和装置等内容。

(4) 设备的润滑管理包括设备润滑管理的意义、目的和任务以及设备润滑管理的方法等内容。

思考练习

2-1 设备使用和维护管理的意义是什么？

2-2 设备的三级保养制是什么？

2-3 生产现场的 5S/6S 管理等内容包括哪些？

2-4 对精、大、稀设备的使用维护有哪些要求？

2-5 对圆锥破碎机的使用维护有哪些要求？

2-6 什么是润滑？润滑的作用和目的是什么？

2-7 简述动压润滑、静压润滑、动静压润滑、边界润滑、固体润滑和自润滑的润滑原理。

2-8 常用润滑材料有哪些？

2-9 润滑油有哪些质量指标？润滑脂有哪些质量指标？

2-10 常用的固体润滑材料有哪些？

2-11 润滑材料的种类的选择要考虑哪些因素？

2-12 润滑材料的选用应遵循哪些原则？

2-13 油雾润滑和油气润滑各有哪些优点？

2-14 简述格子球磨机的工作原理。

2-15 动压润滑和静压润滑各有什么优缺点？

2-16 实现流体动压润滑的条件是什么？

【考核评价】

本学习情境评价内容包括基础知识与技能评价、学习过程与方法评价、团队协作能力评价及工作态度评价；评价方式包括学生自评、组内互评、教师评价。具体见表 2-6。

表 2-6 学习情境考核评价表

姓 名		班级		组别		
学习情境		指导教师		时间		
考核项目	考核内容		配分	学生自评 比重 30%	组内互评 比重 30%	教师评价 比重 40%
实践技能评价	本情境典型工作任务实践动手操作能力		40			

续表 2-6

姓　名		班级		组别			
学习情境		指导教师		时间			
考核项目	考核内容		配分	学生自评比重 30%	组内互评比重 30%	教师评价比重 40%	
理论知识评价	本情境理论基础知识的认知能力		20				
学习过程与方法评价	各阶段学习状况及学习方法		20				
团队协作能力评价	团队协作意识、团队配合状况		10				
工作态度评价	纪律作风、责任意识、主动性、纪律性、进取心		10				
合　计			100				

学习情境 3　机械零件失效分析

【学习目标】

知识目标
(1) 知道失效的概念、影响因素和类型。
(2) 知道失效分析的定义及其作用或意义。
(3) 明白摩擦和磨损的定义、分类；描绘典型机械磨损率曲线，归纳磨损失效过程三个阶段的特性。
(4) 懂得各类磨损的概念和影响因素，知道磨损机理及其分类。
(5) 能说明腐蚀失效的基本概念和类型，能列举防腐措施。
(6) 能复述断裂的定义、分类及预防措施，知道各类断裂失效的机理和特征。
(7) 能说出畸变与畸变失效的概念和基本类型，能列举减少畸变的措施。

能力目标
(1) 能针对常见机械设备的失效现象，判断其失效模式，查找失效原因和机理。
(2) 能针对机械零件的典型失效类型，提出预防再失效的相应对策。
(3) 能查找文献资料，获取任务信息，自主学习新知识与新技术。
(4) 能制定任务计划，并相互沟通和协作配合，共同组织实施。
(5) 能对实施的任务进行归纳、总结及评估。

素养目标
(1) 培养理论联系实际的严谨作风，建立用科学的手段去发现问题、分析问题及解决问题的一般思路。
(2) 培养刻苦钻研、勇于拼搏的精神和敢于承担责任的勇气。
(3) 促使建立正确的人生观、世界观，树立良好的职业心态，增强面对挫折的能力。
(4) 解放思想、启发思维，培养勇于创新的精神。

任务 3.1　轧机机架牌坊磨损失效分析

3.1.1　任务引入

思考一下，并试着回答以下问题：(1) 设备会不会像人一样也要"生病"？(2) 设备为什么会"生病"？(3) 设备"生病"的原因是什么？(4) 设备生了病，会怎么样？会有哪些现象产生？

在思索问题的过程中，首先来回顾一则国内冶金企业典型事故案例——辽宁省铁岭市清河特殊钢有限责任公司"4.18"钢水包倾覆特大事故：2007 年 4 月 18 日 7 时 53 分，辽宁省铁岭市清河特殊钢有限责任公司炼钢车间一台 60t 钢水包在吊运至铸锭台车上方 2~3m 高度时，突然发生滑落倾覆，钢包倒向车间交接班室，钢水涌入室内，致使正在交接班室内开班前会的 32 名职工当场死亡，另有 6 人重伤，直接经济损失 866.2 万元。经过事故现场勘察及相关调查分析，造成本次事故的直接原因是：电气控制系统故障及设计缺陷导致钢水包失控下坠；制动器制动力矩不足未能有效阻止钢水包下坠及班前会地点选择错误导致重大人员伤亡。事故间接原因是：起重机选型错误，未按要求选用冶金铸造专用起重机；制造厂家不具备生产 80t 通用桥式起重机的资质，超许可范围生产；检测检验机构未正确履行职责，未按规定进行检验，便出具监督、验收检验合格报告；事故单位建设项目设计不规范；起重机司机缺乏处理突发事件的能力；设备日常维护不善；事故单位机构不健全，管理混乱等。鉴于此案例，编者所在的大型钢铁集团随即对本单位的起重设备开展了专项检查，结果在炼钢厂一专用冶金起重机内发现了重大设备隐患，随后立即进行了整改，由此杜绝了一起重大险肇事故的发生。

其次再回首几个国外事故案例：1984 年 12 月 3 日，印度中央邦首府博帕尔市美国联合碳化物属下的联合碳化物（印度）有限公司（UCIL）设于贫民区附近一所农药厂因操作不当、燃烧塔未发挥作用、冷却系统无故停运等诸多原因，载有大量剧毒原料异氰酸甲酯（MIC）的储罐发生泄漏，由此造成 2.5 万人直接致死，55 万人间接致死，20 多万人永久残废。即使在现今，当地居民的患癌率及儿童夭折率仍然远比其他印度城市为高。1986 年 4 月 26 日，乌克兰基辅州普里皮亚季镇附近的切尔诺贝利核电站 4 号机组在定期维修时，由于连续的操作失误，加之 RBMK 石墨沸水堆设计中存在一定缺陷，反应堆熔化燃烧引起爆炸，8 吨多强辐射物泄漏，致使电站周围 6 万多平方公里土地受到直接污染，320 多万人受到核辐射侵害，灾难所释放出的辐射线剂量是广岛原子弹的 100 倍以上。时至今日，参加救援工作的 83.4 万人中，已有 5.5 万人丧生，30 多万人受放射伤害死去。1986 年 1 月 28 日，美国"挑战者"号航天飞机升空后，因其右侧固体火箭助推器（SRB）的 O 形环密封圈失效，毗邻的外部燃料舱在泄漏出的火焰的高温烧灼下结构失效，使高速飞行中的航天飞机在空气阻力的作用下于发射后的第 73 秒解体，7 名宇航员全部罹难；2003 年 2 月 1 日，"哥伦比亚"号航天飞机因外部燃料箱表面泡沫材料安装过程中存在缺陷，在发射时出现脱落，击中航天飞机左翼前缘，致使航天飞机在返回经过大气层，产生剧烈摩擦，使温度高达 1400℃ 的空气冲入左机翼，导致机翼和机体融化而发生解体坠毁，7 名宇航员全部遇难。这些都是由设备失效所造成的震惊世界的恶性事故。

通过上述事故案例，我们可以看到：各类设备在生产使用过程中不是一帆风顺的。设备就像人一样，在寿命周期内是会"生病"的，如果发现不及时或处置不当，将会带来无法预期的后果。尤其是随着企业生产规模的日益大型化，生产过程日趋系统化、连续化、高效化、精细化，致使设备的工作条件越发苛刻，相应地出现故障、失效等宏观或微观设备问题的几率极大增加。若关键设备突发失效，则极易造成设备损坏、生产停滞、人身伤亡、环境污染、经济损失，甚至产生灾难性严重后果。

但同时我们也要看到，设备跟人又有不同，它不会主动上门告知病情、求医问药。所以作为一名设备工程的从业人员，应能及时去发现病情，分析病情，并最终解决病情。在这里，我们首先来探讨如何分析设备的"病情"——失效（至于如何发现设备"病情"，将在学习情境 4 中在跟大家进行阐述；而如何解决设备"病情"，则将在学习情境 5、6

中再行论述）。

3.1.2 任务描述

现代钢铁联合企业主要由炼铁、炼钢和轧钢等生产系统组成，其中轧钢系统担负着生产型钢、板带材及管材等钢材的任务，因此轧钢机可谓是该系统的关键设备。现有某钢铁企业热轧厂所属可逆式粗轧机在长期服役过程中，轧机机架牌坊内侧窗口面及底部等均不同程度出现磨损现象（磨损深度达数毫米），使轧机机架与轧辊轴承座间隙难以得到有效控制，时常出现轧机机架与轧辊轴承座间隙超过管理极限值的现象，且轧机牌坊间隙增大还将恶化轧机主传动系统的工作条件，使主传动振动冲击大，钢锭咬入时容易发生打滑，从而严重影响板形的控制，对产品质量造成较大影响。为此，需对其开展失效分析，以判定轧机机架牌坊的失效类型，明确失效主要因素，并提出相应的对策建议。

3.1.3 知识准备

3.1.3.1 失效与失效分析概论

A 失效与失效分析的基本概念

从系统的观点来看，失效（Failure）是指系统连续偏离正常的功能，且其程度不断加剧，从而使机械设备丧失规定的功能。失效与事故不是等同的概念，但是紧密相关的两个范畴。事故强调的是后果，即造成的损失和危害；而失效强调的是机械产品本身的功能状态。失效和事故常常有一定的因果关系，但两者没有必然的联系。

一般零部件的失效可以通过更换等手段来解决，但机械设备关键零部件的失效，则往往导致设备整体功能丧失，为此有必要开展切实可行的失效分析。所谓失效分析，即是指判断失效的模式，查找失效原因和机理，并提出预防再失效的对策的技术活动和管理活动。

失效分析是人们认识事物本质和发展规律的逆向思维和探索，是变失效为安全的基本环节和关键，是深化对客观事物的认识源头和途径，其在设备维修实践中是必备的关键技能之一。失效分析作为一门新兴的边缘学科，即失效分析学，简称为"失效学"，是研究机电产品失效的诊断、预测和预防理论、技术和方法的交叉综合的分支学科。从失效分析工作的发展阶段与现代科学技术的支持水平来看，失效分析工作已从通常的"事后分析"、"事先预防"，发展到"事中（运行）监控分析"。目前正在引入人工智能，发展失效分析与故障诊断的专家系统。

B 机械产品失效类型及影响因素

a 失效类型

为便于开展失效分析，常常需要将失效进行分类研究。

（1）机器或系统的失效类型。机器是执行机械运动的装置，用来变换或传递能量、物料或信息，其既可指单台设备，也可指成套设备（此时可理解为"系统"），即为完成某种功能而将机电装置及其他要素有机组合起来的集合体。

机器或系统的失效类型包括：

1）运动、动力的故障类型，如失速、停动、乏力、失控等。

2) 失效结果模式类型，如坠毁、出轨、撞坏、爆炸、泄漏等。

（2）零部件的失效类型。众所周知，组成机器的不可拆分的基本单元，称为机械零件（或机器零件，简称零件），如螺钉、键、齿轮、轴等。而在机器中，为完成一定的功能，在结构上组合在一起（可拆或不可拆），并协同工作的零件、组件及合件的组合体，则称为部件，如联轴器、轴承、车床的主轴箱、进给箱、溜板箱等。在工程实践中，零部件的失效分析可谓是十分重要的。

为便于分析诊断和处理失效事件，通常零部件的失效可按以下三方面来进行分类。

1) 按失效机理模式的失效类型，具体见表 3-1。

表 3-1　按失效机理模式的失效类型

磨　损	腐　蚀	断　裂	畸　变	裂　纹	其他失效
黏着磨损	化学腐蚀	延性断裂	尺寸畸变	铸造裂纹	打　滑
磨粒磨损	电化学腐蚀	脆性断裂	形状畸变	锻造裂纹	松　脱
疲劳磨损	均匀腐蚀	疲劳断裂	弹性畸变	焊接裂纹	泄　漏
腐蚀磨损	局部腐蚀	环境断裂	塑性畸变	热处理裂纹	烧　损
侵蚀磨损	⋮	⋮	⋮	机加工裂纹	复合损伤
微动磨损				使用裂纹	⋮
⋮				⋮	

2) 按产品质量控制状况的失效类型，具体见表 3-2。

表 3-2　按产品质量控制状况的失效类型

按质量控制的水平	按失效发展的过程	按失效发生的速度	按失效后的修复性
弱控（若网）失效	早期失效	突发性失效	永久性失效
漏控（漏网）失效	偶发失效	渐进（渐变）性失效	暂时性失效
失控（无网）失效	耗损失效	间歇性失效	非永久性失效

3) 按因果关系的失效类型，具体见表 3-3。

表 3-3　按因果关系的失效类型

按失效的责任	按失效的后果	按失效的程度
正常损耗失效	轻度失效	完全失效
本质缺陷失效	危险性（严重）失效	部分失效
误用失效	灾难性（致命）失效	
人员素质失效		
超负荷失效		
外界影响失效		

b　失效的基本影响因素

从宏观角度来讲，无论是机械设备，还是其零部件，影响其失效的基本因素一般可以归结为内在因素（内因）和外在因素（外因）两大方面，具体见表 3-4。在这些原因中，有时是某一种因素起主导作用，有时是几种因素相互影响、相互叠加共同作用。但是，真正起决定性作用的是内在因素，而外在因素则必须依靠内在因素方能起作用。这就好比人生病一样，导致生病的因素有环境（如气候变化、环境恶劣、致病环境）、人为（如人为疏忽大意、过度劳累）等外在因素，但真正起决定作用的是人自身的身体素质和心理素质等。因此，分析并改进其内在因素，是设备失效处理的关键所在。

表 3-4　失效的基本影响因素

内在因素	正常运行的自然过程； 规划、选型、设计、制造、装配、安装、调试、材质等先天缺陷
外在因素	环境因素：温度、潮湿、气候、介质、粉尘等； 载荷因素：载荷大小与冲击程度、运转速度与连续程度等； 人为因素：操作、维护、检查、修理及管理水平等人为缺陷

　　需要说明的是：对失效基本影响因素的研究和理解，可以极大方便我们进行失效分析，以便有针对性地采取科学合理的措施，从源头上彻底解决设备薄弱环节，为此请大家务必引起足够的重视。此外，还需强调的是：在传统失效分析过程中，设备工作者往往习惯于从设备后期管理（其内容主要涉及从设备运行使用直至报废、更新等诸多环节）出发，寻找失效影响因素，这样做时常收效不佳，不能用系统的观点去解决设备问题。大量实践经历证实，在查找失效因素时，还必须重视设备前期管理（其内容主要涵盖设备的规划、调研直至初期管理等诸多环节）。

　　【工程实例 3-1】某钢铁企业瓦斯泥处理系统所属 XMZG140/1080-U 型厢式压滤机在生产过程中，大梁卡槽处发生断裂失效。经分析，系大梁卡槽与支座连接处因制造、安装缺陷，导致卡槽受力不均，卡槽下端应力过大，超过其强度极限所致。对此，通过与设备厂家协商，从设备前期管理介入，确保其设计、制造、安装质量，从而有效杜绝了断裂失效事件的再次发生。

　　鉴于设备的种类和状态繁多，失效的形式也千差万别，加之本书篇幅有限，因此这里主要讨论几种常见的、有代表性的失效类型，至于其余失效类型请自行参阅相关文献资料。

　　C　失效分析的对象与作用

　　机械设备失效分析的对象可以是一个机械系统、一台机械设备，也可以是其中关键的零部件，其作用或目的主要在于：

　　（1）减少和预防失效现象重复发生。

　　（2）控制事故、不使扩展，并可找出事故关键。

　　（3）促进产品质量，指导改进工艺，提高产品竞争力。

　　（4）为企业技术开发、技术改造、技术文件制定提供科学依据，增加企业产品技术含量。

　　（5）为事故责任认定、侦破刑事犯罪案件、裁定赔偿责任、保险业务、修改产品质量标准等提供技术依据。

　　（6）通过失效分析结果的统计积累，为科学决策和管理提供信息依据。

　　D　失效分析的一般思路与步骤

　　a　失效分析的一般思路

　　如果以 σ 表示广义的应力，例如各种力（拉力、压力、摩擦力、扭矩等）、各种应力、各类变形、压强、磨损量等；而以 $[\sigma]$ 表示广义的许用应力，例如各种许用力、各种许用应力、各类许用变形、许用压强、许用磨损量等，则依据失效的基本意义，失效可能发生的一般判据为：

$$\sigma > [\sigma] \tag{3-1}$$

相应地，可以得到正常工作（不失效）的判据为：

$$\sigma \leqslant [\sigma] \tag{3-2}$$

对于某一机械或其零部件是否产生失效，可由上述公式进行判定。例如，某轧机主减速器齿轮轴发生失效，经过分析系齿轮轴的实际应力超过许用应力，从而导致其出现断裂失效。

b　失效分析的基本步骤

尽管机械设备及其零部件种类繁多、功能各异，但其失效模式及分析方法则具有一定的典型性，故此，提出如下失效分析的基本步骤。需要说明的是，对于某些简单的场合，亦可酌情简化，而不必逐条照搬。

（1）现场调查，掌握信息。及时、有效开展现场调查，全面、准确掌握失效信息，是认识失效事件、进行失效分析的首要保证。现场调查的内容一般包括：

1）失效部位及其损伤情况。

2）失效设备或零部件的结构原理、性能参数、技术要求、设备图样、配套说明书、出厂检验记录、设备档案。重点是：①设备安装验收或上次大修验收的性能检验、精度检验记录（一般施工单位在工程交工后，都会提供设备所属单位的档案管理部门）；②历次修理（包括小修、项修、大修）的内容，更换或修复的零件，修后的遗留问题；③历次设备事故报告，历次设备故障情况及修理内容，修后的遗留问题；④设备运行中的状态监测记录，设备技术状况普查记录等。

3）失效发生过程及其影响。

4）失效发生前的异常状况、工况（载荷、速度等）、环境条件、开动情况等。

5）与失效有关的人证、物证、时空条件等。

6）必要时可进行现场取样，以便后继深入分析。

调查结果的记录方式可采取手工记录，也可利用照相机、摄像机或微型录音设备等形式获取图像、视频及音频资料。

（2）初步分析，大致定位。失效初步分析的首要任务在于找到失效对象的关键部位，并大致确定其失效类型（性质）与可能的影响因素，以便缩聚分析范围。

初步分析（又可称作宏观分析）可以利用人的五感、简单的仪器（如放大镜、显微镜）、工器具、或量具等手段来进行，其常是整个失效分析的关键或基础，因为在某些情况下，只需宏观分析就可以满足要求了；而在另一些情况下，宏观分析的初步意见和线索也可以为进一步做微观或其他分析提供指导。

（3）检测试验，查明原因。为了彻底查明失效的主要原因，常常需依据不同失效类型及其基本影响因素，有针对性地开展检测试验，例如：用金相显微镜、电子显微镜观察失效零件的微观形貌，分析失效类型（性质）和原因；用光谱仪、能谱仪等现代分析仪器，测定失效件材料的化学成分；用拉伸试验机、弯曲试验机、冲击试验机、硬度试验机等测定材料的抗拉强度、弯曲强度、冲击韧度、硬度等力学性能；必要时，还可在同样工况或模拟工况下进行模拟试验。

（4）得出结论，形成报告。通过调查分析与检测试验，得到失效分析的结论。所得结论应实事求是，力求全面、明确、公正地列入失效分析报告之中。

　　失效分析报告除有明确的结论外，还应有足够的事实与科学试验的结果，以及相应的分析与对策（预防措施或改进建议）。通常失效分析报告应包括如下几个基本部分：失效现象描述、相关数据资料、分析过程、检查验证、分析结论及对策建议等。

3.1.3.2　磨损失效分析

A　摩擦和磨损的基础知识

　　人类对摩擦现象早有认识，并用其为自己服务，如史前人类的钻木取火等。摩擦是不可避免的自然现象，摩擦的结果将会造成机器的能量损耗、效率降低、温度升高，出现振动和噪声，使表面磨损、配合间隙增大、性能下降以及寿命缩短等。据统计，世界工业部门所使用的能源中，有 30% ~ 50% 消耗在各种形式的摩擦上。摩擦会导致磨损，而磨损所造成的损失更为惊人。在失效的机器中，有 60% ~ 80% 是由于摩擦副的磨损造成。对于一个高度工业化国家，每年因摩擦和磨损所造成的经济损失占其国民经济年产值的 1% ~ 2%。由此可见，摩擦所引起的能量损耗和磨损所造成的材料消耗，在经济上造成了巨大的损失。实践证明，若能在机械设计、维修中正确处理好摩擦、磨损的问题，那么将对机器工作性能和使用寿命的提高大有裨益，由此所取得的经济效益和社会效益也必然是非常可观的。

a　摩擦

　　两个互相作用的物体，当它们发生相对运动或有相对运动趋势时，沿接触面切线方向有阻碍相对滑动的作用，这种现象称为摩擦；而这种阻碍相对滑动的作用力则称为摩擦力。摩擦将影响和干扰系统的运动和动力特性，使系统部分能量转换为热量和噪声。

　　摩擦的成因和表现形式是非常复杂的，涉及的科学领域甚广。关于摩擦的起因，自达·芬奇开始研究以来的数百年中，可谓是众说纷纭。随着科学技术的发展，虽然对摩擦现象的认识有了很大的进展，但时至今日，对于摩擦的起因和机理还没有一个公认的统一理论。

　　摩擦的分类方法很多，因研究和观察的依据不同，其分类方法也就不同。常见的分类方法有下列几种。

　　（1）按摩擦副的运动形式分类，有滑动摩擦和滚动摩擦。前者是两相互接触物体有相对滑动或有相对滑动趋势时的摩擦；后者是两相互接触物体有相对滚动或有相对滚动趋势时的摩擦。

　　（2）按摩擦副的运动状态分类，有静摩擦和动摩擦。前者是相互接触的两物体有相对运动趋势并处于静止临界状态时的摩擦；后者是相互接触的两物体越过静止临界状态而发生相对运动时的摩擦。

　　（3）按摩擦是否发生在同一物体分类，有外摩擦和内摩擦。前者是指两个物体的接触表面间发生的摩擦；后者是指同一物体内各部分之间发生的摩擦。干摩擦和边界摩擦属外摩擦，流体摩擦属内摩擦。

　　（4）按摩擦副的润滑状态分类，有干摩擦、边界摩擦、流体摩擦和混合摩擦等，如图 3-1 所示。

　　1）干摩擦：两接触表面间无任何润滑介质存在，从而直接接触时的摩擦。

　　2）流体摩擦：两接触表面被一层连续不断的流体润滑膜完全隔开时的摩擦。

　　3）边界摩擦：两接触表面上有一层极薄的边界膜（吸附膜或反应膜）存在时的摩擦。

　　4）混合摩擦：两接触表面同时存在流体摩擦、边界摩擦和干摩擦的混合状态时的摩擦。混合摩擦一般是以半干摩擦和半流体摩擦的形式出现。其中，半干摩擦是指两接触表面同时存在着干摩擦和边界摩擦的混合摩擦；半流体摩擦是指两接触表面同时存在着边界摩擦和流体摩擦的混合摩擦。

　　边界摩擦、流体摩擦和混合摩擦，都必须在一定润滑条件下实现，所以又常称为边界润滑、流体润滑和混合润滑。

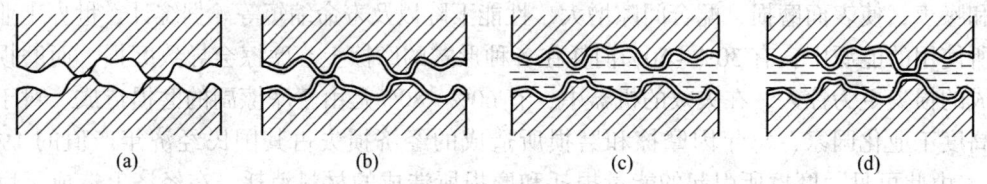

图 3-1　摩擦种类

（a）干摩擦；（b）边界摩擦；（c）流体摩擦；（d）混合摩擦

b　磨损

　　由于表面的相对运动而使物体摩擦表面的物质不断迁移或损失的现象称为磨损。磨损造成的材料损耗以厚度、体积、质量为单位表示，称为磨损量。单位时间的磨损量称为磨损率。磨损率的倒数即为耐磨性，它是指材料抵抗磨损的能力。摩擦是不可避免的自然现象，磨损是摩擦的必然结果。机械设备中的磨损通常是有害的，但也不是绝对的，磨损有时也是有益的，如新机器的跑合、机械加工中的磨削、研磨等。

　　在正常情况下，机械零件的磨损失效通常要经历一定的磨损阶段。图 3-2（a）所示为典型的机械磨损过程曲线；图 3-2（b）所示为磨损过程曲线的斜率变化情况，即磨损率曲线。根据磨损率曲线，磨损失效过程可分为以下三个阶段：

　　（1）磨合（跑合）磨损阶段（图 3-2 中 oa 段）。新机械的摩擦副在运行初期，由于对偶表面的表面粗糙度值较大，实际接触面积较小，接触点数少，接触点黏着严重，因此磨损率较大。但随着跑合的进行，表面微峰峰顶逐渐磨去，表面粗糙度值降低，实际接触面积增大，接触点数增多，磨损率降低，为稳定磨损阶段创造了条件。

　　在机械设备投入正式工作前，认真进行跑合具有重要意义。为了避免跑合磨损阶段损坏摩擦副，因此跑合磨损阶段多采取在空载或低负荷下进行。为了缩短跑合时间，也可采用含添加剂和固体润滑剂的润滑材料，在一定负荷和较高速度下进行跑合。跑合结

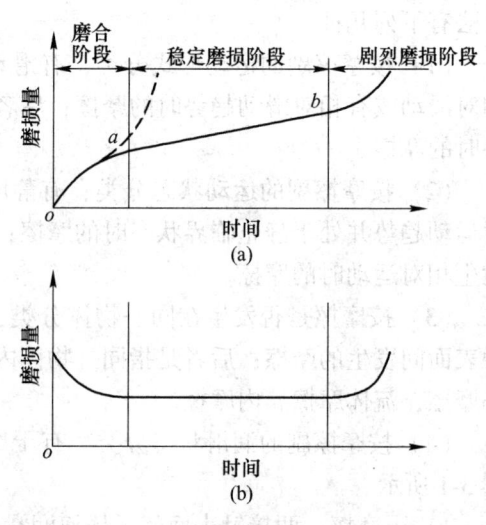

图 3-2　典型机械磨损过程

束后，应进行清洗并换上新的润滑材料。

（2）稳定磨损阶段（图 3-2 中 ab 段）。经过跑合阶段，摩擦表面发生加工硬化，微观几何形状改变，建立了弹性解除条件。这一阶段磨损缓慢且稳定，磨损率基本保持不变，属正常工作阶段。图中 b 点对应的横坐标就是摩擦副的耐磨寿命。

（3）剧烈磨损阶段（图 3-2 中 b 点以后）。经过长时间的稳定磨损后，由于摩擦副对偶表面间的间隙和表面形貌的改变以及表层的疲劳，其磨损率急剧增大，使机械效率下降、精度丧失、产生异常振动和噪声、摩擦副温度迅速升高，最终导致摩擦副完全失效。

需要说明的是，如果压强过大、速度过高、润滑不良时，则可能出现跑合期很短，并立即转入剧烈磨损阶段，使零件迅速报废的情况，如图 3-2（a）中虚线所示。

理解和掌握典型机械磨损过程曲线，对设备管理与维修具有积极的意义。该曲线变化的三个阶段，真实地反映出常见设备从磨合、调试、正常工作到大修或报废过程中的发展规律。通过加强设备的日常管理与维护保养，可以延长稳定磨损阶段。在故障诊断与维修过程中，若能准确地找出拐点 b，则可有效避免过维修或欠维修，以便获得最佳的投资效益。

磨损的分类方法很多，可从不同的角度进行分类，但比较常用的分类方法是以 J. T. Burwell 和 C. D. Strang 提出的按照磨损破坏机理的分类方法为基础，将磨损分为黏着磨损、磨粒磨损、疲劳磨损、腐蚀磨损四种基本类型。此外，有些磨损形式是基本类型的派生和复合，如侵蚀磨损是一种派生形式的磨损，微动磨损是一种复合形式的磨损。

B　黏着磨损

a　概念

当构成摩擦副的两个摩擦表面相互接触，并发生相对运动时，由于固相焊合作用产生黏着点，该点在剪切力作用下变形以致断裂，使材料从一个表面转移到另一表面，或材料从表面脱落而引起的磨损现象，称为黏着磨损。黏着磨损又称黏附磨损。

b　磨损机理

我们知道：摩擦副表面即使是抛光得很好的光洁表面，实际上也是高低不平的。根据黏着理论，在载荷作用下，摩擦副表面接触，实际上是微凸体之间的接触，其真实接触面积 A_r 只有理论接触面积 A 的百分之一至万分之一，因此单位接触面积上的压力很容易达到材料的压缩屈服极限 σ_{sc}，从而产生塑性流动。此时接触点温度有时高达 1000℃，甚至更高，而基体温度一般较低，因此一旦脱离接触，其接触点温度便迅速下降（一般情况下接触点高温持续时间只有几毫秒）。摩擦副对偶表面在这种高温和高应力的状态下，润滑油膜、吸附膜或其他表面膜易遭到破坏，发生破裂，从而使接触微峰产生黏着，形成冷焊结点。此时当摩擦表面发生相对滑动后，黏着点在切应力 τ 的作用下，产生变形以致撕裂。被黏撕下的金属颗粒，可能由较软的表面撕下又黏到某一表面上，也可能在撕下后作为磨料而造成磨粒磨损。这种黏着、剪断、再黏着的交替过程，就构成了黏着磨损，如图 3-3 所示。

c　黏着磨损的分类

黏着点的剪断位置决定黏着磨损的严重程度。黏着磨损按其程度的不同，可分为以下几类（假设摩擦副对偶表面的基体 A 与 B 以及黏着点 AB 的抗剪强度依次为 τ_A、τ_B、τ_{AB}）：

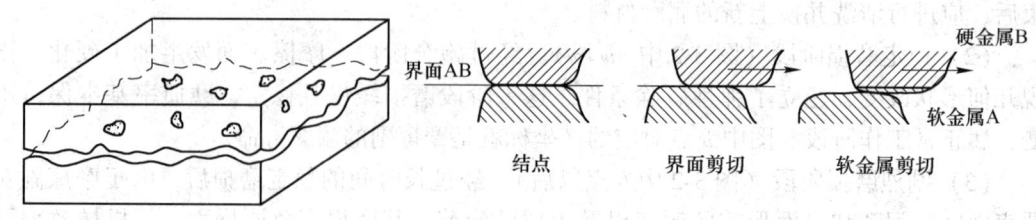

图 3-3　黏着磨损

（1）轻微磨损。若 $\tau_{AB}<\tau_A<\tau_B$，则剪切破坏发生在黏着界面上，表面转移的材料极轻微。通常在金属表面具有氧化膜、硫化膜以及其他表面膜时，易发生此种黏着磨损，如缸套与活塞环副的正常磨损。

（2）涂抹。若 $\tau_A<\tau_{AB}<\tau_B$，则剪切破坏发生在较软金属 A 的表面浅层内，被剪切下的材料涂抹在硬金属 B 的表面上，形成很薄的涂层，随后变为 A 材料之间的摩擦。由于表层的冷作硬化，剪切仍发生在 A 的浅表层，其磨损程度比轻微磨损略大，摩擦因数与轻微磨损相当，如重载蜗杆与蜗轮副的磨损常为此种情况（蜗轮表面的铜涂抹在蜗杆表面上）。

（3）擦伤。若 $\tau_A<\tau_B<\tau_{AB}$，则剪切破坏主要发生在软金属 A 的亚表层内，有时硬金属 B 的亚表层也有划痕，被剪切下的材料转移到 B 表面上而形成黏着物，这些黏着物又拉削 A 表面，如内燃机中铝活塞与缸套副常发生这种黏着磨损。

（4）撕脱。若 $\tau_A<\tau_B<\tau_{AB}$，且剪切应力高于黏着结合强度时，则剪切发生在一方或双方基体金属较深处，这时表面将沿着滑动方向呈现明显的撕脱。这是一种危害性极大的磨损（容易发展变为咬死），有时会突然发生，所以必须采取措施加以预防。通常高速重载摩擦副或相同金属材料组成的摩擦副易出现这种磨损，如齿轮副、蜗杆与蜗轮副等。

（5）咬死。黏着结合强度比任一基体金属的抗剪强度都要高，表面瞬时散发温度也相当高，黏着区域很大，从而使黏着点不能剪断，造成摩擦副相对运动中止的现象，称为咬死。咬死现象是黏着磨损最严重的表现形式，如主轴与轴瓦副有时会发生这种现象。

　　d　影响黏着磨损的因素

（1）材料性质。不同材料或互溶性小的材料组成的摩擦副，比相同材料或互溶性大的材料组成的摩擦副的抗黏着磨损能力高，如铅、锡、银、铟与铁不相溶，所以常用这几种金属的合金作轴瓦。编者的实际经历也验证了这个因素：某钢铁企业高炉中压净环给水泵在投产后接连发生叶轮与密封环表层被大面积撕脱的现象，经现场研究发现，判断其为严重黏着磨损，原因是叶轮与密封环采用同种耐磨铸铁制成，致使构成摩擦副的两个摩擦表面在相对运动时，容易因固相焊合作用产生黏着点，该点在剪切力作用下变形以致断裂，使材料从一个表面转移到另一表面，或材料从表面脱落下来。

此外，金属与非金属（如石墨、塑料等）组成的摩擦副比金属摩擦副的抗黏着磨损性能好；脆性材料比塑性材料的抗黏着磨损能力高；材料的屈服点或硬度愈高，其抗黏着磨损能力也愈强。

（2）表层性质。采用表面处理技术，使摩擦副对偶表面互溶性减少，从而避免同种金属相互接触，如电镀、堆焊、喷涂、黏涂、表面化学热处理、表面合金沉积等工艺，都可有效提高摩擦副抗黏着磨损能力。

（3）润滑。鉴于摩擦副两对偶表面间润滑膜的作用特性不同，润滑状态对黏着磨损的影响很大，如边界润滑状态下的黏着磨损比液体润滑严重，而液体动压润滑状态下的黏着磨损又比液体静压润滑状态下要大一些。若在润滑材料中适当添加极压添加剂，即便在相同的润滑状态下，也能较好地改善相对耐磨性。

（4）滑动速度。在表面平均压力一定的情况下，黏着磨损和磨损率随滑动速度的增大而增大，而到达某一极大值后，又随滑动速度的增大而减小。

（5）温度。温度对黏着磨损的影响主要表现在三个方面：一是破坏表面膜，使之产生新生面的直接接触；二是使金属处于回火状态，降低了表面硬度；三是使材料局部区域温升过高，以致该区域摩擦副对偶表面产生熔化。这三点都将促使黏着磨损产生并加重，故选用热稳定性高的金属材料（如硬质合金等）或加强冷却措施等，都是防止因温升而产生黏着磨损的有效办法。

（6）表面粗糙度。一般说来，摩擦副对偶表面粗糙度值越小，其抗黏着磨损能力就越大。但过分地降低表面粗糙度值，会因润滑材料在对偶表面间难以储存，反而将促进黏着磨损。

（7）表面压强。当摩擦表面压强过高时，磨损度将急剧增大，会由缓慢磨损转变为剧烈磨损，严重时发生咬死现象。压强与磨损率关系曲线图，即 $\varepsilon/p\text{-}p$ 曲线如图 3-4 所示，图中，ε 为磨损率，p 为压强，H 为材料硬度。一般在设计时控制最大许用压强 $[p]_{max}=H/3$。

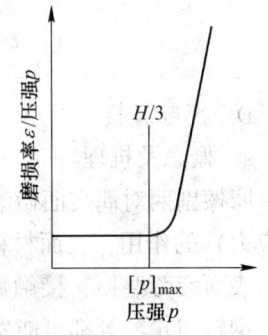

图 3-4 压强与磨损关系曲线

C 磨粒磨损

a 概念及机理

由外界硬质颗粒或硬表面的微峰在摩擦副对偶表面相对运动过程中，引起表面擦伤与表面材料脱落的现象，称为磨粒磨损（有时又称为磨料磨损）。其特征是在摩擦副对偶表面上，沿滑动方向形成明显的划痕，如挖掘机斗齿表面磨粒磨损、砂粒进入开式齿轮传动啮合中导致轮齿表面的磨粒磨损等。在各类磨损中，磨粒磨损约占一半，是十分常见而又危害最严重的一种磨损。

关于磨粒磨损的机理，目前主要存在微观切削、疲劳破坏、挤压剥落等数种假说。实际上，以上几种现象可能同时存在，这是因为只有边缘尖锐的磨粒才能起到切削作用。其余磨粒则发挥挤压剥落与疲劳破坏的作用。至于哪个起主要作用，则因具体情况不同而异。总之，磨粒磨损的机理是属于磨料颗粒的机械作用。磨粒来源有外界砂尘、切屑侵入、流体带入、表面磨损产物、材料组织的表面硬点及夹杂物等。

b 影响磨粒磨损的因素

（1）硬度。一般来说，硬度越大的材料，磨损量呈下降趋势。此外，磨粒硬度与被磨材料硬度之间的相对值也会影响磨粒磨损的特性，如图 3-5 所示。为保证摩擦表面有一定使用寿命，被磨材料的硬度 H_m 应至少比磨粒硬度 H_a 大 30%，即 $H_m \geqslant 1.3H_a$。

（2）磨粒尺寸。试验表明，一般金属的磨损率随磨粒平均尺寸的增大而增大，但当磨粒到达某一临界尺寸后，其磨损率不再增大。磨粒的临界尺寸随金属材料的性能不同而异，同时它还与工作元件的结构和精度等有关。因此，当采用过滤装置来防止杂质侵入摩擦副对偶表面间以提高相对耐磨性时，应注意考虑最佳的效果。

（3）载荷。试验表明，磨损度与表面压强成正比，但存在一转折点，当表面压强达到并超过临界压强时，磨损度随表面压强的增加而变化缓慢。对于不同材料，其转折点也不同。

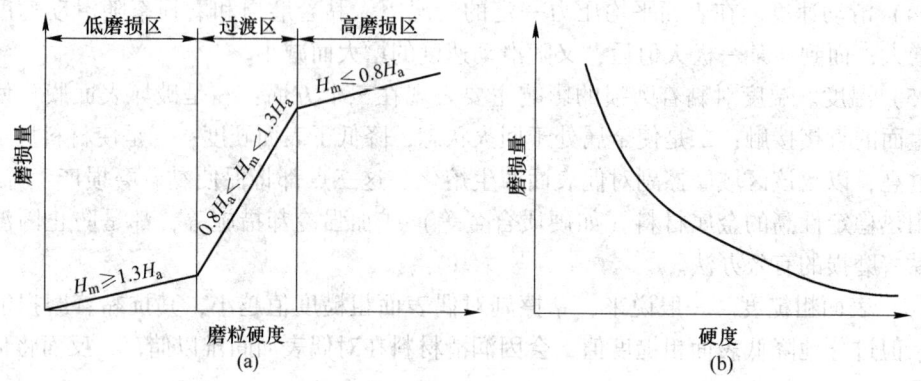

图 3-5　磨粒磨损影响因素曲线

（a）磨粒硬度对磨损量的影响；（b）材料硬度对磨损量的影响

D　疲劳磨损

a　概念及机理

摩擦副两对偶表面做滚动或滚动滑动复合摩擦时，由于交变接触应力（又称循环接触应力）的作用，表面材料疲劳断裂而形成点蚀或剥落的现象，称为疲劳磨损，一般又称为表面疲劳磨损、接触疲劳磨损。如：齿轮副、凸轮副、滚动轴承的滚动体与内外座圈、钢轨与轮箍等都可能发生表面疲劳磨损。

疲劳磨损的过程是裂纹产生和扩展的破坏过程。从损伤机理，疲劳磨损可分为点蚀（裂纹起源于表面）和剥落（裂纹起源于表层）；从损伤发展的趋势，疲劳磨损又可分为扩展性和非扩展性表面疲劳磨损。前者常发生于新摩擦表面上，例如：早期点蚀，经过逐渐磨合（跑合）而自愈，不再扩展（非扩展性点蚀）；又如浅层剥落，其剥落坑逐渐钝化且不向深层扩展（非扩展性剥落）。下面以常见的疲劳点蚀为例，简介其形成机理：

由于接触应力的反复作用，首先在材料表面下 $15\sim25\mu m$ 处产生疲劳裂纹，然后裂纹沿着与表面成锐角的方向发展，到达一定深度后，又越出表面，最后以贝壳状的削片剥落，在零件表面上出现小坑，这种现象就称为疲劳点蚀，简称点蚀，如图 3-6 所示。

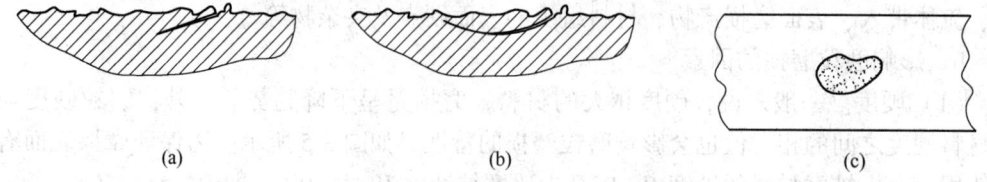

（a）　　　　　　　　　　　（b）　　　　　　　　　　　（c）

图 3-6　疲劳点蚀形成过程

（a）裂纹产生；（b）裂纹发展；（c）贝壳状剥落

　　b　影响疲劳磨损的因素

　　因为疲劳磨损是由于疲劳裂纹的萌生和扩展而产生的，所以凡是影响裂纹萌生和扩展的因素，都对疲劳磨损有影响，如材质、接触表面粗糙度、摩擦力、表面残余内应力、润滑条件等。

　　(1) 材质。钢中存在的非金属夹杂物等，易引起应力集中，对疲劳磨损有严重的影响。如钢中的氮化物、氧化物、硅酸盐等带棱角的质点，在受力过程中，其变形不能与基体协调而形成空隙，构成应力集中源，在交变应力作用下出现裂纹并扩展，最终导致疲劳磨损早期出现。因此，选择含有害夹杂物少的钢（如轴承常用净化钢），对提高摩擦副抗疲劳磨损能力有着重要意义。

　　材料的组织状态对其疲劳寿命也有重要影响。通常，晶粒细小、均匀，碳化物成球状且均匀分布，均有利于提高滚动接触疲劳寿命。对于材料中未溶解的碳化物，通过适当的热处理，使其趋于体小、量少、均布，避免粗大或带状碳化物出现，都有利于避免疲劳裂纹产生。

　　一般情况下，材料抗疲劳磨损能力随表面硬度的增加而增强，但表面硬度一旦越过一定值，则情况相反。例如传动齿轮的齿面，硬度在 58～62HRC 范围内为最佳；而轴承钢表面硬度为 62HRC 左右时则为最佳。

　　钢的芯部硬度对抗疲劳磨损也有一定影响，在外载荷一定的条件下，芯部硬度越高，产生疲劳裂纹的危险性就越小。因此，对于渗碳钢应合理地提高其芯部硬度，但也不能无限地提高，否则韧性太低也容易产生裂纹。此外，钢的硬化层厚度也对抗疲劳磨损能力有影响，硬化层太薄时，疲劳裂纹将出现在硬化层与基体的连接处而易形成表面剥落。因此，选择硬化层厚度时，应使疲劳裂纹产生在硬化层内，以提高抗疲劳磨损能力。

　　此外，两接触表面硬度匹配也很重要。例如齿轮副的硬度选配，一般要求大齿轮硬度低于小齿轮，这样有利于跑合，使接触应力分布均匀和对大齿轮齿面产生冷作硬化作用，从而有效地提高齿轮副寿命。又如滚动轴承中，滚道和滚动元件的硬度应接近，或滚动元件的硬度比滚道高出 10% 为宜。对于不同滚动件和不同工况，其表面硬度的匹配要求一般是不同的，通常可依据试验来确定。

　　(2) 接触表面粗糙度。试验表明，在接触应力一定的条件下，表面粗糙度值越小，抗疲劳磨损能力越高；但表面粗糙度值小到一定数值后，其对抗疲劳磨损能力的影响将会减小。例如：对于滚动轴承，当表面粗糙度值为 $R_a0.32$mm 时，其轴承寿命比 $R_a0.63$mm 时高 2～3 倍，$R_a0.16$mm 比 $R_a0.32$mm 高 1 倍，$R_a0.08$mm 比 $R_a0.16$mm 高 40%，$R_a0.08$mm 以下时，其变化则对疲劳磨损影响甚微。

　　表面粗糙度要求的高低与表面承受的接触应力有关。通常接触应力大时，要求表面粗糙度值低，但如果接触应力过大，则无论表面粗糙度值多么小，其抗疲劳磨损能力都低。此外，若零件表面硬度越高，其表面粗糙度值也应越小，否则会降低抗疲劳磨损能力。

　　(3) 摩擦力。接触表面的摩擦力对抗疲劳磨损有着重要的影响。通常，纯滚动的摩擦力只有法向载荷的 1%～2%，而引入滑动以后，摩擦力可增加到法向载荷的 10% 甚至更大。摩擦力促进接触疲劳过程的原因是：摩擦力作用使最大切应力位置趋于表面，增加了裂纹产生的可能性。此外，摩擦力所引起的拉应力会促使裂纹扩展加速。

　　(4) 表面残余内应力。摩擦副表层在一定深度范围内存在的残余压应力，不仅可提高其弯曲、扭转疲劳抗力，而且还能增强其接触疲劳抗力，减少疲劳磨损。

（5）润滑条件。试验表明：润滑油的黏度越高，越有利于改善接触部分的压力分布，同时油液不易渗入表面裂纹中，因而其抗疲劳磨损能力也越高；在润滑油中适当加入添加剂或固体润滑剂（如二硫化钼），也能提高抗疲劳磨损能力；润滑油的黏度随压力变化越大，其抗疲劳磨损能力也越大；润滑油中含水量过多，对抗疲劳磨损能力影响也较大。

（6）其他因素。接触应力、循环速度、表面处理工艺、装配精度、接触表面物理与化学特征，以及冶金技术等因素，对抗疲劳磨损也有较大影响。

E　腐蚀磨损

a　概念

两物体表面产生摩擦时，工作环境中的介质如液体、气体或者润滑剂等，与材料表面起化学反应或电化学反应，形成腐蚀产物，而这些产物往往黏附不牢，从而在摩擦过程中剥落下来，其后新的表面又继续与介质发生反应。这种腐蚀与磨损的反复过程，由此造成表层金属出现移失现象。换句话说，摩擦副对偶表面在相对滑动过程中，表面材料与周围介质发生化学或电化学反应，并伴随机械作用而引起的材料损失现象，称为腐蚀磨损。腐蚀磨损通常是一种轻微磨损，但在一定条件下（如温度变化、介质变化等），也可能转变为严重磨损。

b　腐蚀磨损的基本类型

由于介质的性质、介质作用于摩擦表面的状态以及摩擦材料性能的不同，腐蚀磨损出现的状态也不同。腐蚀磨损可分为化学腐蚀磨损和电化学腐蚀磨损，其中化学腐蚀磨损又可分为氧化磨损和特殊介质腐蚀磨损两种类型，见表3-5。

表 3-5　化学磨损的类型

类　别	产生的基本条件	损坏特征	示　例
氧化磨损	除金、铂等少数金属外，大多数金属表面都被氧化膜覆盖着，纯净金属瞬间即与空气中的氧起反应而生成单分子层的氧化膜，且膜的厚度逐渐增长，增长的速度随时间以指数规律减小，当形成的氧化膜被磨掉以后，又很快形成新的氧化膜，可见氧化磨损是由氧化和机械磨损两个作用相继进行的过程。一般发生在空气中，其磨损速度较小	对于钢铁材料，其摩擦表面沿滑动方向呈均细磨痕，磨损产物或为红褐色片状 Fe_2O_3，或为灰黑色丝状的 Fe_3O_4 磨屑	铝合金零件、曲轴轴颈等摩擦副表面
特殊介质腐蚀磨损	摩擦副材料与酸、碱、盐等特殊介质作用，生成各种化合物，致使基体材料不断被去除。其磨损机理与氧化磨损相似，但磨损速率较高	摩擦表面遍布点状或丝状磨蚀痕迹，一般比氧化磨损痕迹深，磨损产物为酸、碱、盐的金属化合物	化工设备中工作的摩擦副表面

需要说明的是：一般情况下，氧化膜能使金属表面免于黏着，而氧化磨损通常要比黏着磨损缓慢，因此可以认为氧化磨损能起到一定的保护摩擦副的作用。另外，金属表面也可能与某些特殊介质起作用而生成耐磨性较好的保护膜。为了防止和减轻腐蚀磨损，可从表面处理工艺、工作介质、润滑材料及添加剂的选择等方面采取相应措施。

腐蚀磨损是一种极为复杂的磨损形式，它是材料受腐蚀和磨损综合作用的磨损过程，对环境、温度、介质、滑动速度、载荷大小及润滑条件等极为敏感，稍有变化就可使腐蚀磨损发生很大变化。当腐蚀成为主要原因时，通常都有几种磨损机理存在，各种机理之间还存在着复杂的相互作用。如金属与金属之间的磨损，开始可能是黏着磨损和腐蚀磨损，但因磨损产物又都具有磨粒的特性，会出现磨粒磨损或者还有其他磨损。因此在腐蚀磨损过程中，既要考虑腐蚀的作用，又不能忽视磨损的作用，甚至还要考虑到其他磨损存在的综合作用。

c　腐蚀磨损的特征与影响因素

由上可知，腐蚀磨损过程中，氧化膜断裂和剥落，形成了新的磨料，使腐蚀磨损兼有腐蚀与磨损双重作用。但腐蚀磨损又不同于一般的磨料磨损。腐蚀磨损不产生显微切削和表面变形，它的主要特征是磨损表面有化学反应膜或小麻点，麻点比较光滑，磨屑多是显微细粉末状的氧化物，也有薄的碎片。以工程实践中常见的钢铁材料摩擦副相互滑动的氧化磨损为例，其特征是沿滑动方向呈现出匀细的磨痕，磨屑是暗色的片状或丝状物，其中片状磨屑为红褐色的 Fe_2O_3，而丝状的是灰黑色的 Fe_3O_4。

影响腐蚀磨损的因素主要有：

（1）腐蚀介质的 pH 值。一般来讲，在 pH<7 时，随酸性增加，腐蚀磨损量将增加；7<pH<12 时，在相对运动速度不太高的情况下，随碱性增加，腐蚀磨损量将下降。

（2）环境温度。在其他条件相同的情况下，腐蚀磨损的速度一般随温度升高而增加。

（3）材料化学成分。影响耐磨材料的主要因素是化学成分。针对不同介质条件，在铁碳合金中，加入适量的铬、钒、硼等元素可提高材料耐磨性。而不同的介质应加入不同的合金元素，方能获得良好的效果。

F　微动磨损

a　概念

磨损过程十分复杂，有许多实际表现出来的磨损现象不能简单地归为某一种基本磨损类型，而往往是基本类型的复合或派生，如气蚀磨损、冲蚀磨损和微动磨损等。其中，微动磨损是指名义上相对静止的两个接触表面，沿切向做微幅相对振动时所产生的磨损。

微动磨损通常产生于相对静止的接合零件上，因而常常被人们所忽视。其最大的特点是：在外界变动载荷的作用下，产生振幅很小的相对运动，由此发生摩擦磨损。通常在有振动的机械中，螺纹连接、铆钉连接、花键连接和过盈配合连接等都容易发生微动磨损。微动磨损使配合精度下降，紧配合部件紧度下降甚至松动，连接件松动乃至分离，严重者甚至将引起事故。此外，也易引起应力集中，导致连接件疲劳断裂。

b　微动磨损机理与特点

微动磨损和其他类磨损一样，是一个极其复杂的过程。一般认为，微动磨损的机理是：当两接触表面承受法向载荷时，接触微峰产生塑性流动而发生黏着，在微幅相对振动作用下，黏着点被剪切而破坏，成为磨屑；接着，磨屑和被剪切形成的新表面又逐渐被氧化，在连续微幅相对振动中，出现氧化磨损；由于表面紧密贴合，磨屑不易排出而在接触表面间起磨粒作用，因而引起磨粒磨损，使摩擦表面形成麻点或虫纹形伤疤，如此循环不止。而这些麻点或伤疤常常是应力集中的根源，因而也是零件受动载失效的根源。根据被氧化磨屑的颜色，往往可以断定是否发生微动磨损。如被氧化的铁屑呈红色，被氧化的铝屑呈黑色，则振动时就会引起磨损。有氧化腐蚀现象的微动磨损也称微动磨蚀。在交变应力下的微动磨损称为微动疲劳磨损。因此，可以这样认为，微动磨损是一种兼有黏着磨损、氧化磨损、磨粒磨损的复合形式的磨损，但起主要作用的是接触表面间黏着处因微幅相对振动而引起的剪切以及其后的氧化过程，因此，有时又可将其称为微动腐蚀磨损。

微动磨损的特点是：在一定范围内磨损率随载荷增加而增加，超过某极大值后又逐渐下降；温度升高则磨损加速；抗黏着磨损好的材料抗微动磨损也好；零件金属氧化物的硬度与金属硬度之比较大时，容易剥落成为磨粒，增加磨损；若氧化物能牢固地黏附在金属表面，则可减轻磨损；一般湿度增大则磨损下降。在界面间加入非腐蚀性润滑剂或对钢进行表面处理，可减小微动磨损。螺纹连接加装聚四氟乙烯垫圈也可减小微动磨损。

G　其他磨损

如上所述，除微动磨损外，还有由基本磨损类型派生的磨损，如气蚀磨损、冲蚀磨损等。

a　气蚀磨损

气蚀现象是英国的瓦尔纳布首先发现的。他在 1894 年的时候就注意到，凡是在水中快速旋转的机械部件（如轮船的螺旋桨、水泵和水轮机的转动叶片等）在使用一段时间后，其表面就会变得坑坑洼洼。经过研究，他发现这是由于快速旋转的机械部件在水中产生了气泡，气泡炸裂时产生的巨大冲击力使这些机械部件受到损害。

当零件与液体接触并做相对运动时，若接触面附近的局部压力低于相应温度液体的饱和蒸汽压，液体就会加速汽化而产生大量气泡，与此同时，原来混在或溶解于液体中的空气也会游离出来形成气泡。随后，当气泡流动到液体压力超过气泡压溃强度的地方时，气泡便会溃灭，在溃灭瞬时产生极大的冲击力和高温。固体表面在这种冲击力的多次反复作用下，材料会发生疲劳脱落，表面出现麻点，再扩展成小凹坑或海绵状穴蚀；严重气蚀时，其扩展速度非常快，进而形成大片凹坑，深度可达 20mm。

所谓气蚀磨损，即是指零件受液体中不断形成与溃灭的气泡在瞬间产生的极大冲击力及高温的反复作用下，工作表面材料的特殊疲劳点蚀现象。气蚀磨损主要出现在水利机械上，如水泵叶轮、船舶螺旋桨、输送液体的管线阀门、水冷式内燃机钢套外壁等过流表面，其特征是先在金属表面形成许多细小的麻点，然后逐渐扩大成洞穴。

【工程实例 3-2】某钢铁企业抽取生产源水的 16SA-9 型单级卧式双吸离心泵在运行使用过程中，其叶轮在使用不到 1 年时间内，接连发生叶轮出口附近大量穿孔，泵内有"劈啪"的爆炸声，同时机组的振动增大，泵的流量、扬程和效率明显下降。经现场勘查与分析，证实系叶轮严重气蚀所至。

减少气蚀的有效措施是防止气泡的产生，譬如：可使在液体中运动的表面具有流线型，避免在局部地方出现涡流，因为涡流区压力低，容易产生气泡；减少液体中的含气量和液体流动中的扰动；此外，选择适当的材料也能够提高抗气蚀能力。通常强度和韧性高的金属材料具有较好的抗气蚀性能，提高材料的抗腐蚀性也将减少气蚀破坏。

凡事具有两面性，气蚀也有其有利的一面，如：随着工业技术的发展，现在世界上出现了多种不用洗涤剂的洗衣机。其中超声波洗衣机就是根据气蚀现象设计的。洗衣服的时候，超声波在气泡发生室传播的过程中，将振动形式和能量传递给水，引起水的快速振动。调节振动和能量的传递，使气泡产生的冲击力能把衣服表面肮脏的微粒清除掉，同时对衣服本身又没有明显的破坏。这样就达到了清洁衣服的目的。当这些污垢微粒漂浮到水面上后，被离心力甩到边上，再通过滤水孔流入过滤器。通过这个例子可以看出，在设备工程管理与维修过程中，凡事没有绝对，如果我们能灵活地运用事物正反两面的特性，往往可以收到意想不到的巨大效果，这点希望大家能在工程实践中引起足够的重视。

　　b　冲蚀磨损

冲蚀磨损是由多相流动介质冲击材料表面而造成的一类磨损，其定义可以描述为固体表面同含有固体粒子的流体接触做相对运动时，固体表面材料所发生的损耗。携带固体粒子的流体可以是高速气流，也可以是液流，前者产生喷砂型冲蚀，后者产生泥浆型冲蚀。

冲蚀磨损是现代工业生产中常见的一种磨损形式，是造成机器设备及其零部件损坏报废的重要原因之一，譬如：气流运输物料对管路弯头的冲蚀；火力发电厂粉煤锅炉燃烧尾气对换热器管路的冲蚀；水轮机叶片在多泥沙河流中受到的冲蚀；建筑行业，石油钻探、煤矿开采、冶金矿山选矿场中及火力发电站中使用的泥浆泵，杂质泵的过流部件受到的冲蚀；以及在煤的气化、液化（煤油浆、煤水浆的制备）、输送及燃烧中有关输送管道、设备受到的冲蚀等。

　　【工程实例 3-3】某钢铁企业一期高炉瓦斯泥处理系统、冷轧废水处理系统中的泥浆泵、渣浆泵等就常因冲蚀磨损，导致设备过流部件寿命缩短，检修更换频繁。

影响冲蚀磨损的因素主要有：冲蚀粒子的尺寸、形状、硬度及可破碎性；冲蚀粒子的攻角；冲蚀粒子的速度；冲蚀时间；环境温度；被冲蚀材料（靶材）的特性（主要是硬度）。

气蚀磨损和冲蚀磨损都称为侵蚀磨损。它们都可以看成是疲劳磨损的派生形式。因为就本质上来说，都是由于机械力造成的表面疲劳破坏，但液体的化学和电化学作用加速了它们的破坏速度。

3.1.4　任务实施

　　（1）现场调查，初步确定磨损失效模式。仔细观察轧机机架牌坊内侧窗口面及底部等部位的表面损伤类型（如划伤、沟槽、黏着、剥落、压碎、腐蚀、裂纹等），查明其磨料及磨屑；同时，了解其现场环境、工况参数和有关信息，由此，初步提出基本的磨损失效类型与可能的磨损机制。

　　（2）确定磨损表面的磨损量曲线。主要通过与该表面的原始状态进行比较，由此确定磨损表面的磨损量曲线，从而不仅可发现磨损表面各处的磨损变化规律，还可查明最大磨损量及其所处部位。

　　（3）查明摩擦副相对运动的情况（大小及方向）、载荷、压力、应力、硬度及变形等情况。

　　（4）确定磨损速率及摩擦系数。

　　（5）确定摩擦副润滑条件。

　　（6）确定所分析的磨损是否属于允许的范围。

　　（7）原因分析及提出对策。原因分析中，通常是多因素交互作用，为此需查明各因素之间的相互关系，明确基本的主要因素，以便有针对性地提出解决问题的对策，如改善工况与环境条件；选用更耐磨的材料副。

本案例中的轧机机架牌坊失效，主要是因为轧机工作过程中，轧制冷却水遇到红灼的钢坯迅速雾化，夹带着从钢坯表面脱落的氧化铁粉末向四周喷射，轧辊通过轴承座对机架牌坊造成较大的冲击，从而使轧机机架牌坊内侧窗口面、机架牌坊底面等均出现不同程度的腐蚀磨损所致。故此可通过机械加工修复法去除材料，清除牌坊表面受损层，找平接触面，并增加衬板来补偿；亦可采用高分子复合材料，黏附在金属基材表面，从而实现在不去除材料、不影响牌坊整体强度和刚度、更无补焊热应力造成变形的条件下修复磨损表面。

3.1.5　知识拓展

为了记载机械零件的磨损情况与严重程度，常常需要用一些参量来表征材料的磨损性能。常用的参量主要有以下几种：

（1）磨损量。由于磨损引起的材料损失量称为磨损量，其可通过测量长度、体积或质量的变化而得到，并相应称为线磨损量、体积磨损量和质量磨损量。

（2）磨损率。磨损率以单位时间内材料的磨损量表示，即

$$I = \mathrm{d}V / \mathrm{d}t$$

式中　I——磨损率；

　　　V——磨损量；

　　　t——时间。

（3）磨损度。磨损度以单位滑移距离内材料的磨损量来表示，即

$$E = \mathrm{d}V / \mathrm{d}L$$

式中　E——磨损度；

　　　L——滑移距离。

（4）耐磨性。耐磨性是指材料抵抗磨损的性能，它以规定摩擦条件下的磨损率或磨损度的倒数来表示，即耐磨性$=\mathrm{d}t/\mathrm{d}V$或$\mathrm{d}L/\mathrm{d}V$，其又可称为绝对耐磨性。

（5）相对耐磨性。相对耐磨性是指在同样条件下，两种材料（通常其中一种是 Pb-Sn 合金标准试样）的耐磨性之比值，即相对耐磨性 $\varepsilon_\mathrm{w} = \varepsilon_{试样} / \varepsilon_{标样}$。

任务 3.2　工业水地下管道腐蚀失效分析

3.2.1　任务引入

当前，金属以其优良的性质，如导电性、导热性、强度、塑性、耐磨性、铸造性以及其他特性，成为最重要的工业材料，广泛地应用在生产、生活和科学技术的各个方面。金属的各种制品，在它们的生产和使用过程中都会受到这样或那样的损坏，如机械磨损、生物性的破坏、腐蚀损坏等，其中腐蚀损坏容易被人们所忽视，危害也特别大。

从热力学的观点来看，除少数的贵金属（如金 Au、铂 Pt）外，各种金属都有与周围介质发生作用而转变成离子的倾向。也就是说，金属遭受腐蚀是自然趋势，是普遍存在的一种表面损伤现象。因此，腐蚀失效现象是普遍存在的。钢铁结构在大气中生锈，轮船外壳在海水中腐蚀，地下金属管道穿孔，热电厂锅炉损坏，化工厂金属容器损坏等等，都是金属腐蚀失效的例子。据统计，世界上生产的钢铁约有 30% 因腐蚀失效而报废。世界航空业因腐蚀原因造成的民航飞机的破坏，占总破坏量的 40%~60%。按照国际通行方法以

一国一年腐蚀损失约占 GDP 的 3% 计算的话，我国 2008 年 GDP 已超过 30 万亿元，腐蚀损失则超过 9000 亿元。若按照人口数量平均计算，相当于每人每年承担接近 800 元的腐蚀损失。从目前世界防腐蚀技术的发展来看，有 25%~45% 的腐蚀损失是可以避免的。为此，认识腐蚀现象，懂得腐蚀失效分析，对减少国民经济损失，促进资源节约，提高资源利用率等具有重要的现实意义。

3.2.2 任务描述

某钢铁冶金企业配属了近百公里的管线，主要用于输送重要能源介质——水。因受地形地貌等诸多因素限制，大部分给水管道均埋设于地下。然而，在实际运行过程中，时常出现爆管现象。鉴于管道多深埋地下，管道泄漏常以地下渗漏形式出现，致使爆管后难以及时发现，由此一方面造成一定的供水损失；另一方面给企业的安全生产带来较大隐患。为此，有必要分析地下水管道爆管的主要原因，从而对症下药，提高其安全保供能力。

3.2.3 知识准备

3.2.3.1 腐蚀失效的基本概念

腐蚀遍及国民经济各部门，给国民经济带来了重大损失。"腐蚀"的英文名词 corrosion 来自拉丁文"corrdere"，意思为"损坏"、"腐烂"等。作为科学名词，腐蚀最初只局限于金属材料。美国著名腐蚀科学家 H. H. Uhlig 在他的《腐蚀科学与腐蚀工程——腐蚀科学与腐蚀工程导论》一书中写道："腐蚀是金属和周围环境起化学或电化学反应而导致的破坏性侵蚀"。这种狭义的定义至今仍在应用，如：ISO 8044—1999 和 GB/T 10123—2001 中将腐蚀定义为："金属与环境间的物理-化学相互作用，其结果使金属性能发生变化，导致金属、环境及其构成的技术体系功能受到损伤"。

由于时代的发展和科技的进步，除金属之外的其他材料，如非金属材料、高分子材料和复合材料等应用越来越广泛，这些材料在使用过程中，同样会因环境作用发生功能损伤现象，如塑料制品发胀或开裂、木头干裂或腐烂、普通水泥剥离脱落、花岗岩风蚀等，现代腐蚀研究已涵盖这些材料。为此，不妨将上述定义中"金属"改为"材料"，由此便可得腐蚀的广义定义："材料与环境间发生的化学或电化学相互作用，从而导致材料功能受到损伤的现象称为腐蚀"。

腐蚀是设备与构件破坏的重要形式之一。若在规定使用期限内，材料受表面腐蚀损伤而未危及其规定的功能，则仍属于正常表面腐蚀损伤而未失效；反之，若设备与构件因表面腐蚀丧失了规定的功能，则认为其已表面腐蚀失效。对因腐蚀而破坏的设备与构件进行分析称为腐蚀失效分析，其主要目的是：

（1）寻找失效原因，避免类似腐蚀失效事故重演。

（2）消除隐患，克服生产中的薄弱环节，提高设备的制造质量，保证安全运转和延长设备的使用寿命。

（3）改进设备结构设计和提高设备性能，保证设备先进性。

（4）便于合理制订操作工艺和操作规程。

（5）发现与发展防腐蚀新理论、新材料和新技术，以便更好为生产服务。

3.2.3.2　腐蚀失效的基本类型

腐蚀失效的类型很多。虽然腐蚀与磨损等其他表面损伤不同，但实际上，腐蚀作为一种损伤因素，还广泛地与其他损伤形式接合，从而构成"应力腐蚀断裂"、"疲劳腐蚀断裂"、"腐蚀磨损"、"氢脆"等复合损伤。为便于分析研究，有必要将其基本类型作一定分类与说明。下面介绍两种常见的分类方法。

A　按腐蚀机理分类

（1）化学腐蚀。金属表面与周围介质发生化学作用而引起的破坏称为化学腐蚀。其主要可分为气体腐蚀和非电解介质溶液腐蚀。

1）气体腐蚀：是在干燥气体中的腐蚀，如高温（氧化）腐蚀。钢铁在常温和干燥的空气中，一般认为并不腐蚀，但在高温（$500 \sim 1000 ℃$）下，就容易被氧化破坏，在表面生成氧化皮。如金属在冶炼与轧制过程中的氧化剥落，化学工业中硫铁矿焙炉的腐蚀，石油工艺中高温炉管及核工业设备的高温氧化等，都属于这类腐蚀，人们把这种现象称为金属的高温气体腐蚀。

在高温气体中，金属表面通常会产生一层氧化膜，膜的性质和生长规律决定了金属的耐腐蚀性。膜的生长规律可分为直线规律、抛物线规律和对数规律。其中，直线规律的氧化最危险，因为金属失重随时间以恒速上升。抛物线和对数的规律是氧化速度随膜厚增长而下降，相对较安全。例如，铝在常温氧化遵循对数规律，几天后膜的生长就停止，因此它有良好的耐大气氧化性。

2）非电解介质溶液腐蚀：是在不导电（非电解质）液体中的腐蚀，如在有机溶剂中的腐蚀。非电解质溶液是指不含有水、不电离的有机化合物，如石油、苯、醇等，这类腐蚀往往比较轻微，所以人们研究得比较少。

由此可见，化学腐蚀的介质是不电离、不导电的干燥气体或非电解质溶液，其特征是腐蚀时没有电流产生，但在腐蚀过程中通常会形成某种腐蚀产物。这种腐蚀产物一般都覆盖在金属表面上形成一层膜，使基体金属与介质隔离开来。如果这层化学生成物是稳定、致密、完整，并同金属表层牢固结合的，则将大大减轻甚至可以防止腐蚀的进一步发展，对金属起保护作用。形成保护膜的过程称为钝化。例如，SiO_2、Al_2O_3、Cr_2O_3 等氧化膜结构致密、完整、无疏松、无裂纹且不易剥落，可起到保护基体金属、避免继续氧化的作用。又如铁在高温氧化时生成的 Fe_2O_3 等。反之，有些氧化膜是不连续的，或者是多孔状的，对基体金属没有保护作用。例如：Mo_2O_3、WO_3 在高温下具有挥发性，完全没有覆盖基体的保护作用。因此，提高金属耐化学腐蚀的能力，主要是通过合金化或其他方法，在金属表面形成一层稳定的、完整的、致密的、并与基体结合牢固的氧化膜（也称为钝化膜）。

（2）电化学腐蚀。金属表面与周围介质发生电化学作用而引起的腐蚀称为电化学腐蚀。在实际生产与生活中，相对于化学腐蚀而言，我们遇到的更多的是电化学腐蚀。金属腐蚀中的绝大部分均属于电化学腐蚀，其特征是介质中有能导电的电解质溶液存在，腐蚀过程中有电流产生，这也是电化学腐蚀区别于化学腐蚀之处。常见的电化学腐蚀形式包括：大气腐蚀（如湿空气腐蚀）、土壤腐蚀（如地下管道腐蚀）、电解质溶液中腐蚀（如天然水和大部分水溶液腐蚀）、熔融盐中腐蚀（如盐熔炉金属电极腐蚀）。

【工程实例 3-4】某钢铁企业一期、二期兴建的百余公里的地下给水管网，每年均会因电化学腐蚀，致使管道局部破裂穿孔，从而给相关主体厂矿的安全稳定生产，带来极大的被动影响。为及时处理爆管隐患，每年均须付出大量人力、物力和财力，为此有必要对电化学腐蚀引起足够的重视。

电化学是研究电和化学反应相互关系的科学。1780 年意大利著名生物学家伽伐尼在解剖青蛙时，发现已死去的青蛙竟然发生了抽搐。通过进一步研究，在 1791 年，伽伐尼发表了《论肌肉中的生物电》论文，引起了广泛关注。一般认为这是电化学的起源。电化学腐蚀实质上是金属与化学介质之间构成原电池（腐蚀电池或微电池），发生了电化学反应。

原电池就是将化学能转变成电能的装置。根据定义，普通的干电池、蓄电池、燃料电池都可以称为原电池。组成原电池的基本条件是：将两种活泼性不同的金属（或石墨）用导线连接后插入电解质溶液中，电流的产生是由于氧化反应和还原反应分别在两个电极上进行的结果。原电池中，较活泼的金属做负极（在腐蚀电池中常称为阳极），较不活泼的金属做正极（在腐蚀电池中常称为阴极）。负极本身易失去电子，变成带正电的离子，溶解于电解质溶液中，同时把等当量的电子留在金属中，这是一个氧化过程即阳极过程。氧化过程中产生的电子，沿导线流向正极。在正极上一般为电解质溶液中的阳离子，容易得到电子而发生还原反应即阴极过程。常见的阴极过程有氧被还原、氢气释放、氧化剂被还原和贵金属沉积等。在原电池中，外电路为电子导电，电解质溶液中为离子导电。

为便于理解，下面通过一个实例来简要说明上述反应过程：将一铜片和锌片浸泡在硫酸溶液中，并通过一根导线将其外露端连接，这时就组成了一个典型的原电池，其示意图及电化学反应主要见表 3-6。

表 3-6 原电池电化学反应实例

	电极	电极材料	电极反应	反应类型	得失电子的粒子	电子流动方向	备注
示意图	负极	锌片	$Zn-2e=Zn^{2+}$	氧化反应	Zn 原子	Zn 片→Cu 片	负极锌片被溶解
	正极	铜片	$2H^{+}+2e=H_2\uparrow$	还原反应	H^{+}		

金属材料容易形成腐蚀电池的原因，主要有以下两个方面：1）微观电池作用：这是因为金属本身的成分、组织、结晶方向、残余应力等导致的不均一性，这种不均一性致使金属内部有不同电位的区域存在，进而形成微观腐蚀电池；2）宏观电池作用：当不同金属浸泡于不同电解质溶液，或两种相接触的金属浸泡于同一电解质溶液，或同一金属与不同的电解质溶液（如浓度、温度的不同等）接触，此时构成腐蚀电池阳极的是金属整体或其局部，由此形成宏观腐蚀电池。

B　按腐蚀破坏的形式分类

（1）均匀腐蚀。腐蚀作用相对均匀地分布在整个金属表面上，也称全面腐蚀。例如铝合金在碱性溶液里发生的腐蚀。这类腐蚀容易分析和进行寿命预测，容易防护，危害也相对小些。多数情况下，金属表面会生成保护性的腐蚀产物膜，使腐蚀变慢。但有些金属，如钢铁在盐酸中，则不会产生保护膜而迅速溶解。通常用平均腐蚀率（即材料厚度每年损失若干毫米）来衡量均匀腐蚀的程度，也可作为选材的原则，一般年腐蚀率小于1~1.5mm，就可认为合用（有合理的使用寿命）。

（2）局部腐蚀。腐蚀主要局限于微小区域中，也称作非均匀腐蚀。局部腐蚀的腐蚀速度通常比均匀腐蚀大几个数量级，而且难以发现，可能导致灾难性失效，因此它的危害要比均匀腐蚀大得多。局部腐蚀又可分为以下几类。

1）脓疮腐蚀：金属被腐蚀破坏的情形好似人身上长的脓疮，被损坏的部分较深、较大。

2）斑点腐蚀：腐蚀像斑点一样分布在金属表面上，所占面积较大，但不很深。

3）点腐蚀（又称为孔腐蚀）：金属某些部分被腐蚀成为一些小而深的孔穴，有时甚至发生穿孔。

4）缝隙腐蚀：金属表面由于存在异物或结构上的原因而形成缝隙（如焊缝、铆缝、垫片或沉积物下面等），缝隙的存在使得缝隙内的溶液中与腐蚀有关的物质迁移困难，由此而引起的缝隙内金属的腐蚀。

5）晶间腐蚀：沿着合金晶界区发展的腐蚀，当金属遭受晶间腐蚀时，它的晶粒间的结合力将显著减小，内部组织会变得很松弛，从而使机械强度大大降低。

6）接触腐蚀（又称为电偶腐蚀、双金属腐蚀）：当两种金属浸在腐蚀性溶液中，由于两种金属之间存在电位差，如相互接触，就构成腐蚀电偶。

7）选择腐蚀：优先腐蚀多元合金中的某一组分，例如黄铜电化腐蚀脱锌等。

归纳来讲，以上腐蚀类型中，电化学腐蚀多于化学腐蚀；而局部腐蚀则远多于均匀腐蚀（如在化工设备的腐蚀损害中，70%是局部腐蚀造成的）。

3.2.3.3　防腐措施

研究金属腐蚀机理和规律的主要目的就是为了避免和控制腐蚀。根据金属腐蚀原理可知，控制腐蚀的主要途径是：

（1）正确选择金属材料与表面状态。不同材料在不同环境中，腐蚀的自发性和腐蚀速度都可能有很大的差别，为此应根据腐蚀机理、环境介质以及其他限定条件（如温度、应力、加工性、经济性等）选用不同的材质。在条件许可情况下，尽量选用尼龙、塑料、陶瓷等材质。

【工程实例 3-5】某钢铁企业冷轧废水处理站主要负责冷轧厂各排放点排出的含酸、碱、油、泥、锌、磷、铬废水以及浓废酸和乳化液等的处理，因此对站内设备的防腐性提出了较高要求。目前，站内设备大量采用不锈钢、玻璃钢、聚四氟乙烯等材料制成，工艺管道也基本全部更换为钢骨架塑料复合管材（其是以钢骨架为增强相，以热塑性塑料，如高密度聚乙烯 HDPE、无规共聚聚丙烯 PP-R、交联聚乙烯 PEX 等为基材），配套阀门过流部件多数进行衬胶、衬氟处理。

（2）采用合理的防蚀结构设计。由于设备的结构常常对腐蚀产生影响，所以正确的设计也很重要。为此，在设计机械设备时，应积极在结构设计上，从防腐蚀的角度加以全面考虑。不少情况下，把结构稍作修改，就可取得较好的预期效果。例如，以焊接结构代替铆接结构，便可有效消除铆接部件中存在的缝隙，从而可以防止缝隙腐蚀；对于连接零件，应尽量避免电位差大的不同金属相互接触，以免产生接触腐蚀，必要时可以用不吸湿的绝缘材料予以分开；在容器（尤其是盛装腐蚀性流体的容器）的结构设计时，应注意避免出现使流体停滞、局部聚集、方向和流速突变等不良结构，以免造成各类局部腐蚀、冲击腐蚀等复合腐蚀模式。

（3）采用表面防护技术。在金属表面上覆盖一层物理防护层，改变表面结构，使金属与腐蚀环境介质隔离开来，以防止其腐蚀。常用的覆盖层类型有：1）金属覆盖层，如电镀、喷镀、渗镀、热镀、辗压等；2）非金属覆盖层，如油漆、塑料、橡胶、沥青、搪瓷玻璃、灰泥混凝土等；3）化学或电化学方法生成的覆盖层，如氧化处理、阳极氧化、磷化处理等；4）激光热处理；5）临时性覆盖层，如油封、可剥性塑料膜等。在应用覆盖层防护时，必须确保覆盖层具有高耐蚀性、组织致密不透、介质均匀性以及与金属结合强度高等特性，否则其防腐效果将大打折扣。

【工程实例3-6】某钢铁企业各能源介质输送的管网大量采用环氧煤沥青防腐或管道外缠绕防腐胶带；废水处理系统中，跟强腐蚀介质接触的设备内部，如盐酸或稀硫酸的储槽采用橡胶或塑料衬里、储放硝酸的钢槽采用不锈钢薄板衬里、废酸池池壁采用耐酸砖（硅砖）衬里等。

（4）电偶作用防腐法。电偶作用就是一对电极电位间的电化学作用。电偶作用保护是一种改变金属-介质电极电位的电化学保护。根据被保护设备所接电源极性，电偶作用保护可分为：

1）阳极保护。一些可以钝化的金属，当从外部通入电流，电位随电流上升，达到致钝电位后，腐蚀电流急速下降，后随电位上升，腐蚀电流不变，直到过钝区为止。利用这个原理，通过外加电位，使要保护的设备成为阳极，使电位保持在钝化区的中段，腐蚀率可保持很低值。

阳极保护法需要一台恒电位仪以控制设备的电位，以免波动时进入活化区或过钝化区。由于只适用于可钝化金属，所以这种方法的应用受到限制。阳极保护法在工业上，主要用于生产或处理 H_2SO_4、H_3PO_4、NH_4HCO_3 等溶液的不锈钢或碳钢制容器和设备，套管式热交换器等。

2）阴极保护。金属电化学腐蚀过程中，微型电池的阴极是接受电子产生还原反应的电极，阳极是失去电子发生氧化反应的电极，只有阳极才发生腐蚀。阴极保护法就是将需要保护的金属作为腐蚀电池的阴极（原电池的正极）或作为电解池的阴极而不受腐蚀。前一种称为牺牲阳极法，后一种称为外加电流法。

①牺牲阳极法：是将电极电位更负（更活泼）的金属或其合金，连接在被保护的设备上，例如钢铁设备连接一块 Zn、Mg 或 Al 合金；海洋中航行船舶底部铆接锌块等，使它们在形成的原电池中作为阳极而被腐蚀，而使金属设备作为阴极受到保护。这种被牺牲的阳极须定时更换。

②外加电流法：是在体系中连接一块导流电极（石墨、铂或镀钌、钛、高硅铁、废钢等）作为阳极，当外部导入的阴极电流，使局部阴极电流与局部阳极电流相等、方向相反而相互抵消时，金属腐蚀停止，达到保护设备的目的。阴极保护广泛用于土壤和海水

中的金属结构、装置等，如地下管道、地下金属设备、水下设备、海船、港湾码头设施、钻井平台、水库闸门、油气井等。为了减少电流输入，延长使用寿命，阴极保护法一般常和其他防腐措施联合应用，是一种经济简便、行之有效的金属防腐方法。

（5）改善介质抗腐蚀条件。为降低或消除介质对金属的腐蚀作用，可借助于以下措施来实现：

1）添加缓蚀剂。缓蚀剂可分为无机缓蚀剂、有机缓蚀剂和气相缓蚀剂三类。在可能引起金属腐蚀的介质中加入少量缓蚀剂，以改变介质的性质，从而便可大大减缓金属腐蚀的过程。

2）去除介质中的有害成分。所谓介质中的有害成分，即是指促成腐蚀反应的元素或成分。通过全部或部分去除某种活化反应物，以降低反应（腐蚀）速率。例如：锅炉用水的除氧处理（加入脱氧剂 Na_2SO_3 和 N_2H_4 等），可保护锅炉管少受腐蚀；除去空气中的水分以延长热水加热系统的腐蚀寿命等。

3）改变溶液的 pH 值。对于某些特定条件下，如生活饮用水、某些处理用水或水溶液中不容许添加缓蚀剂时，可以改变溶液的 pH 值，以降低腐蚀速率。例如：在水中经常加入碱或酸以调节 pH 值至最佳范围（通常接近中性），可以防止冷却水对换热器和其他设备的结垢、穿孔；炼制石油的工艺中也常加碱或氨，使生产流体保持中性至弱碱性等。

3.2.4　任务实施

（1）腐蚀事故调查阶段。腐蚀事故发生后要注意保护现场，尽快记录下事故现场的各种情况。腐蚀事故发生后，搜集被腐蚀的构件是一件十分关键性的工作。有些构件可能破碎，对此应将残骸收集和拼凑起来并加以保护，特别要避免新的污染和互相碰撞而影响今后的进一步观察。通过观察与分析找出破坏源点，为今后的分析提供必要的线索。对产生腐蚀失效的调查一般应包括下列内容：

1）对事故发生的时间、地点和产生的条件等有关过程的调查。

2）对产生事故的设备操作情况进行调查。查阅和整理相关的工艺操作记录和维修记录，弄清温度、压力、介质的成分及浓度的变化情况，包括工艺介质中有害成分的变化、pH 值的变化等。

3）对设备或部件的结构及制造工艺进行调查。从可能产生腐蚀的角度出发调查设备的结构设计是否合理，有无可能导致应力集中和可能产生缝隙腐蚀的不合理结构。检查设备的焊接热影响区等的腐蚀情况以及由于酸洗可能带来的渗氢等问题。

4）对制造设备所用材质的调查。在对设备制造有疑点的情况下，首先要核对制造设备或部件所用的材料，并应考虑材料的性能复验问题。

5）有关文献的调研。文献调研的目的是为了找出过去国内外事故中有无类似或接近的情况。虽然文献中所叙述的事故情况与现实中的事实可能有所差异，但总有可以借鉴的地方。

（2）实验室的分析研究阶段。本阶段的主要任务是对搜集起来的腐蚀失效构件及其环境介质进行实验室的分析研究。对材质的化学成分、力学性能、物理性能和组织结构进行必要的分析和复验，腐蚀破坏的断口分析，腐蚀产物的分析，初步找出产生腐蚀失效破坏的可能原因。因此，实验室的分析研究是整个腐蚀失效分析的关键步骤。很多腐蚀失效通过实验室的分析研究就可以得到明确的结论。但也有一些腐蚀失效事件还存在一些不确定的因素，需要进行模拟验证试验。

（3）模拟验证试验阶段。在实验室和现场进行模拟性的验证试验，以便对这些初步结论在实践中获得进一步证实。只有这样，这些结论才能被认为是完全可靠的。

（4）总结讨论。在现场调查研究和实验室分析研究及模拟验证阶段之后，对产生该腐蚀失效事故的原因已经得出了应有的结论。对此结论从各个方面进行分析讨论是十分必要的。

（5）写出腐蚀失效分析报告。总结报告应主要包括前言、事故的调查研究、腐蚀失效构件的分析研究、实验室及现场的模拟试验结果、产生腐蚀失效的原因分析以及防止类似事故重演的技术和管理措施。这个最终报告应该是既有试验数据和足够的证据，又有理论根据，而且应该是经得起推敲的。

针对本任务所列钢铁冶金企业工业水地下管道爆管问题，可依据实际情况和现有条件，参照上述腐蚀失效分析的一般步骤，有针对性开展失效分析，由此可知爆管原因主要是土壤腐蚀所致，即金属管道埋设于地下，受土壤成分、土壤 pH 值、土壤内细菌及杂散电流等多种因素影响，产生了电化学腐蚀，从而使管壁穴点腐蚀穿透。

3.2.5　知识拓展

3.2.5.1　腐蚀失效分析的基本原则

在失效分析过程中，特别是在重大腐蚀失效事故分析中，必须遵循失效分析的基本原则，进行系统的分析，方能去伪存真，找出真正原因，从而提出切实可行的整改措施。

（1）对体系进行完整的分析研究。在进行腐蚀失效分析时，必须从环境介质因素、材质因素、加工制造因素等逐一进行调研，特别是纵观它们之间的关系，进行系统的分析研究，提出比较完整的失效分析的方案。

（2）调查研究的原则。对现场和周围环境以及产生腐蚀的背景进行调查研究，是解决腐蚀失效的重要原则。根据需要，从产生腐蚀失效部位出发，对其环境介质条件和操作条件等进行详细而周密的调查研究。

（3）分析验证的原则。从调查研究中获得了大量的资料和数据，对它们必须进行从现象到本质的科学分析和试验验证工作。

3.2.5.2　金属土壤腐蚀防治措施

土壤是一个由气、液、固三相物质构成的复杂系统，其中还生存着数量不等的若干种土壤微生物，土壤微生物的新陈代谢产物也会对材料产生腐蚀，有时还存在杂散电流的腐蚀问题。防治金属在土壤中的腐蚀，目前比较流行的做法是采用防腐涂层、阴极保护以及这两种方法联合防腐。

（1）防腐涂层。防腐涂层是在金属表面上施加保护涂层来防止金属腐蚀的重要方法。它的作用在于使金属构件表面与土壤介质隔离开来，以阻止金属表面层上微电池的腐蚀作用。对防腐涂层要求是：

1）与底层金属有很强的黏结力，且连续完整；

2）具有良好的防水性和化学稳定性；

3）具有高强度和韧性；

4）具有一定的塑性，在土壤介质中不软化，也不脆断。

在地下金属构件上施加涂层是由有机或无机物质做成，常用表面防腐材料及涂层主要有石油沥青、煤焦油沥青、环氧煤沥青、聚乙烯胶粘带、硬质聚氨酯泡沫塑料、聚乙烯塑料、粉末环氧树脂等，在埋地管道涂层外常有玻璃布加固层等。

（2）阴极保护。阴极保护是依靠外加直流电源或牺牲阳极（通常是镁、锌和铝等），使被保护的金属成为阴极（实际上不产生腐蚀），从而减轻或消除金属的腐蚀。

阴极保护有两种方法，一种方法是在被保护金属在土壤介质中组成大电池，使被保护金属变成阴极，从而得到保护，这种方法称为牺牲阳极保护法；另一种方法是外加直流电源，通过辅助阳极给被保护的金属通以恒定的电流，电源的正极与辅助阳极连接，使阴极极化，以减轻和防止腐蚀，这种方法称为外加电流阴极保护法。

任务 3.3　大型减速机齿轮轴断裂失效分析

3.3.1　任务引入

第二次世界大战期间，美国近 2000 艘全焊接"自由轮"货船在使用中接连发生 1000 多次脆断破坏事故，其中 238 艘完全报废；1938~1942 年有 40 座焊接铁桥突然折断倒塌，事前未见异常现象；1950 年美国北极星导弹壳体在试验时爆炸，该壳体用 D6AC 高强度钢制造，屈服强度 1372MPa，经传统力学性能试验认为合格，破坏应力还不到屈服强度的一半；1954 年英国两架"彗星"号喷气客机，先后因增压舱突然破裂而在地中海上空爆炸坠毁。起初，人们认为是材料强度不够而造成断裂，于是利用高强度合金钢来制造关键零部件。但是事与愿违，断裂破坏有增无减。另外，许多国家或企业也多次发生高压锅炉、石油及化工容器或管道无故爆炸或损坏事故。这些严重事故引起了人们的普遍重视。

为什么超高强度的合金钢材料，竟会在实际破坏应力还不到材料屈服强度的一半时，就发生突然的脆性断裂呢？原来固体力学过去总认为材料是均匀、连续、没有任何缺陷的，在这基本前提下提出材料的传统力学性能指标。实际材料不可能绝对均匀，在生产和加工过程中，不可避免地要产生一些微小的裂纹和缺陷。在一定应力下这些裂纹会逐渐扩大，而此时人们一般不易觉察到，直到其突然断裂，就像带裂纹的玻璃只需轻轻一掰就破裂一样，为此认识断裂现象、开展断裂失效分析具有较大的现实意义。

3.3.2　任务描述

某钢铁冶金企业轧钢机用大功率减速机是轧机动力传动的重要部件。该减速机采用单级渐开线人字齿轮传动，主动轴转速 247r/min，传动功率 2971kW。在其装机运行仅两年后，主动齿轮轴即发生断裂。断裂面位于动力输入端，位置如图 3-7 所示。轴端联轴器设有安全螺栓，齿轮轴断裂时该螺栓均完好。请分析该齿轮轴产生断裂失效的原因，并提出防治对策建议。

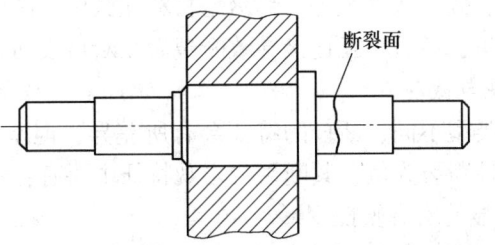

图 3-7　大型减速机齿轮轴断裂失效示意图

3.3.3　知识准备

3.3.3.1　断裂的定义和分类

断裂是零件在机械、热、磁、腐蚀等单独作用或者联合作用下，其本身连续性遭到破坏，发生局部开裂或分裂成几部分的现象。尽管与磨损、变形等失效形式相比，断裂所占比例要小一些，但断裂是最危险的一种失效形式。零件发生断裂后，不仅完全丧失工作能力，而且还可能发生重大的设备事故、人身伤亡事故，并造成巨大的经济损失，尤其是现代设备日益向着大功率、高速化等趋势发展，断裂失效的几率也有所提高。

断裂分类方法很多，也比较复杂，一般有如下几种：

（1）按断裂机理分为滑移分离、韧窝断裂、蠕变断裂、解理与准解理断裂、沿晶断裂和疲劳断裂。

（2）按断裂路径分为穿晶、沿晶和混晶断裂。

（3）按断裂性质分为延性断裂、脆性断裂、疲劳断裂和环境断裂。在失效分析实践中大都采用这种分类法。下面对其逐一进行简单介绍。

3.3.3.2　延性断裂

A　定义和机理

延性断裂又称韧性断裂或塑性断裂，即零件在外力作用下首先产生弹性变形，当外力引起的应力超过弹性极限时即发生塑性变形，外力继续增加，当应力超过抗拉强度时，塑性变形增大而后造成断裂，就称为延性断裂。

在工程结构中，延性断裂一般表现为过载断裂，即零件危险截面处所承受的实际应力超过了材料的屈服强度或强度极限而发生断裂。在正常情况下，机载零件在设计时都将零件危险截面处的实际应力控制在材料的屈服强度以下，一般不会出现延性断裂失效。但是，由于机械产品在经历设计、选材、加工、制造、装配直至使用、维修的全过程中，存在着诸多环节和各种复杂因素影响，因而机械零件的延性断裂失效至今仍难完全避免。

鉴于工程材料的显微结构复杂，特定的显微结构在特定的外界条件（如载荷类型与大小、环境温度与介质）下，有特定的断裂机理和微观形貌特征。金属零件延性断裂的机理主要是滑移分离和韧窝断裂。延性断裂最显著的特征是伴有大量的塑性变形，而塑性变形的普遍机理是滑移，即在延性断裂前晶体产生大量的滑移。过量的滑移变形会出现滑移分离，其微观形貌有滑移台阶、蛇形花样和涟波等。韧窝是金属延性断裂的主要特征，韧窝又称作迭波、孔坑、微孔或微坑等。韧窝是材料在微区范围内塑性变形产生的显微空洞，经形核、长大、聚集，最后相互连接导致断裂后在断口表面留下的痕迹。

B　延性断裂的宏观与微观特征

零件所承受的载荷类型不同，断口的特征会有所差异，但基本的断裂特征是相似的。现以拉伸载荷造成的延性断裂为例，其断裂的宏观特征主要有：

（1）断口附近有明显的宏观塑性变形。

（2）断口外形呈杯锥状，杯底垂直于主应力，锥面平行于最大切应力，与主应力成45°角；或断口平行于最大切应力，与主应力成45°的剪切断口。

（3）断口表面呈纤维状，其颜色呈暗灰色。

延性断裂的微观特征主要是在断口上存在大量的韧窝。不同加载方式造成的延性断裂，其断口上的韧窝形状是不同的，通常要通过电镜（主要是扫描电镜）观察方能做出准确的判断。需要指出的是：

（1）在断口上的个别区域存在韧窝，不能简单地认为是延性断裂。这是因为即使在脆性断裂的断口上，个别区域也可能产生塑性变形而存在韧窝。

（2）沿晶韧窝不是延性断裂的特征，沿晶韧窝主要是显微空穴优先在沿晶析出的第二相处聚集长大而成。

在实际的失效分析中，可以根据上述延性断裂的宏观与微观特征，判断金属零件是否为延性断裂。

C　金属零件延性断裂失效分析

金属零件延性断裂的本质是零件危险截面处的实际应力超过材料的屈服强度所致。因此，下列因素之一均有可能引起金属零件延性断裂失效：

（1）零件所用材料强度不够。

（2）零件所承受的实际载荷超过原设计要求。

（3）零件在使用中出现了非正常载荷。

（4）零件存在偶然的材质或加工缺陷而引起应力集中，使其不能承受正常载荷而导致延性断裂失效。

（5）零件存在不符合技术要求的铸造、锻造、焊接或热处理等热加工缺陷。

为了准确地找出引起零件延性断裂失效的确切原因，需要对失效件的设计、材质、工艺和实际使用条件进行综合分析，并依据分析结果采取有针对性的改进与预防措施，以防同类断裂失效再次出现。

3.3.3.3　脆性断裂

A　定义和特征

脆性断裂，简称脆断，是指金属零件或构件在断裂之前无明显的塑性变形，而形成脆性断口的断裂。不仅是脆性材料会产生这种断裂，材料内部存在微裂纹或者某些材料在低温下受到冲击等都有可能会产生脆性断裂。脆性断裂时，零件或构件承载的工作应力并不高，通常不超过材料的屈服极限，甚至还低于按常规设计程序确定的许用应力，故脆断又称为低应力脆断。

由于脆性断裂大都没有事先预兆，具有突发性，对工程构件、设备以及人身安全常常造成极其严重的后果。因此，脆性断裂是人们力图予以避免的一种断裂失效模式。尽管各国工程界对脆性断裂的分析与预防研究极为重视，从工程构件的设计、用材、制造到使用维护的全过程中，采取了种种措施，然而，由于脆性断裂的复杂性，至今由脆性断裂失效导致的灾难性事故仍时有发生。

金属构件的脆性断裂，其宏观特征虽随原因的不同会有所差异，但基本特征是共同的：

（1）断裂处很少或没有宏观塑性变形，碎块断口可以拼合复原。

（2）断口平坦，无剪切唇，断口与应力方向垂直。

（3）断裂起源于变截面、表面缺陷和内部缺陷等应力集中部位。

（4）断面颜色有的较光亮，有的较灰暗。光亮断口是细瓷状，对着光线转动，可见到闪光的小刻面；灰暗断口有时呈粗糙状，有时呈现出粗大晶粒外形。

（5）板材构件断口呈人字纹放射线，放射源为裂纹源，其放射方向为裂纹扩展方向。

（6）脆性断裂的扩展速率极高，断裂过程在瞬间完成，有时伴有大响声。

B　预防措施

（1）设计上的措施：应保证工程构件的工作温度高于所用材料的脆性转变温度，避免出现低温脆断；结构设计应尽量避免三向应力的工作条件，减少应力集中等。

（2）制造工艺的措施：应正确制定和严格执行工艺规程，避免过热、过烧、回火脆、焊接裂纹及淬火裂纹等；热加工后应及时回火，消除内应力；对电镀件应及时而严格地进行除氢处理等。

（3）使用上的措施：应严格遵守设计规定的使用条件，如使用环境温度不得低于规定温度；使用操作应平稳，尽量避免冲击载荷等。

3.3.3.4　疲劳断裂

A　定义及分类

机械零件在重复及交变应力的长期作用下，经一定循环周次后发生的断裂，称作疲劳断裂。疲劳断裂的特点是：

（1）机械设备中很多零件承受呈周期性变化的循环交变应力，如活塞式发动机的曲轴、传动齿轮、涡轮发动机的主轴、涡轮盘与叶片、飞机螺旋桨以及各种轴承等。这些零件的失效，据统计，60%~80%是属于疲劳断裂失效。

（2）疲劳破坏表现为突然断裂，断裂前无明显变形，不用特殊探伤设备，无法检测损伤痕迹。除定期检查外，通常很难防范偶发性事故。

（3）造成疲劳破坏的循环交变应力一般低于材料的屈服极限，有的甚至低于弹性极限。

（4）零件的疲劳断裂失效与材料的性能、质量，零件的形状、尺寸、表面状态、使用条件、外界环境等众多因素有关。

（5）很大一部分工程构件承受弯曲或扭转载荷，其应力分布是表面最大，故表面状况（如切口、刀痕、粗糙度、氧化、腐蚀及脱碳等）对疲劳抗力有极大影响。

疲劳断裂根据其产生原因的不同，可分为：

（1）机械疲劳断裂：由外加变载荷作用下产生的疲劳断裂，未计及微弱的环境影响因素。

（2）热疲劳：因温度的循环变化，引起热应力也反复变化，由此造成零件的失效。

（3）腐蚀疲劳：由循环应力与腐蚀介质共同作用下产生的失效。

由于各类疲劳断裂寿命均是以循环周次计算，因此疲劳断裂按其寿命，又可分为：

（1）高周疲劳（高循环疲劳）：又称应力疲劳，是指零件在低于屈服强度的交变应力作用下，有较高寿命的疲劳现象。其断裂的循环周次较高（一般大于 10^4），它是最常见的疲劳断裂。

（2）低周疲劳（低循环疲劳）：又称大应力或应变疲劳，是指零件在较高的交变应力作用下，在断裂过程中产生较大塑性变形，其断裂的循环周次较低（一般不大于 10^4）的疲劳现象，称为低周疲劳。

有时，又将循环周次介于 $10^4 \sim 10^6$ 的称为中周疲劳。按其他形式分类的疲劳断裂均可按断裂循环周次的高低而纳入此两类疲劳范畴之内。

B　提高疲劳抗力的措施

防止疲劳断裂失效，可以从优化设计、合理选材和提高零件表面抗疲劳性能等方面入手。

（1）优化设计。合理的结构设计和工艺设计是提高零件疲劳抗力的关键。机械构件不可避免地存在圆角、孔、键槽及螺纹等应力集中部位，在不影响机械构件使用性能的前提下，应尽量选择最佳结构，使截面圆滑过渡，避免或降低应力集中。结构设计确定之后，所采用的加工工艺是决定零件表面状态、流线分布和残余应力等的关键因素。

【工程实例 3-7】某钢铁企业冷轧废水站 150FB-35 型超滤泵在运行中时常出现断轴现象，解决措施之一便是将泵轴上的退刀槽改为圆弧过渡，以减少应力集中，提高零件强度。

（2）合理选材。合理选材是决定零件具有优良疲劳抗力的重要因素，除尽量提高材料的冶金质量外，还应注意材料的强度、塑性和韧性的合理配合。

（3）零件表面强化工艺。为了提高零件的抗疲劳性能，发展了一系列的表面强化工艺，如表面感应热处理、化学处理、喷丸强化和滚压强化工艺等。实践表明，这些工艺对提高零件的抗疲劳性能效果非常明显。

【工程实例 3-8】某钢铁企业瓦斯泥处理系统中 SZ-4 型真空泵断轴处理过程中，曾采用滚压强化泵轴表面的措施。

（4）减少变形约束。对承受热疲劳的零件，应减少变形约束，减少零件的温度梯度，尽量选用线膨胀系数相近的材料等，提高零件的热疲劳抗力。

3.3.3.5　环境断裂

前述断裂形式，均未涉及材料所处的环境。实际上机械零部件的断裂，除了与材料的特性、应力状态和应变速率等因素有关外，还与其所处的环境密切相关。金属零件在失效应力和环境劣化因素（腐蚀、氢量和高温等）协同作用下发生的断裂，称为环境断裂，又称环境致断。常见的环境断裂有应力腐蚀断裂、氢脆断裂、蠕变断裂、腐蚀疲劳断裂及冷脆断裂等。

A　应力腐蚀断裂

美国空军 F-4 飞机在使用过程中，发现平尾摇臂出现意外，结果迫使美国 1600 多架 F-4 飞机和其他国家 600 多架 F-4 飞机全部停飞检查，后经查明是材料的环境适应性差，对应力腐蚀比较敏感。那么何为应力腐蚀断裂？

金属材料在拉应力与特定的腐蚀介质联合作用下，引起的低应力脆性断裂称为应力腐蚀断裂（SCC）。不论是塑性材料还是脆性材料都可能发生应力腐蚀，它与单纯的由应力造成的破坏或由腐蚀引起的破坏不同，在一定的条件下，在很低的应力水平或腐蚀性很弱的介质中，也能引起应力腐蚀断裂。应力腐蚀所引起的破坏在事先往往没有明显的变形预兆，而突然发生脆性断裂，故它的危害性很大。

应力腐蚀只有在特定条件下才会发生：

（1）元件承受拉应力的作用。拉应力可由外界因素产生，也可由加工过程中产生。一般来说，只需具有很小的拉应力，即可能引起应力腐蚀。

（2）具有与材料种类相匹配的特定腐蚀介质环境。每种材料只在某些介质中才会发生应力腐蚀，而在另一些介质中不发生应力腐蚀。

（3）材料应力腐蚀的敏感性。对钢材来说，应力腐蚀的敏感性与钢材成分、组织及热处理等情况有关。

鉴于以上情况，相应地可根据已知的表象规律和机理基础，从应力、腐蚀和材料三个方面选择抑制应力腐蚀断裂的措施。

（1）应力抑制。降低拉伸应力，可降低应力腐蚀断裂敏感性。例如，冷加工后的黄铜件、奥氏体不锈钢的焊接件等，通过消除残余应力的退火处理，可以较好地避免应力腐蚀断裂。喷丸、滚压及其他使表面处于残余压应力状态的机械加工工艺对抑制应力腐蚀断裂也是有效的。

（2）腐蚀抑制。改善腐蚀环境，防止腐蚀介质的富集。例如，汽轮机、发电机组用水应预先处理，降低 NaOH 含量；核反应设备的不锈钢热交换器中，需将水中含有的 Cl^- 及 O_2 降低到 10^{-6} 以下。另外，缓蚀剂、涂层及电化学保护都可用于抑制腐蚀。

（3）材料抑制。合理选用材料，尽量使用对工作条件不敏感的材料。

B　氢脆

氢脆（HE）又称氢致开裂或氢损伤，是金属中存在过量的氢、且有张应力协同作用下造成的一种脆性断裂。按照氢的来源，氢脆可分为内部氢脆和环境氢脆。内部氢脆是指材料在使用前内部已含有足够的氢并导致了脆性，它可以是材料在冶炼、热加工、热处理、焊接、电镀、酸洗等制造过程中产生。环境氢脆是指材料中原先不含氢或含氢极微，但在致氢环境的使用过程中产生。环境包括：在纯氢气氛中（有少量的水分，甚至干氢）由分子氢造成氢脆；由氢化物致脆；由 H_2S 致脆；高强钢在中性水或潮湿的大气中致脆等。由于氢脆致断的脆断特点，常会造成灾难性后果，因此应予以认真对待。

氢脆是氢原子和位错交互作用的结果。对于内部氢脆，降低或抑制材料内含氢的措施可归纳为两个方面：

（1）降低氢含量。冶炼时采用干料，或进一步采用真空处理或真空冶炼；焊接时采用低氢焊条；酸洗及电镀时，选用缓蚀剂或采取降低引入氢量的工艺。

（2）排氢处理。合金结构钢锻件的冷却要缓慢，防止氢致开裂（白点）；合金结构钢焊接时，一般采用焊前预热、焊后烘烤，以利排氢；对氢脆敏感的高强度钢及高合金铁素体钢，酸洗及电镀后，必须烘烤足够长的时间去氢。

对于环境氢脆，首要的一条是尽量不用高强度材料，材料强度越高，对氢脆越敏感。

C　蠕变断裂

金属材料在长时间的恒温、恒应力作用下，即使所受应力小于屈服强度，也会发生缓慢的塑性变形的现象，称为蠕变。当蠕变的塑性变形量超过其许用值后，即发生畸变失效；蠕变的发展还可能导致材料因断裂而失效，这种断裂称为蠕变断裂（CR）或持久断裂。对于一般金属，蠕变现象只有在高温条件下才明显表现出来，故这种断裂又称为高温蠕变断裂。但是，某些金属，如铅、锡及它们的合金，在常温条件下，也能表现出蠕变现象。蠕变与塑性变形不同，塑性变形通常在应力超过弹性极限之后才出现，而蠕变只要应力的作用时间相当长，它在应力小于弹性极限时也能出现。

蠕变现象的产生，受三个方面的因素影响：温度、应力和时间。蠕变在低温下也会发生，但只有达到一定的温度才能变得显著，这个温度称为蠕变温度。各种金属材料的蠕变温度大致为 $0.3T_m$（T_m 为熔化温度）。通常碳素钢在超过 $300\sim400℃$ 时，在应力的作用下即能明显地出现蠕变现象；合金钢在超过 $400\sim450℃$ 时，在一定的应力作用下，就会发生蠕变，且温度愈高，蠕变现象愈明显。通常，在高温高压火电厂中产生蠕变的零部件较多，如主蒸汽管道、锅炉联箱、汽水管通、高温紧固件、汽轮机汽缸等。所以，对于长期运行的高温零部件，要进行严格的蠕变监测。当然，一些零部件在工作中出现一些塑性变形还是允许的，只要它们在整个工作期限内，由于蠕变所累积的塑性变形量不超过允许值即可。例如，一般规定主蒸汽管道、高温蒸汽联箱经 10 万小时运行后，总变形量不超过 1%；汽轮机汽缸 10 万小时后的总变形量不超过 0.1%；锅炉的合金钢过热器管和再热管，当蠕变胀粗大于 2.5% 时，即需更换；锅炉的碳钢过热器管和再热器管，当蠕变胀粗大于 3.5% 时，即需更换。

改善蠕变可采取的措施有：

（1）高温工作的零件要采用蠕变小的材料制造，如耐热钢等。

（2）对有蠕变的零件进行冷却或隔热。

（3）防止零件向可能损害设备功能或造成拆卸困难的方向蠕变。

D　腐蚀疲劳断裂

美国空军 F-111 飞机曾经产生过可变翼枢轴接头空中折断的严重飞行事故，迫使美国空军全部 F-111 飞机停飞检查，后经查明是由于锻造缺陷和应力腐蚀疲劳断裂造成的。那么，何为腐蚀疲劳断裂？

金属材料在腐蚀介质中，在低于抗拉强度的交变应力的反复作用下所产生的断裂，称为腐蚀疲劳断裂。腐蚀疲劳（CF），又称为交变应力腐蚀，是一种腐蚀介质和交变应力联合作用、互相促进的破坏过程。例如：船用螺旋桨、涡轮机叶片、水轮机转轮等，常产生腐蚀疲劳。在腐蚀疲劳时，循环应力增强介质的腐蚀作用，而腐蚀介质又加快了循环应力下的疲劳破坏，因而二者共同作用比分别作用更加有害。

腐蚀疲劳断裂和应力腐蚀断裂都是应力与腐蚀介质共同作用下引起的断裂。但由于腐蚀疲劳的应力是交变的，其产生的滑移具有累积作用，金属表面的保护膜也更容易遭到破坏。因此，绝大多数金属都会发生腐蚀疲劳，对介质也没有选择性，即只要在具有腐蚀性的介质中就能引起腐蚀疲劳直至断裂，而且在容易产生孔蚀的介质下更容易发生。介质的腐蚀性越强，腐蚀疲劳也越容易发生。

要防止腐蚀疲劳断裂，首先要防止腐蚀介质的作用。若必须在腐蚀介质下工作，则应采用耐腐蚀材料，或根据不同的介质条件分别采用阴极保护或阳极保护，也可采取表面防护技术等表面处理方法。

E　冷脆断裂

冬季柴油机启动点火后，细心的驾驶员一般以低中速空转几分钟，等冷却水温度达到60℃时，再投入负荷作业。为什么驾驶员要这么做呢？因为，如果低温负荷作业，则柴油机柱塞弹簧、气门弹簧和喷油器弹簧等容易因冷脆断裂。冷脆是金属材料在低温下的特性现象。1954 年冬，英国一艘 3.2 万吨的油船在爱尔兰海面航行时，就因冷脆现象船体突然断裂而沉没。那么，什么是冷脆呢？

金属材料对温度的变化很敏感，随着温度的升高或降低，物质的某些力学性能会发生变化。在常温下，金属材料中原子的结合较疏松，因此弹性较好，这意味着金属能吸收较多的受外力冲击所产生的能量；但在低温下，原子结合得较紧密，由于弹性差，只能吸收极少的外来能量，当温度下降到某个临界值时，材料的微小裂纹就会以极快的速度扩展（高达 1000m/s），最后导致材料断裂，这种现象就称为冷脆。

大多数具有一定塑性的工程金属材料具有随着温度的降低从韧性断裂向脆性断裂转变的倾向。在物理上，把使材料发生脆化的温度称为临界脆化温度。不同的材料，临界脆化温度也不相同。

当然，冷脆也有其有利的一面。现在低温破碎工艺技术常被用来粉碎废钢铁、塑料、橡胶、食品、中草药等。例如炼钢时，要大量使用废钢，尤其是电炉炼钢时，废钢占原料总量的 60%~80%。废钢在投入冶炼前，要先进行破碎，以加快熔化速度。但由于废钢的尺寸、厚薄、轻重相差悬殊，所以废钢的粉碎一直是个难题。传统的电弧切割法，速度慢，效率低。采用低温粉碎技术，将废钢浸泡在液氮（-196℃）中，或用气氮冷却（-100℃）后，废钢就变得像玻璃那样易碎。当然，使用低温粉碎时，一定要使粉碎温度低于待粉碎材料的临界脆化温度。通过这个实例，再次印证了任何事物的优点、缺点都是相对的，在设备工程管理与维修过程中，如果我们能合理地、灵活地运用事物正反两面的特性，往往可以收到意想不到的效果。

3.3.4　任务实施

（1）失效对象的现场调查。分析一个失效轴前，通常希望尽可能多地收集该轴有关历史背景资料，如设计参数、工作环境、制造工艺及工作经历等。对这些情况的详细了解，有助于指导失效分析和提出改进措施。

1）了解有关轴的零件图和装配图，以及材料和试验技术规范。注意在应力集中点及热处理、材料的力学性能试验场所和其他过程的技术要求。

2）了解失效的轴与其相配合的零件之间的关系，应考虑轴承或支承件的数量、位置及其对中精度是如何受机械载荷、冲击、振动或热梯度所造成的挠曲或变形的影响；更重要的是驱动部件或传动部件与轴的连接方式对失效的影响。

3）检查轴组合件的工作记录，了解部件的安装、投入运转、检修和检查的日期，并从操作人员或维修人员处了解相关信息，检查是否遵循有关规程及标准来开展操作和维修。

（2）现场初步分析。通过齿轮轴断口一侧的宏观照片进行分析，找到断裂源区、疲劳扩展区与瞬断区，并从这三个区的大小和形貌，判断影响因素中的过载因素、应力集中因素所起作用的大小。

（3）检测试验、查明原因。通过扫描电镜，对断口进行微观分析，发现疏松和大量二次裂纹等缺陷，由此断定其为疲劳断裂，应校核齿轮轴的疲劳强度。然而，通过常规疲劳强度校核，发现该轴的疲劳强度是足够的，故此推断该轴的疲劳断裂应属于轴的材质问题。为进一步明确轴的断裂原因，还进行了理化检验和分析，进一步证实引起齿轮轴断裂的原因是材质的疏松和夹杂，而其锻造及热处理未能改善组织和补偿缺陷。

针对上述齿轮轴断裂原因，提出相应整改对策，如改变轴材料为 35CrMo 锻钢，要求锻造比大于 3，并通过探伤检验锻造质量；同时，采用正确的调制处理，以保证良好的金相组织，从而切实提高该轴实际使用寿命。

3.3.5　知识拓展

3.3.5.1　金属零件裂纹的基本类型

金属的断裂必定源于裂纹，断口分析也必须找清裂纹来源，因此，裂纹分析是金属断裂与断口分析的首要基础，也是金属断裂（含断口）分析方法的主要特点。为便于失效分析，可从不同方面对裂纹进行分类。

（1）按宏观形貌，裂纹可分为网裂（龟裂）、鱼鳞状、枝杈状、放射状、脉状、弧状（周向、环形）、直线状等。每一种裂纹都可能是由不同原因形成的。例如，网状龟裂纹，如果发生在铸锭或铸件表面，则可能是由于锁模内壁有网状裂纹，浇注后钢液在凝固过程中阻碍其自由收缩，以致形成钢锭表面的龟裂；也可能是由于在高温（如 $1250 \sim 1450$℃）时，形成热裂纹引起铸件表面龟裂。龟裂也可能发生于锻件表面，其可能由于过烧（常出现在易于过热的零件的凸出部位或棱角处）、钢中铜含量或硫含量过高等原因引起。此外，在焊接、磨削、热处理（表面脱碳的高碳钢零件进行重复淬火时）以及使用中应力腐蚀破裂和蠕变断裂的沿晶断裂裂纹都可呈现网状龟裂。

（2）按微观方向，裂纹可分为沿晶、穿晶和混合型裂纹。

（3）按形成的阶段，裂纹可分为工艺裂纹与使用裂纹两大类。其中，工艺裂纹是指零件在各种生产工艺过程中产生的裂纹，如铸造、锻造、焊接、机械冷应力（冷加工）、热处理、磨削裂纹等；使用裂纹是指零件在使用过程中产生的裂纹，常见有应力腐蚀、疲劳、氢脆、蠕变等裂纹。

3.3.5.2　金属疲劳断口的宏观形状特征

疲劳断口保留了整个断裂过程的所有痕迹，记录了很多断裂信息，具有明显区别于其他任何性质断裂的断口形貌特征。而这些特征又受材料性质、应力状态、应力大小及环境因素的影响，因此对疲劳断口分析是研究疲劳过程、分析疲劳失效原因的重要方法。

一个典型的疲劳断口往往由疲劳裂纹源区、疲劳裂纹扩展区和瞬时断裂区三个部分组成,具有典型的"贝壳"状或"海滩"状条纹的特征,这种特征给疲劳失效的鉴别工作带来了极大的帮助。

(1)疲劳裂纹源区:是疲劳裂纹萌生的策源地,是疲劳破坏的起点,多处于机件的表面,源区的断口形貌多数情况下比较平坦、光亮,且呈半圆形或半椭圆形。因为裂纹在源区内的扩展速率缓慢,裂纹表面受反复挤压、摩擦次数多,所以其断口较其他两个区更为平坦,比较光亮。在整个断口上与其他两个区相比,疲劳裂纹源区所占的面积最小。

(2)疲劳裂纹扩展区:是疲劳裂纹形成后裂纹慢速扩展形成的区域,该区是判断疲劳断裂的最重要特征区域,其基本特征是呈现贝壳花样或海滩花样,它是以疲劳源区为中心,与裂纹扩展方向相垂直的呈半圆形或扇形的弧形线,又称疲劳弧线。疲劳弧线是裂纹扩展过程中,其顶端的应力大小或状态发生变化时,在断裂面上留下的塑性变形的痕迹。

此外,对疲劳断口有时还有另一基本特征,即疲劳台阶。这是由于裂纹扩展过程中,裂纹前沿的阻力不同,而发生扩展方面上的偏离,此后裂纹开始在各自的平面上继续扩展,不同的断裂面相交而形成台阶。一次疲劳台阶出现在疲劳源区,二次疲劳台阶出现在疲劳裂纹的扩展区,它指明了裂纹的扩展方向,并与贝纹线相垂直,呈放射状射线。

(3)瞬时断裂区:由于疲劳裂纹不断扩展,零件或试样的有效断面逐渐减小,因此,应力不断增加。对塑性材料,当疲劳裂纹扩展至净截面的应力达到材料的断裂应力时,便发生瞬时断裂,当材料塑性很大时,断口呈纤维状,暗灰色;对脆性材料,当裂纹扩展至材料的临界裂纹尺寸 α_c 时,便发生瞬时断裂,断口呈结晶状。因此,瞬时断裂是一种静载断裂,它具有静载断裂的断口形貌,是裂纹最后失稳快速扩展所形成的断口区域。与其他两个区相比,瞬断区的明显特征是具有不平坦的粗糙表面,而裂纹源区及裂纹扩展区则为光亮区,有时光亮区仅为疲劳源区。

虽然由断口的宏观形貌可以判断其失效性质,但尚需进一步查明引起疲劳失效的原因,这时就需要借助于微观断口分析。对其感兴趣的读者,可自行查阅相关资料,在此不再赘述。

任务 3.4　桥式起重机主梁畸变失效分析

3.4.1　任务引入

在生产实践中,人们常发现机械零件或构件在外力作用下,会产生相应变形现象,例如各种弹簧的变形、各类传动轴的弯曲变形、结构件的扭曲变形、主梁的扭曲或下挠变形、曲轴的弯曲和扭曲等。变形量随着时间的不断增加,逐渐改变了产品的初始参数,当其超过允许极限时,则将引起与之结合零件出现过大附加载荷、相互关系失常或加速磨损等,从而使其丧失规定功能,发生畸变失效。通常,畸变失效是逐步进行的,一般属于非灾难性的,但如果忽视对其监督和预防,也会导致较大损失,甚至造成断裂等灾难性的后果。因此,有必要对畸变引起的失效给予足够重视。

3.4.2　任务描述

在冶金企业厂房、仓库和露天堆场上空，常设置有各类普通桥式、简易梁桥式和冶金专用桥式起重机。桥式起重机的桥架可沿铺设在两侧高架上的轨道纵向运行，起重小车沿铺设在桥架上的轨道横向运行，由此构成一矩形的工作范围，且可充分利用桥架下面的空间吊运物料，而不受地面设备的阻碍。图 3-8（a）所示即为某冷轧厂桥式起重机的应用实景。然而在生产现场的实际使用中，内在或外在等诸多因素影响，致使起重机桥架出现不正常变形，具体表现为主梁拱度减小，甚至消失而出现下挠；主梁出现横向弯曲（即所谓的侧弯）；桥架对角线超差以及主梁腹板出现严重的波浪形等，由此对小车和大车的正常运行、主梁的金属结构、起重机的安全稳定运行等造成较大影响，其中尤以主梁下挠变形影响最大。图 3-8（b）所示为起重机主梁几何形状，当主梁上供度值 F 达不到标准规定要求，甚至在无负荷时处于水平线之下，即说明主梁出现下挠。现请分析其产生的原因，并提出修复对策建议。

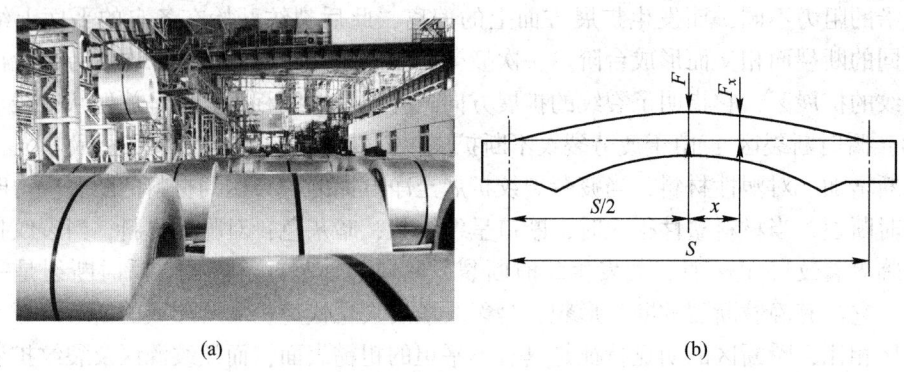

图 3-8　桥式起重机实景及主梁示意

（a）某冷轧厂桥式起重机应用实景；（b）起重机主梁几何形状示意

3.4.3　知识准备

3.4.3.1　畸变与畸变失效

机械零件或构件在外力作用下，产生形状或尺寸变化的现象，称为变形。过量的变形，可能导致机械失效。畸变就是一种不正常的变形。所谓"不正常变形"，是指在某种程度上减弱了规定功能的变形。

从变形发展或性质上看，畸变可以是弹性的、塑性的、弹塑性的。从变形的形貌上看，畸变有两种形式：一是尺寸畸变，或称体积畸变（长大或缩小）；二是形状畸变，即几何形状的改变（如弯曲或翘曲）。例如：受轴向载荷的连杆可产生轴向拉压变形、轴的弯曲、壳体的翘曲变形等。畸变可能导致断裂，也可以不发生断裂。

因畸变丧失了规定的功能，称为畸变失效。畸变失效后的构件或零件，可体现为：失效件不再能承受所规定的载荷；不能起到规定的作用；与其他零件的运转发生干扰。

【工程实例 3-9】某钢铁冶金企业配备的 ϕ30m 周边传动浓缩机，因耙架过量变形，影响车轮与轨道接触，从而出现运行卡阻现象，并增大了传动部件的磨损。

3.4.3.2 畸变失效的基本类型

根据外力去除后变形能否恢复，机械零件或构件的变形可分为弹性变形和塑性变形，相应地畸变失效也分为弹性畸变失效和塑性畸变失效。

A 弹性畸变失效

金属零件在作用应力小于材料屈服强度时所产生的变形称为弹性变形。金属零件在使用过程中，若产生超过设计允许的弹性变形（称为超量弹性变形），则会影响零件的正常工作。弹性畸变的变形在弹性范围内变化，因此，其不恰当变形量（畸变量）与失效件的强度无关，而是与刚度有关。刚度是指零件在载荷作用下，抵抗弹性变形的能力。

对于拉压变形的杆柱类零件，其畸变量过大会导致支撑件（如轴承）过载，或机构因尺寸精度丧失而造成动作失误；对于弯、扭（或其合成）变形的轴类零件，其过大畸变量（过大挠度、偏角或扭角）会造成轴上啮合零件的严重偏载、甚至啮合失常，也会造成其支撑件（如轴承）过载，甚至咬死，进而导致传动失效；对于某些靠摩擦力传动的零件，如带传动中传动带，如果初拉力不足，即带的弹性变形量不够，则将严重影响其传动动力；对于复合变形的框架及箱体类零件，通常也要求其具有合适、足够的刚度，以保证系统的刚度，避免系统振动。因此，在设备运行过程中，防止过量弹性变形是十分必要的。

影响弹性畸变的因素，主要有：

（1）结构（包括尺寸与形状）因素。在一定材料与外载下，结构是影响变形大小的关键，通常由设计人员予以考虑并解决，例如：等重量且相同材料的梁，在承受相同垂直载荷时，工字形的刚度最大、变形最小，而立矩形次之，方形更次，薄板最差，变形最大。

（2）弹性模量因素。弹性模量 E 越低的材料，其变形就越大。

（3）温度和载荷因素。通常随着温度与载荷的增大，弹性变形也随之呈线性增大。

B 塑性畸变失效

机械零件在外载荷去除后，留下来的一部分不可恢复的变形，称为塑性变形，或称永久变形。塑性变形导致机械零件各部分尺寸和外形的变化，将引起一系列不良后果。例如，像发动机缸体这样复杂的箱体零件，由于永久变形，致使箱体上各配合孔轴线位置发生变化，由此将无法保证装在它上面的各零部件的装配精度，甚至不能顺利装配。

金属零件的塑性变形，从宏观形貌特征上看，主要有以下几种：

（1）翘曲变形。翘曲变形是一种大小与方向常具有复杂规律的变形，进而形成翘曲外形，并在大多数情况下造成严重翘曲畸变失效。这种畸变往往是由温度、外载、受力截面、材料组织等所具有的各种不均匀性的组合而形成的。最大的翘曲是温度变化或高温导致的翘曲。此种变形常见于细长轴类、薄板状零件以及薄壁的环形和套类零件。

（2）体积变形。金属零件在受热与冷却过程中，由于金相组织转变引起比容（即单位质量的物质所占有的容积）变化，导致金属零件体积胀缩的现象，称为体积变形。例如，钢件淬火相变时，奥氏体转变为马氏体或下贝氏体时比容增大，体积膨胀，淬火相变后残留奥氏体的比容减小，体积收缩。

（3）时效变形。金属零件在热处理后，其内应力处于不稳定的状态，经过时效处理，消除残余应力，稳定钢材组织，由此伴随产生的变形，称为时效变形。例如：马氏体分解析出碳化物（Fe_3C）的回火马氏体或回火托氏体，引起体积收缩。

影响塑性畸变的因素，除了弹性畸变的有关影响因素外，还有：材质缺陷，特别是热处理不良造成的缺陷更为常见；使用不当导致畸变失效，如使用中操作失误、严重过载等；设计失误造成塑性畸变，例如设计时考虑不周，对载荷估计不足，对温度影响估计不够，对材质缺陷估计过低等。

3.4.3.3　减少畸变的措施

变形是不可避免的，一般只能根据其规律，针对畸变产生的原因，采取相应的对策来减少变形。特别是在设备大、中修时（拆箱时），不能仅检测零部件配合面的磨损情况，还应该同步检查关键部件的相互位置精度，核准与确认正在检修的设备是否已发生畸变现象。如果发生畸变，应确定采用何种方式进行修复。例如，各种起重设备、运输设备的桥架部分、车轮部分等处就须检测核准。

（1）设计方面。设计时不仅要考虑零件的强度，还要特别重视零部件的刚度及稳定性，如正确选材、合理布局、适当的结构尺寸、改善受力状况等。关注和合理应用新技术、新工艺和新材料，减少加工制作过程中产生的内应力与变形。设计时应关注缺口现象（机械零件中几何形状的不连续通常称为缺口），尽量减少其影响程度。

（2）加工制作方面。在加工制作中应采取一系列必要的工艺措施来防止和减少变形。例如对毛坯或半成品机件进行时效处理，以消除其残余内应力；在制定零件机械加工工艺规程中，均要在工序和工步安排上、工艺装备和操作上采取减小变形的工艺措施；对经过热处理工序的零件，更要注意预留加工余量、调整加工尺寸和预变形；在维修中，应减少工件基准的转换，以减少维修加工中因基准不一而造成的误差。

（3）修理方面。修前制定出与变形有关的修复标准，并需在修中、修后即时检测。应用简单、可靠、好用的专用工夹具和量具。推广三新技术于修复技术中。尽量应用冷作加工代替热加工，如采用胶接、黏接、刷镀等技术来代替传统的焊接。尽量减少工件在修理中产生的应力与变形。鼓励、推进改革创新，从设备防护方面动脑筋、想办法，尽量减少环境影响。例如，要减少热辐射对设备零部件的温度影响，在高温区域工作的设施、设备表面涂刷特种防热漆，用各种板材遮挡，应用空心轴方式通水循环冷却等都是比较有效、实用的办法。

（4）使用方面。这是非常重要但却容易忽略的一个环节。加强设备管理，制定并严格执行设备三大规程（即设备使用规程、设备维护规程、设备检修规程），特别是设备使用规程，杜绝违规操作，避免超负荷或过热运行，加强机械设备的检查和维护。

3.4.4　任务实施

（1）主梁失效状态调查。尽可能收集失效主梁本身及相关件的全部畸变资料，包括原始设计资料及使用情况等，力求全面、真实、准确，并做好相关调查记录（如相关示意图、说明、照片，测出全部有关尺寸并标注清楚）。

（2）进行必要试验。依据失效分析需要，可现场截取必要的试样进行检测试验，以便确定畸变零件的成分、组织及机械、冶金特性等。

（3）查析加工过程。考察畸变失效件的全部加工过程，特别应关注其热处理工艺；对于进行过缺陷修补加工的部位，更应仔细检查。

（4）比较设计与实况。将失效件实际使用条件与设计假定条件进行对比，将失效件实际材料性能与设计要求（技术条件与规范等）进行对比，从中找出差异，以便作基因分析。

（5）进行初步综合分析，找出畸变原因。依据上述各点，特别是设计与实况的对比差异，对失效件进行基因分析。如果导致失效的因素是多个的话，则应分清主次；如果尚不能明确基本原因，则应检查前述各点所获资料的准确性及完整性，在及时查漏补缺后，再做综合分析。

（6）形成失效报告，提出对策建议。通过综合分析调查、检测与试验，得出最终结论，并据此形成失效分析报告，同时给出相应对策建议，以避免类似问题再次发生。

3.4.5　知识拓展

3.4.5.1　起重机桥架变形原因

起重机桥架（主梁）上拱度指自水平线向上拱起的高度。下挠是指起重机空载时，主梁在垂直平面内所产生的整体变形，即主梁具有的原始上拱度向下产生了永久变形。但为了与习惯一致，我们把主梁上拱度低于原始上拱度而仍有部分上拱度称为"上拱度减小"，将空载时主梁低于水平线以下者称为"下挠"；将起重机承载后主梁所产生的拱度称为"弹性下挠"。主梁下挠变形常伴随发生主梁侧弯和腹板波浪形，统称为桥架变形。产生桥架变形的原因主要有以下几点：

（1）不合理设计的影响。我国过去沿用苏联标准，主梁静刚度一律按 $S/700$ 设计（S 为起重机跨度），且都不作疲劳计算，片面地追求轻量化，致使主梁截面尺寸小，腹板薄，刚性差，主梁过早地出现下挠变形。我国新的设计规范中，A6 级主梁静刚度为 $S/800$，A7、A8 级为 $S/1000$，由此达到了先进国家标准。

（2）主梁制造工艺的影响。主梁拱形的成拱方法，对主梁拱度的消失有一定的影响。随着制造厂工艺方法的不断改善、生产与操作水平的提高，这种影响正在逐渐减小。

（3）结构内应力的影响。

1）焊接内应力。目前广泛生产的箱形结构桥架是一种典型的焊接结构，由于在焊接过程中局部金属的不均匀受热造成焊缝及其附近金属的收缩，导致主梁内部产生残余内应力。上、下盖板焊缝处附近产生拉应力，中间及其附近区产生压应力，腹板焊缝附近区为压应力，在同一部位的内应力又会产生叠加，这些叠加的内应力有时会超过金属的屈服极限而使桥架构件发生变形。随着使用时间的增长，结构的内应力会逐渐消失，进而使原来几何精度合格的桥架产生相应的变形，而出现主梁下挠、侧弯等现象。

2）装配内应力。桥架是由主梁、端梁等主要构件强行装配拼焊成桥架几何体，这必然要产生装配的内应力，当结构受力时，内应力增大而产生过大的变形。

（4）不合理的起吊、存放、运输和安装的影响。起重机桥架是一种细长的大型构件，弹性较大，刚度较差，又因在制造中已经存在较大的内应力，不合理存放、运输、捆绑、起吊和安装都能引起桥架结构的变形。

（5）高温热辐射作用的影响。工作在高温环境下的桥式起重机桥架，由于热辐射的长期作用，金属材料的屈服极限会逐渐降低，导致其抵抗外载荷作用的能力降低，以致使变形会逐渐发展和扩大。凡工作在热加工车间的桥架主梁上、下盖板温度差一般较大，下盖板受热烘烤屈服极限降低，纤维热胀伸长，在负载和自重的作用下会加剧其向下弯曲变形。

（6）不合理使用的影响。有些使用单位不严格执行起重机安全操作规程，为了单纯提高生产率而经常超载起吊，使起重机金属结构呈现疲劳状态，承载能力显著下降而增大结构的塑性变形。还有一种表现形式是实际使用状况往往超出了起重机设计的工作类型范围，如轻型起重机当做重型起重机来使用，这样长期工作的结果，势必造成起重机金属结构塑性变形方向发展。

3.4.5.2 起重机主梁下挠变形对其使用性能的影响

桥式起重机通过其起升机构及大、小车运行机构等相互配合，从而可使重物在一定的立方形空间内实现垂直升降或水平运移。如果主梁下挠变形，势必对其使用性能造成不利影响，主要体现在以下几方面：

（1）影响小车运行。箱形梁桥式起重机主梁产生的下挠变形和小车载重工作时，主梁产生的弹性变形叠加的总变形量如达到某一极限值时，小车轨道将产生较大的坡度，小车由跨度中心开往两端时不仅要克服正常运行的阻力，而且要克服爬坡的附加阻力。制动后小车有自动滑行的现象。这对于需要准确定位的起重机来说影响很大，严重时无法使用，甚至还可能烧坏小车运行电动机。

（2）影响大车运行机构正常工作。对于集中驱动的大车运行机构，起重机主梁下挠后，装置大车移动机构的走台也跟着下挠，容易形成超过联轴器所允许的偏斜角，使阻力增大，车轮、联轴器等磨损增加，齿折断，甚至烧毁大车电动机。所以，集中传动的大车运行机构在安装时各轴承座、减速器中心高与主动车轮中心在垂直方向需由两端向中心均匀提高 $S/2000$ 的上拱度。

（3）对主梁金属结构的影响。当起重机主梁发生严重下挠时，主梁下盖板和腹板的拉应力达到屈服极限，甚至在下盖板和腹板上会出现裂纹或脱焊。如起重机再继续频繁工作，主梁变形将愈来愈大，疲劳裂纹逐步发展扩大，最终将使主梁报废。

（4）影响小车轮与轨道接触。对双梁的桥式起重机两根主梁内外侧结构不对称，因而下挠的程度也不相同，致使小车的 4 个车轮不能同时与轨道接触，出现小车"三条腿"现象，影响小车架受力不均。

（5）加剧桥架的振动。重物起升突然离地及货物下降突然制动时，如主梁下挠较大，会产生更大的振动，这种振动一般都是低频大振幅，对起重机司机室操作人员心理有较大的影响，使司机易疲劳、降低生产效率。

学 习 小 结

（1）以轧机机架牌坊磨损失效为载体开展失效分析，以此学习了失效与失效分析的基本概念；机械产品失效类型及影响因素；失效分析的对象与作用；失效分析的一般思路与步骤；摩擦的定义及分类、磨损的定义及典型机械磨损过程等；黏着磨损、磨粒磨损、疲劳磨损、腐蚀磨损、微动磨损、气蚀磨损、冲蚀磨损的概念、机理、特征及影响因素等。

（2）以工业水地下管道腐蚀为载体开展失效分析，以此学习了腐蚀失效的基本概念、常见类型（化学腐蚀和电化学腐蚀、局部腐蚀和均匀腐蚀）及防腐措施。

（3）以大型减速机齿轮轴断裂为载体开展失效分析，以此学习了断裂的定义和分类；延性断裂、脆性断裂、疲劳断裂和环境断裂（应力腐蚀断裂、氢脆断裂、蠕变断裂、腐蚀疲劳断裂及冷脆断裂）的定义、类别及防控措施等。

（4）以桥式起重机主梁畸变为载体开展失效分析，以此学习了畸变与畸变失效的定义、形式及体现等；畸变失效的基本类型，如弹性畸变失效、塑性畸变失效；减少畸变的措施。

思考练习

3-1 何为失效？失效的基本影响因素有哪些？

3-2 何为失效分析？失效分析的对象和作用是什么？

3-3 简述失效分析的基本步骤。

3-4 按摩擦副的润滑状态，摩擦可分为哪几类？简述每类摩擦的含义。

3-5 绘制典型的机械磨损过程曲线及其斜率变化曲线，依据此曲线，磨损失效过程可分为哪三个阶段？简要叙述每个阶段的特点。

3-6 按照磨损破坏的机理分类，磨损可分为哪几种类型？简要叙述各类磨损的概念。

3-7 什么是腐蚀？腐蚀有哪些基本类型？简述常用防腐措施。

3-8 断裂的定义是什么？按断裂性质，断裂可分为哪几类？

3-9 常见的环境断裂有哪些？各自的含义是什么？

3-10 何谓畸变？畸变失效的基本类型有哪些？简述减少畸变的措施。

【考核评价】

本学习情境的考核评价内容包括实践技能评价、理论知识评价、学习过程与方法评价、团队协作能力评价及工作态度评价；考核评价方式包括学生自评、组内互评、教师评价。具体见表 3-7。

表 3-7　学习情境考核评价表

姓　名		班级		组别	
学习情境		指导教师		时间	
考核项目	考核内容		配分	学生自评 比重 30%	组内互评 比重 30%	教师评价 比重 40%
实践技能评价	常见机械零件磨损、腐蚀、断裂、断裂失效分析能力		40			

姓　名		班级		组别		
学习情境		指导教师		时间		
考核项目	考核内容		配分	学生自评 比重 30%	组内互评 比重 30%	教师评价 比重 40%
理论知识评价	磨损、腐蚀、断裂、断裂失效的定义、分类、防控措施等基本知识		20			
学习过程与方法评价	各阶段学习状况及学习方法		20			
团队协作能力评价	团队协作意识、团队配合状况		10			
工作态度评价	纪律作风、责任意识、主动性、纪律性、进取心		10			
合　　计			100			

学习情境 4　设备状态监测与故障诊断

【学习目标】

知识目标

(1) 懂得设备故障的基本概念、分布规律、分类、基本特性；列举故障的典型模式、分析方法和故障成因；明白状态监测与故障诊断基本概念与分类，说出故障诊断的基本方法和过程，概述诊断技术的作用、发展及意义。

(2) 说出机械振动及其分类，概述简谐振动及其性质，了解复杂周期振动及其性质，懂得振动信号的幅值域分析，明白简易振动诊断参数的测量，列举常用仪器设备，提供相关诊断标准，知道状态发展趋势分析，归纳典型零部件的简易振动诊断方法。

(3) 知道数字信号处理，懂得振动信号的时域分析、频域分析及其他常用分析方法和常用仪器设备，归纳典型零部件的精密振动诊断方法。

(4) 懂得其他常见诊断技术，如油液分析技术、温度监测技术、噪声诊断技术、无损检测技术的含义和特点，知道其他常见诊断技术的方法和仪器，并说出其应用范畴。

能力目标

(1) 能分析常见冶金机械设备的一般故障，并能建立恰当的故障诊断策略。

(2) 能针对冶金设备中典型零部件，如齿轮、轴承和转子系统等，熟练开展简易振动诊断，并能进行常见故障的精密振动诊断。

(3) 能运用油液分析、温度监测、噪声诊断及无损检测等技术，对冶金企业的常见设备开展状态监测和故障诊断。

素养目标

(1) 培养理论联系实际的严谨作风，建立用科学的手段去发现问题、分析问题及解决问题的一般思路。

(2) 培养刻苦钻研、勇于拼搏的精神，和敢于承担责任的勇气。

(3) 促使建立正确的人生观、世界观，树立良好的职业心态，增强面对挫折的能力。

(4) 解放思想、启发思维，培养勇于创新的精神。

任务 4.1　冶金企业设备状态监测与故障诊断技术应用

4.1.1　任务引入

若人感觉身体不舒服了，可以去看医生，将自己的病情详尽地告诉医生。而医生则可根据病人的口述，通过望、闻、问、切等手段，也可以借助相关医学设备（如听诊器、血压计、X光、B超等）来检测病情，并通过相关医学知识来分析、判断病人得了什么病，从而对症下药，治愈病情。但是，我们所使用的设备无论有病与否，它们都不会主动"上门求医"，一旦设备"病入膏肓"、"救治"不到位，就会给企业安全生产带来极大影响，甚至产生严重后果。对此，我们不得不面对一个现实问题，即：我们该如何去发现并了解设备的"病情"呢？从某种程度上来说，设备工程技术人员就像是一名医生——一名"设备医生"。若想成为一名出色的设备医生，就必须要掌握有关给设备看病的技术，即"设备状态监测与故障诊断技术"。本任务将就其基础知识和基本技能逐一进行介绍，而具体"看病"的方法将在随后任务中再行探讨。

4.1.2　任务描述

目前，设备状态监测与故障诊断技术在冶金企业中，日益受到普遍重视，并得到了迅速发展。尤其是近些年来，很多冶金企业纷纷在进行维修体制变革，大力推行状态维修。在此背景下，该技术已经成为设备管理现代化的关键所在。为此，作为一名设备工作者必须掌握其相关知识与技能，这也是进一步深入学习该技术的先决条件。基于以上因素，本任务首先要求学员现场调研冶金企业当前正在使用的设备状态监测与故障诊断技术的基本情况，完成并提交相应调研报告；其次，以冶金企业大量采用的水泵、风机或减速机等通用设备为载体（见图4-1），探讨设备状态监测与故障诊断技术的应用范畴。

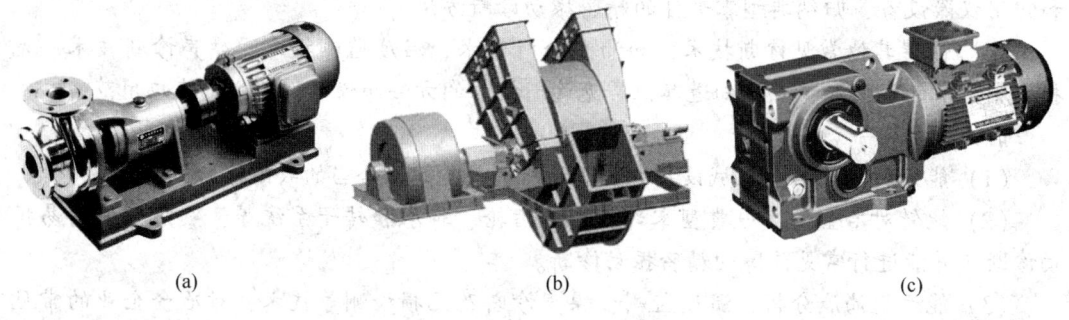

(a)　　　　　　　　　　　　(b)　　　　　　　　　　　　(c)

图4-1　水泵、风机和减速机
(a) 水泵；(b) 风机；(c) 减速机

4.1.3　知识准备

4.1.3.1　设备故障的基础知识

A　设备故障的基本概念

设备是现代企业的主要生产工具，也是企业现代化水平的重要标志。对于一个国家来说，设备既是发展国民经济的物质技术基础，又是衡量社会发展水平与物质文明程度的重要尺度。回顾和考察设备的过去及其发展，不难发现：自19世纪产业革命以来，现代机器生产逐渐取代了手工劳动方式。随着技术的不断发展进步，现代工业生产方式较之从前发生了翻天覆地的巨大变化，现代设备正在朝着两极化、高速化、精密化、机电一体化、自动化、连续化及多能化等方向发展。现代设备的这些特点即是人类在同自然界的长期斗争中，认识和改造自然，利用自然的能力不断提高的结果，又是现代科学技术进步的必然产物。

现代设备的出现，一方面给社会和企业带来了很多好处，如提高产品质量、增加产品产量与品种、减少原材料消耗、充分利用生产资源、减轻工人劳动强度等，从而创造了巨大的财富，取得了良好的经济效益和社会效益。但另一方面，它也给社会和企业带来了一系列新的问题，其中之一便是设备故障。尤其是当前社会，随着生产规模的日趋大型化、连续化、高效化，生产装置之间的系统性亦逐渐增强，生产条件精细度与苛刻度也日趋提高。因此，现代设备往往是在高转速、高负荷、高温、高压的状态下连续运行，设备承受的应力大，其磨损、腐蚀、断裂、畸变的几率也大大增加。一旦发生设备故障，尤其是事故，将极易造成设备损坏、人员伤亡、环境污染，甚至导致灾难性后果。另外，由于现代设备的工作容量大、生产效率高、作业连续性强，一旦发生故障停机，还将造成生产中断，带来巨额的停机损失。例如，鞍钢的半连续热轧板厂，停产一天损失利润近 100 万元；武钢的热连轧厂，停产一天损失产量 1 万吨板材，产值约 2000 万元。设备故障可谓是一个在设备全过程管理过程中，无法回避而又必须时常面对的问题。那么，什么是设备故障？

所谓设备故障（Fault），其一般性定义是：设备在规定时间内、规定条件下，丧失规定功能的状况。在美国政府《工程项目管理人员测试性与诊断性指南》（AD-A208917）中，把故障定义为："造成装置、组件或元件不能按规定方式工作的一种物理状态"。而在工程实例中，我们还常常听到另一个词汇：失效（Failure），具体可参见任务 3.1。《电工术语　可靠性与服务质量》（GB/T 2900.13—2008）中规定：失效是产品完成要求功能能力的中断；故障是产品不能完成要求功能的状态。二者区别在于：失效是一次事件，故障是一种状态。《可靠性维修性术语》（GJB 451—1990）指出，故障是产品或产品的一部分不能或将不能完成预定功能的事件或状态，对某些产品称为失效。由此可见，失效和故障均为表示产品不能完成或丧失功能的现象。在实际工程中，对于失效和故障没有严格的区别，通常对于可修复产品用故障，而对于不可修复产品用失效。对于各种设备系统而言，其包含着大量可修复的零部件，因此常常统一用故障来表示各级零部件直至系统不能完成规定功能的事件。

通常设备在使用过程中，其性能随着运行时间的推移而逐步下降，如图 4-2 所示。图中：T_S 为设备故障开始产生的时间点；T_P 为潜在故障产生的时间点；T_C 为设备故障可被检出的时间点；T_F 为功能故障发生的时间点；T_E 为设备事故或故障停机的时间点。

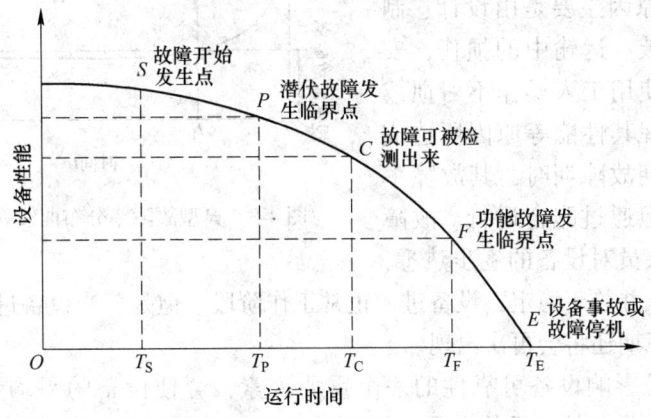

图 4-2　设备性能随运行时间变化曲线

由图 4-2 可知：当设备性能下降到 S 点时，故障开始出现；达到 P 点时，设备性能已开始劣化并进入潜在故障期，但由于检测技术水平和仪器仪表等软、硬件因素制约，故障往往难以立即被发现；故障可被检测出来的 C 点的实际的位置主要取决于是否对设备进行了状态监测、监测的技术手段和方法、监测人员的素质和能力等（通常企业故障检测水平越高，则 T_C-T_F 间隔期越长），实际上设备监测的主要任务就是希望能尽早检测出故障，并做好从 T_C 到 T_F 之间的监控工作；当设备性能下降到 F 点时，设备已丧失规定的功能，即已发展成为功能故障，此时如果不及时采取相关应对措施，设备性能往往会迅速下降，直到故障停机或发生设备事故。T_P-T_F 间隔就是设备从潜在故障转变为功能故障的时间间隔。各种设备故障的 T_P-T_F 间隔差别很大，有的仅为几微秒，有的则长达数年，如突发故障的 T_P-T_F 间隔就非常短。一般较长的 T_P-T_F 间隔，意味着有更多的时间来预防设备功能故障的发生。这就需要我们能洞察功能故障发生前的征兆，积极有效地开展故障诊断工作，延长 T_C-T_F 时间间隔，为避免设备事故或故障停机争得更长的时间。

故障理论是近年来形成的一门新兴学科。通过对故障产生机理的了解，一方面，可使我们从设备的设计、制造、安装、使用、维护过程中，尽量寻找减少和延迟故障事件的办法；另一方面，可通过设备状态监测和故障诊断，提高故障发生的预知性，以便采取适当的措施，在考虑故障的条件下，力求设备的寿命周期费用最省，提高设备的综合效率。

B　设备故障分布规律

设备故障的产生与发展均有其客观规律。研究故障规律，对全面理解故障，采取合适诊断方案，制定设备维修策略，乃至建立更加科学的设备维修管理体制等，均具有积极意义。

a　典型故障曲线——浴盆曲线

传统维修观念认为，可维修设备的故障率 $\lambda(t)$ 随着设备使用时间的延续，而呈现出三个不同趋势的阶段，如图 4-3 所示。由于该曲线很像是一个浴盆，故又常称作浴盆曲线（bathtub curve），其将使用维修期间的设备故障状态分为以下三个时期：

（1）早期故障期（$0 \leqslant t < t_1$）：是指设备安装调试过程至移交生产试用的阶段。这一时期的特点是故障率由高到低。造成早期故障的原因主要是由设计、制造上的缺陷，包装、运输中的损伤，安装调试不到位，使用工人操作不习惯或尚未全部熟练掌握其性能等原因所造成的。设备处于早期故障期时，其故障率开始往往很高，但通过跑合运行、故障排除和使用维修人员对设备的逐步熟悉，

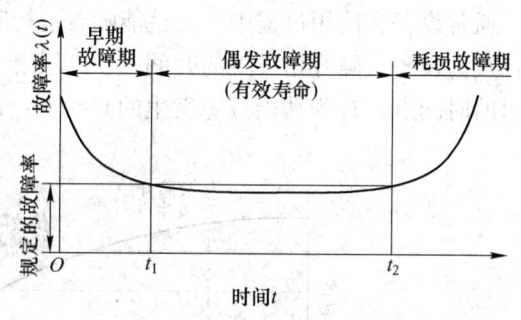

图 4-3　典型故障率分布曲线——浴盆曲线

故障率将逐渐降低并趋于稳定，设备进入正常工作阶段。但是，当设备进行大修理或技术改造后，早期故障期还将会再次出现。

早期故障率是影响设备可靠性的一个重要因素，会使设备的平均无故障工作时间（MTBF）减少。从设备的总役龄来看，这段时间虽不长，但必须认真对待，否则影响新设备效能的正常发挥，对资金回收不利。对于已定型的成批生产的设备和熟练的操作人员

来说，早期故障期相对较短。

【工程实例 4-1】某钢厂二期工程新建的深井取水泵站在投产初期，20 台长轴式深井泵故障频发、运行可靠性差、检修维护频繁，MTBF 时常只有数百小时，甚至只有几十小时，之后就必须进行检修，且检修 1 台水泵耗时近半个月，当时该车间只能出动绝大部分的检修力量加班加点组织抢修。

（2）偶发故障期（$t_1 \leq t < t_2$）：经过第一阶段的调试、试用后，设备的各部分机件进入正常磨损阶段，操作人员逐步掌握了设备的性能、原理和机构调整的特点，设备进入偶发故障期。在此期间，故障率大致处于稳定状态，趋于定值。这段时期，故障的发生是随机的。在偶发故障期内，设备的故障率最低而且稳定，因而可以说，这是设备的最佳状态期，或称正常工作期。这个区段又称为有效寿命。

偶发故障期的故障，一般是由于设备使用不当、维修不力、工作条件（负荷、环境等）变化，或者由于材料缺陷、控制失灵、结构不合理等设计、制造上存在的问题所致。故通过提高设计质量、改进使用管理、加强监视诊断与维护保养等工作，可使故障率降低到最低。对于偶发期故障，为便于控制与管理，一般需要进行统计分析。为此，必须健全设备运行、故障动态和维修保养的记录，建立设备检查与生产日志等制度，对故障进行登记与分析。

【工程实例 4-2】前述的深井泵站在正式投产后，随着对设备的逐渐熟悉，以及检修维护水平的逐步提高，设备随后便进入偶发故障期。这一时期水泵的 MTBF 普遍提高到7000h，部分甚至达到 10000h 以上。一般每年大修台数为 2~3 台，大修工时 60h，相对早期故障期而言，其维检工作量极大减少，目前只需配备数个维修工就可完全胜任设备检修工作。

（3）耗损故障期（$t_2 \leq t$）：这段时期的特点是设备故障率急剧升高。此时设备经过上述稳定阶段，大多数零部件由于长期的运转，其机械磨损、疲劳、老化、腐蚀逐步加剧而丧失机能，使设备故障率开始上升，进入耗损故障期。这说明设备的一些零部件已经达到了其使用寿命。因此，应在这一时期出现前不久，进行针对性的预防维修，或在这一时期刚出现时，进行设备修理，便可防止故障大量涌现，降低故障率和维修工作量，延长设备的使用寿命。这一阶段若是坚持继续使用，就可能造成设备事故。

归纳来说，这三个阶段对应着故障分布的三种基本类型：早期为故障递减型；偶发期为故障恒定型；耗损期为故障递增型。细心的读者会发现：设备故障率曲线变化的三个阶段，其实正好对应着任务 3.1 中曾经提到的典型机械磨损过程曲线图 3-2（b）的三个阶段。

b　复杂设备的故障模型

20 世纪 60 年代，提出了以可靠性为中心的维修理论。大量研究表明：对于复杂设备故障，除了典型的浴盆曲线故障模型外，还存在其他五种故障模型，如图 4-4 所示。这些故障曲线显示了各种设备故障率与时间之间的关系，其中：模式（a）即为典型的浴盆曲线。模式（b）和模式（f）为"半"浴盆曲线，模式（b）显示了恒定的或者略增的故障率，接着就是耗损期。模式（c）显示了缓慢增长的故障率，但没有明显的耗损期。模式（d）显示了新设备从刚出厂的低故障率，急剧地增长到一个恒定的故障率。模式（e）显示了设备整个寿命周期内的一个恒定的故障率。模式（f）显示开始有高的初期故障率，然后急剧地降低到一个恒定的或者是增长极为缓慢的故障率。

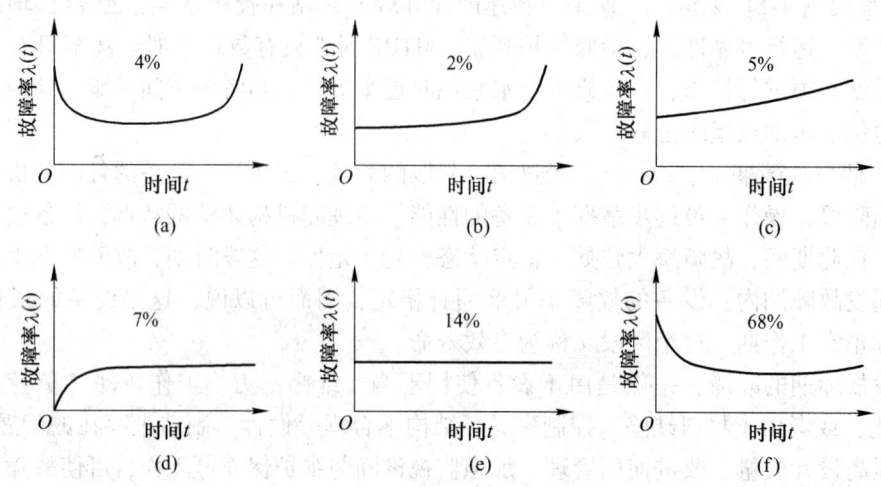

图 4-4　设备故障模型

(a) 浴盆曲线；(b) 故障递增；(c) 故障缓增；(d) 故障由增至缓；(e) 故障指数分布；(f) 故障缓减

由图 4-4 可知，故障率由增至缓、稳定或减缓分布的 (d)、(e)、(f) 三种类型占了故障总概率的 89%，其余类型只占 11%。Dalanik 定律指出："可修复的复杂设备，无论其故障件寿命分布类型如何，故障件经修复或更新以后，设备故障率随时间而趋于常数"，故此尽管复杂设备的故障模式多种多样，但每种故障随机发生后，如果及时予以排除、修复或更新故障件，可使设备故障率成为常数。但对于简单的磨损、疲劳及腐蚀等原因导致的故障，仍然属于 (a)、(b)、(c) 类型故障。

一般而言，设备越复杂，故障率就越高，随机性也越大。仅仅依照某种固定的监测诊断方法与维修方式，难以解决复杂设备的故障问题。美国宇航局 NASA 通过研究，归纳出的六种设备故障概率中，(f) 类占了故障总概率的 68%，在整个服役期内故障概念基本恒定（其他工业部门不一定与其设备故障分布规律完全相同，但随着设备的日趋复杂，越来越多的产品符合模式 (e) 和 (f)。所谓复杂设备，是指具有多种故障模式的设备。一般常见的机械、电气和电子设备大多为复杂设备，如飞机、加工中心、压缩机、汽轮机、发动机等，其故障率基本符合 (f) 类故障规律。由此可见，多数复杂设备在服役期间故障率基本恒定不变，但是其故障是随机发生的。所以要强调对设备的监测和诊断工作，并且设备故障的随机性越强，就越要进行监测和诊断。

由设备各种故障模式还可知道，设备能否可靠地工作与设备役龄之间没有必然的联系（即设备老，故障并不一定多；设备新，故障也不一定少）。设备在服役期间，较少的时间内处于故障高发期（早期故障和耗损期故障），更多的时间是处于偶发故障期。在不同的故障期，设备管理和监测诊断工作的重点有所不同。对早期故障，可以通过运转试验、变更设计、改善安装来减少和消除；若偶发故障率高，则是不正常的现象，应深入研究各种症状，追究剖析设备故障原因，制定相应对策和措施。而在设备耗损期，则应避免意外突发故障。

综上所述，传统的修理周期结构必须随科技的发展、不同的设备结构特点进行变革。

为此，提倡状态维修，特别是结构复杂的现代化设备，充分利用潜在故障已经发生并在其转变成为功能性故障之前的这段时间内做好状态监测，针对故障前兆，实施状态维修，可使维修工作量和维修费用大幅度地降低，实现少投入、多产出的理想效果。

C　故障的分类

故障的分类方法有多种，它们可分别从不同的角度，如经济性、安全性、复杂性、故障发展速度、起因等方面，观察设备丧失工作效能的程度。不同的分类方法反映了设备故障的不同侧面，对机械故障进行分类的目的是为了更好地针对不同的故障形式采取相应的对策。

（1）故障按其性质分类，可分为间断性故障和永久性故障。

1）间断性故障：又称为暂时性故障，是指在一定条件下，在很短的时间内发生的丧失某些局部功能的故障。这种故障发生后不需要修复或更换零部件，只要对故障部位进行调整即可恢复其丧失的功能。间断性故障有时发生，有时又会消失。它多半是由设备系统外部原因所引起的，比如工人误操作、气候条件变化、运输条件中断、环境设施不良等。一旦这些外部干扰去除后，设备即可转入正常的运转。当然，临时性故障有时也可能导致永久性故障，如在供电系统中发生的鼠害等小动物危害，便会因瞬时接地而造成短路故障，最终导致供电中断甚至电气设备损坏的永久性事故。目前，在某钢厂就时常发生小动物引起的电气事故，为此该钢厂将防小动物作为确保电气设备正常运行的一项重要的工作来抓，经常检查各单位电缆沟、电缆井的封堵情况，甚至部分单位将室外的变压器都加装防护网以防止飞鸟。

2）永久性故障：即是指造成设备功能的丧失，一直持续到更换或修复故障零部件，才能恢复设备工作能力的故障。永久性故障出现后，除非经人工修理，否则故障就一直存在，因此只有将出故障的零部件更换或修复，设备功能才会得以恢复正常。

（2）故障按其形成速度（即发生的快慢）分类，可分为突发性故障和渐发性故障。

1）突发性故障：当设备本身各种不利因素和偶然的外界因素共同作用的效应超出设备所能承受的限度时，便会迅速发生故障。这类故障的特征是其发生的时间与设备的状态变化和设备已使用过的时间无关，是在无明显故障预兆的情况下突然发生的。造成设备突发故障的原因有停电、过热、超压、润滑中断、操作失当及超负荷等。这种故障不能靠早期试验和测试来预测其发生的时间，因而又称作不可监测故障。

2）渐发性故障：设备在使用过程中某些零部件因疲劳、腐蚀、磨损等使性能逐渐下降，最终超出允许值而发生的故障。这类故障占有相当大的比重，具有一定的规律性。这类故障的特征是其发生的时间与设备已工作过的时间有关。设备使用过的时间越长，发生故障的概率就越高。这类延时的故障提供了进行故障监测的可能性，所以又常称作可监测故障。造成设备渐发故障的原因有腐蚀、磨损、疲劳或蠕变等。设备的零部件劣化是渐进的，即零件或材料由缺陷萌生，经过扩展过程，直至变形、丧失精度、丧失功能、开裂、脱落。

以上两种类别的故障，虽有区别，但彼此之间也可转化，如零部件磨损到一定程度也会导致突然断裂而引起突发性故障，这就类似于人类小病不治疗，最终可能诱发大病猝死，所以设备也跟人一样，一定要"病向浅中医"，这一点在设备的使用中应予以足够的重视。

（3）故障按其原因分类，可分为外因故障和内因故障。

1）外因故障：因人员操作不当或环境条件恶化等因素而造成的故障，如调节系统的误动作、设备的超速运行等。对于外因故障，除不可抗力外，应该想方设法杜绝或减少，如操作人员必须严格执行设备操作规程，严禁设备超温、超压、超速、超负荷运行等。

2）内因故障：设备在运行过程中，因设计或制造方面存在的潜在隐患而造成的故障。如设计上的薄弱环节、制造上残余的局部应力和变形、材料的缺陷等都是潜在的故障因素。对于内因故障，设备设计单位、制造单位应根据设备使用单位的使用反馈情况及时予以改进，从源头上防治设备故障。

此外，在部分参考资料中按故障发生的原因，还将故障分为：

1）磨损性故障：由机械、物理、化学等原因造成的故障，如腐蚀、磨损及应力腐蚀等。

2）错用性故障：由于操作不当或维护不良造成的故障，如润滑不良、预热温度不够、未经预先盘车而启动机器等违反技术规程引起的故障。

3）固有薄弱性故障：在设备前期阶段，由于设计不当、制造不良或安装不佳，使设备存在固有的缺陷，当设备运行时，由于原有的缺陷导致发生的故障。

显然，磨损性故障、固有薄弱性故障属于内因故障；而错用性故障属于外因故障。

（4）故障按其危害性分类，可分为危险性故障和安全性故障。

1）危险性故障：机械设备的安全保护装置、传动系统的制动装置及其他关键零部件所发生的导致机械设备毁坏或人员伤亡等后果严重的故障。

2）安全性故障：未造成机械设备毁坏或人员伤亡等的非危险性故障。但这类故障仍可能造成机械设备性能降低、影响使用、中断生产或导致较大的经济损失等后果。

（5）故障按功能丧失程度分类，可分为局部性故障和完全性故障。

1）局部性故障：设备零部件失效致使局部功能丧失，经过更换零件或一般修复即可恢复的故障。

2）完全性故障：设备主要构件失效，致使设备功能完全程失，只有通过大修或更换主要部件，才能恢复其功能的故障。

（6）故障按其相关性分类，可分为相关故障和非相关故障。

1）相关故障（间接故障）：这种故障是由设备其他部件引起的。如轴承因断油而烧瓦的故障，是因润滑油路系统故障而引起的，这一点在故障诊断中应予注意。例如，在三鹿奶粉事件中，婴儿患结石，并非婴儿自身原因引起，而是因为服用了含三聚氰胺的奶粉。所以，在设备诊断过程中，应积极运用系统的观点，而不要把眼光只局限于故障设备本身。

2）非相关故障（直接故障）：这是因零部件的本身直接因素引起的，对设备进行故障诊断首先应诊断这类故障。

（7）故障按功能分类，可分为潜在故障和功能故障。

1）潜在故障：设备在使用过程中，如不采取预防性维修和调整措施，再继续使用到某个时候将会发生的故障。潜在故障发生前会有一些预兆，其可识别的物理参数表明一种功能性故障即将发生。

2）功能故障：产品不能继续完成自己功能的故障。

（8）故障按其影响的程度分类，可分为轻微故障、一般故障、严重故障和恶性故障。

1）轻微故障：设备略微偏离正常的规定指标，其运行只受轻微影响的故障。

2）一般故障：设备运行质量下降，导致能耗增加、环境噪声增大等的故障。

3）严重故障：某些关键设备或部件整体功能丧失，造成停机或局部停机的故障。

4）恶性故障：设备遭受严重破坏造成重大经济损失，甚至危及人身安全或造成严重环境污染的故障。

再次强调：对故障进行分类的目的是为了弄清不同的故障性质，从而采取相应的诊断方法，尤其是对那些破坏性的、危险性的、突发性的、全局性的故障，可及早采取有关措施，防止灾难性事故的发生。请读者认真领会个中含义。

D　设备故障的基本特性

设备的故障有多种多样，为了更好地了解及处理故障，必须掌握设备故障的基本特性。一般来说，设备故障具有如下特性：

（1）模糊性。设备的使用过程是一个动态的过程，就其本质而言是随机过程。在设备使用中，由于受到各种因素的影响，其损伤与输出参数的变化均具有一定的随机性与分散性，同时，由于材料与制造、装配等因素的影响，设备的各种极限值、初始值也具有不同的分布。即便是同一设备，在不同的使用环境下，输出参数随时间也具有不同的分布，从而导致参数变化及故障判别标准都具有一定的分散性，使故障的发生与判别标准都具有一定的模糊性。设备故障的模糊性给故障的诊断与维修增加了一定的难度，因此我们应从随机过程出发，运用各种现代科学分析工具，综合判断机械的故障现象属性、形成与发展。

（2）层次性。从系统特性来看，多数设备均是由成百上千个零件装配而成，其结构可划分为系统、子系统、部件、组件、合件、零件等各个层次，并且这些零部件间不是简单地堆砌在一起，而是相互耦合、相互影响，这就决定了设备故障的多层次性。一种故障由多层次故障原因所构成，故障与现象之间没有一一对应的因果关系。若只从一个侧面分析，就做出判断，是很难得出正确决策的。因此在设备诊断与维修中，应根据故障层次，采取相应的诊断模型和维修策略。

（3）多样性。设备在使用中，由于磨损、腐蚀、疲劳、老化等过程的同时作用，同一零部件往往存在多种故障机理，产生多种故障模式，如大梁的畸变、磨损、腐蚀、裂纹等。这些故障不仅机理与表现形式不同，而且分布模型及在各级的影响程度也不同，使故障呈现出多样性。设备故障的多样性要求对故障按不同机理与模式单独进行研究。

（4）潜在性。设备在使用过程中会出现各种损伤，损伤引起零部件结构参数发生变化，当损伤发展到使零部件结构参数超出设计许用值时，设备即出现潜在故障。但是，由于设备在设计时，往往存在一定的裕度（安全系数），因此即使某些零部件的结构参数超出允许值后，设备的功能输出参数仍在允许的范围内，亦即设备并未发生功能故障。从潜在故障发展到功能故障一般需要一定的时间，通过润滑、清洁、紧固、调整等手段，可以消除或减缓损伤的发展，使潜在故障得到一定程度的控制甚至消除，从而大大延长了设备的使用寿命。

（5）渐发性。由于磨损、腐蚀、疲劳、老化等过程的发生及发展，均与时间关系密切，因此设备故障的发生也多与时间因素有关。除突发性故障外，绝大多数设备在使用中，其损伤是逐步产生的，零部件的结构参数是缓慢变化的，设备的性能指标也是逐渐恶化的。另外，故障发生的概率也与设备运转的时间有关，通常使用时间越长，发生故障的概率也就越大。故障的渐发性，使得设备的多数故障可以预防。故障诊断、视情维修就是建立在这一基础上的。

（6）传播性。正如人类疾病可以相互传播，某一部分的病灶可以相互感染一样，设备故障也具有传播性。设备故障的传播有两种方式：1）横向传播。同层次内，某一元件的故障可能引起其他元件的功能失常，例如轴承失效，若得不到及时处理，便可能引起轴及轴上零件的损伤；2）纵向传播：元件的故障可能相继引起组件、部件、子系统、系统的故障，例如：轴的不平衡或不对中，可能最终导致整个设备的损毁。

E　故障的典型模式和原因

a　故障模式

设备的故障通常表现为一定的物质状况特征，这些特征反映出物理的、化学的异常现象，它们导致设备功能的丧失。我们把这些物质状况的异常特征称为故障模式。

故障模式是由某种故障机理引起的结果的现象，其与故障类型、故障状态有关。它是故障现象的一种表征，相当于医学上的疾病症状，如发烧、打喷嚏等。通过研究各种故障模式，分析故障产生的原因、机理，记录故障现象和故障经常出现的场合，可以有针对性地采用有效的监测方法，并提出行之有效的避免措施，这就是设备故障研究的主要任务。

在工程实践中，典型的故障模式大致有如下几种：异常振动、磨损、疲劳、裂纹、破裂、畸变、腐蚀、剥离、渗漏、堵塞、松弛、熔融、蒸发、绝缘劣化、异常声响、油质劣化、材质劣化、其他等。可以将上述这些故障，按以下几方面进行归纳。

（1）属于机械零部件材料性能方面：疲劳、断裂、裂纹、蠕变、畸变、材质劣化等。

（2）属于化学、物理状况异常方面：腐蚀、油质劣化、绝缘绝热劣化、导电导热劣化、熔融、蒸发等。

（3）属于设备运动状态方面：振动、渗漏、堵塞、异常噪声等。

（4）多种原因的综合表现：磨损等。

不同的行业、不同类型的企业、不同种类的设备，其主要故障模式和各种故障出现的频数，有着明显的差别。例如：对于机械制造行业来说，振动和磨损是必须引起足够重视的大事；而对于石油、化工设备，渗漏问题则相对较为敏感。通常，对于旋转机械而言，其主要故障模式是异常振动、磨损、异常声响、裂纹、疲劳等；而对于静止设备而言，其主要故障模式是腐蚀、裂纹、渗漏等，见表4-1。

表 4-1　设备常见的故障模式及其所占比例　　　　　　　%

故障模式	旋转设备	静止设备	故障模式	旋转设备	静止设备
异常振动	30.4	—	油质劣化	3	3.6
磨损	19.8	7.3	材质劣化	2.5	5.8
异常声响	11.4	—	松弛	3.3	1.5
腐蚀	2.5	32.1	异常温度	2.1	2.2
渗漏	2.5	10.1	堵塞	—	3.7
裂纹	8.4	18.3	剥离	1.7	2.9
疲劳	7.6	5.8	其他	4	4.4
绝缘老化	0.8	2.2	合计	100	100

　　b　故障原因

　　故障分析的核心问题是要搞清楚产生故障的原因，这样才能对症下药，药到病除，否则，就不可能制定消灭故障的有效对策。此即所谓的"知其然，并知其所以然"。

　　故障原因是指引起故障模式的故障机理。故障机理是指诱发零件、部件、设备系统发生故障的物理、化学、电学和机械学的过程。如上所述，机械设备故障具有多层次性，一种故障由多层次故障原因所构成。产生故障的原因有硬件方面的，也有软件方面的，或者是硬件与软件共同作用的结果等。故障的发生受空间、时间、设备故障件的内部和外界等多方面因素的综合影响，有时是某一种因素起主导作用，有时是几种因素相互叠加或者相互作用的结果。归纳来说，产生故障的主要原因大体有以下几个方面：

　　（1）设计因素。过去传统的设备管理思维一直认为，设备经常出现故障，是因为维修人员技术水平不够高。后来随着设备管理的进步，又认为设备经常出现故障是因为制造、安装不过关。但是，现在我们认为设备经常出现故障，也可能是先天设计不完善所至。

　　在设备技术方案的规划设计过程中，如果对设备的功能设计不正确或不完善，使得设备在实际生产中不能很好地适应企业产品生产的需要，造成实际的使用条件与原先规划时设想的使用条件相差甚远，从而导致设备工作时，发生超载、磨损、腐蚀、变形等，致使零件所受的应力过高或应力集中，就有可能突破强度、刚度、稳定性等许用条件，以至最终形成故障。

　　【工程实例 4-3】某钢厂冷轧乳化液处理系统 150FB-35 型超滤泵，设计扬程为 35m，但是在实际使用过程中，扬程时常保持在 45~50m，有时甚至更高，从而直接导致该设备长期憋压运行，致使泵轴、轴承等零部件损坏过快、水泵密封失效频繁、配用电动机发热等。若仅仅采取恢复性维修是不能从根本上解决暴露的问题，为此必须依据生产需要，重新选型更换处理。

　　【工程实例 4-4】某钢厂冷轧废水处理系统曝气装置连接部件设计时采用钢制材料外部刷涂环氧树脂，但因其长期浸泡在冷轧排放的各类废酸中，加之环氧树脂与连接部件基体材料结合力较差，从而导致其腐蚀过快，为此重新设计，改为聚四氟乙烯材质方才解决。

　　【工程实例 4-5】某钢厂化学水处理系统和新水加药系统管道设计时，普遍采用的是 ABS 和 PVC 管材，虽然其耐腐蚀性较好，但是其强度较低，尤其是耐候性较差，致使管道在使用数年后，频繁出现爆管、破裂的现象，为此将其全部更换为钢骨架塑料复合管。

　　（2）材质因素。相当数量的零部件，尽管其原始设计是正确的，但如果材料选用不符合技术条件，材质不符合规定的标准，铸、锻、焊件本身存在缺陷，热处理变形或留下缺陷，也会产生磨损、腐蚀、畸变、疲劳、破裂等现象。

　　【工程实例 4-6】某钢厂冷轧废水处理系统调节池内安装有数百套 YMB 型膜片式微孔曝气器，其通过 D125 钢制法兰与下部钢骨架塑料复合管抱箍法兰相连接，用于曝气处理。由于曝气器连接件均为钢制，且位于池底，不可避免地长期浸泡于废酸之中，从而导致其迅速腐蚀，造成曝气器脱落。

　　【工程实例 4-7】某钢厂热电系统生产水地下供水管线投运不久，每年爆管 2~3 次，极不正常。经过组织开挖，发现管道外沥青玻纤布防腐层虽然较为完好，但是管壁的焊缝上大量出现坑洞，致使管道局部区域承压能力严重下降，最终导致局部穿孔。

（3）制造因素。从毛坯准备、切削加工、压力加工、热处理、焊接和装配加工，到机械设备完成，在机制工艺过程的每道工序中，都有可能积累应力集中，或产生微观裂纹等缺陷，而且经装配使用时才在工作状态下显现出来。

【工程实例 4-8】某钢厂高炉循环水系统改造工程中所安装的闸阀，经解体检查，发现阀体内壁多处存在坑洞，严重影响其使用可靠性。经分析认定系阀体铸造过程存在失误所致。

【工程实例 4-9】某钢厂二期工程新建的深井泵，由于原设备厂家转型，部分备件供应中断，不得不委托新厂家进行生产。但是由于技术资料欠缺，加之新厂家技术水平限制，部分备件制造质量不达标，由此造成该型设备在一段时间内故障率增高。

（4）装配调试因素。在零部件组装成机器，以及机器安装过程中，如不能达到要求的质量指标，出现所谓的装配不良，或者标高不准、找平不好、找正不当，都会极大限制设备性能的发挥，严重影响设备有效寿命，导致机器发生故障。

【工程实例 4-10】在工业企业中，大量采用了旋转设备，例如发动机、透平机、离心式压缩机、鼓风机、离心机、发电机、离心泵、风机、电动机及各种减速增速用的齿轮传动装置等。有资料表明现有企业在役设备 30%～50%存在不同程度的不对中。当转子存在不对中时，将产生附加弯矩，给轴承增加附加载荷，致使轴承间的负荷重新分配，形成附加激励，引起机组强烈振动，使转子发生暂时或永久变形，使轴承和联轴器工作情况恶化、机械寿命缩短、机组能耗增高等，严重时导致轴承和联轴器损坏、地脚螺栓断裂或扭弯、油膜失稳、转轴弯曲、转子与定子间产生碰磨等严重后果。

此外，设备及其可动零部件（摩擦副）的装配过程，常需伴随调试和跑合工序才能保证正常运转。尤其是新设备及大修后的旧设备，在安装好后一般均要进行调试，这是安装阶段的最后一步工序，其目的在于综合检验设备的运行质量，同时经过磨合，使设备达到正常磨损状态。但如果调试程序不规范，磨合不到位，也可能导致设备在今后的使用中出现故障。

（5）运转因素。运转过程中若出现没有预料到的使用条件变化，如出现过载、过热、高压、腐蚀、润滑不良、漏电、漏油、人为操作失误、维护修理不当等，都会引起设备故障。在传统故障分析时，大多强调设备物质形态方面的原因。事实上，由于管理混乱和管理不善带来的故障，占故障总数的 30%～40%。随着科学技术的进步，人们对设备故障的分析不再仅仅停留在对硬件形态的方面，而开始重视起软件缺陷造成的故障分析，例如，人员素质、操作技能、管理制度等。

【工程实例 4-11】为了实现供水站所的自动化，采用了多功能水力控制阀。该型阀门可以根据供水设备的压力变化，自行开启或关闭，完全无需人为干预。但鉴于该设备属新产品，因此在使用初期，对其认识不够，从而在检修维护人员素质培训上、维护管理制度上等方面没有做到位，使得该型设备在使用 1～2 年后时常出现卡涩、开关不到位等异常情况，影响了站所的安全保产。通过现场落实分析，认为设备本体不存在问题，主要是运转过程中人为疏忽造成，为此要求检修人员每隔 1 年要对其液压缸进行清洗，维护人员应经常清洁液压管路过滤器滤网，确保机构无堵塞、运动灵活。

为了使大家能更好地理解设备故障的典型模式和原因，现再列举一个编者亲历的综合工程实例，希望读者能有所启发，举一反三。

【工程实例 4-12】某钢厂二期源水深井取水泵，型号 30JD-19×3，总长约 28m，功率 500kW。

（1）故障现象 1：设计采用普通滑动轴承支撑泵轴，由于金沙江水含砂量大，滑动轴承极易磨损，而且轴颈处也容易被划伤。另外，轴承采用的冷却水管为普通镀锌管，其管道和管道接头极易断裂，一旦断裂，轴承将因为缺少冷却水，立刻升温烧损。

故障机理：滑动轴承的故障形式为磨粒磨损，系设计考虑不周、材料不耐磨所致。而冷却水管的故障形式为断裂，系设计考虑不周，冷却水管连接采用刚性连接，无法吸收水泵运行时的振动所致。

（2）故障现象 2：水泵泵头也因江水含砂量大，砂粒极易进入泵头各摩擦表面，产生磨粒磨损，而且泵头极易气蚀。

故障机理：滑动轴承的故障形式为磨粒磨损和气蚀，系设计上没有考虑到金沙江水含砂量大，在水力曲线选取和材料选取上存在失误所致。

（3）故障现象 3：水泵顶部滑动轴承由于承受重载，油膜极易破裂，造成黏着磨损，而且填料密封渗出的水极易进入油缸内，造成润滑油变质。

故障机理：顶部滑动轴承和油缸的故障形式为黏着磨损和润滑油变质，系轴承制造精度不达标，水泵在结构上缺少阻挡泄漏水进入油缸的挡水环所致。

基于上述故障现象和原因的分析，便可有针对性地采取相应措施加以解决，做到有的放矢。正所谓"运筹于帷幄之中，决胜于千里之外"，故障就好比是设备工程人员的大敌，要消灭敌人，必须做到知己知彼、心中有数。

F　故障分析方法

优秀的故障诊断体系离不开诊断者的分析问题能力和逻辑推理能力。设备管理人员应该学会积累、总结经验，通过以往的经验来分析判断设备故障。下面介绍几种简单常用的故障诊断逻辑和推理思维方法，供设备工程人员参考使用。

a　主次图分析

主次图分析又称为帕雷托（PARETO）分析，是一种利用经验进行分析判断的方法。不同企业其设备故障的原因是不尽相同的，而且各种故障原因出现的频次也不尽相同。为了在设备故障管理中分清主次，缩聚分析范围，提高分析效率，可将设备平时故障频次或者停机时间记录下来，然后进行统计归纳，并绘制出设备故障的主次图。

主次图是直方图和折线图的结合，直方图表示各分类的频数，折线点则表示各分类的相对频率。具体来讲，它是由两个纵坐标、一个横坐标、若干个按高低顺序依次排列的长方形和一条累计百分比折线所组成的图。横坐标表示分析的对象，如某一系统中各组成部分的故障类别、某一设备失效部件的各种模式、某一失效部件的各种原因等。各组成部分或因素均占相等的横距，并按量值大小从左到右依次排序。纵坐标为分析对象的量值，其中左边纵坐标表示分析对象的频数，右边纵坐标表示分析对象的频率。分析线则表示为累积频率。

人们自然会问：这样的图究竟有什么意义呢？按照意大利经济学家和社会学家帕雷托的 80/20 分布理论（又称为帕雷托法则、二八定律、重点法则等），在任何大系统中，约

80%的结果是由该系统中约 20%的变量产生的。该法则最初只限定于经济学领域，后来这一方法也被推广到社会生活的各个领域，且深为人们所认同。因此可以认为设备 20%的故障模式决定着 80%的停机时间。就像人生病一样。虽然人可得百病，但每个人都有主要的身体弱点，20%的疾病决定了 80%的病假时间。这就告诉设备工作者，要永远抓住最有倾向性的前 20%故障模式，因为它们决定了设备的主要停机故障。设备一旦出现故障，首先要想到故障频次最高的一、二种故障模式，然后再寻找次要的模式，这是比较有效，也是比较便捷的分析方法。

【工程实例 4-13】某钢厂深井泵站专用长轴引水阀门在实际使用中暴露出诸多缺陷，一度给该车间的安全保产带来了一定程度的不利影响。为了有效查明引水阀门故障发生的原因和部位，彻底杜绝其存在的隐患，我们对该型阀门近五年来的故障部位和故障频数进行了统计，在此基础上绘制了主次图，如图 4-5 所示。由图可知，中间传动装置故障是我们应该值得重点关注的首要问题。

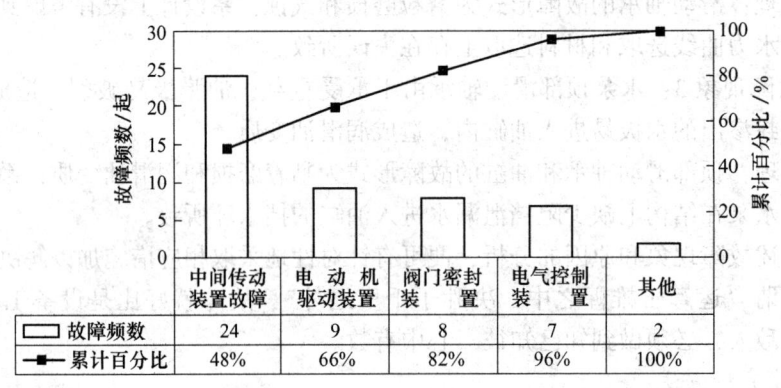

	中间传动装置故障	电动机驱动装置	阀门密封装置	电气控制装置	其他
□ 故障频数	24	9	8	7	2
■— 累计百分比	48%	66%	82%	96%	100%

图 4-5　主次图示例

b　鱼骨分析

鱼骨分析又称为鱼刺图，就是把故障原因按照发生的因果层次关系用线条连接起来，以便剔除决定特征故障的各次要因素，逐步找到主要因素。其中：构成故障的主要原因称为脊骨，而构成这个主要原因的原因称为大骨，依次还有中骨、小骨、细骨，如图 4-6 所示。

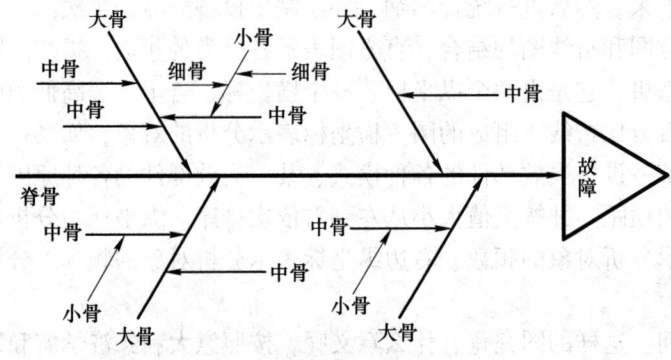

图 4-6　鱼骨图示例

　　设备诊断与维修工作者将平时维修诊断的经验，以鱼骨的形式记录下来。每过一段时间，就根据实际情况对先前所作鱼骨图进行整理，凡是经常出现的故障原因（大骨）就移到鱼头位置，较少发生的原因就向鱼尾靠近。若今后设备出现故障，首先按照鱼骨图从鱼头处逐渐向鱼尾处检查验证，检查出大骨，再依次寻找中骨、小骨、细骨，直到找到故障的根源，可以排除为止。

　　c　PM 分析

　　PM 分析是透过现象分析事故物理本质的方法，是把重复性故障的相关原因无遗漏地考虑进去的一种全面分析方法。所谓的 P，是"phenomena"、"physical"、"problem"、"preventive"这四个英文单词的字头，其含义是说任何故障都表现出某种"现象"，这些现象是"物理的"，它导致"问题"的出现，而出现的问题是"可预防的"。在现象背后存在着五个 M，即"mechanism"、"material"、"machine"、"manpower"、"method"这五个英文单词的字头，其含义是说现象背后的原因可以归纳为："机理"、"材料"、"设备"、"人力"、"方法"等要素。这五个要素，也有用"人、机、料、法、环"来描述的。

　　然而，由于 PM 分析多采用以理论来检讨事实，而且其内容多牵涉机构的解析，因此，除非对设备具备相当程度的了解，否则极难应用此分析法，所以，一般工厂在现场常以 5WHY（5 个为什么）分析法来替代 PM 分析，而将 PM 分析留给专门保养单位应用。所谓 5WHY 分析法，又称"5 问法"，也就是对一个问题点连续以 5 个"为什么"来自问，以追究其真正原因。虽为 5 个为什么，但使用时不限定只做"5 次为什么的探讨"，主要是必须找到真正原因为止，有时可能只要 3 次，有时也许要 10 次。但凡有故障（问题）出现，可以试着从这些方面连续问 5 个为什么，如果认真回答，并正确回答每一层次的问题，一般就可以基本解决这个问题，或者至少可以接近问题的答案。这是一种最典型的唯物主义分析问题方法。用这种方法可以激励我们开动脑筋，解决问题，读者也可自行选择某个问题尝试这种方法。

　　d　假设检验方法

　　这种方法是将问题分解成若干阶段，在不同阶段都提出问题，做出假设，然后进行验证，从而得到这个阶段的结论，直到最终找出可以解决此问题的答案为止，其逻辑过程为：

　　阶段 A：问题 A→假设 1，2，…→验证 1，2，…→结论 A；

　　阶段 B：问题 B→假设 1，2，…→验证 1，2，…→结论 B；

　　阶段 C：问题 C→假设 1，2，…→验证 1，2，…→结论 C；

　　　　⋮

　　直到得出可以解决问题的最终结论。

　　在上面的逻辑验证过程中，每一个阶段都是一次 PM 分析过程，下一阶段的问题往往是上一阶段的结论。例如"问题 B"，一般为"为什么会出现结论 A?"，然后再去假设和验证，如此反复，直至最后找到故障真正的原因，提出处理意见。

　　e　劣化趋势图分析

　　设备的劣化趋势图是做好设备倾向管理的工具。劣化趋势图是按照一定的周期，对设备的性能进行测量，在劣化趋势图上标记测量点的高度（任何性能量纲都可以换算成长度单位），一个周期一个周期地描出所有的点，并把这些点用光滑的曲线连接起来，就可以大体分析出下一个周期的设备性能劣化走向。如果存在一个最低性能指标，则可以看出下一周期的设备是否会出现功能故障。图 4-7 显示了一个典型的劣化趋势图。

趋势分析属于预测技术，设备劣化趋势分析属于设备趋势管理的内容，其目标是：从过去和现在的已知情况出发，利用一定的技术方法，分析设备的正常、异常和故障状态，推测故障的发展过程，以做出维修决策和过程控制。

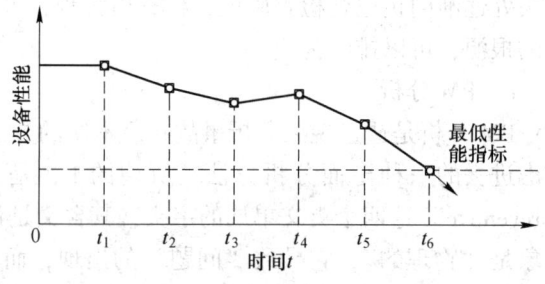

图 4-7 劣化趋势图示例

趋势管理一般又可分为量值趋势管理和数次趋势管理两种。量值趋势管理是对振动、噪声、温度、压力等连续变化的物理量，所进行的趋势管理；数次趋势管理是对故障次数、质量缺陷数等离散数量，所进行的趋势管理，有时也称为"事项监测"（Event Monitoring）。

f 故障树分析

20 世纪 60 年代初，随着载人宇航飞行、洲际导弹的发射以及原子能与核电站的应用等尖端领域和军事科学技术的发展，需要对一些极为复杂的系统，做出有效的可靠性与安全性评价，故障树分析法就是在这种情况下产生的。

1961~1962 年，由美国贝尔（Bell）电话研究室的沃森（Watson）和默恩斯（Mearns）首先利用故障树分析对民兵式导弹的发射控制系统进行了安全性预测。随后，在航空和航天的设计、维修，原子反应堆、大型设备以及大型电子计算机系统中得到了广泛的应用。目前，故障树分析法虽还处在不断完善的发展阶段，但其应用范围正在不断扩大，是一种很有前途的故障分析法。

故障树分析（Fault Tree Analysis，FTA）是一种由果到因的演绎推理法。这种方法把系统可能发生的某种故障与导致故障发生的各种原因之间的逻辑关系，用一种称为故障树的树形图表示，通过对故障树的定性与定量分析，找出故障发生的主要原因，为确定安全对策提供可靠依据，以达到预测与预防故障发生的目的。

基于故障的层次特性，其故障的成因和后果的关系往往具有很多层次，并形成一连串的因果链，加之"一因多果"或"一果多因"等情形就构成了"树"或"网"，这就是故障树提出的背景。这种分析方法类似于鱼骨分析，也是层层展开的因果分析框架。在FTA 分析中，一般是把所研究系统最不希望发生的事件作为辨识和估计的目标，这个最不希望出现的事件，即设备故障称为顶事件（也称为终端事件），用矩形框将其框起来；然后在一定的环境与工作条件下，首先找到导致顶事件发生的必要和（或）充分的直接原因，这些原因可能是部件中硬件失效、环境因素、载荷因素、人为差错以及其他有关事件等因素，把它们作为第二级；依次再找出导致第二级故障事件发生的直接因素，作为第三级，如此逐级展开，一直追溯到那些不能再展开或无需再深究的最基本的故障事件为止。这些不能再展开或无需再深究的最基本的故障事件称为底事件（也称初始事件），用圆圈圈起来；而介于顶事件和底事件之间的其他故障事件称为中间事件，也用矩形框框起来。最后，把顶事件、中间事件和底事件用适当的逻辑门自上而下逐级连接起来所构成的逻辑结构图就是故障树。下面较低一级的事件是门的输入，上面较高一级的事件是门的输出。简单故障树示例如图 4-8 所示。

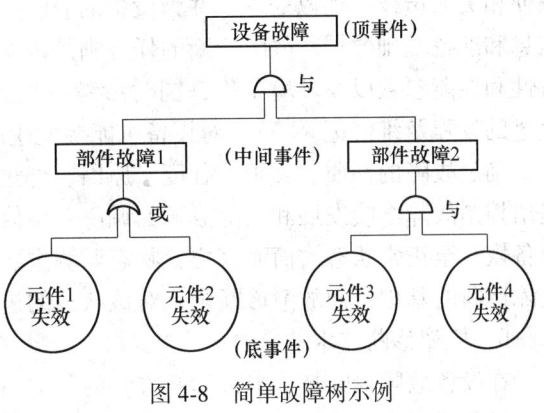

图 4-8 简单故障树示例

由此可见，故障树与鱼骨图的最主要的区别是事件之间要区分其逻辑关系，最常用的是"与"和"或"关系。"与"用半圆标记表示，即下层事件同时发生，才导致上层事件发生；"或"用月牙形标记表示，即下层事件之一发生，就会导致上层事件发生。除此之外，逻辑门还包括非门等基本门、修正门、特殊门等，在此不再赘述。

4.1.3.2 状态监测与故障诊断技术基础

A 状态监测与故障诊断的基本概念与分类

众所周知，设备是在各种不同的使用条件下运转的，其在工作中承受着各种应力与能量的共同作用，这些作用会使设备的技术状态发生变化，亦即使设备的性能劣化，最终导致设备发生故障。如果故障是由一种主要原因（如应力）引起的单一类型的故障，只要掌握了发生这类故障的机理和设备应力的状态，就能比较精确地定量预测设备性能的劣化程度和故障发生的时间，从而确定预防故障的对策。但是，如果故障的出现是偶然的，故障的类型是复合的，引起故障的原因是多种多样而又不易检查的，则故障就会呈现明显的随机性（不确定性），要预测这类故障的发生将是十分困难的。对于简单、小型、低值的设备来说，这类偶发性故障比较容易发现，也可用事后维修的办法进行处理。然而对复杂、大型、昂贵的设备来说，发生故障不仅会造成生产停滞和重大经济损失，而且还会造成严重的安全事故和社会环境灾害，因而不能继续采用传统修理办法，必须引入设备故障诊断技术，开展现代预知性的视情维修，这也是现代企业设备管理与维修发展的重要方向。

a 基本概念

"状态监测与故障诊断"的概念来源于仿生学，设备就好比人类一样，有其"生老病死"的自然过程，因此在实际使用中出现故障也就在所避免。但是设备毕竟不同于人类，人类生病了可以主动去求医，而设备则不会，因此需要"设备医生"主动上门去监测病情和诊断病因。所谓设备的状态监测与故障诊断，就是指在设备运行过程中或在基本不拆卸设备的情况下，利用现代科学技术手段与仪器仪表，根据设备（系统、结构）外部信息参数的变化来判断设备内部的工作状态或结构的损伤状况，确定故障的性质、类别、程度和部位，预报设备未来发展趋势，并研究故障产生的机理，从而找出对策的一门技术。

状态监测与故障诊断不是等同的概念，但它们又统一于同一动态系统之中。状态监测的任务主要是了解和掌握设备的运行状态，包括采用各种检测、测量、监测、分析和判别方法，结合系统的历史和现状，考虑环境、人为、载荷等多种因素，对设备运行状态进行评估，判断其处于正常或非正常状态，并对状态进行显示和记录，对异常状态做出报警，以便相关人员及时加以处理，并为设备的故障分析、性能评估、合理使用和安全工作提供信息和准备基础数据。故障诊断的任务则是根据状态监测所获得的信息，结合已知的结构特性和性能参数以及环境条件，同时参考该设备的运行历史（包括运行记录和此前曾发生过的故障及维修记录等），对设备可能要发生的或已经发生的故障进行预报和分析、判断，确定故障的性质、类别、程度、原因、部位，指出故障发生和发展的趋势及其后果，提出控制故障继续发展和消除故障的调整、维修、治理的对策措施，并加以实施，最终使设备恢复至正常状态。简而言之，状态监测主要是对设备的技术状态进行初步识别，它是故障诊断的基础；而故障诊断则是对该状态的进一步分析识别和判断。

　　b　故障诊断技术的分类

　　在设备故障诊断技术中，诊断方法的分类问题是一个比较重要的问题，它不仅是建立一个学科所必需的条件，给人以明确的科学体系，而且更能启迪人们，改进已有的诊断方法，寻求新的突破。因此，了解设备故障诊断的分类，对我们今后更好地理解和运用诊断技术，具有积极的意义。

　　（1）按诊断目的分类，可分为功能诊断和运行诊断。

　　1）功能诊断：即对新安装或刚维修过的设备系统，诊断其功能是否正常，并根据检查结果对其进行调整，使设备处于最佳状态。换句话说，功能诊断也就是投入运行前的诊断。

　　2）运行诊断：即对服役中的设备系统进行的诊断，了解其运行状态。

　　（2）按诊断周期分类，可分为定期诊断和连续诊断。

　　1）定期诊断：就是每隔一定的时间对服役中的设备系统进行检查和诊断。

　　2）连续诊断：就是连续地对服役中的设备系统进行监控和诊断。此时测试传感器二次仪表等安装在设备现场，随其一起工作。定期诊断与连续诊断的选用取决于设备的重要程度及事故影响程度等。

　　（3）按提取信息方式分类，可分为直接诊断和间接诊断。

　　1）直接诊断：诊断对象与诊断信息来源直接对应的一种诊断方法，即一次信息诊断。如通过检测齿轮的安装偏心和运动偏心等参数来判断齿轮运转是否正常即属此类。

　　2）间接诊断：诊断对象与诊断信息来源不直接对应的一种诊断方法，即二次、三次等非一次信息的诊断。如通过检测减速机轴承的振动，来间接判断与该轴承相连的齿轮是否正常等。当实际条件受到限制无法进行直接诊断时，就采用间接诊断。通常所说的诊断主要是指间接诊断。

　　（4）按诊断时所要求的设备运行工况条件分类，可分为常规工况诊断和特殊工况诊断。

　　1）常规工况诊断：在机械的正常运行条件下进行的一种故障诊断方式。

　　2）特殊工况诊断：对某些设备需为其创造特殊的工作条件才能对其进行诊断，如动力机组的升降速过程诊断；重载、高温、高压、高速、强腐蚀环境、极限工作条件测试等。

　　（5）按诊断环境分类，可分为在线诊断和离线诊断。

　　1）在线诊断：是指对于大型、重要的设备，为了保证其安全和可靠运行，对所监测的信号自动、连续、定时地进行采集与分析，对出现的故障及时做出诊断。

2）离线诊断：是通过数据采集器等便携式测量仪器，将现场的信号记录并储存起来，再回放到计算机或直接进行分析。一般中小型设备往往采用离线诊断方式。

（6）按照诊断方式，即征兆与状态之间的关系分，可分为五类。

1）对比诊断法：这是目前应用最广的诊断方式。其事先通过统计归纳、试验研究、分析计算，确定同各有关状态——对应的征兆（即基准模式或标准档案），然后将实际获得的征兆同基准模式进行对比，由此确定设备的状态。

2）函数诊断法：在征兆与状态之间如存在定量的函数关系，则在获得征兆后，即可用相应的函数关系计算出状态。

3）逻辑诊断法：在征兆与状态之间如存在逻辑关系时，则在获得征兆后，即可用相应物理或数理逻辑关系推理判明有关状态。如润滑油污染法、光全息法等均属于物理逻辑法，决策布尔函数法则属于数理逻辑法。

4）统计诊断法：即一般模式识别理论中的统计模式法，它用于征兆与状态之间存在统计关系时。

5）模糊诊断法：这是一种很有前途的诊断方法，其特点主要为：①采用多因素诊断。因为一种状态可不同程度地引起多种征兆，而一种征兆又可在不同程度上反映多种状态。②模仿人类利用模糊逻辑而能精确识别事物这一特性。模糊诊断可根据所获得的征兆，列出征兆隶属度模糊向量，再根据以实践为基础所得到的模糊矩阵，利用模糊数学方法，计算出状态隶属度模糊向量，最后根据此向量中各元素的大小确定有关状态的情况。

（7）按诊断对象分，可分为以下几类。

1）旋转机械诊断技术，如燃气轮机组、汽轮发电机组、压缩机组、水轮机组、风机及泵的诊断等。这是本书的重点内容，在学习情境 6 中有专门篇幅进行论述。

2）往复机械诊断技术，包括内燃机、往复式压缩机及泵的诊断等。

3）工程结构诊断技术，如海洋平台、金属结构、框架、桥梁、容器的诊断等。

4）运载器和装置诊断技术，如航天器、飞机、火箭、舰艇、火车、汽车、坦克、火炮、装甲车的诊断等。

5）通信系统诊断技术，如雷达、电子工程的诊断等。

6）工艺流程诊断技术，主要是生产流程、传送装置及冶金压延等设备诊断。

（8）按诊断方法的完善程度分类，可分为简易诊断和精密诊断。

1）简易诊断：对设备系统的状态做出相对粗略的判断。一般只回答"有无故障"等问题，而不分析故障原因、故障部位及故障程度等。通常情况下，多由普通点检员或操作维护人员通过现场巡检的方式，依靠人的五感和简单的工器具来进行设备的概括评价。这种诊断简单易行，诊断频次可适当增多，以便及时发现设备各种异常现象，掌握设备故障的初期消息，以确保设备始终处于正常运行状态。

2）精密诊断：精密诊断是在简易诊断基础上更为细致的一种诊断过程，其不仅要回答"有无故障"的问题，而且还要详细地分析出故障的原因（如不平衡、不对中……）、故障的性质（如渐进性、突发性……）、故障的部位（如轴承、齿轮……）、故障的程度（一般故障、严重故障……）及其发展趋势等一系列的问题。一般由技术部门的专业工程师或专职点检人员在简易诊断的基础上，通过人的五感和先进的技术手段及仪器、工具等，对设备规定的部位（点）按预先设定的周期和技术标准，进行周密的检查、分析、判断，以使设备的隐患（不良部位）能够得到早期发现、早期预防、早期处理。

简易诊断与精密诊断的关系如图 4-9 所示。通俗来讲，简易诊断的执行者可形象地比喻为"设备护士"，而精密诊断的执行者则对应可比喻为"设备医生"。

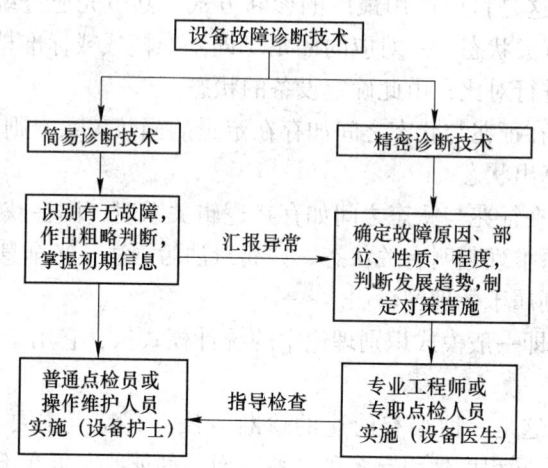

图 4-9　简易诊断与精密诊断的关系

B　设备故障诊断技术的发展与展望

设备故障诊断技术是现代科学技术与生产高度发展，各学科相互渗透、相互交叉、相互促进的产物。除了故障机理的研究得益于数学、物理学、力学、机械学、声学、化学等基础学科之外，还特别地从自动控制、信号处理、人工智能、计算机技术的发展中得到支持。该技术真正发展成为一门学科大约是在 20 世纪 60 年代，是在设备管理与维修模式发展的基础上成长起来的。

总的来说，设备故障诊断技术的发展，大致可分为以下 4 个阶段：

第一阶段是在 19 世纪。自 19 世纪产业革命以来，现代机器生产逐渐取代了手工劳动方式，当时的工业生产规模不大，机械设备本身的技术水平和复杂程度都较低。由于设备简单，修理方便，耗时少，一般都是在设备使用到出现故障时才进行修理，这就是事后维修制度。

第二阶段是在 20 世纪初至 20 世纪 50 年代。随着社会化大生产的发展，设备本身的复杂程度也越来越高，设备故障或事故对生产的影响也日益显著。在这种情况下，出现了以美国预防维修制和苏联计划预修制为代表的预防维修制度。在这个时期，设备故障诊断技术尚处于孕育阶段。

第三阶段是在 20 世纪 60~70 年代。随着现代计算机技术、数据处理技术等的发展，设备故障诊断技术在一些国家得到了发展，出现了更为科学的按设备状态进行维修的方式。这种主动维修的方式很快被许多国家和行业所效仿，设备故障诊断技术也随之发展壮大起来。

第四阶段是在 20 世纪 80 年代以后。随着人工智能技术、专家系统和神经网络的发展，并在工程技术中的应用，机械设备诊断技术达到智能化的程度。其中：专家系统（Expert System，ES）是一种能以人类专家水平完成专门和困难专业任务的计算机系统，它具有启发性、透明性、灵活性等特点，是一种高级推理系统。神经网络具有大规模并行分布式存储和处理、自组织、自适应和自学习能力，特别适用于处理需要同时考虑许多因素和条件的、不精确和模糊的信息处理问题。专家系统和神经网络均属于人工智能的范畴。虽然这一阶段发展历史并不长，但已有的研究成果表明，设备的智能化诊断技术在国民经济和国防现代化建设中具有十分广阔的应用前景。

故障诊断技术经过几十年的研究与发展，已应用于飞机自动驾驶、人造卫星、航天飞机、核反应堆、汽轮发电机组、大型电网系统、石油化工过程、飞机、汽车、冶金、矿山设备等领域。但同时也应该看到，尽管设备故障诊断技术已取得了长足的进步，但它作为一门正在发展的新型学科，目前还远未达到完善的水平，主要表现在：理论与实际结合力度不够，故障诊断是一门实践性极强的技术，目前从事设备故障诊断研究的人员多为高校或研究单位，他们对现场设备缺乏深入了解，而现场技术人员通常又没有足够的时间和技术基础，将所观察、检测到的现象上升到理论加以分析、归纳、总结；诊断技术发展不平衡，虽然旋转机械的故障诊断理论和实践都取得了较成熟的效果，但是往复机械的诊断理论和实践还有待提高；诊断仪器的性能与现场设备的实际需求存在差距；现场设备诊断系统的实际效果表现欠佳，智能化水平较低，简易诊断的仪器功能较为单一，精度不高，而精密诊断的仪器价格较为昂贵，且对使用人员的专业技术水平要求很高，在易用性方面还存在较大不足等。相信随着现代科学技术的不断发展，这些问题都将逐步得以缓解，并最终得到有效解决。

反映当代故障诊断技术的发展趋势主要体现在"四化"上，即"不解体化、高精度化、智能化、网络化"。具体来讲，表现在以下几个方面：

（1）诊断装置系统化。为实现诊断过程自动化，将分散的故障诊断装置联系起来，组建成系统，并使之与计算机相结合，实现信号采集、特征提取、状态识别等自动化；另外，能以显示、打印等各种方式输出设备"病例"（亦即诊断报告）。

（2）诊断装置集成化。随着电子集成化程度的提高，电子元器件的尺寸越来越小，便携式计算机的发展给诊断装置集成化提供了保证。目前，现场使用的很多监测分析用仪器仪表就可轻松携带。

（3）被检设备应具有适应性。新的故障诊断装置要求被检测的设备应具自适应性，如设计有诊断接口、窥视孔或在相关部位布置好传感器，以确保实施状态监测和故障诊断的方便和快捷。

（4）服务于现场的诊断系统。检测装置的集成化，使得现场测试仪器的功能越来越强，许多原本必须在实验室才能进行的分析，现在可以在设备现场就能完成。现场诊断系统具有实时、直观、测量次数不受限制，无需原始数据存储、转换过程等优点。

（5）标准化的定时诊断。过去的故障诊断装置多是针对个别部位以随机诊断为主，而今后凡是重要的故障诊断均向标准化的定时诊断方向发展。

（6）智能化专家系统。故障诊断专家系统是一种拥有人工智能的计算机系统，它不但具有系统诊断技术的全部功能，而且它还将专家的经验、智慧和思想方法同计算机的强大运算和分析能力相结合，组成共享的知识库。这是故障诊断技术的高级形式，其研制与应用是必然的趋势。

（7）建立专业"设备故障诊所"。随着设备维修制度的改革，先进的预知维修将逐步取代传统的预防维修，这就为建立"设备故障诊所"提供了可能。目前国外已开展此类业务，例如对数控机床实施远程诊断（又称为通讯诊断）技术，"设备医生"可在"诊所"内，利用通讯网络进行遥测，从而得到诊断结果。

（8）建立设备故障数据库。随着计算机技术及网络技术的发展，使得大型设备数据库的建立成为可能。该数据库可根据需要包含设备型号、结构、性能、参数、使用情况、维修档案等信息，从而为设备故障诊断的顺利开展提供必要的基础资料。随着故障诊断技术的广泛应用，数据库的大型化和公用化将是发展趋势。

C　故障诊断基本方法简介

由于人们对故障诊断技术的理解不同，各工程领域都有其相应的方法。需要注意的是：故障诊断作为一门新发展的科学领域，目前虽然已有不少行之有效的方法和手段，但是由于受到设备多样化和设备故障复杂性等因素制约，目前尚处于一个探索性的过程，还没有形成较为完整的科学体系，为此必须从各个学科中广泛探求有利于故障诊断的原理、方法和手段。所以在开展设备诊断工作时，要"对症下药"，因地制宜，尽量采用多种方法来进行综合诊断、全面分析，切忌试图用一两种方法来解决所有设备诊断问题。换句话说，凡是对故障诊断能起作用的方法，就要合理加以利用。下面分别从检测手段和诊断方法原理两个方面，列举设备故障诊断的基本方法。

a　按检测手段分类

设备诊断技术与人们熟悉的医学上的症状诊断是十分相似的。对设备进行的定期检查，就相当于对人体进行的健康检查；设备定期检查中发现的设备技术状态异常现象，则相当于人体检查中发现的各种症状；根据设备技术状态对设备劣化程度、故障部位、故障类型、故障原因所做的分析判断就相当于根据人体症状对病位、病名、病因所做的识别鉴定。从某种程度上来说，设备故障的诊断和人体疾病的诊断在实质上是完全相同的，其也是利用了振动、温度、噪声、颜色、压力、气味、形变、腐蚀、泄漏、磨损等表示设备状态的各种特征。由此可知，诊断就是对诊断对象在出现异常现象时（或进行预防性检查发现有异常现象时）所进行的故障识别和鉴定。设备诊断的目的在于尽可能早地发现机械设备的劣化现象和故障征兆，或者在故障处于轻微阶段时将其检测出来，采取有针对性的防止或消除措施，恢复和保持设备的正常性能。

"诊断"一词多为医学上的术语，由于人们对医学诊断比较熟悉，所以在此采用医学诊断上的一些概念来做出比喻，借此阐明设备诊断的一些常用方法，见表4-2。其实它们之间的确有不少相似之处，例如医生给病人做心电图，与设备诊断时用测振仪进行振动监测相比，两者在原理、方法和所使用的传感器方面均十分相似。

表 4-2　设备诊断与医学诊断的对比

医学诊断方法	设备诊断方法	原理及特征信息
中医：望、闻、问、切 西医：望、触、扣、听、嗅	直接监测：看、听、摸、嗅、问	通过形貌、颜色、声音、温度、气味等变化，依据实践经验来诊断
做心电图	振动检测	通过振动大小及变化规律来诊断
听心音	噪声检测	通过噪声测量来诊断
量体温	温度监测	观测设备温度变化

续表 4-2

医学诊断方法	设备诊断方法	原理及特征信息
X 射线、超声检查	无损检测技术	不损伤被检测对象，探测其内部和表面缺陷
验血验尿	油液分析	观察油液指标，颗粒尺寸、形态、成分及数量的变化
量血压	应力应变测量	观察压力或应力变化

设备诊断技术属于信息技术范畴。它是利用被诊断的对象所提供的一切有用信息，经过分析处理获得最能识别设备状态的特征参数，最后做出正确的诊断结论。就像医生看病一样，医生是利用病人所提供的一切有用信息，如脉搏、体温、血、尿等来进行诊断的。没有病人的这些信息，再高明的医生也会一筹莫展的。而一个高明医生的高明之处就在于能抓住一切有用的信息，运用知识和经验做出恰当的诊断结论。

b 按诊断方法原理分类

常用诊断方法还可按其原理分类，具体见表 4-3。

表 4-3 按原理分类列举常用诊断方法

设备诊断方法	原理及特征信息
时域分析法	应用时间序列模型及其有关特性函数，判别设备工况状态变化
频域分析法	应用频谱分析技术，根据频谱特征变化，判别设备运行状态及故障定位
统计分析法	应用概率统计模型及有关特性函数，实现状态监测与故障诊断
模式识别法	选择能够反映设备状态变化特征的参数形成模式向量，并从中提取最能反映故障发生、发展变化的参数，设计合适的分类器，进行故障识别
信息理论分析法	应用信息理论建立某些特性函数，依其变化情况进行诊断
其他人工智能方法	如神经网络、专家系统等

上述方法是从应用方面考虑的。若从学科角度衡量，它们彼此之间有时是互相交叉的，例如许多统计方法都包括在统计模式识别范畴之内。

D 故障诊断的基本过程

设备故障诊断技术依据诊断目的及所选取诊断方法的不同，其实施过程通常也有所不同，但其基本过程大同小异，主要包括信号检测、特征提取、状态识别和预报决策 4 个方面，如图 4-10 所示。

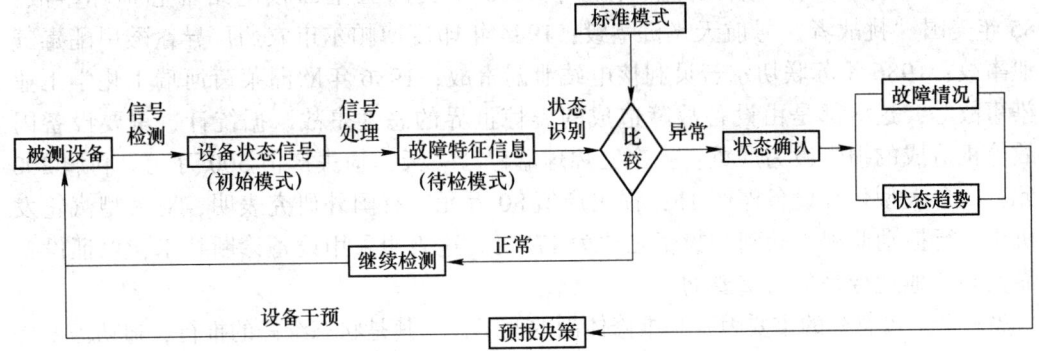

图 4-10 设备诊断过程框图

（1）信号检测。设备在运行过程中，必然会有能量、介质、力、热、摩擦等各种物理和化学参数的变化，由此会产生各种不同的信息。设备的状态信号是设备异常或故障信息的载体，为此应按照不同诊断目的和对象，选择最便于表征设备工作状态的不同信号，如振动、压力、温度、噪声等，由此建立起状态信号数据库，这属于初始模式。通常，这些信号是用不同的传感器来获取的，因此应根据设备的性质与要求，正确地选择与应用传感器。总之，能否真实、充分地采集到足够数量而且客观反映诊断对象状况的状态信号，是故障诊断技术成功与否的关键。

（2）信号处理。将初始模式的状态信号通过信号处理，进行放大或压缩、形式变换、去除噪声干扰，以提取表征设备故障的特征，形成待检模式。信息是诊断设备状态的依据，如果获取的信号直接反映设备状态，则与正常状态的规定值相比较即可得出设备处于何种状态的结论。但实测信号时常存在误差或干扰，信号处理的目的是把原始杂乱的信息加以处理，以便获得最敏感、最直观的特征参数，它也称为特征提取。换句话说，信号处理技术就是一个"去伪存真、去粗取精"的过程。在用人的感官作传感器进行直接检测时，是在人的大脑中对信息进行分析处理的；而在现代故障诊断技术中，信息大都是采用专门的电子仪器或计算机来分析处理的。

（3）状态识别。根据理论分析，结合故障案例，并采用数据库技术所建立起来的故障档案库作为标准（基准）模式，把待检模式与标准模式进行比较，从而确定设备所处的状态，即是否存在故障，故障的类型、部位、原因和性质等，为下一步的预报决策提供必要的技术依据。为此，应正确制定相应的判别准则和诊断策略。

（4）预报决策。经过判别，对属于正常状态的设备可继续监视，重复以上程序；对属于异常状态的设备，则要查明故障情况，做出趋势分析，估计今后发展和可继续运行的时间，同时根据问题所在，提出防控措施和维修决策，干预设备及其工作进程，以保证设备可靠、高效地发挥其应有的性能，达到设备诊断的目的。其中，干预包括人为干预和自动干预，即包括调整、修理、控制、自诊断等。

E　故障诊断技术的作用及意义

现今社会，设备诊断技术日益获得重视和发展。随着科学技术和生产发展，设备工作强度不断增大，生产效率、自动化程度越来越高，同时设备更加复杂，各部分间的关联更加密切，往往微小的故障就可能引发连锁反应，从而导致整个设备系统或与设备有关的环境遭受灾难性的破坏。这不仅会造成巨大经济损失，而且会危及人身安全，导致环境事故等，后果不堪设想。例如：1973 年美国三里岛核电站堆芯损坏事故；1985 年美国"挑战者"号航天飞机坠毁；1984 年印度博帕尔市农药厂异氰酸甲酯毒气外泄事故；1986 年苏联切尔若贝利核电站泄漏事故；1986 年欧洲莱茵河瑞士化学工业污染事故等，这些都是由设备故障造成的震惊世界的恶性事故。据统计，重要设备因事故停机造成的损失极为严重：一个乙烯球罐停产一天，损失产值 500 万元，利润 200万元；一台大型化纤设备停产 1h，损失产值 80 万元。有国外研究表明，对大型汽轮发电机组进行振动监视，获利与投资之比为 17：1。这表明采用设备诊断技术，保证设备可靠而有效地运行是极为重要的。

另一个不可忽视的重要因素是维修体制的变革，尤其是状态维修的推行，迫切需要提升设备综合效率，降低设备寿命周期费用。过去国内外对设备主要采用计划维修或事后维修。在许多场合下，这是非常不合理的，致使不该修的修了（即过维修），不仅浪费人力、物力、财力，甚至还会降低设备工作性能；而该修的可能又没修（即欠维修），不仅降低设备寿命，而且还将导致事故发生。英国曾对 2000 家工厂调查，结果表明采用诊断技术后，每年设备维修费可节约 3 亿英镑。日本有资料指出，采用诊断技术后，每年设备维修费减少 20%~50%，故障停机减少 75%。我国冶金企业的维修费用一般占到生产成本的 8%~10%，许多大型钢厂，每年设备维修费达数亿元以上。对此，上海宝钢提出并实施了从"以周期检修为基础，以预防维修为主线"的维修模式向"以设备状态受控管理为基础，以状态维修为主线"的综合维修模式转变的战略决策，从而使其维修费用持续下降，公司年吨钢维修费用均降 5% 左右，创效上亿元，而且近几年来公司各条主作业线设备状态逐年趋于稳定，重（特）大设备事故为零，主要生产设备事故故障停机率持续降低，领先国内同行企业。

根据世界发达国家的先进经验和我国企业的多年实践探索，设备诊断技术在现代设备工程中的作用，大致可归纳为以下几方面：

（1）能及时科学地对设备各种异常状态或故障状态做出诊断，预防或消除故障，对设备的运行进行必要的指导，提高设备运行的可靠性、安全性和有效性，以期把故障损失降低到最低水平。

（2）保证设备发挥最大的设计能力，制定合理的检测维修制度，以便在允许的条件下充分挖掘设备潜力，延长服役期限和使用寿命，降低设备全寿命周期费用。

（3）通过检测监视、故障分析、性能评估等，为设备结构修改、优化设计、合理制造及生产过程提供反馈信息和理论依据。

（4）通过实施设备故障诊断，带动与故障诊断有关的一系列相关理论，如信号采集、信号分析、模式识别等相关学科的发展，同时可检验相关理论的完善程度，寻找最佳故障诊断方法，完善设备故障诊断学。

现今，设备故障诊断技术经过近几十年的研究与发展，已广泛应用于社会各行各业。在设备工程实践中，在具体运用故障诊断技术时，还必须认识到以下几点：

（1）如果将设备诊断技术仅仅作为一项单独技术来应用，其效益的发挥势必会受到极大限制。而一旦它和其他现代化维修技术（如修复技术等）一起作为一种技术力量推动设备管理和维修体制的改革，那么它的优越性将远比今天所认识的要大得多。

（2）为了更好地开展设备诊断工作，还必须具备以下两方面的知识：1）关于设备及其零部件故障或失效机理方面的知识，国外称为故障物理学。它类似医学方面的病理学。2）关于被诊断设备的知识，包括它的结构原理、运动学和动力学，以及设计、制造、安装、运转、维修等方面的知识。可以说，没有对被诊断对象的透彻了解，即使是一位故障信号分析技术的专家，也不可能做出正确的诊断结论。这一点必须引起每个设备工作者的足够重视。

（3）设备诊断技术是一门多学科的高新技术，是一种由表及里、由现象到本质、由局部估计整体、由现在预测未来的技术，但同时，它又是一门正在不断完善和发展中的新兴技术。虽然已有不少行之有效的方法和手段，但与工业生产发展的水平相比，它还有很大差距，毕竟它还比较年轻。设备诊断技术从最原始最简单的用人的感官来诊断，一直到现代化的计算机智能诊断系统，五花八门，种类繁多，这是设备的多样化和故障的复杂性所决定的。与人类认识世界的过程一样,设备诊断也存在从理论到实践,再从实践到理论不断提高的过程。从事故障诊断的人员要不断地研究学习,不断总结实践,提高诊断的准确率,避免漏诊、误诊。

(4) 规范化地获取设备状态信息,建立适合自身需求的企业诊断标准,是诊断工作取得实效的关键。对此,应持之以恒做好诊断信息管理工作,例如可采用基于网络数据库的诊断系统,将其接入 ERP、EAM 等系统,就是一个很值得推荐的做法。

4.1.4　任务实施

(1) 子任务1:冶金企业设备状态监测与故障诊断技术应用情况调研。

1) 调研地点:冶金企业,如炼铁厂、炼钢厂、轨梁厂、热轧板厂、冷轧板厂、能动中心等点检作业区或设备管理部门。

2) 调研对象:冶金企业专职点检员、区域工程师及设备室主管科员。

3) 调研内容:设备状态监测与故障诊断技术在冶金企业的现场实际应用情况。

4) 调研形式:现场座谈、问卷调查、实地参观、资料查阅。

5) 成果要求:调研结束后,应提交相关调研报告。调研报告是对某一情况、某一事件、某一经验或问题,经过在实践中对其客观实际情况的调查了解,将调查了解到的全部情况和材料进行"去粗取精、去伪存真、由此及彼、由表及里"的分析研究,揭示出本质,寻找出规律,总结出经验,最后以书面形式陈述出来的一种文书,为此要求:

①凭事实说话。充分占有材料,以确凿的事实为根据,不允许夸张、虚构。充分了解实情和全面掌握真实可靠的素材是写好调查报告的基础。

②针对性强。围绕本任务的调研内容,根据实际情况有重点的书写,避免泛泛而谈。

③揭示事物的本质。调研报告不是各类资料的机械堆砌,而是对调研的事实进行总结分析,揭示其本质,阐明客观规律,得出科学的结论。

(2) 子任务2:冶金企业通用设备状态监测与故障诊断应用探讨。

1) 探讨内容:设备状态监测与故障诊断技术的应用范畴。

2) 探讨形式:将每个班级模拟为一个点检作业区,每个小组模拟为一个点检作业组,每个班员模拟为一个专职点检员。以冶金企业大量采用的水泵、风机或减速机等通用设备为载体(见图4-1),共同探讨如何对其开展设备状态监测与故障诊断工作。

3) 实施建议:

①依据学生人数进行分组,并选定组长,同时给每组指定一个典型设备作为载体。

②以组为单位,依据本任务所学知识,同时结合调研收获,并参考其他相关学习领域的知识,探讨该设备可能出现哪些故障,并拟定相应状态监测与故障诊断工作实施方案。

③每组选派代表,在班级全体成员面前,陈述本组拟定的方案。

④班级全体成员共同对这些方案进行讨论、交流,以便吸取经验教训。任课教师负责引导与组织。

⑤对探讨过程进行自我评价、组内互评及教师点评,以便发现不足、促进交流及共同提高。

4.1.5 知识拓展

在当前设备诊断领域中,最常用的两类人工智能诊断系统是基于知识的专家系统和基于神经网络的智能诊断系统。

4.1.5.1 基于知识的专家系统

专家系统是一个具有大量的专门知识与经验的程序系统,它应用人工智能技术和计算机技术,根据某领域一个或多个专家提供的知识和经验,进行推理和判断,模拟人类专家的决策过程,以便解决那些需要人类专家处理的复杂问题,简而言之,专家系统是一种模拟人类专家解决领域问题的计算机程序系统。1965 年,爱德华·费根鲍姆本人,作为知识工程的倡导者和实践者,于 1965 年和遗传学系主任、诺贝尔奖得主莱德伯格(Joshua Lederberg)等人合作,开发出了世界上第一个专家系统程序 DENDRAL。DENDRAL 中保存着化学家的知识和质谱仪的知识,可以根据给定的有机化合物的分子式和质谱图,从几千种可能的分子结构中挑选出一个正确的分子结构。DENDRAL 的成功不仅验证了费根鲍姆关于知识工程的理论的正确性,还为专家系统软件的发展和应用开辟了道路,逐渐形成具有相当规模的市场,其应用几乎渗透到各个领域,包括化学、数学、物理、生物、医学、农业、气象、地质勘探、军事、工程技术、法律、商业、空间技术、自动控制、计算机设计和制造、设备故障诊断等,具有广阔的应用前景。其中,设备故障诊断专家系统是利用各种类型的诊断知识,对设备运行状态(正常或异常)进行判断和推理的软件系统,一旦设备发生异常,它可以通过推理判断找出故障的原因和发生的部位,最后给出诊断推理过程的解释和故障处理对策。

一个实用的设备故障诊断专家系统主要由以下几部分组成,如图 4-11 所示。

(1)设备参数库:用于存放与诊断设备有关的结构和功能参数,及设备过去运行情况的背景信息。

(2)征兆事实库:用于存放系统推理过程中需要和产生的所有征兆事实。征兆事实是故障诊断的主要依据。

(3)诊断知识库:用于存放领域专家的各种与设备故障诊断有关的知识,包括设备征兆、控制知识、经验知识、对策知识和翻译词典等。这些知识是由知识工程师和领域专家合作获取到的,并通过知识获取模块按一定的知识表示形式存入到诊断知识库中。诊断知识库是设备故障诊断专家系统的核心。

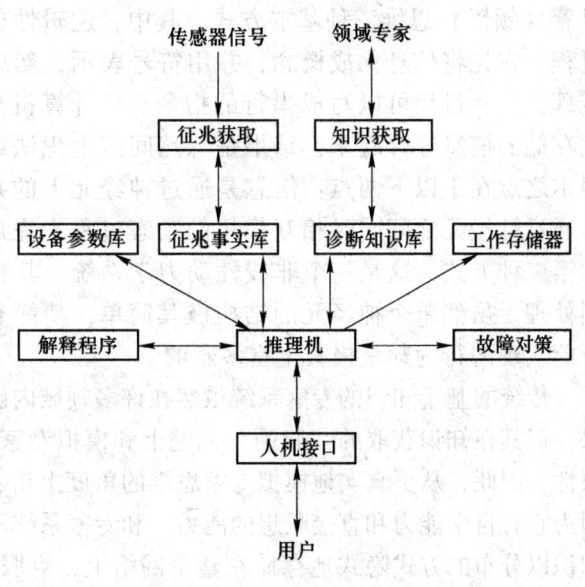

图 4-11 设备故障诊断专家系统结构

(4)征兆获取模块:采用时域和频域等分析方法,对传感器信号进行分析并绘制各种特征图形，获取征兆事实。征兆事实一般有自动获取和对话获取两种获取方式。自动获取方式不需要用户参与，主要用于可通过特征数值计算获取的征兆事实；而对话获取方式则需要有用户的参与，主要用于获取计算机无法自动获取的，而现场操作人员可以通过观察和分析掌握的征兆事实。

（5）推理机：负责利用诊断知识库的知识，并根据征兆事实按着一定的问题求解策略，进行推理诊断，最后给出诊断结果。诊断推理模块是设备故障诊断专家系统的关键部分，它一般可提供自动诊断和对话诊断两种推理诊断方式。其中，自动诊断方式不需要人工干预，由系统自动地完成诊断任务，它仅利用了能够自动获取的征兆事实；对话诊断方式除利用自动获取的征兆事实外，还需要向用户提出一些问题，以便获取更多的征兆事实，进行更详细更精确的诊断。

（6）解释程序：负责回答用户提出的各种问题，它是实现专家系统透明性的关键部分。

（7）故障对策程序：能针对推理机给出的诊断结果向用户提供故障对策。

（8）知识获取：负责对知识库进行管理和维护，包括知识的输入、修改、删除和查询等管理功能及知识的一致性、冗余性和完整性检查等维护功能。这些功能为领域专家提供了很大方便，使得他们不必知道知识库中知识的表示形式，即可建立知识库，并对其进行修改和扩充，大大提高了系统的可扩充性。

（9）人机接口模块：用于用户、领域专家或知识工程师与诊断系统的交互作用。它负责把用户输入的信息转换成系统能够处理的内部表示形式。系统输出的内部信息也由人机接口负责转换成用户易于理解的外部表示形式（如自然语言、图形、表格等）显示给用户。

4.1.5.2　基于神经网络的智能诊断系统

思维学普遍认为，人类大脑的思维分为抽象（逻辑）思维、形象（直观）思维和灵感（顿悟）思维三种基本方式。其中，逻辑性的思维是指根据逻辑规则进行推理的过程。它先将信息化成概念，并用符号表示，然后根据符号运算按串行模式进行逻辑推理，这一过程可以写成串行的指令，让计算机执行。然而，直观性的思维是将分布式存储的信息综合起来，结果是忽然间产生想法或解决问题的办法。这种思维方式的根本之点在于以下两点：信息是通过神经元上的兴奋模式分布储在网络上；信息处理是通过神经元之间同时相互作用的动态过程来完成的。人工神经网络就是模拟人思维的第二种方式。这是一个非线性动力学系统，其特色在于信息的分布式存储和并行协同处理。虽然单个神经元的结构极其简单，功能有限，但大量神经元构成的网络系统所能实现的行为却是极其丰富多彩的。

传统的基于知识的专家系统虽然在许多领域内已得到广泛的应用，且取得了显著的成果，但其在知识获取的"瓶颈"问题上和模拟专家思维的推理机制上，仍具有一定的局限性。因此，从更真实地模拟专家思维的角度上讲，神经网络技术更适合设备故障诊断，因为它有自学能力和直接联想的能力。和专家系统不同的是，神经网络经过学习所得到的知识以分布的方式隐式地存储在整个网络上，克服了专家系统的固有缺陷。从发展前景看，当前主要的方向为：各种诊断理论与神经网络的结合、信号处理与神经网络的融合、神经网络结构的改进、基于知识的专家系统与神经网络诊断系统的综合以及设备故障诊断智能系统的微型化和"傻瓜"化等。

任务4.2 板带轧机减速机振动监测与诊断技术及实践

4.2.1 任务引入

板材、带材在国民经济各部门中具有极为广泛的用途，如家用电器、汽车、集装箱、铁路机车车厢、管道、厨房用具、医疗器械等构件、容器及机械零件的制作。而板带轧机则是实现其轧制过程的主要设备。轧机的使用一方面给我们带来了很多的便利，但另一方面在其一生全过程中，不可避免存在这样或那样的故障，严重制约了冶金企业的安全生产和经营目标的顺利实现，为此有必要对其开展状态监测与故障诊断，以此增强轧机运行可靠性，提高设备综合效率，降低寿命周期费用。然而，在实际推行的过程中，却暴露出诸多问题，主要表现在：

（1）设备的多样化和故障的复杂性，导致故障诊断技术名目繁多。从最初利用人的感官，一直到现代计算机智能诊断系统的应用，可谓是形形色色、种类繁多，如何选择往往无所适从。

（2）部分诊断技术尚未成熟，实用性不佳，若盲目跟进，往往付出较多，但收效却不理想，甚至中途遇挫、无果而终。如何才能有效利用这些技术，使其更好地服务于生产现场，满足我们的期望呢？这就需要我们必须对设备状态监测与故障诊断技术能有一个较为全面的认识，并且还应具备一定的实践技能。

4.2.2 任务描述

轧机主要设备包括主电动机、主传动装置、工作机座三部分。这三部分通常安装成机列的形式，称为主机列。其中，主传动装置一般由减速机、人字齿轮座、主联轴器等传动装置组成，用于将主电动机的动力传递给轧辊。现有一板带轧机配备的减速机在运行过程中出现异常振动与噪声等不良现象，其传动如图4-12所示。对此，如果仅仅依靠传统的"眼看、手摸、耳听、鼻嗅"等五感来直接检测设备的状态，则将无法在设备

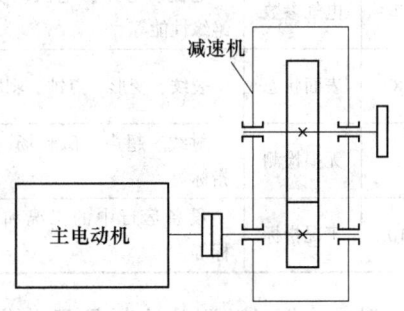

图4-12 板带轧机减速机传动示意图

不停机或基本不解体的条件下，及时、经济、有效、准确地发现该减速机的故障，极易出现漏诊、误诊，为此有必要采用设备状态监测与故障诊断技术来满足冶金企业设备状态管理的需要。

目前，在机械故障诊断技术中，振动监测与诊断日益受到人们的普遍关注和广泛应用，并取得了较好的实际效果。有鉴于此，本任务要求学员运用振动监测与诊断技术，对板带轧机减速机进行状态监测，判明是否存在故障；如果存在故障，则要求进一步明确故障部位，分析故障成因，判断发展趋势，并提出对策建议。

4.2.3　知识准备

4.2.3.1　简易振动诊断技术

A　简易振动诊断概述

在机械设备的状态监测和故障诊断中，常用的技术手段有振动诊断、温度诊断、声学诊断、油液分析、无损检测、强度诊断、压力诊断、电气参数诊断、表面状态诊断、工况指标诊断等。常用设备故障的检测方法及适用范围，见表 4-4。

表 4-4　常用设备故障的检测方法及适用范围

序号	物理特征	检 测 目 标	适 用 范 围
1	振动	稳态振动、瞬态振动模态参数等	旋转机械、往复机械、流体机械、转轴、轴承、齿轮等
2	温度	温度、温差、温度场及热图像等	热工设备、工业炉窑、电机电器、电子设备等
3	油液	油品的理化性能、磨粒的铁谱分析及油液的光谱分析	设备润滑系统、有摩擦副的传动系统、电力变压器等
4	声学	噪声、声阻、超声波、声发射等	压力容器及管道、流体机械、工业阀门、短路开关等
5	强度	载荷、扭矩、应力、应变等	起重运输设备、锻压设备、各种工程结构等
6	压力	压力、压差、压力联动等	液压系统、流体机械、内燃机，液力耦合器等
7	电气参数	电流、电压、电阻、功率、电磁特性、绝缘性能等	电机电器、输变电设备、微电子设备、电工仪表等
8	表面状态	裂纹、变形、点蚀、剥脱腐蚀、变色等	设备及零件的表面损伤、交换器及管道内孔的照相检查等
9	无损检测	射线、超声、磁粉场、渗透、涡流探伤指标等	压延、铸锻件及焊缝缺陷检查，表面镀层及管壁厚度测定等
10	工况指标	设备运行中的工况和各项主要性能指标等	流程工业或生产线上的主要生产设备等

其中，振动监测及诊断是目前应用最为广泛，也是最成功的诊断方法。这主要是因为：

（1）在工业领域中，机械振动普遍存在，并常常被作为衡量设备状态的重要指标之一。当机械内部发生异常时，一般均会随之会出现振动加大的现象。据统计，有 60%～70%以上的故障都是以振动形式表现出来的。

（2）在设备故障诊断中，可用于监测与诊断的信息很多，如振动、温度、噪声、压力、流量等。然而在众多的信息之中，振动信号能够更直接、快速、准确地反映设备的运行状态及其变化规律。

（3）振动信号蕴涵了丰富的设备状态信息。在机器、零部件及基础等表面能感觉到或能测量到的振动，往往是某一振动源在固体中的传播；而振动源的存在，又大都对应着设备的设计、制造、安装、材料或使用等方面缺陷。例如，零件原始制造误差、运动副之间的间隙、零件间的滚动及相互摩擦，或者回转机件中产生的不平衡或冲击等，都是设备的可能振源。而且，随着零件间的磨损，零件表面产生的剥落、裂纹等现象的发展，振动也将相应发展。另外，机械设备还可能因为某个微小的振动，引起其结构或部件的共振响应，从而导致机械设备状态的迅速恶化。我们研究机械振动的目的，就是为了了解各种机械振动现象的机理，破译机械振动所包含的大量信息，进而对设备的状态进行监测，分析设备的潜在可能故障。因此，根据对机械振动信号的测量和分析，可在不停机和不解体的情况下，对其劣化程度和故障性质做出判断，从而指导设备管理与维修。

（4）振动诊断理论和测量方法相对较成熟，诊断结果也准确可靠，且便于现场组织实施。

基于以上因素，振动诊断技术在当前受到了人们的普遍关注，在机械故障诊断体系中现居主导地位，已经广泛地应用于各种机械设备之中，尤其是在轴承、齿轮与旋转轴系中，若采用振动诊断可谓是事半功倍、成效显著。

设备振动诊断技术的实施一般可以分为两个层次，即简易振动诊断和精密振动诊断。其中，简易振动诊断技术是使用简单的方法，是对设备的技术状态快速做出概括性评价的技术。通常具有以下几个特点：使用各种较为简单、易于携带和便于在现场使用的振动诊断仪器及检测仪表；通常由设备操作人员、维护人员及一般点检人员在生产现场实施；仅对设备有无故障、严重程度及其发展趋势等做出定性初步判别；涉及的技术知识及经验比较简单，易于学习和掌握。

通过对设备开展简易振动诊断，应该达到以下几个目的：依据劣化趋势管理，早期发现设备异常；依据趋势管理数据外推，预测故障发生时间；依据自动切断等有效措施，保护设备安全；依据检测分析，选定需要进一步做精密诊断的对象。

B　机械振动及其分类

a　机械振动的基本概念

振动是物体的一种运动形式，它是指物体（或物体的一部分）在平衡位置（物体静止时的位置）附近做往复运动的现象。图 4-13 所示的弹簧质量系统中，重物的运动就是振动的一个典型例子。重物从静平衡位置移动到上极限值置，再返回经过静平衡位置移动到下极限位置，又返回移动到静平衡位置，为一个运动循环，即往复振动一次。若这个运动循环连续不断重复，就是该重物的振动。

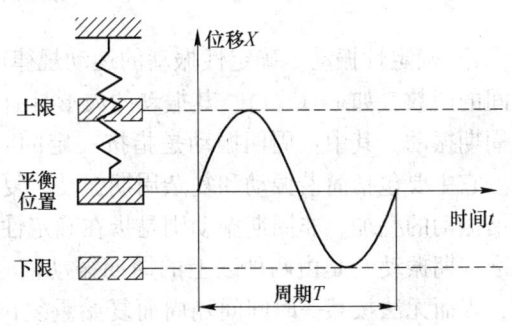

图 4-13　弹簧质量系统中重物运动

如果忽略阻尼、弹簧的质量、重物的大小和形状，则物体振动的位移 X 随时间 t 变化的规律，是一条正弦或余弦曲线。这种物体的运动参量随时间按正弦或余弦规律变化的振动，称为"简谐振动"。它是最基本也是最简单的一种振动形式。

通常，各种机器设备都是由许多零部件和各种各样的安装基础所组成的。这些都可认为是一个弹性系统。某些条件或因素可能引起这些物体在其平衡位置附近做微小的往复运动。这种机械系统在其平衡位置附近所做的往复运动，就称为机械振动。机械振动表示机械系统运动的位移、速度、加速度量值的大小随时间在其平均值上下交替重复变化的过程。

研究振动问题时，一般将研究对象（如一部机器、一种结构）称为系统；把外界对系统的作用或机器自身运动产生的力，称为激励输入；把机器或结构在激励作用下产生的动态行为，称为响应或输出，振动分析（理论或实验分析）就是研究这三者间的相互关系。

b　振动的分类

各种机械设备在运行过程中，都会不同程度地存在振动，这是机械运行的共性。然而，不同的机器，或同一台机器的不同部位，以及机器在不同时刻或不同状态下，其产生的振动形式又往往是有所差别的，这又体现了设备振动的特殊性。为从不同角度来考察振动问题，可按如下方式对振动进行分类。

（1）按振动规律分类。由于各种系统的结构、参数不同，系统所受的激励不同，系统所产生的振动规律也各不相同。根据振动规律的性质及其研究方法，振动可分为确定性振动和随机振动两大类，如图 4-14 所示。

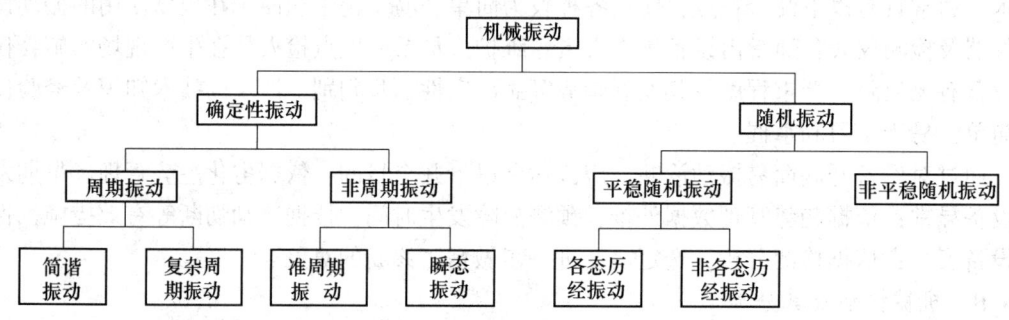

图 4-14　振动按规律进行分类

1）确定性振动。确定性振动的运动规律可以用某个确定的数学表达式来描述为一个时间的函数，如 $x = x(t)$，其振动的波形具有确定的形状。确定性振动又分为周期振动和非周期振动。其中：周期振动是指按一定的时间间隔周而复始重复出现、无始无终的振动。它主要包括简谐振动和复杂周期振动。复杂周期振动，可按傅里叶级数展开而分解为简谐振动的叠加。非周期振动则是指在确定性振动中不具有周期重复性的振动，它主要包括准周期振动（是由两种以上的周期振动信号合成的，但其组成分量间无法找到公共周期，因而无法按某一时间间隔周而复始重复出现，如 $x(t) = \sin t + \sin(\pi t)$）和瞬态振动（除准周期振动外的其他非周期振动）。

2）随机振动（非确定性振动）。随机振动不能用确定的数学表达式来描述，不能准确预测其未来的瞬时值，其振动波形呈不规则变化。例如，车辆因路面高低不平、飞行器因大气湍流、船舶因海浪波动、建筑因地震等产生的振动就是随机振动。随机振动又可以分为平稳随机振动（振动统计特征参数不随时间而变化，其又可分为各态历经和非各态历经两种类型）和非平稳随机振动（振动统计特征参数随时间而变化）。

随机振动的单次试验结果具有不确定性、不可预估性和不重复性，但在相同条件下的多次试验结果却有内在的统计规律性，因此可以用概率统计的方法来描述。例如，用数学期望表示随机变量的平均值；用均方值表示随机变量平方的平均值；用标准差表示随机变量偏离数学期望的程度；用概率密度函数或概率分布函数表示随机变量在不同范围取值的概率。用积分变换（如拉普拉斯变换、傅里叶变换等）方法可得到随机过程的频率域或其他域的信息，从而可全面描述随机振动的激励和响应。

这种分类，主要是依据振动在时间历程内的变化特征来划分的。在机械设备的状态监测和故障诊断中，常遇到的振动多为周期振动、准周期振动、平稳随机振动等，以及几种不同类型振动的组合。一般在启动或停机过程中的振动信号是平稳的。设备在正常运行中，其表现的周期信号往往淹没在随机信号之中。若设备故障程度加剧，则振动信号中的周期成分加强，从而整台设备振动增大。因此，从某种意义上讲，设备振动诊断的过程，就是从信号中提取周期成分的过程。

（2）按振动产生原因分类。机器产生振动的根本原因在于存在一个或数个力的激励，不同性质的力激起不同的振动类型。据此，机械振动可分为以下三种类型：

1）自由振动。自由振动是指引起振动的激励去除后，机械系统所出现的振动。振动只靠其弹性恢复力来维持。若系统无阻尼，则系统维持等幅振动；若系统有阻尼，则系统为衰减振动。自由振动的频率只决定于系统本身的物理性质，称为系统的固有频率。

2）受迫振动。受迫振动是指机械系统受外界持续激励所产生的振动。受迫振动又称强迫振动，包含瞬态振动和稳态振动。其中：在振动开始一段时间内所出现的随时间变化的振动，称为瞬态振动。经过短暂时间后，瞬态振动即消失。若系统从外界不断地获得能量来补偿阻尼所耗散的能量，能够做持续的等幅振动，这种振动的频率与激励频率相同，称为稳态振动。例如，在两端固定的横梁的中部装一个激振器，激振器开动短暂时间后，横梁所做的持续等幅振动就是稳态振动，振动的频率与激振器的频率相同。若外界激励的频率接近于系统固有频率时，受迫振动的振幅可能达到非常大的值，这种现象称为共振。在设计和使用机械时必须防止共振。

3）自激振动。自激振动是指系统受到由其自身运动诱发出来的激励作用，而产生和维持的振动。自激振动系统本身除具有振动元件外，还具有非振荡性的能源、调节环节和反馈环节。因此，不存在外界激励时，它也能产生一种稳定的周期振动，维持自激振动的交变力是由运动本身产生的且由反馈和调节环节所控制。振动一旦停止，此交变力也随之消失。自激振动与初始条件无关，其频率等于或接近于系统的固有频率。如飞机飞行过程中机翼的颤振、机床工作台在滑动导轨上低速移动时的爬行、钟表摆的摆动和琴弦的振动都属于自激振动。

（3）按振动频率分类。机械振动频率是设备振动诊断中一个十分重要的概念。在振动诊断中，常常要分析频率与故障的关系，要分析不同频段振动的特点。为此，了解振动频段的划分与振动诊断的关系很有实用意义。通常按照频率的高低，振动可分为三种类型，见表 4-5。

需要说明的是：目前对频段的划分，尚无严格的规定和统一的标准。不同的行业，或同一行业中不同的诊断对象，其划分频段的标准不尽一致。在通常情况下，进行现场诊断时，可参照表 4-5 所介绍的分类方法。

表 4-5　按振动频率大小分类

振动类型	频率范围	振 动 实 例
低频振动	$f<5$ 倍轴旋转频率	不平衡、不对中、轴弯曲、松动、油膜振荡等引起的振动
中频振动	$f=10\sim1000\text{Hz}$	齿轮振动、流体振动等
高频振动	$f>1000\text{Hz}$	滚动轴承伤痕引起的振动、摩擦振动等

上述分类方法在设备振动诊断实践中应用较多。除此之外，还有其他分类方法，例如：按振动系统结构参数的特性，可分为线性振动和非线性振动；按振动位移的特征，可分为扭转振动和直线振动等。

C　简谐振动及其性质

如上所述，简谐振动是机械振动中最基本也是最简单的一种振动形式。理解并掌握简谐振动的性质，对了解其他类型振动的特性和掌握振动监测诊断技术具有十分重要的作用。简谐振动的一般数学表达式为：

$$x(t) = A\sin[(2\pi/T)t + \phi] \tag{4-1}$$

式中　$x(t)$ ——振动物体相对于平衡位置的位移，mm；

　　　A ——振幅（Amplitude，又称峰值），用以表示物体偏离平衡位置的最大位移；

　　　　2A 称为峰峰值（或双峰值、双幅值），mm；

　　　T ——振动的周期，即再现相同振动状态的最小时间间隔，s；

　　　ϕ ——振动的初相位（Initial phase），用以表示振动物体的初始位置，rad。

每秒钟振动的次数称为振动频率，用以描述振动的快慢。显然振动频率在数值上等于振动周期的倒数，即：

$$f = 1/T \tag{4-2}$$

式中　f——振动频率（Frequency），Hz。

振动频率还可以用角频率 ω（Angular frequency）来表示。角频率（或称圆频率）是指 2π 秒内振动的次数，单位为弧度/秒（rad/s）。

$$\omega = 2\pi f \quad \text{或} \quad \omega = 2\pi/T \tag{4-3}$$

因此，简谐振动还可以用下式来表示：

$$x(t) = A\sin(2\pi ft + \phi) = A\sin(\omega t + \phi) \tag{4-4}$$

此处令 $\psi = \omega t + \phi$。ψ 称为简谐振动的相位，是时间 t 的函数，单位为弧度（rad）。

由上可知，振幅 A 表示振动的大小，角频率 ω 表示振动的快慢，而初始相位角 ϕ 则表示振动物体的初始位置。如果已知某物体做简谐振动，且已知（或测出）A、ω 和 ϕ，就可以完全确定该物体在任何瞬时 t 的位移 $x(t)$。由此可见，简谐振动的特性完全决定于振幅、频率和初始相位角，人们称这三个物理量为简谐振动三要素。这三个参数在设备诊断中有着重要的意义。

对于简谐振动来说，除可用振动位移 $x(t)$ 来表示外，还可以用振动速度 $v(t)$ 和振动加速度 $a(t)$ 来表示。位移、速度和加速度是描述机械振动的三个特征量。

由于速度是位移对时间的变化率，即位移对时间的一次导数，因此可得：

$$v(t) = dx(t)/dt = A\omega\cos(\omega t + \phi) = A\omega\sin(\omega t + \phi + \pi/2) \tag{4-5}$$

同理，加速度是速度对时间的变化率，即速度对时间的一次导数或位移对时间的二次导数，因此可得：

$$a(t) = \mathrm{d}v(t)/\mathrm{d}t = -A\omega^2\sin(\omega t + \phi) = A\omega^2\sin(\omega t + \phi + \pi) \tag{4-6}$$

由此可以看出，简谐振动的位移、速度、加速度三者之间的关系为：

（1）三者波形形状相似，频率（或周期）完全相同，不同之处在于幅值和相位。

（2）三者幅值分别为：

$$x_{\max} = A, \quad v_{\max} = A\omega, \quad a_{\max} = A\omega^2 \tag{4-7}$$

即速度幅值是位移幅值的 ω 倍，加速度幅值是位移幅值的 ω^2 倍。振动频率 ω 越高，三者之间的差别就越大。

（3）三者相位关系为：速度超前位移的相位角为 $\pi/2$；加速度超前速度的相位角也是 $\pi/2$，而超前位移的相位角为 π，即加速度与位移的方向相反。

由上述分析可知，简谐振动的位移、速度、加速度三者之中，只需测出其中的一个量及振动频率，则其余两个量均可通过简单运算得到。

实测振动量往往耦合了不同频率或幅值的简谐振动，为此有必要对经常遇到的几个简谐振动合成问题加以简述：

（1）频率相同的两个简谐振动的合成仍然是简谐振动，且保持原来的频率。

（2）频率不同的两个简谐振动的合成不再是简谐振动。若其频率比为有理数，则合成后为周期振动；若其频率比为无理数，则合成后为非周期振动。

（3）频率非常接近的两个简谐振动的合成，会出现"拍"的现象。

D　复杂周期振动及其性质

复杂周期振动是指除简谐振动以外的周期振动，可以用周期性的时间变量函数来描述，即：

$$x(t) = x(t \pm nT), \quad n = 1, 2, 3, \cdots \tag{4-8}$$

由此可见，其振动波形将按周期 T 重复出现。例如：$x(t) = \sin t/3 + \sin t/5$ 即为复杂周期信号，周期为 30π。

根据傅里叶级数（Fourier series）展开定理，满足狄里赫利条件的周期函数可以展开为傅里叶级数，即：

$$x(t) = \frac{a_0}{2} + \sum_{n=1}^{\infty}(a_n\cos n\omega t + b_n\sin n\omega t) \tag{4-9}$$

由式（4-9）可知，任何复杂周期振动都可以看做是简谐振动叠加而成的，而简谐振动则相当于是复杂周期振动的一个特例。将上式中相同频率的正弦函数与余弦函数相加，则变成：

$$x(t) = A_0 + A_1\sin(\omega t + \phi_1) + A_2\sin(2\omega t + \phi_2) + \cdots + A_n\sin(n\omega t + \phi_n) + \cdots$$

$$\tag{4-10}$$

式中　　　　　A_0——静态分量（直流分量），mm；

$A_n\sin(n\omega t + \phi_n)$——谐波分量，mm，其中 $n = 1, 2, 3, \cdots$，每个谐波称为 n 次谐波；A_n 为 n 次谐波幅值；ϕ_n 为其初相角；$n = 1$ 的谐波分量即为一次谐波或基波，相应地，一次谐波的频率即为基波频率（基频），其余谐波则总称为高次谐波，如 $n = 2$ 时，称为二次谐波，以此类推。

　　由上式可见，复杂周期振动是由一个静态分量和无限个谐波分量组成的，并且各谐波分量的频率都是基波频率（基频）的整数倍。

　　E　实际机械振动的测量

　　实测机械设备的振动一般是通过传感器转换成电信号，在测试仪器的显示装置上可以见到的是一条时间轴上的波形图、频谱图或相位图等。实际的振动信号多为随机信号，因此无法用确定的时间函数来表达，只能用概率统计的方法来描述。在振动诊断实践中，通常在时域振动波形上提取和考察振幅、频率和相位这三个特征量，以此作为对被测机器状态的一般评价。

　　（1）振幅。振幅表征机械振动的强度和能量。根据不同的需要，对振幅值有不同的描述方法，通常以峰值、平均值和有效值来表征。

　　1）峰值。X_p表示位移振幅的单峰值，是指位移波形的零线至波峰的距离。在实际振动波形中，单峰值表示振动瞬时冲击的最大幅值。X_{p-p}表示位移振幅的双峰值，又称峰峰值，是指位移波形的波峰至波谷的距离，它反映了振动波形的最大偏移量。测量峰值大小的物理意义是：当考核一台机器的结构强度时，尤其在低频段，结构的破坏直接与峰值有关。这就是在低转速机械中，人们往往关心测量位移（峰值幅值）的理由。用同样的方法可以定义速度振幅峰值v_p和加速度振幅峰值a_p。

　　2）平均值（或称算术平均值、绝对平均值）。X_{av}表示位移振幅的平均值，是指位移波形一个周期内的绝对平均幅值，它反映了设备振动的平均水平，其表达式为：

$$X_{av} = \frac{1}{T}\int_0^T |x(t)|\,\mathrm{d}t \tag{4-11}$$

　　同理，可以定义速度振幅平均值v_{av}和加速度振幅平均值a_{av}。

　　3）有效值（或称均方根值）。振幅的有效值，表征了振动的破坏能力，是衡量振动能量大小的量，并兼顾了振动时间历程的全过程，故非常适宜作为机器振动量级（劣度）的评价。ISO标准规定：振动速度的均方根值v_{rms}，也就是振动速度的有效值，即为"振动烈度"，是衡量振动强度的一个标准。近年来国际上已普遍使用振动烈度作为描述机器振动状态的特征量，其数学表达式为：

$$v_{rms} = \sqrt{\frac{1}{T}\int_0^T v^2(t)\,\mathrm{d}t} \tag{4-12}$$

　　同理，可以定义位移振幅有效值X_{rms}和加速度振幅有效值a_{rms}。以简谐振动为例，其位移的峰值、平均值和有效值的关系可用式（4-13）来表示。

$$X_{rms} = \frac{\pi}{2\sqrt{2}}X_{av} = \frac{1}{\sqrt{2}}X_p \tag{4-13}$$

　　峰值、峰峰值、平均值和有效值的关系，如图 4-15 所示。

　　（2）频率。频率是振动的重要特征之一。不同的结构、不同的零部件、不同的故障源，可能产生不同频率的机械振动，因此频率分析是设备振动诊断中的重要手段。表 4-6 列出了部分振动时域波形及其频谱示意图。

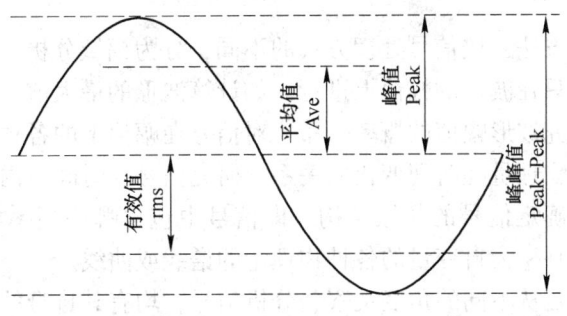

图 4-15　简谐振动幅值参数示意图

表 4-6　部分振动时域波形及其频谱示意图

名　称	波　形	频　谱	名　称	波　形	频　谱
简谐振动			合成衰减振动		
复杂周期振动			冲击过程		
合成振动			正弦扫描		
拍			窄带随机		
衰减振动			宽带随机		

（3）相位。相位与频率一样都是用来表征振动特征的重要信息。不同振动源产生的振动相位可能不同。对于两个振源，若相位相同，可使振幅叠加，产生严重后果；反之，若相位相反，则可能引起振动抵消，起到减振作用。相位对于确定旋转机械的动态特性、故障特性及转子的动平衡等具有重要意义。相位测量多用于谐波分析、动平衡测定、振型测量、判断共振点等。

F　振动信号的幅值域分析

a　振动信号分析方法简介

设备状态监测和故障诊断是设备状态提取和识别的过程，这些状态信息可以通过信号这一载体进行传输、分析和处理。信号具有能量，它描述了物理量的变化过程，在数学上可以表示成一元或多元函数的形式。常见的信号有电信号、光信号、力信号等。其中，电信号在变换、处理、传输和运用等方面，都具有明显的优势，因而成为目前应用最广泛的信号。各种非电信号也往往被转换成电信号，再进行传输、处理和运用。

信号中携带有人们所需要的有用的状态信息，但也常会有大量人们不感兴趣的其他信号，后者常被称为干扰噪声。噪声是不可避免的，所以对信号的分析是要去伪求真、去粗取精，通过改变信号的形式，使其便于识别，并提取有用的信息，对所研究的状态信息做出估计和辨别。

　　振动信号的分析方法，按信号处理方式的不同，分为幅域分析、时域分析、频域分析等。早期的信号分析只在波形的幅值上进行，如计算波形的最大值、最小值、平均值、有效值等，后又进而研究波形幅值的概率分布。对信号在幅值上的各种处理通常称为幅域分析。信号波形是某种物理量随时间变化的关系，研究信号在时间域内的变化或分布称为时域分析。频域分析是确定信号的频域结构，即信号中包含哪些频率成分及这些成分的大小，分析的结果是以频率为自变量的各种物理量的谱线或曲线。

　　不同的分析方法是从不同的角度观察、分析信号，均有其自身的应用特点，所以在故障诊断时，应根据预计要诊断的征兆和故障来选择上述相应的信号分析方法，以便尽可能得到最大限度的信息量，从而尽快地确定设备故障所在，便于决策。

　　b　振动信号的幅域分析参数

　　在机械设备振动诊断实践中，幅域分析可由设备操作、维护、点检及检修等人员在生产现场，通过各种简单、经济、可靠、易于携带及便于使用的诊断仪器来实施，故此被广泛用于简易振动诊断领域。幅域分析参数主要包括有量纲参数（如峰值、平均幅值、有效值、斜度、峭度）、无量纲参数（如波形指标、峰值指标、脉冲指标、裕度指标、峭度指标）及概率密度等。具体选用何参数，应充分考虑机械振动的特点，以及哪些参数最能反映设备状态和故障特征。

　　（1）有量纲幅域参数。描述机械振动的三个特征量（即振动位移、速度与加速度），其峰值、峰峰值、平均值和有效值（即均方根值）等通常均可作为描述振动信号的一些简单的幅域参数。它们的测量和计算相对较为方便，是振动监测常用的基本参数。例如，在诊断现场，常采用位移峰峰值来考核设备间隙的安全性；速度有效值用以反映振动能量的大小或破坏能力，是判断振动状态的主要指标；加速度峰值则和冲击相关联。

　　这些常规的幅域参数均属于有量纲的动态指标，所以又常被称为有量纲幅域诊断参数。目前国内外基于这种幅域分析的简单振动监测仪器已广泛应用于工业领域，并以此来判断设备是否出现异常及其严重程度。这些指标虽然会随着故障的发展而上升，但也会因工作条件的变化而改变。另外，指标的数值还与测量仪器的频率范围有关，不同频率范围的仪器所测的值不完全相同。频率范围宽、阻频带衰减特性缓慢的仪器读数偏高。

　　有量纲幅域参数具有以下特性：

　　1）信号的均值反映信号中的静态部分，一般对诊断不起作用，但对计算其他参数有很大影响，所以，一般在计算时应先从数据中去除均值，剩下对诊断有用的动态部分。

　　2）有量纲幅域参数对于故障有一定的敏感性。一般说来，随着故障的发生和发展，有效值、方根幅值、平均幅值以及峭度均会逐渐增大。其中，峭度 β 对大幅值非常敏感，当其概率增加时，其值将迅速增大，有利于探测出信号中含有脉冲故障。

　　3）斜度 α 反映概率密度函数 $p(x)$ 对纵坐标的不对称性，斜度越大，则不对称性越明显。上述部分参数含义，如斜度、方根幅值、峭度等，请读者自行查阅相关资料。

　　（2）无量纲幅域参数。为了满足故障诊断的更高需求，常常还会选择无量纲幅域诊断参数。目前在机械故障诊断领域中，常用的无量纲指标有波形指标、峰值指标、脉冲指标、裕度指标、峭度指标等，见表4-7。对于这些无量纲指标的基本要求是：对故障和缺陷足够敏感；对信号的幅值和频率变化不敏感，即与机器运行的工况无关，其依赖于幅值分布的形状。

表 4-7　常用无量纲指标

参　　数	敏感性	稳定性	表　达　式
波形指标 S_r	差	好	有效值/平均幅值
峰值指标 C_r	一般	一般	峰值/有效值
脉冲指标 I_f	较好	一般	峰值/平均幅值
裕度指标 CL_f	好	一般	峰值/方根幅值
峭度指标 K_v	好	差	峭度/（有效值）^{4}

无量纲幅域参数具有以下特性：

1）一般原始数据幅值增加一倍，有量纲幅域参数增大，而无量纲幅域参数不变。

2）对于正弦波、三角波，不管频率、幅值多大，这些参数的值不变。这是由于频率不会改变幅值概率密度函数，而幅值的变化对算式的分子、分母影响相同。

3）对于正态随机信号，波形指标、峭度指标为定值，其余指标随峰值概率减小而上升。

4）峭度指标、裕度指标、脉冲指标对脉冲故障比较敏感。早期故障发生时，大幅脉冲不是很多，此时均方根值变化不大，但上述指标已增加。当故障发展时，这些指标会增加，但到一定的程度会逐渐下降。这说明这些参数对早期故障敏感，但稳定性不好。而均方根值则相反，其对早期故障不敏感（即敏感性较差），但稳定性好。

为此，在使用这些参数时应注意采取以下措施：

1）同时使用峭度指标、裕度指标与均方根值进行监测，以便能兼顾敏感性与稳定性。

2）连续监测可发现峭度指标（或裕度指标）的变化趋势，当指标值上升到顶点开始下降时，要密切注意故障是否发生。

（3）概率密度函数。如前所述，实际诊断中常会遇到随机振动，其不能用确定的数学表达式来描述，不能准确预测其未来的任何瞬时值，任何一次观测值只代表在其变动范围中可能产生的结果之一，但其值的变动服从统计规律。描述随机信号必须采用概率和统计的方法。随机信号的概率密度函数 $p(x)$ 是表示信号瞬时幅值落在指定区间内的概率，其提供了随机信号幅值分布的信息，是随机信号的主要特征参数之一。不同的随机信号有不同的概率密度函数图形，可以借此来识别信号的性质。

概率密度函数 $p(x)$ 可由下式来定义：

$$p(x) = \lim_{\Delta x \to 0} \frac{p_{rab}[x < x(t) \le x + \Delta x]}{\Delta x} = \lim_{\Delta x \to 0} \frac{1}{\Delta x} \left(\lim_{T \to \infty} \frac{\Delta T}{T} \right) \tag{4-14}$$

式中　ΔT——信号 $x(t)$ 取值落在区间 $(x,\ x + \Delta x]$ 内的所有时间之和；

　　　T——总的观察时间。

概率密度函数可以直接用于机器状态的判断。图 4-16 所示为某变速箱噪声概率密度函数。由图可见，正常状态和异常状态下，变速箱噪声概率密度函数有明显的差异。这是因为：正常运行机器的噪声是由大量无规则的、量值较小的随机冲击组成，因此其幅值概率分布比较集中，代表冲击能量的方差较小，如图 4-16（a）所示。当机器运行状态不正常时，在随机噪声中将会出现有规则的、周期性的冲击，其量值要比随机冲击大得多。例如，当机构中轴承磨损而间隙增大较多时，轴与轴承就会有撞击的现象。同样，如果滚动轴承的滚道出现剥蚀，齿轮传动中某个齿面严重磨损或花键配合的间隙增加等情况出现时，在随机噪声中都会出现周期信号，使噪声功率大为增加，这些效应反映到噪声幅值分布曲线的形状上就会使方差增加，分散度加大，甚至使曲线的顶部变平或出现局部的凹形，如图 4-16（b）所示。

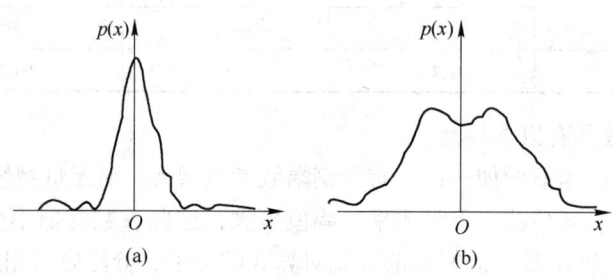

图 4-16　变速箱噪声概率密度函数

(a) 正常状态；(b) 异常状态

G　简易振动诊断参数的测量

a　测量参数的选定

通常，振动诊断要求选用对故障反映最敏感的诊断参数来进行测量，这种参数称为"敏感因子"，即当机器状态发生小量变化时，特征参数却发生较大的变化。由于设备结构千差万别，故障类型多种多样，因此对每一个故障信号确定一个敏感因子是不可能的。人们在诊断实践中总结出一条普遍性原则，即根据诊断对象振动信号的频率特征来选择诊断参数。

位移、速度和加速度是描述机械振动的三个特征量。在具体选用时，可以从测量的灵敏度和动态范围或从设备异常的种类等方面来综合考虑。

（1）从测量的灵敏度和动态范围考虑。一般随着信号频率的提高，依次选用位移、速度和加速度作为测量参数。以简谐振动为例，速度幅值是位移幅值的 ω 倍，加速度幅值是位移幅值的 ω^2 倍。由此可以看出，频率 ω 越大，则加速度和速度的测试灵敏度越高。一般情况下，对振动频率在 10Hz 以下，位移量较大的低频振动，选择位移为检测量。另外对于某些高速旋转的机器的振动，旋转精度要求较高时，也用位移来衡量；经验表明在覆盖 10~1000Hz 的频带上，速度测量完整地表示了机器振动的严重程度，所以中频时的振动强度由速度值来度量；而加速度测量的适用范围可以达到 1000Hz 以上，对于宽频带测量、高频振动和存在冲击振动的场合都测量加速度。当齿轮、滚动轴承、轴瓦等出现剥落、磨损等缺陷时，往往首先在高频段出现故障信息，只有当故障比较明显时，才能在低频段反映出来，因此，通过检测加速度，可以有效发现设备早期缺陷。

（2）从异常的种类考虑。振动的幅度和位移是主要问题时，应该测量位移，如加工机床的振动现象、旋转轴的摆动；振动能量和疲劳是主要问题时，应该测量速度，如旋转机械的振动；冲击是主要问题时，应该测量加速度，如轴承和齿轮的缺陷引起的振动。

在检测实践中，往往对位移、速度和加速度进行联合测量。至于具体量值（如峰值、峰峰值、平均值和有效值等）的选择，鉴于简易振动诊断主要是以幅域分析为主，因此可参见"振动信号的幅域分析"中相关内容，选择其幅域参数，在此不再赘述。需要注意的是：所选测量参数还须与所采用的判别标准使用的参数相一致，否则判断状态时将无据可依。

　　b　测点的选择

　　测点就是机器上被测量的部位，它是获取诊断信息的窗口。测点选择正确与否，关系到能否获得所需要的真实完整的状态信息。只有在对诊断对象充分了解的基础上，才能根据诊断目的恰当地选择测点。测点应满足下列要求：

　　（1）对振动反应敏感。所选测点应是容易产生劣化现象的易损点，并且应尽可能靠近振源，避开或减少信号在传递通道上的界面、空腔或隔离物（如密封填料等），最好让信号成直线传播。这样可以减少信号在传递途中的能量损失（冲击振动每通过零件的界面传递一次，其能量损失约80%）。

　　（2）蕴含信息丰富。通常选择振动信号比较集中的部位，以便获得更多的信息，从而对设备的振动状态做出全面的描述。

　　（3）适应诊断目的。所选测点要服从于诊断目的。诊断目的不同，测点也应随之改换位置。

　　（4）便于安置传感器。测点必须有足够的空间来安置传感器，并要保证有良好的接触。此外，测点部位还应有足够的刚度。

　　（5）符合安全要求。由于现场振动测量是在设备运转的情况下进行的，所以在安置传感器时必须确保人身和设备安全。对不便操作，或操作起来存在安全隐患的部位，一定要有可靠的保安措施；否则，最好暂时放弃。

　　对于一般旋转机械而言，其振动测点选择主要有两种方式：测轴承振动及测轴振动。测轴承振动是指测量机组轴承座上典型测点的绝对振动；测轴振动是指测量轴颈相对于轴承座的相对振动。二者的区别，见表4-8。

表 4-8　测轴承振动和测轴振动的区别

测振方式	测 轴 承 振 动	测 轴 振 动
测量设备	传感器易于安装及拆卸； 测定振动较方便； 测量设备价格较低； 测量设备可靠性高	传感器安装受限制； 测定振动较困难； 测量设备价格较高； 测量设备（特别是传感器）可靠性低
性能特点	测振灵敏度低（当轴轻而本体刚度大时，对振动变化反应迟钝）； 有关参考资料丰富	测振灵敏度高（在任何情况下，对振动变化反应较灵敏）； 可直接测得基本界限值
环境影响	测量结果受周围环境影响小	测量结果受周围环境影响大

　　在通常情况下，轴承是监测振动最理想的部位，因为转子上的振动载荷直接作用在轴承上，并通过轴承把机器与基础连接成一个整体，因此轴承部位的振动信号还反映了基础的状况。所以，在无特殊要求的情况下，轴承是首选测点。如果现场条件不允许直接测量轴承，这时也应使测点尽量靠近轴承，以减小测点和轴承座之间的机械阻抗。此外，设备

的地脚、基础、机壳、缸体、进出口管道、阀门等部位，也是测振的常设测点，须根据诊断目的和监测内容决定取舍。

在现场诊断时有时会碰到这样的情况，部分设备会因结构限制（如机械传动机构被包裹在机壳内部），不便对轴承部位进行监测。凡碰到这种情况，只有另选测量部位。若要彻底解决问题，必须根据适检性要求，对设备的某些结构做一些必要的改造，比如可在适当部位开孔，甚至直接将传感器内置到设备内部。

值得注意的是，测点一经确定之后，就要经常在同一点进行测量。特别是高频振动，测点对测定值的影响更大（据研究结果表明，在测高频振动时，测量点的微小位移，如偏移数个毫米，将会造成测量值的成倍离散，有时可高达 6 倍）。为确保测量数据的一致性，测点确定后必须做上永久性记号，如使用记号笔、打上样冲孔、用划针刻线或加工出固定传感器的螺孔等，今后一般情况下不允许再做变动，并且每次都要在固定位置测量。

c 测量方向的确立

一般每个测点都对应有 3 个测量方向，即水平方向 H（Horizontal）、垂直方向 V（Vertical）和轴向 A（Axial）。其中：水平方向和垂直方向的振动反映径向振动，测量方向垂直于轴线；轴向振动的方向与轴线重合或平行。

不同方向的振动信号，往往包含着不同的故障信息。以单纯的旋转机械为例，每一个不同的检测方向，对应着不同的故障特征：水平方向工频大，一般对应不平衡故障；垂直方向工频大，一般对应松动故障；轴向振动大，一般对应不对中故障，所以振动应尽量在三个方向上都进行测量。但由于设备构造、安装条件的限制，或出于经济方面的考虑，有时无法在每个方向上都进行检测，这时可选择其中的两个方向进行检测。

d 测量周期的确定

振动监测周期若设置过长，容易捕捉不到设备开始劣化的信息；周期若设置过短，又会增加监测的工作量和成本。因此应根据设备的结构特点、传动方式、转速、功率、故障模式以及经济性等因素，合理选定振动监测周期。监测周期的确定应以能及时反映设备状态变化为前提。它通常有以下几类：

（1）定期检测。定期检测即每隔一定的时间间隔对设备检测一次，间隔的长短与设备类型和状态灯有关。高速、大型的关键设备，检测周期要短一些；振动状态变化明显的设备，应缩短检测周期；新安装及维修后的设备，则应频繁检测，直至运转正常；处于稳定运行期的设备，监测周期则可适当延长一些。一般而言，对点检站专职设备监测，多数设备监测周期一般可定为 7~14 天；对接近或高于 3000r/min 的高速旋转设备，应至少每周监测 1 次；对车间级日常设备监测，监测周期一般可定为每天 1 次或每班 1 次。

（2）随机检验。对不重要的设备，一般不定期地进行检测。发现设备有异常现象时，可临时对其进行测试和诊断。

（3）长期连续监测。对部分大型关键设备应进行在线监测，一旦测定值超过设定的槛值即进行报警，进而对机器采取相应的保护措施。连续在线监测主要适用于重要场合或由于工况恶劣不易靠近的场合，相应的监测仪器较定期检测的仪器要复杂，成本也要高些。

H 简易振动诊断常用仪器设备

振动监测及故障诊断所用的典型仪器设备包括测振传感器、信号调理器、显示记录仪器、信号分析与处理设备等，如图 4-17 所示。测振传感器将被测对象的振动参量（如位移、速度、加速度等）转换为适于电测的电信号。信号调理器是对传感器输出的电信号做进一步的加工和处理，如信号放大、滤波、阻抗变换、交直流分离等，以便获得能便于传输、显示、记录及可做进一步后继处理的信号。显示记录仪器是将信号调理部分处理过的信号用便于人们观察和分析的介质和手段进行记录或显示。显示记录仪器种类很多，如电子示波器、光线示波器、磁带记录仪、X-Y 记录仪、电平记录仪等，对于测量冲击和瞬态过程，可采用记忆式示波器和瞬态记录仪。信号分析与处理设备则负责对所记录的信号实行各种分析、处理，从而得到所需数据。计算机和大规模集成技术的发展以及快速傅里叶变换的应用，为数字信号处理提供了强有力的手段和方法，信号分析与处理已逐渐由以计算机为核心的监视、分析系统来完成。

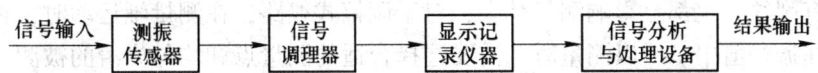

信号输入　→　测振传感器　→　信号调理器　→　显示记录仪器　→　信号分析与处理设备　→　结果输出

图 4-17　振动测量系统组成框图

a　测振传感器

振动传感器是测试技术关键部件之一，它的作用主要是将机械量接收下来，并转换为与之成比例的电量。由于它是一种机电转换装置，所以有时也称它为换能器、拾振器等。测振传感器按其所测振动参量的不同，可分为振动位移传感器、振动速度传感器、振动加速度传感器三种类型。各自典型的频响范围大致为：振动位移传感器为 0~10kHz；振动速度传感器为 10~2kHz；振动加速度传感器为 0~50kHz。

（1）振动位移传感器。位移传感器输出电量与振动位移成正比。这种类型的传感器有接触式和非接触式两种，其中接触式有变阻式和应变式两种；非接触式有电容式和电涡流式两种。下面简介在振动位移信号拾取中常采用的电涡流式传感器（见图 4-18）的工作原理和特点。

电涡流式位移传感器是一种绕在磁芯上的线圈（或绕在骨架上的平面线圈），当线圈中有频率较高（1~2MHz）的交变电压通过时，此时若线圈平面靠近某一导体面时，由于线圈

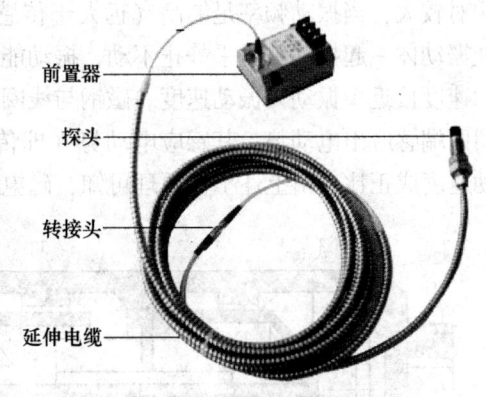

前置器

探头

转接头

延伸电缆

图 4-18　电涡流式位移传感器

磁通链穿过导体，导体的表面层感应出电涡流。根据楞次定律，电涡流也产生一个交变磁场，其方向与线圈原磁场方向相反，这两个磁场相互叠加改变了线圈的阻抗。因感应磁场穿过原线圈，这样，原线圈与涡流"线圈"（此处加了引号，表示该线圈仅仅是感应出来的，在肉眼上是不可见的）形成了有一定耦合的互感。耦合系数的大小与二者之间的距离及导体的材料有关。可以证明，在传感器的线圈结构与被测导体材料确定之后，传感器的等效阻抗以及谐振频率都与间隙的大小有关，此即非接触式电涡流式传感器测量振动位移的依据。也就是说，电涡流式位移传感器其实是将被测量——位移的变化线性地转换成相应的电压信号以便进行测量。

　　电涡流式传感器可以实现非接触测量，具有测量范围大、灵敏度高、频响范围宽、抗干扰能力强、不受介质影响、结构简单等优点，因此广泛应用于工业生产和科学研究的各个领域。近几十年来，国内外许多单位利用电涡流原理制成的位移、振幅、厚度测试仪等取得了良好测试效果。在高速旋转机械中，大量利用电涡流式传感器进行轴向位移、径向振动、转速及相位的测量和长期监视。由于这种传感器能直接测量出旋转机械中轴承油膜变化的复杂过程，比较准确地检测出轴的运动及故障实际状况，因此对高速旋转机械系统的监测保护具有重要的意义，受到广泛地重视。国内外运行的汽轮机、压缩机等大型旋转机械的保护系统中大量采用了电涡流式传感器。

　　电涡流式传感器的主要缺点是对被测材料敏感。如果被测材料不同，传感器的灵敏度和线性范围均要改变，必须重新标定；对同一种材料来说，如果被测表面的材质不均，或工件内部有裂纹，也都会影响测量结果；对于调幅式线路，在测量轴运动时，轴的不圆度也将反映在振幅值中。所以测量时，需要选择合适的测量点和均匀光滑的被测表面。

　　（2）振动速度传感器。速度传感器输出电量与振动速度成正比。这种类型的传感器一般为磁电式传感器（也称作电动式或感应式传感器），它也有接触式和非接触式两种，其中接触式又有动圈式（运动部件是线圈）和动磁式（运动部件是磁铁）两种，非接触式指的是变间隙式（变磁通式）。从结构上分，磁电式速度传感器又可分为相对式和惯性式两种。相对式可以测量两个物体之间的相对运动；惯性式可以测量物体的绝对振动速度。

　　图 4-19 即为磁电式速度传感器结构与安装示意图，其工作原理是基于电磁感应原理。当测量机械设备振动时，传感器壳体随被测振动体一起振动，由于弹簧较软，运动部件质量相对较大，当振动频率足够高（远大于传感器固有频率）时，运动部件惯性很大，来不及随振动体一起振动，近乎静止不动，振动能量几乎全被弹簧吸收，磁钢与线圈之间的相对运动速度接近于振动体振动速度。磁钢与线圈的相对运动将会切割气隙内的磁力线，从而在线圈两端感应出电动势。其感应电动势（即传感器的输出电压）大小与线圈切割磁力线的运动速度成正比。由上述工作原理可知，磁电感应式传感器只适合进行动态测量。

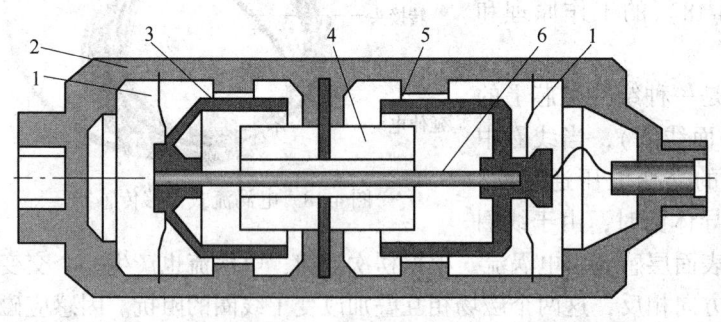

(a)　　　　　　　　　　　　　　　　　(b)

图 4-19　磁电式速度传感器的结构与安装

（a）结构；（b）安装

1—弹簧；2—壳体；3—阻尼环；4—磁钢；5—线圈；6—芯轴

磁电式速度传感器不需要辅助电源，就能把被测对象的机械能转换成易于测量的电信号，是一种有源传感器，具有较高的速度灵敏度和较低的输出阻抗，能输出较强的信号功率。它无需设置专门的前置放大器，测量线路简单，安装、使用简单，故常用于旋转机械的轴承、机壳、基础等非转动部件的稳态振动测量。其缺点是动态范围有限，尺寸和重量较大，弹簧件容易失效，对方向和磁场敏感。

（3）振动加速度传感器。加速度传感器输出电量与振动加速度成正比。这种类型的传感器只有接触式的，分为压电式和应变式。目前最常用的是压电式传感器。压电式加速度传感器是利用压电效应制成的机电换能器。某些晶体材料，如天然石英晶体和人工极化陶瓷等，在承受一定方向的压力而变形时，内部会产生极化现象，在其表面产生电荷。当外力去掉后，材料又回复不带电状态。这种将机械能转换成电能的现象称为压电效应。利用材料压电效应制成的传感器就称为压电式传感器。

图 4-20 即为压电式加速度传感器结构原理及示例图，其主要是由刚性很大的弹簧、质量块和压电片等组成。当传感器固定在被测物体上承受振动时，质量块所施加于压电片上的惯性力 F 也随之而变。根据牛顿第二定律，此力是质量 m 与加速度 a 的函数，即 $F = ma$。由于压电效应，在压电片上产生了电荷，且电荷 Q 与外力 F 成正比，因而压电式传感器的输出电荷 Q 与被测振动的加速度 a 也将成正比，即 $Q = S_Q a$（S_Q 为电荷灵敏度）。

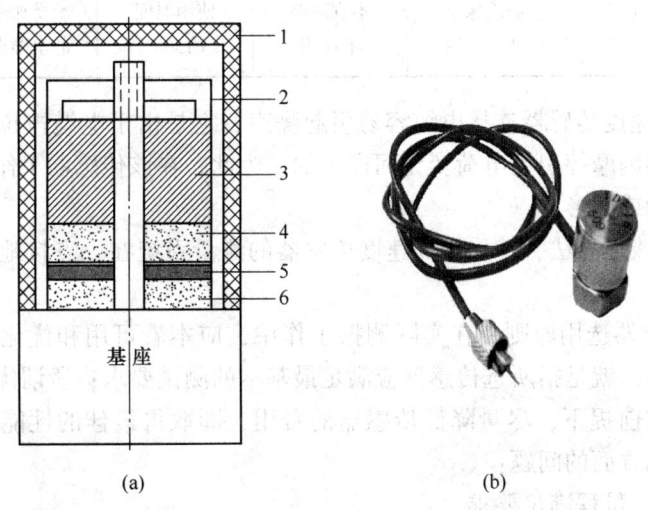

（a）　　　　　　　　　　（b）

图 4-20　压电式加速度传感器结构原理及示例图

（a）结构；（b）示例

1—壳体；2—弹簧；3—质量块；4，6—压电片；5—输出端

与其他种类传感器相比，压电式传感器具有频率范围宽（是上述三类传感器中频率特性最宽的一种传感器）、线性动态范围大、灵敏度高、体积小、重量轻、能在任意方向安装等优点，因此成为振动测量的主要传感器形式。但是加速度传感器也存在缺点，主要表现在低频域中，由于加速度传感器只能产生较低的信号电平，所以在测量总的机械振级时，难以清楚地判断较低频率的故障。

加速度传感器的安装方式是获得准确测量结果的关键所在，必须引起高度重视，否则会导致安装后固有振动频率降低，从而大大限制其有用频率范围。通常，加速度传感器有以下几种安装方式：钢制螺栓安装、绝缘螺栓加云母垫片、薄层蜡黏接、永久磁铁安装、用黏结剂（如 502 胶或环氧树脂胶等）固定、手持探针等，见表 4-9。此外还应注意两点：

表 4-9　压电式加速度传感器各种安装方式性能比较表

安装方式	钢制螺栓安装	绝缘螺栓加云母垫片	薄层蜡黏结	永久磁铁安装	用黏结剂固定	手持探针
安装示意图		云母垫片	蜡层	磁铁	黏结剂	
共振频率	最高	较高	较高	中	低（<5000Hz）	最低（<1000Hz）
负荷加速度	最大	大	小	中（<200g）	小	小
其　他	适合冲击测量	需绝缘时使用	不宜高温下使用	使用温度<150℃	承受加速度冲击能力小	使用方便，但误差较大

1）压电式加速度传感器连接电缆容易引起噪声，它是由于电缆被拉伸、压缩和弯曲时引起电容变化和因摩擦引起电荷变化而产生的，为此，在该传感器工作时，应将电缆固定以防止电缆振动或变形。

2）保证正确接地方法，使采用加速度传感器的测量系统在一点接地，避免两点接地形成回路。

（4）振动传感器选用原则。在实际测振工作中，应本着可用和优化的原则选用振动传感器。所谓可用，就是指所选传感器应满足最基本的测试要求；所谓优化，就是指在满足基本测试要求的前提下，尽量降低传感器的费用，即取得最佳的性能价格比。具体来说，要考虑以下几方面的问题：

1）测量范围：量程满足要求。

2）频响范围：幅频特性的水平范围尽量宽，相频特性为线性。

3）灵敏度：灵敏度尽量高，信噪比要好。

4）精度：考虑实际需要和整个测试系统精度。

5）稳定性：时间稳定性和环境稳定性好。

6）其他因素：工作方式、外形尺寸、重量等满足要求。

b　简易振动诊断仪器

简易振动诊断仪器主要是通过测量振动幅值的部分参数，对设备的状态做出初步判断，以确定设备正常与否。这种仪器体积小，价格便宜，易于掌握，适合由工段、班组一级来组织实施进行日常测试和巡检。常用简易振动诊断仪器按其功能可分为振动计、振动测量仪和冲击振动测量仪等，如图 4-21 所示。

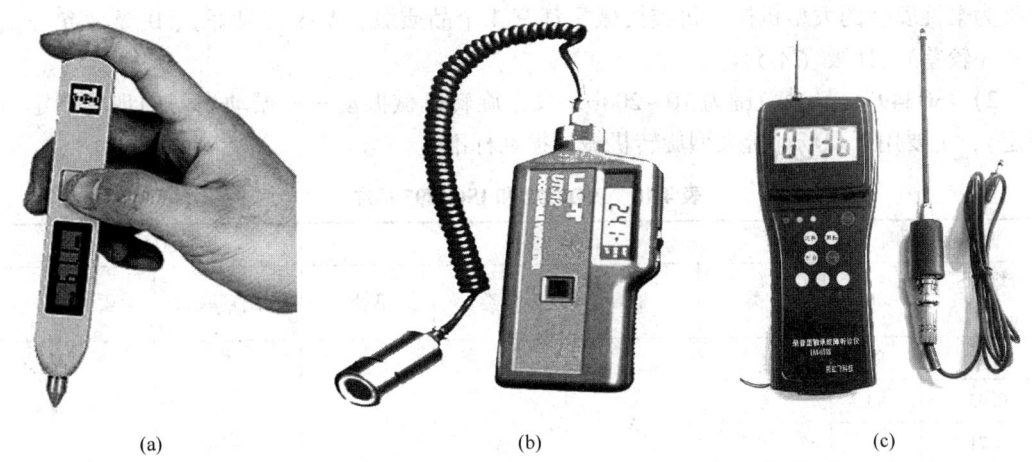

图 4-21　常用简易振动诊断仪器

（a）振动计；（b）振动测量仪；（c）冲击振动测量仪

（1）振动计：一般只测一个物理量，读取一个有效值或峰值。读数由指针显示或液晶数值显示，有表式和笔式两种，小巧便携。

（2）振动测量仪：可测振动位移、速度和加速度三个物理量，频率范围较大，其测量值可直接由表头指针显示或液晶数字显示。通常备有输出插座，可外接示波器、记录仪和信号分析仪，可进行现场测试、记录、分析。

（3）冲击振动测量仪：测量振动高频成分的大小，常用于检测滚动轴承等的状态。

Ⅰ　振动监测的标准

a　振动标准的分类

一般来讲，各类机械设备在运转过程中均存在着振动现象，但只要振动不影响机器的工作精度和机器的使用寿命，不产生过大的噪声，或未对周围环境产生过大的不良影响等，则此种振动常是允许的，反之则不允许。因此，为了对设备的状态做出评判，判断是否存在故障及故障的程度如何，必须对表征机器状态的测量值与规定的标准值进行比较，这就需要制定一个标准。按照标准制定方法的不同，振动标准一般可分为绝对判断标准、相对判断标准和类比判断标准三大类。

（1）绝对判断标准。绝对判断标准是将被测量值与事先设定的"标准状态槛值"相比较，以判定设备运行状态的一类标准。绝对判断标准有国际标准、国家标准、行业标准、企业标准等。常用的振动判断绝对标准有国际标准 ISO2372、ISO2373、ISO3495、ISO10816、ISO7919；德国工程师协会标准 VDI2056；加拿大标准 CDA/MS/NVH107；英国标准 BS4675；我国国家标准 GB/T 6075.1—2012、GB/T 6075.2—2002 等。其中，以 ISO2372 和 ISO3495 标准最为常用，具体见表 4-10。此外，我国的许多部门、厂家都针对不同设备制定了相应的行业标准或企业标准，其在设备的生产和管理中起着非常重要的作用。

1）ISO2372《转速为 10~200r/s 机械振动规定评价标准》，主要是用于车间验收和试验而设计的通用标准，适用于工作转速为 600~12000r/min、轴承盖上振动频率在 10~1000Hz 范围内的机器振动烈度的等级评定。它将机械分为 4 类：Ⅰ 类为小型机械（15kW 以下的电动机）；Ⅱ 类为中型机械（15~75kW 的电动机）；Ⅲ 类为刚性安装的大型机械；

Ⅳ类为柔性安装的大型机械。每类机械又都有 4 个品质级：A 级（良好）、B 级（允许）、C 级（较差）、D 级（不允许）。

2）ISO3495《转速范围为 10~200r/s 大型旋转机械振动——振动烈度的现场测定与评定》，主要用于现场评价大型旋转机械的振动标准。

表 4-10　ISO2372 和 ISO3495 标准

振动强度范围		ISO2372				ISO3495	
分级范围 /mm·s⁻¹	dB	Ⅰ类	Ⅱ类	Ⅲ类	Ⅳ类	刚性基础	柔性基础
0.28	89	A	A	A	A	良好	良好
0.45	93						
0.71	97						
1.12	101	B					
1.8	105		B				
2.8	109	C		B		允许	
4.5	113		C		B		允许
7.1	117			C		较差	
11.2	121						
18	125	D			C		较差
28	129		D	D		不允许	
45	133				D		不允许
71	137						

（2）相对判断标准。对于有些设备，由于规格、产量、重要性等因素难以确定绝对判断标准时，可以采用相对判断标准。相对判断标准是将设备正常运转时所测得的值定为初始值，以当前实测数据值达到初始值的倍数为阈值来判定设备当前所处的状态，它是对同一设备的同一测点、在同一方向（V、H、A 等）、同一工况下的振动值进行定期测定，并与初始值进行比较，视其倍数判断设备是否异常的一种判别方法。

一般来说，绝对判断标准通常较为保守，为此在设备诊断时不能硬套这些绝对标准，必须从本企业所用设备的实际运行状态出发，在参考绝对标准的基础上，建立符合实际的故障诊断相对标准，从而保证设备的高效、安全和经济运行。建立相对标准的方法主要有统计法、回归分析法、冲击系数法、波纹法等，它是应用较为广泛的一类标准。但其不足之处在于此类标准建立的周期较长，且阈值的设定可能随时间和环境条件（包括载荷情况）而变化，因此，在实际工作中，应通过反复试验才能确定。

ISO 建议的相对判断标准见表 4-11。国内部分企业采用的相对判断标准见表 4-12。

表 4-11　ISO 建议的相对判断标准

评　价	低频机械（<1kHz 以下）	高频机械（>4000kHz）
注　意	2.5 倍以上	6 倍以上
异　常	10 倍以上	100 倍以上

表 4-12 国内部分企业采用的相对判断标准

评价	低频机械（<1kHz 以下）	高频机械（>4000kHz）
注 意	1.5~2 倍以上	约 3 倍
异 常	约 4 倍	约 6 倍

（3）类比判断标准。类比判断标准是对数台机型相同、规格相同的设备在相同条件下，通过对各设备同一部分进行测定，并对测定值进行相互比较，由此判定设备是否发生异常。对于同规格、同型号、同工况的若干台设备，在缺乏必要的标准时，可以采用此类标准来进行状态判别。

一般认为，当低频段振动值大于同类其他大多数设备同一部位测得的振动值（视正常值）1 倍以上时、高频大于 2 倍以上时，该设备就有可能出现异常。此类标准仅限于结构及工况比较简单的小型机械，见表 4-13。

表 4-13 常用类比判断标准

评 价	低频机械（<1kHz 以下）	高频机械（>1000kHz）
注 意	1 倍以上	2 倍以上
异 常	2 倍以上	4 倍以上

b 振动标准使用注意事项

在实施设备状态监测与故障诊断过程中，首先要通过测试分析，获取被测设备的状态信息；然后根据所获得的信息，对设备状态做出判断。振动标准是设备状态判断的依据或准则。振动诊断标准的建立、完善、搜集及整理是设备诊断过程中一项极为重要的基础工作。要想在设备诊断中正确使用振动标准，必须注意以下几点：

（1）诊断标准的科学性与相对性。目前，国内外各种振动标准一般都是建立在理论分析和科学实验的基础上，是设备诊断人员长期监测和广泛积累的结果。因此，总体上来看，这些标准均具有普遍意义，它是相当科学的。但是，应当注意的是，任何标准都是在一定条件下制定的。由于每台设备的原始状况、工作环境、运行条件等诸多因素不可避免地存在差异性，加之各行业对设备的运行精度等要求也不一样，因此在应用振动标准判断某台具体设备时，应注意标准只能被当做一种参考（即不能绝对化），这又体现了标准的相对性。

（2）明确标准所适用的诊断对象和应用范围。在选用振动标准时，首先必须对该标准有全面深入的了解，注意把诊断对象与标准所适用的对象、应用范围（转数、功率、频率等）以及约束条件（参数类别、测点位置、测量方法、设备工况等）进行比较。

（3）重视标准的综合应用。鉴于各类标准都具有相对性，如果仅采用单一标准来判别设备状态，有时难免会出错，故此最好采用多个标准做综合判断，可以将绝对判断标准、相对判断标准和类比判断标准结合起来运用。在三类标准同时存在的情况下，建议按如下优先顺序进行选择：绝对标准>相对标准>类比标准，特别是诊断疑难故障时，这种综合判断能获得准确、可靠的诊断结果。此外，也可以采用不同国度、不同行业、不同企业的诊断标准进行比较分析，从而使诊断结果的把握性更大。

J 设备状态发展趋势分析

a 设备状态发展趋势分析的作用

在设备状态监测与故障诊断过程中，除了要对故障类型、部位、性质及程度等做出判别外，还需对故障的发展趋势做出预测，以便在其性能下降到一定程度或功能故障将要发生之前做好应对准备。因此，对设备状态实行趋势管理，是一项必不可少的基础工作。设备状态发展趋势分析的主要目的如下：

（1）检查设备状态是否处于控制范围以内。

（2）观测设备状态的变化趋向或现实状况。

（3）预测设备状态发展到危险水平的时间。

（4）早期发现设备异常，及时采取对策。

（5）及时找出有问题的设备（提交精密诊断）。

b　设备状态发展趋势管理图制作

设备状态发展趋势分析的对象可以是某一测点振动的幅值，也可以是某一个特征频率的振幅。其具体制作方法为：以时间为横坐标，以趋势分析对象（幅值参量）为纵坐标，在坐标图上标示定期监测的数据，并用一根连续的曲线连接起来就形成了趋势管理曲线。

如图 4-22 所示为设备状态发展趋势管理图，其以振动速度的有效值为分析对象。当设备运行到时间 t_1 时，有效值的幅值由"正常级值（v_0）"上升到"异常级值（v_1）"，表明设备已出现异常；当设备继续运行到时间 t_2 时，其幅值达到"不允许值（v_2）"，表明设备故障已相当严重，必须停机进行处理。$t_2 \sim t_1$ 时间段就是设备出现异常之后预计还可能继续运行的时间，这也是故障处理前的准备时间。此外，在通过趋势管理图判断设备状态时，还应特别注意分析对象的变化速率。如果某参数值幅值变化率很大，哪怕此时其绝对值并不大或还没超过规定阈值，也必须引起足够重视，因为这种情况往往预示设备在加速劣化或存在突发故障的可能。

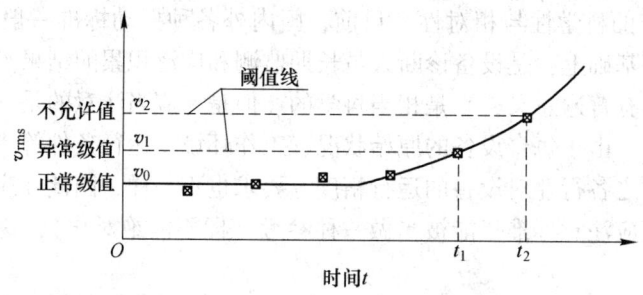

图 4-22　设备状态发展趋势管理图

K　典型零部件的简易振动诊断方法

a　滚动轴承简易振动诊断

（1）滚动轴承振动测定。

滚动轴承是机械设备中最常见的部件之一，也是最易损坏的元件之一。它的运行状态直接影响整台机器的功能。据钢铁工业统计，在旋转机械中，由于滚动轴承损坏而引起的故障约占 70%。因此，对滚动轴承的运行状态进行监测和故障诊断具有十分重要的意义。滚动轴承的振动信号分析故障诊断方法可分为简易诊断法和精密诊断法两种。其中，利用简易诊断仪器测出特定的振动量（速度、加速度、峭度系数、冲击脉冲等），再将其与标准值进行比较，通过其是否超出规定的界限值来判断滚动轴承存在故障与否以及故障的严重程度的方法，称为滚动轴承简易振动诊断法。

　　滚动轴承产生的振动信号中，含有丰富的有用信息。实践表明，利用振动信息对滚动轴承进行故障诊断是十分有效的。根据滚动轴承的固有特性、制造条件和使用情况的不同，它所引起的振动可能是 1kHz 以下的低频振动，也可能是 1kHz 以上，甚至是数千、数十千赫兹的高频振动，更多时候是同时包含上述两种振动成分。而传统的"手摸、耳听"等五感诊断法只能感觉到 1kHz 以下的振动信号，故对轴承的故障基本无法及时、准确掌控。因此，在大多数情况下，只有用测振仪或分析仪对轴承的振动信号在特定的频带进行监测和分析，才能判断并预测轴承的故障和状态。滚动轴承诊断常用的频段和参数如下：

　　1）低频段（1kHz 以下）。检测参数为速度。特点是信噪比低、故障检测灵敏度差。目前主要在简易诊断中使用，在精密诊断中已较少采用。

　　2）中频段（1~20kHz）。检测参数为加速度的峰值、有效值或峭度系数等。

　　3）高频段（20~80kHz）。瑞典发明的冲击脉冲法（SPM）和美国首创的共振解调法（IFD）就是在这个频段上。

　　（2）滚动轴承常用简易振动诊断法。

　　1）振幅值诊断法。振幅值诊断法既简单又实用，是一种最常见的诊断方法。它通过将实测的振幅值与标准中给定的标准值进行比较，来判断轴承的状态。

　　该方法的测量参数主要包括峰值、平均值和有效值。一般常见的简易振动测量仪器都可方便测得加速度峰值和速度有效值。其中：峰值反映的是某时刻振幅的最大值，因而它适用于像表面点蚀损伤之类的具有瞬时冲击的故障诊断场合，此外，对于转速较低的情况（如 300r/min 以内），也常采用峰值进行诊断；有效值是对时间的平均，因而它应用于像磨损之类的振幅值随时间缓慢变化的故障诊断场合。

　　2）峰值指标诊断法。峰值指标 C_f，即峰值与有效值之比。当滚动轴承无故障时，峰值指标为一较小的稳定值。但是，一旦轴承出现损伤，就会产生冲击信号，振动峰值会明显增大，而此时有效值却无明显增大，故此峰值指标会变大；当故障不断扩展，峰值逐渐达到极限值后，有效值则开始增大，此时峰值指标会变小，直至恢复到无故障时的大小。峰值指标的变化通常会经历以下几个阶段：①第一阶段，$C_f<5$，轴承正常；②第二阶段，$C_f=5~10$，轴承轻微损伤；③第三阶段，$C_f=10~20$，轴承严重损伤；④第四阶段，C_f 从 20 逐渐减小，轴承损伤扩展；⑤第五阶段，C_f 恢复到初始值，此时必须更换轴承。

　　峰值指标用于滚动轴承简易诊断的优点在于该无量纲参数不受轴承尺寸、转速、载荷及环境温度的影响，也不受传感器、放大器等一、二次仪表灵敏度变化的影响。该方法适用于点蚀类故障的诊断，通过对峰值指标随时间变化趋势的检测，可以有效对滚动轴承进行早期预报，并能反映故障的发展变化趋势。

　　3）概率密度诊断法。如前所述，滚动轴承无故障时，其振动概率密度曲线是典型的正态分布曲线，而一旦出现故障，则其概率密度曲线可能出现偏斜或分散的现象。

　　4）峭度系数诊断法。峭度系数诊断法是目前较为推崇的一种无量纲参数诊断法。该方法首先在英国获得应用。通过实践证实：峭度系数对轴承早期故障的灵敏性高；用峭度系数和加速度有效值来共同监测轴承，总有效率达到 96%。

一般来讲，振幅满足正态分布规律的无故障轴承，其峭度系数约为 3；随着故障的产生和发展，峭度系数具有与峰值指标类似的变化趋势（即先增大后减小）。该方法的优点在于与轴承转速、尺寸、载荷及环境温度等条件无关，主要适用于点蚀类故障的诊断。

5）冲击脉冲法（SPM 法）。冲击脉冲法是瑞典 SPM 公司的专利技术。从 20 世纪 80 年代起，我国企业广泛应用冲击脉冲法诊断滚动轴承故障，取得显著的成效。冲击脉冲法诊断滚动轴承由于简便有效，很受企业欢迎，即使到了 21 世纪，冲击脉冲法仍然是用于现场简易诊断的有效手段之一。该方法广泛应用于现场的故障诊断，特别适用于诊断那些运行平稳的机电设备，如电动机、离心式水泵、离心式风机等设备。只要操作方法得当，确诊率可达到 90% 以上。

冲击脉冲法从本质上来说仍属于振动诊断的范围，但它与一般的振动诊断在实施步骤和判别方法上有很大的差别。冲击脉冲法的基本原理是：当滚动轴承的某些元件存在缺陷，如滚动体疲劳剥蚀、滚道磨损、保持架变形或者断裂、内外圈与轴和孔的配合松动而产生摩擦，以及缺乏润滑油或油中混入杂质时，由于轴的旋转，这些零件在接触过程中会发生机械冲击，从而引发宽带高频冲击脉冲振动。冲击脉冲的强弱反映了撞击的猛烈程度，由此便可对滚动轴承是否有故障及故障的严重程度做出判断。

6）共振解调法（IFD 法）。共振解调法也称为早期故障探测法，它是利用传感器及电路的谐振，将轴承故障冲击引起的衰减振动放大，从而提高了故障探测的灵敏度；同时还利用解调技术，将轴承故障信息提取出来，通过解调后的信号进行频谱分析，用以诊断轴承故障。

7）轴承劣化趋势分析。滚动轴承的劣化趋势图表示滚动轴承的振动参数（如速度、加速度、冲击脉冲值等）随点检日程（时间）变化的趋势图，它是现场对滚动轴承状态进行监测的重要内容和依据。在滚动轴承的劣化趋势图上，通过对振动参数的数值及其变化趋势的分析，来判断滚动轴承当前的状态，并预测轴承状态发展趋势。

b　齿轮简易振动诊断

（1）齿轮振动的测量。齿轮装置广泛应用于国民经济各部门。在今天科学技术飞速发展的时代，机械装备向着大型化、高效率、高强度、自动化和高性能的方向发展，作为传递运动和动力的齿轮装置几乎在任何大型设备中都具有重要的作用。然而，由于制造、安装、维护和工作环境等多种因素的影响，齿轮机构容易产生种种缺陷。齿轮失效是造成机器故障的重要因素之一。开展齿轮故障诊断对降低寿命周期费用、提高设备综合效率等均具有较大的现实意义。

但是，齿轮故障诊断的困难在于信号在传递中所经的环节较多（齿轮—轴—轴承—轴承座—测点），高频信号在传递中基本丧失，故需借助于较为细致的信号分析技术，以达到提高信噪比和有效提取故障特征的目的。这一过程很难在一个简单仪器中实现，所以到目前为止，还没有专门的齿轮诊断仪问世。

齿轮所发生的低频和高频振动中，包含了诊断各种异常振动非常有用的信息。测量齿轮振动的测点通常选在轴承座上，所测得的信号中当然也包含了轴承振动成分。不过，轴承常规振动的水平明显低于齿轮振动，一般要小一个数量级。

齿轮发生的振动中，有固有频率、齿轮轴的旋转频率及轮齿啮合频率等成分，其频带较宽。利用包含这种宽带频率成分的振动进行诊断时，要把所测的振动按频带分类，然后根据各类振动进行诊断。通常在进行齿轮振动测定时，可选用频率范围较宽的加速度传感器。

（2）齿轮的简易诊断方法。齿轮的简易诊断主要是通过振动与噪声分析法进行的，包括声音诊断法、振动诊断法以及冲击脉冲法（SPM）等。其目的主要是迅速判别齿轮的工作状态，对处于异常工作状态的齿轮进行精密诊断分析或采取其他措施。

简易诊断通常借助一些简易的振动检测仪器，对振动信号的幅域参数进行测量，通过监测这些幅域参数的大小或变化趋势，判断齿轮的运行状态。

1）齿轮的振幅监测。监测齿轮的振动强度，如峰值、有效值等，可以判别齿轮的工作状态。判别标准可以用绝对标准或相对标准，也可以用类比的方法。

2）齿轮无量纲诊断参数的监测。为了便于诊断，常用无量纲幅域参数指标作为诊断指标。它们的特点是对故障信息敏感，而对信号的绝对大小和频率变化不敏感。这些无量纲振断参数有波形指标、峰值指标、脉冲指标、裕度指标及峭度指标。这些指标各适用于不同的情况，没有绝对优劣之分。

4.2.3.2　精密振动诊断技术

振动信号中包含了大量对诊断有用的信息，但也存在一些无用的干扰噪声。为了提取有用的信息，必须对信号进行处理，否则不可能得到正确的诊断结果。信号处理是设备精密诊断中不可或缺的重要手段。

A　数字信号处理

机械故障诊断与监测所需的各种机械状态量（振动、转速、温度、压力等），一般是采用相应的传感器，将获取的信息转换为电信号，再进行深处理。通常传感器获得的信号为模拟信号，它是随时间连续变化的。随着计算机技术的飞速发展和普及，信号分析中一般都将模拟信号转换为数字信号，以便进行各种计算和处理。

a　采样

采样是指将所得到的连续信号离散为数字信号，这一过程相对于在连续时间信号上"摘取"许多离散时刻上的信号瞬时值，其过程包括取样和量化两个步骤。

取样是将一连续信号 $X(t)$ 按一定的时间间隔 Δt 逐点取得其瞬时值，即取样值。量化是将取样值表示为数字编码，即将取样所得的离散信号的电压幅值，用二进制数码组来表示，这样就可以使离散信号变成数字信号。量化有若干等级，其中最小的单位称为量化单位。由于量化将取样值表示为量化单位的整倍数，因此必然引入误差，即量化误差。实际上，和信号获取、处理的其他误差相比，量化误差通常是不大的。

由图 4-23 可知，连续信号 $X(t)$ 通过取样和量化在时间和大小上成为一离散的数字信号 $Y(t)$。采样过程目前一般通过专门的模数转换（A/D）芯片来实现。

b　截断

当运用计算机实现工程测试信号处理时，由于计算机只能处理有限长度的数据，不可能对无限长的信号进行测量和运算，所以必须从采样后信号的时间序列截取有限长的一段来计算，其余部分则视为零不予考虑。无限长的信号被截断以后，其频谱发生了畸变，势必引起频谱能量泄漏。为了减少频率泄漏，可采用不同的截取函数对信号进行截断，截断函数称为窗函数，简称为窗。"窗"的意思是指透过窗口能够"看见""外景"（即信号

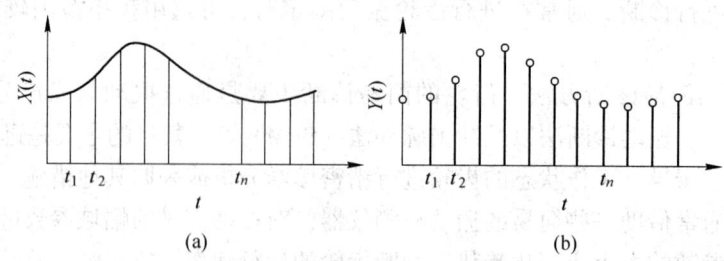

图 4-23　信号采样过程

(a) 取样；(b) 量化

的一部分），对窗以外"看不见"的信号，视其为零。

常用的窗函数有幂窗（如矩形窗、三角窗）、指数窗（如高斯（Gaussian）窗）、三角函数窗（如汉宁（Hanning）窗、海明（Hamming）窗）等。窗函数的选择应根据被分析信号的性质和处理要求来确定。如果仅要求精确读出主瓣频率，而不考虑幅值精度，则可选用主瓣宽度比较窄而便于分辨的矩形窗，例如测量物体的自振频率等；如果分析窄带信号，且有较强的干扰噪声，则应选用旁瓣幅度小的窗函数，如汉宁窗、三角窗等；对于随时间按指数衰减的函数，可采用指数窗来提高信噪比。

c　采样间隔及采样定理

采样的基本问题是如何确定合理的采样间隔 Δt 和采样长度 T，以保证采样所得的数字信号能真实反映原信号 $X(t)$。显然，采样频率 f_s（$f_s = 1/\Delta t$）越高，即采样间隔 Δt 越小，采样就越细密，所得的数字信号就越逼近原信号。但若采样频率 f_s 过高，即采样间隔 Δt 过小，数据量（即序列长度）N 就很大（$N = T/\Delta t = T \cdot f_s$），所需的内部存储量和计算量就迅速增大。此时，如果数字序列长度一定，则只能处理很短的时间历程，可能产生较大的误差。若采样频率 f_s 过小，即采样间隔 Δt 过大，此时则可能丢掉有用的信息。图 4-24 所示为采用过大的采样间隔，对两个不同频率的正弦波进行采样，结果得到一组相同的采样值，无法辨识

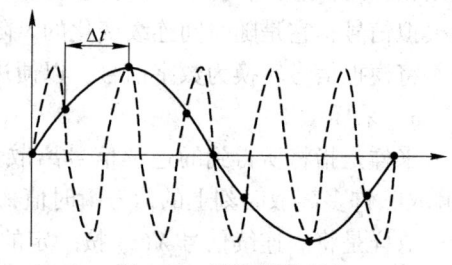

图 4-24　波形混淆现象

两者的差别，就可能出现将其中的高频信号误认为某种相应的低频信号，出现所谓的频率混淆（或混叠）现象。

若要不产生频率混淆现象，首先应使被采样的模拟信号 $X(t)$ 成为有限带宽信号。为此，对不满足此要求的信号，在采样之前，使其先通过模拟低通滤波器滤去高频成分，成为带限信号，为满足下一步的要求创造条件，这种处理称为抗混叠滤波处理。其次，应使采样频率 f_s 大于带限信号的最高频率 f_{max} 的 2 倍，即：

$$f_s \geq 2f_{max} \tag{4-15}$$

这就是 Shannon（夏农）采样定理。在满足此两条件之下，采样后的频谱就不会发生混叠，就可以将完整的原信号读出，也就有可能从离散序列中准确恢复原模拟信号 $X(t)$。

在实际工作中，考虑到实际滤波器不可能有理想的截止特性，在其截止频率 f_c 之后总

有一定的过渡带，故采样频率常选为 $(2.56 \sim 4)f_c$，即 $f_s = (2.56 \sim 4)f_c$。

　　d　采样长度和频率分辨率

　　采样长度太长会使计算量增大；但采样长度过短则不能反映信号的全貌。另外，频率采样间隔 Δf 也是频率分辨率的指标。此间隔越小，频率分辨率就越高，被"挡住"的频率成分就越少。在利用 DFT（离散傅里叶变换）将有限时间序列变换成相应的频谱序列的情况下，Δf 和分析的时间信号长度 T 的关系是：

$$\Delta f = f_s/N = 1/T \tag{4-16}$$

　　在实际使用中，应综合考虑采样频率和采样长度的问题。一般在信号分析仪中，采样点数 N 是固定的（如 1024、2048、4096 点等），依据采样定理，各档分析频率 f_a 范围取：

$$f_a = f_s/2.56 = 1/(2.56\Delta t) \tag{4-17}$$

则频率分辨率为：

$$\Delta f = f_s/N = 2.56\,f_a/N = (1/400,\ 1/800,\ 1/1600,\ \cdots)f_a \tag{4-18}$$

　　这就是信号分析仪的频率分辨率选择中通常所说的 400 线、800 线、1600 线……，也就是所谓的谱线数。谱线数 M 还可表示为：

$$M = N/2.56 \tag{4-19}$$

　　B　振动信号的时域分析

　　幅域分析尽管也是用样本时间的波形来计算，但它不关心数据产生的先后顺序，即使将数据次序任意排序，所得的结果是一样的。为此，可以采取时域分析，研究振动信号在时间域内的变化或分布情况。常用的方法有波形分析、同步平均、轴心轨迹分析等。

　　（1）波形分析。时域波形是最原始的振动信息源。由传感器输出的振动信号，一般都是时域波形。对于具有明显特征的波形，可以直接用来对设备故障做出初步判断，例如：大约等间距的尖脉冲是冲击的特征等。图 4-25 为现场实测所得某减速机时域波形图。

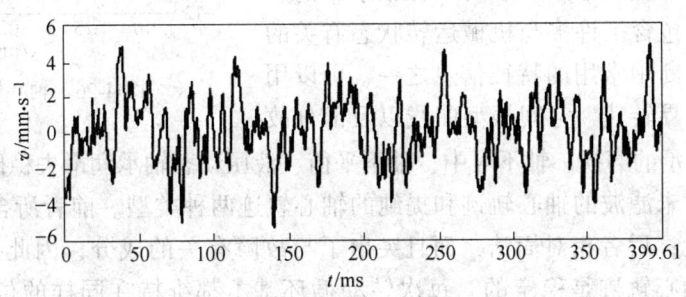

图 4-25　时域波形图

　　波形分析是时域分析中最简单和最直接的方法，特别是当信号中含有简谐信号、周期信号或短脉冲信号时更为有效。通过波形分析，有助于区分不同的故障。一般来说：单纯不平衡的振动波形基本上是正弦式的；单纯不对中的振动波形比较稳定、光滑、重复性好；转子组件松动及干摩擦产生的振动波形比较毛糙、不平滑、不稳定，还可能出现消波现象；自激振动（如油膜涡动、油膜振荡等）波形比较杂乱，重复性差，波动大；有疲劳剥落故障的齿轮和滚动轴承，在其信号中会出在冲击脉冲等。

　　（2）同步平均。时域同步平均（Time Synchronous Averaging, TSA）是从混有噪声干

扰的信号中提取周期性信号的过程，也称相干检波（Coherent Detection）。其实现过程是对机械信号以一定周期为间隔去截取信号，然后将所截得的信号段叠加平均，这样可以消除信号中的非周期分量和随机干扰，保留确定的周期分量。时域同步平均广泛用于齿轮箱振动信号的处理，可以有效提高信号信噪比。

在回转机械与往复机械的运行过程中，反映其运行状态的各种信号通常是随机器运转而周期性重复的，其频率是机器回转频率的整倍数。但这些信号又往往被伴随产生噪声干扰，在噪声较强时，不但信号的时间历程显示不出规律性，而且由于常用的谱分析不能略去任何输入分量，在频谱图中这些周期分量很可能被淹没在噪声背景中。而时域同步平均则可以消除与给定频率（如某轴的回转频率）无关的信号分量，包括噪声和无关的周期信号，提取与给定频率有关的周期信号，因此能在噪声环境下工作，提高分析信噪比。平均结果清楚地显示信号在给定周期内的机械图像，这对于识别机械在运行过程不同时刻的状态是很有价值的。此外，时域同步平均也可作为一种重要的信号预处理过程，其平均结果可再进行频谱分析或作其他处理，如时序分析、小波分析等，均可以得到比直接分析处理高的信噪比。

（3）轴心轨迹分析。转子在轴承中高速旋转时，并不只是围绕自身中心旋转，而是还要环绕某一中心做涡动运动。产生涡动的原因可能是转子不平衡、对中不良、动静摩擦等。这种涡动运动的轨迹称为轴心轨迹。图4-26所示为现场实测所得某减速机轴心轨迹图。

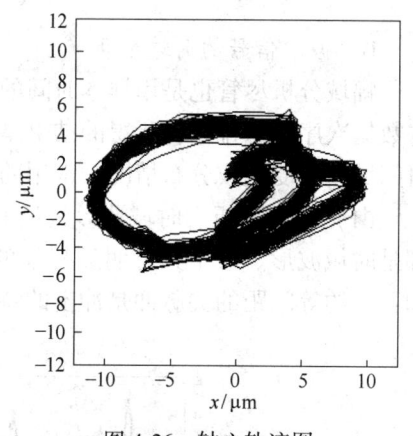

图4-26　轴心轨迹图

轴心轨迹通常是利用安装在同一截面内相互垂直的两个电涡流位移传感器，同时对轴颈振动测量后得到的。它非常直观地显示了转子在轴承中的旋转和振动情况，包含了许多与机械运转状态有关的信息，是故障诊断中常用的特征信息之一，可以用来确定转子的临界转速、空间振型曲线以及部分故障，例如轴颈轴承的磨损、轴不对中、轴不平衡、液压动态轴承润滑失稳以及轴摩擦等。

轴心轨迹有未滤波的轴心轨迹和提纯的轴心轨迹两种类型。前者所含成分复杂，轨迹一般较为凌乱；后者相对简洁，而且突出了与故障有关的成分，因此诊断价值更大。正常情况下，轴心轨迹是稳定的。每次转动循环基本都维持在同样的位置上，轨迹基本上都是相互重合的。如果轴心轨迹紊乱，形状、大小不断变化，则预示转子运行状态不稳。此时，如果得不到及时的调整控制，就很容易导致机组失稳，最终可能酿成停车事故。

（4）相关分析。在信号分析中，"相关"是一个非常重要的概念。所谓相关，就是指变量之间的线性联系或相互依赖关系。相关分析包括自相关分析和互相关分析。其中：时域信号 $x(t)$ 的自相关函数是描述同一信号在一个时刻的取值和另一个时刻取值之间的相关程度，可用下式定义为：

$$R_x(\tau) = \lim_{T \to \infty} \int_0^T x(t) x(t \pm \tau) \, dt \qquad (4\text{-}20)$$

式中　T——信号 $x(t)$ 的观测时间。

由上式可以看出,自相关函数的自变量 τ 是延迟的时间,因此相关分析又称为时延域分析。而互相关函数是描述两个信号 $x(t)$ 和 $y(t)$ 的时间历程之间的相关程度,可用下式定义为:

$$R_{xy}(\tau) = \lim_{T \to \infty} \int_0^T x(t) y(t + \tau)\,\mathrm{d}t \tag{4-21}$$

相关分析在系统振源识别和故障诊断中有着广泛的应用。例如:利用自相关函数,可检测过程信号中是否混有周期性的确定性函数。这主要是因为信号中周期成分的自相关函数仍然是同周期的周期成分,但随机成分的自相关函数会随着时延 τ 的增大而很快衰减(见图 4-27),由此就可观测出由于故障而产生的周期性信号的大小和位置。通常,诊断某机器状态时,正常运行下机器的振动或噪声一般是大量的、无规则的、大小接近的随机扰动的结果,因而具有较宽而均匀的频谱;对于不正常运行状态下的振动信号,通常在随机信号中会出现有规则的周期性的脉冲,其大小也往往比随机信号强得多。利用这个特点可诊断轴承磨损造成的间隙增大、轴与轴承盖的撞击、滚动轴承滚道的剥蚀、齿轮齿面的严重磨损、花键配合间隙的增加以及切削颤振等故障。特别是对于早期故障,周期信号不明显,直接观察难以发现,自相关分析就显得尤为重要。互相关函数比自相关函数含有更多的信号信息,因此用途也更广。利用互相关函数可检测和回收隐藏在外界噪声中的有用信号的时延,系统中信号的幅频、相频传输特性计算,速度测量,板墙对声音的反射和衰减测量等。例如,利用互相关分析测定船舶的航速,探测地下输水(或输油)管的漏损位置等。

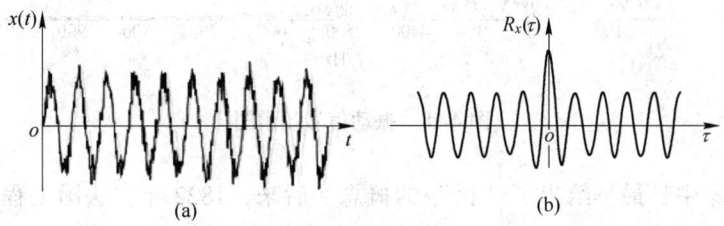

图 4-27　典型信号的自相关函数
(a)正弦波加随机噪声信号;(b)正弦波加随机噪声信号自相关函数

C　振动信号的频域分析

对于机械故障诊断而言,时域分析所能提供的信息量是非常有限的,其往往只能粗略地回答机械设备是否有故障,有时也能得到故障严重程度的信息,但对故障的定位则较为困难,即很难指出该设备究竟什么部位出了故障。频域分析是故障诊断中信号处理的最重要、最常用的分析方法,它能通过了解测试对象的动态特性,对设备的状态做出评价,并准确而有效地诊断设备故障和对故障进行定位,进而为防止故障的发生提供分析依据。

实际设备振动信号中包含了设备许多的状态信息,因为故障的发生、发展往往会引起信号频率结构的变化,例如齿轮箱的齿轮啮合误差或齿面疲劳剥落都会引起周期性的冲击,相应地,在振动信号中就会有不同的频率成分(即特征频率)出现。通常,每种故障均有与之相对应的特征频率。根据这些频率成分的组成和大小,就可对故障进行识别和评价。

　　信号的频谱分析是频域分析的基础，可以利用各种级数展开和积分变换将一个复杂信号分解为简单信号的叠加。使用最普遍的是傅里叶级数（对周期信号而言）和傅里叶变换（对非周期信号而言），它们是将复杂信号分解成一系列有限或无限多个正弦信号（简谐分量）的叠加。因此，频谱分析的实质就是以这一系列的简谐分量频率作为自变量（频谱图中的横坐标），而简谐分量的幅值、相位、功率等则作为频率的函数（频谱图中的纵坐标），分析这些参数在不同频率上的分布情况。为此，在使用频域分析法之前，首先应获得该信号的频谱图，可以说频谱图是频域分析的主要工具。相应地，对频谱图的深刻理解，是使用频域分析法的前提。

　　所谓"谱"，系指按一定规律列出的图表或绘制的图像。例如：按照日期将主食和副食列出来即称为"食谱"；按节拍将音符组合起来成为"乐谱"；按照辈分将家族成员排列起来即是"家谱"等。依此类推，"频谱"就是指按频率排列起来的各种成分。图 4-28 所示即为现场实测所得某减速机振动信号频谱图。此外，前面的表 4-6 中也给出了部分振动时域波形及其频谱示意图，读者可参考。

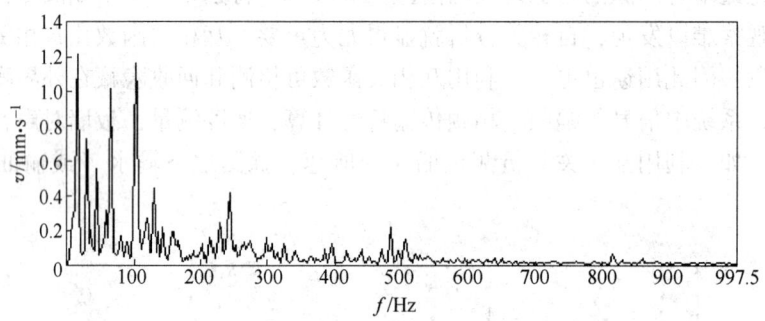

图 4-28　振动信号频谱图

　　英国科学家牛顿最早给出了"谱"的概念。后来，1822 年，法国工程师傅里叶提出了著名的傅里叶谐波分析理论。该理论至今依然是进行信号分析和信号处理的理论基础。傅里叶级数（FS）提出后，首先在人们观测自然界中的周期现象中得到应用（可参见"复杂周期振动及其性质"中相关内容）。然而，实际设备的振动情况相当复杂，不仅有简谐振动、周期振动，而且还伴有冲击振动、瞬态振动和随机振动等。由于这些复杂信号多不具备周期性，因此不能用傅里叶级数进行谱分析，为此必须寻求新的数学工具——傅里叶变换（FT）。

　　对于一般时域信号 $x(t)$，通过傅里叶变换可得到其频谱密度函数（或频谱函数）$X(f)$：

$$X(f) = \int_{-\infty}^{\infty} x(t) e^{-j2\pi ft} dt \qquad (4-22)$$

　　相应地，时域函数 $x(t)$ 也可用频谱密度函数 $X(f)$ 的傅里叶反变换来表示：

$$x(t) = \int_{-\infty}^{\infty} X(f) e^{j2\pi ft} dt \qquad (4-23)$$

　　上两式被称为傅里叶变换对，也可简记为：

$$x(t) \underset{\text{IFT}}{\overset{\text{FT}}{\rightleftharpoons}} X(f) \tag{4-24}$$

频谱密度函数（或频谱函数）$X(f)$ 还可以写成：

$$X(f) = |X(f)|e^{j\varphi(f)} \tag{4-25}$$

式中　$|X(f)|$——幅值谱；

　　　$\varphi(f)$——相位谱。

如图 4-29 中所示的时域信号，可以通过傅里叶变换，将其分解成 4 个正弦波，从而把时域信号变换成频域信号。

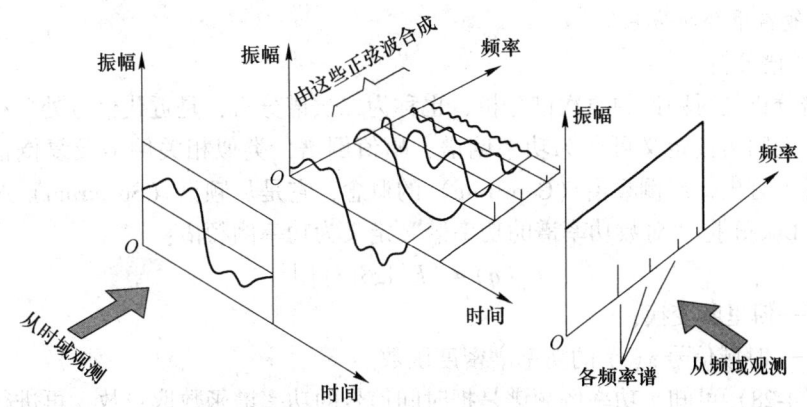

图 4-29　傅里叶变换原理

在信号的频域描述中，常用的有幅值谱和功率谱等。其中：幅值谱以频率作为自变量，以组成信号的各个频率成分的幅值作为因变量，它表征了信号的幅值随频率的分布情况（图 4-28 即为振动信号的幅值频谱图）。

对于随机信号的频域描述，还常使用功率谱，它表征信号的能量随着频率的分布情况，包括自功率谱和互功率谱。当然，功率谱也可用于周期信号和瞬变信号的频域描述。早在 19 世纪末，Schuster 就提出用傅里叶级数的幅度平方作为函数中功率的度量，并将其命名为"周期图"。这是经典谱估计的最早提法，这种提法至今仍然被沿用，只不过现在是用快速傅里叶变换（FFT）来计算离散傅里叶变换（DFT），用 DFT 的幅度平方作为信号中功率的度量。

自功率谱可由幅值谱计算得到：

$$S_x(f) = \lim_{T \to \infty} \frac{1}{2T} |X(f)|^2 \tag{4-26}$$

该方法在目前应用较广。除此之外，还可由自相关函数 $R_x(\tau)$ 的傅里叶变换求得：

$$S_x(f) = \int_{-\infty}^{\infty} R_x(\tau) e^{-j2\pi ft} d\tau \tag{4-27}$$

该方法又称为相关图法，目前应用较少，更多时候用来求自相关函数，即先通过式（4-26）求的功率谱，再利用式（4-27）的反变换求的 $R_x(\tau)$。

一般来讲，自功率谱与幅值谱能提供的信息量是相同的，但在相同条件下，自功率谱比幅值谱更为清晰，因此在实践中多采用功率谱分析技术。除了自功率谱外，还有互功率谱。引入这个概念主要是为了能在频域内描述两个随机信号的相关性。在实际应用中，常常利用测定线性系统输入输出的互功率谱来确定系统的特性。

需要补充一点：在频谱分析中，虽然傅里叶变换已经发明了许多年，但其因运算速度太慢，因此在工程上一直没有得到广泛应用。直到 1965 年，Cooley 和 Tukey 提出了规范化的快速算法，并定名为快速傅里叶变换（简称 FFT）。FFT 采用了蝶形算法，它将计算量减少为 $(N/2)\log_2 N$ 次复数乘加运算（N 为采样点数），由此极大地提高了运算速度，给数字信号处理领域带来了一场革命。目前，频谱分析中已经广泛采用快速傅里叶分析方法。

D　其他常用分析方法

a　倒频谱分析

倒频谱分析是对频谱的再次谱分析，也称为二次谱分析，是近代信号处理科学中的一项新技术。倒频谱按定义可分为功率倒谱、幅值倒谱、类似相关倒谱及复倒谱等。1962 年 Bogert 等人首先提出倒频谱（Cepstrum）的概念，它是从频谱（Spectrum）这个词意派生出来的。Bogert 把"对数功率谱的功率谱"定义为功率倒频谱：

$$C_p(q) = |F\{\lg S(f)\}|^2 \tag{4-28}$$

式中　　F —— 傅里叶变换；

$S(f)$ —— 时域信号 $x(t)$ 的功率谱密度函数。

由式（4-28）可知，功率倒频谱是把时间信号的功率谱函数取对数，再进行一次傅里叶变换，因而又回到了时域，所以倒频谱又称作时谱。自变量 q 称为倒频率，它具有与自相关函数的自变量 τ 相同的时间量纲，单位为 s 或 ms。图 4-30 所示即为现场实测某减速机振动信号倒频谱图。

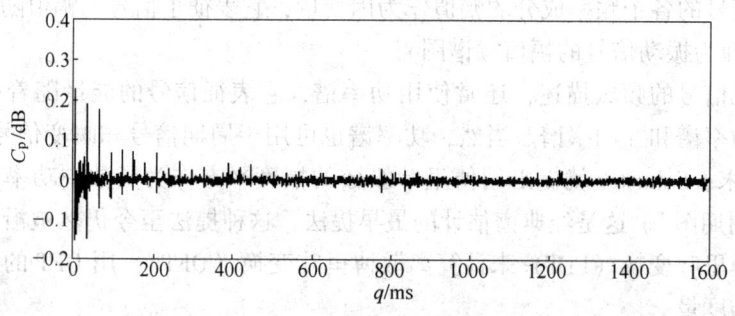

图 4-30　振动信号倒频谱图

功率谱分析能够很好地揭示随机波形中混有的周期信号，这样倒频谱也就能突出功率谱图的一些特点，显示振动状态的一些变化，特别是能揭示谱图中的周期分量，更加突出主要频率成分，谱线更加清晰，更容易识别信号的各个组成分量。当功率谱的成分比较复杂时，尤其在混有同族谐频、异族谐频、多成分边频的情况下，在功率谱上难以辨识，而应用倒频谱则方便多了。倒频谱能将原来谱上成簇的边频带谱线简化为单根谱线，以便观察分析原频谱图上肉眼难以辨识的周期性信号。

另外，倒频谱分析受传输途径的影响小。一般当两个传感器装在设备上两个不同位置时，由于传递途径不同会形成两个传递函数，其输出谱也会不同。但在倒频谱中，由于信号源的输入效应与传递途径的效应被分离开来，两个倒频谱中一些重要的分量几乎完全相同，而只有倒频率较低的部分有少许不同，这就是传递函数差异的影响。因此倒频谱在振动诊断中很有实用价值，是检测复杂谱图中周期分量的有用工具。例如，分析带有故障的齿轮、滚动轴承的振动信号，对它作一次倒频谱分析，十分有利于故障诊断。

b 启停过程分析

在机器启动、停止的过程中，转子经历了各种转速，其振动信号是转子系统对转速变化的响应，是转子动态特性和故障征兆的外在反映，包含了平时难以获得的丰富信息，因此，启停过程分析是转子检测的一项重要工作。

用于启停过程分析的方法有很多，目前常用的有波德图、极坐标图与瀑布图等。

（1）波德图（Bode Plot）：描述机器振动幅值和相位随转速变化的直角坐标图。图中横坐标为转速，纵坐标为振幅和相位，所以波德图又称为幅频响应和相频响应曲线图。从波德图可以得到以下信息：转子系统在各种转速下的振幅和相位、转子系统的临界转速、转子系统的共振放大系数、转子的振型、系统的阻尼大小、转子上机械偏差和电气偏差的大小、转子是否发生热弯曲等。

（2）极坐标图（Polar Plot）：描述机器振动幅值和相位随转速变化的极坐标图，它把上述幅频响应和相频响应曲线综合在一张极坐标图中表示出来，又称为奈魁斯特图。图上各点的极半径表示振幅，与原点的角度表示相位。

波德图和极坐标图所含信息相同，均是表示振动的幅值和相位随机器转速的变化规律，只是二者表现形式不同。通常极坐标图更为直观。二者示意图具体可参见图4-31。

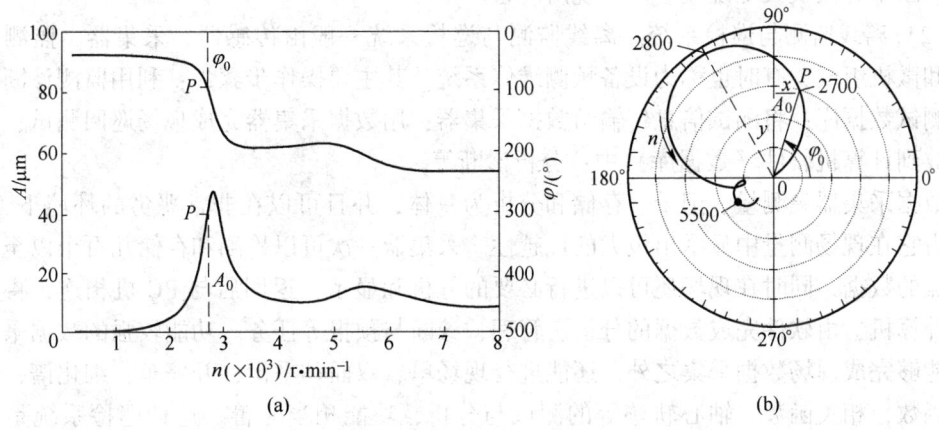

图 4-31 波德图和极坐标图

（a）波德图；（b）极坐标图

（3）瀑布图：将启停过程中各个转速下振动信号的频谱图，按次序画在一张图内叠置而成，它也是一种转子过渡状态振动分析方法。其横坐标是频率，纵坐标是转速。瀑布图反映了全部频率分量的振幅变化情况，图像直观易懂，不足之处是丧失了振动的相位信息。

c 包络解调法

包络解调法是故障诊断中较常用的一种方法，它可非常有效地识别某些冲击振动，从而找到该冲击振动的振源。例如，当轴承或齿轮表面因疲劳或应力集中而产生剥落和损伤时，会产生周期性的冲击振动信号。信号包括两部分：一部分是载频信号，即系统的自由振荡信号及各种随机干扰信号的频率，是频率成分较高的信号；另一部分是调制信号，即包络线所包围的信号，它的频率较低，多为故障信号。因此，若要对故障源进行分析，就必须把低频信号（调制信号）从高频信号（载频信号）中分离出来。这一信号分离、提取的过程，就被称为信号的包络解调。此时，若继续对分离出来的低频信号，进行频谱分析和幅域分析等，就能准确可靠地诊断出诸如轴承与齿轮的疲劳、切齿、剥落等故障。

除了上述分析方法外，还有频响函数法、振动模态分析、全息谱分析、小波分析、盲源分离、支持向量机、主分量和核主分量分析、遗传算法和遗传编程等。读者可自行参阅相关资料。

如前所述，设备诊断技术的实施一般分为两个层次：简易诊断和精密诊断。二者的区别和联系，具体可参见图 4-9。这种把故障诊断技术划分为简易诊断技术及精密诊断技术的做法主要源于日本企业的实践体会，并根据设备的状态监测与故障诊断两个阶段所划分的，它已被我国企业广泛接受，并在实践中取得了较好的应用效果。

E　精密振动诊断常用仪器设备

（1）振动信号分析仪。信号分析仪种类很多，一般由信号放大、滤波、A/D 转换、显示、存储、分析等部分组成，有的还配有 USB 接口，可以与计算机进行通信；能够完成信号的幅值域、时域、频域等多种分析和处理，功能很强，分析速度快、精度高，操作方便。这种仪器的体积偏大，对工作环境要求较高，价格也比较昂贵，适合于工矿企业的设备诊断中心以及大专院校、研究院所配备。

（2）离线监测与巡检系统。离线监测与巡检系统一般由传感器、采集器、监测诊断软件和微机组成，有时也称为设备预测维修系统。其主要操作步骤为：利用监测诊断软件建立测试数据库；将测试信息传输给数据采集器；用数据采集器完成现场巡回测试；将数据回放到计算机软件（数据库）中；分析诊断等。

数据采集器集测量、记录、存储和分析为一体，并且可以在非常恶劣的环境下工作，这使得它在现场测量中显示出极大的优越性。采集器一次可以检测和存储几百个以至上千个测点的数据，同时在现场还可以进行必要的分析和显示，返回后与 PC 机相连，将数据传给计算机，由软件完成数据的分析、管理、诊断与预报等任务。功能较强的数据采集器除了能够完成现场数据采集之外，还能进行现场单、双面动平衡，开停车，细化谱，频率响应函数，相关函数，轴心轨迹等的测试与分析，功能相当完善。这种巡检系统是解决大、中型企业主要设备的监测和诊断的较好途径，近年来在电力、石化、冶金、造纸、机械等行业中得到广泛的应用，并取得比较好的效果。

（3）在线监测与保护系统。在冶金、石化、电力等行业对大型机组和关键设备多采用在线监测系统进行连续监测。常用的在线监测与保护系统包括：在主要测点上固定安装的振动传感器、前置放大器、振动监测与显示仪表、继电器保护等部分。这类系统连续、并行地监测各个通道的振动幅值，并与门限值进行比较。振动值超过报警值时自动报警，超过危险值时实施继电保护，关停机组。这类系统主要对机组起保护作用，一般没有分析功能。

（4）网络化在线巡检系统。网络化在线巡检系统由固定安装的振动传感器、现场数据采集模块、监测诊断软件和计算机网络等组成，也可直接连接在监测保护系统之后。其功能与离线监测与巡检系统很相似，只不过数据采集由现场安装的传感器和采集模块自动完成，无需人工干预。数据的采集和分析采用巡回扫描的方式，其成本低于并行方式。这类系统具有较强的分析和诊断功能，适合于大型机组和关键设备的在线监测和诊断。

（5）高速在线监测与诊断系统。对于冶金、石化、电力等行业的关键设备的重要部件，可采用高速在线监测与诊断系统，对各个通道的振动信号连续、并行地进行监测、分析和诊断。这样对设备状态的了解和掌握是连续的、可靠的，当然其规模和投资相对比较大。

F　典型零部件的精密振动诊断方法简介

a　滚动轴承精密振动诊断简介

滚动轴承的振动频率成分非常丰富，每一个元件都有各自的故障特征频率。因此，通过振动信号的频率分析不但可以判断轴承有无故障，而且还可具体地判断轴承中损坏的元件。

（1）滚动轴承振动信号的频率结构。

1）故障特征频率。典型的滚动轴承构造一般由内圈、外圈、滚动体和保持架四种元件组成。内圈、外圈分别与轴颈和轴承座孔装配在一起。多数情况下是内圈随轴回转，外圈不动；但也有外圈回转、内圈不转或内外圈分别按不同转速回转等使用情况。现假设：滚动体与滚道之间无滑动接触；每个滚动体直径相同，且均匀分布在内外滚道之间；承受径向、轴向载荷时各部分无变形。当外圈固定时，滚动轴承工作时的特征频率分析如下。

滚动轴承工作时多数内圈转动，也可能外圈转动，但外圈转动时由于带动滚珠的线速度大，故轴承的寿命约减少 1/3。转动频率 f_r 可由其转速 n（r/min）求得：

$$f_r = \frac{n}{60} \tag{4-29}$$

滚动体的故障特征频率（滚动体自转频率）：

$$f_b = \frac{D}{2d}\left[1 - \left(\frac{d}{D}\cos\alpha\right)^2\right]f_r \tag{4-30}$$

保持架的故障特征频率（即保持架的转动频率、滚动体公转频率）：

$$f_c = \frac{1}{2}\left(1 - \frac{d}{D}\cos\alpha\right)f_r \tag{4-31}$$

内圈的故障特征频率（滚动体通过内圈的一个缺陷时的冲击振动频率）：

$$f_i = \frac{z}{2}\left(1 + \frac{d}{D}\cos\alpha\right)f_r \tag{4-32}$$

外圈的故障特征频率（滚动体通过外圈的一个缺陷时的冲击振动频率）：

$$f_o = \frac{z}{2}\left(1 - \frac{d}{D}\cos\alpha\right)f_r \tag{4-33}$$

式中　D——滚动体节径，即滚动体中心所在圆的直径，mm；

　　　d——滚动体直径，mm；

　　　z——滚动体数目；

　　　α——接触角。

2）滚动轴承的固有频率。滚动轴承在运行过程中，由于局部缺陷或结构不规则而发生冲击振动，激发各个元件以其固有频率进行振荡。滚动轴承的固有频率一般在 20～500kHz 的频率范围内，与转速无关。

3）随机超声频率。滚动轴承故障最早产生 250～350kHz 频率范围内的超声频率。随着滚动轴承磨损增大，通常频率下降到 20～60kHz。这些高频振动可用振动尖峰能量（gSE）、高频加速度（HFD）（g）和冲击脉冲（SPM）（dB）等参数来评定。

4）和频与差频。以上轴承若干故障频率之间及与其他振源频率之间相加或相减。

（2）滚动轴承故障发展的四个阶段。

1）第一阶段：滚动轴承故障的最早的指示出现在 250～350kHz 频率范围内的超声频率，滚动轴承磨损增大时，通常频率会下降到 20～60kHz。此时在中、低频段一般不会有特征频率产生，采集高频冲击振动值可揭示和证实滚动轴承是否处于滚动轴承故障发展的第一阶段中，如振动尖峰能量（gSE）、高频加速度（HFD）（g）和冲击脉冲（SPM）（dB）等参数。

2）第二阶段：轻微的滚动轴承故障开始激励滚动轴承零件的固有频率，这些固有频率主要出现在 30～120kr/min（500～2000Hz）频率范围内。这些频率也可能是滚动轴承支承结构的固有频率。在滚动轴承故障的第二阶段末期，在固有频率的左侧和右侧出现边带频率，振动冲击能量的总量值明显增大。

3）第三阶段：在滚动轴承故障的第三阶段中，出现滚动轴承故障频率及其谐波频率。当滚动轴承的磨损扩展时，出现更多阶次的滚动轴承故障频率的谐波频率，边带频率数量增多，在轴承故障频率的谐波频率和轴承零件的固有频率两侧的边带数量都会增多，振动尖峰能量的总量值继续增大。这时已经可以看到滚动轴承的磨损，并且磨损扩展到滚动轴承的周围，尤其是伴随在轴承故障频率两侧有许多清晰的边带时。gSE 谱、高频解调和包络频谱可帮助证实滚动轴承故障的第三阶段。这时应该可以考虑更换滚动轴承了（与振动频谱中滚动轴承的故障频率的幅值无关）。

4）第四阶段：朝着滚动轴承故障发展的最后阶段发展，甚至影响 1×转速频率的振动幅值。该频率的幅值增大，通常还引起转速频率的许多谐波频率的幅值增大。离散的滚动轴承故障频率和轴承零件固有频率实际上开始"消失"，被随机的、宽带高频"噪声地平"代替。此外，高频噪声地平和振动冲击能量两者的幅值事实上可能减小，但是，恰好到损坏之前，振动冲击能量和高频加速度值通常增大到过大的幅值。

（3）滚动轴承精密诊断方法。

1）低频信号分析法。低频信号是指频率低于 1kHz 的振动。低频信号分析法通常用于测量因精加工表面形状误差或疲劳剥落而出现的脉冲频率。对低频信号一般分析其振动速度。在这个频率范围内易受机械及电源干扰，并且在故障初期反映的故障频率能量很小，信噪比低，故障检测灵敏度较差，很难发现轴承早期故障，故仅在简单机器的滚动轴承故障诊断中采用。

2）中频带通滤波法。设定相应带通滤波频带，检测轴承外环一阶径向固有振动频率，根据其出现与否，由此作出相应诊断。

3）谐振动信号接收法。此法以 30～40kHz 作为监测频带，捕捉轴承其他元件的固有振动信号，以此作为诊断依据。此法对传感器频响特性要求很高。值得一提的是，合理利用加速度传感器系统的一阶谐振频率作为监测频带，同样可以达到诊断滚动轴承故障的目的。

4) 高通绝对值频率分析法。对于高频信号，可直接分析其加速度。将由加速度传感器测得的振动信号，经过电荷放大器后，再直接通过下限截止频率为 1kHz 的高通滤波器，去除低频信号，然后对这个经滤波的波形做绝对值处理，最后再通过频率分析，找出信号的特征频率，由此判明各种故障原因。

5) 包络法。美国 ENTEK 公司开发的滚动轴承故障诊断 g/SE 技术即采用包络法，其为滚动轴承的故障诊断，提供了一个便捷的平台。当测试滚动轴承时，使用 g/SE 滤波器，测量 g/SE 总值和频谱，便可以发现滚动轴承的早期故障，并跟踪其发展趋势，以便及时进行更换处理。

滚动进口轴承的早期故障，会产生一系列尖顶脉冲，但这些脉冲宽度和幅度是很微小的，难以检测分离出来。这种脉冲不但会引起轴承外圈及传感器本身产生高频固有振动，而且此高频振动的振幅还会受到上述脉冲激发力的调制。g/SE 实际是一种滤波器，它运用包络法，将上述经调制的高频分量拾取，经放大、滤波后，做包络检波处理，即可得到原来的低频脉动信号，再经快速傅里叶变换（FFT），即可获得 g/SE 谱。

通过包络法，把与滚动轴承故障有关的信号，从高频调制信号中解调出来，从而避免与其他如不平衡、不对中等低频干扰的混淆，故具有很高的诊断可靠性和灵敏度。运用此方法，不仅可以根据某种高频固有振动的是否出现，判断轴承是否正常，而且还可根据包络信号的频率成分识别出产生故障的轴承元件（如内环、外环、滚动体）来。

b 齿轮精密振动诊断简介

(1) 齿轮振动信号的频率结构。

齿轮振动信号中包含着多种频率成分，其中主要有以下几种：

1) 啮合频率及各次谐波。在齿轮传动过程中，每个轮齿周期地进入和退出啮合。一对齿轮在相互啮合过程中，齿与齿之间的连续冲击作用将使齿轮产生受迫振动并产生冲击噪声。引起这种振动和噪声的主要原因是，相互啮合的一对齿轮，其轮齿的弹性刚度会发生周期性的变化。轮齿弹性刚度的变化使齿的弯曲量也随之变化，造成轮齿在进出啮合区时发生互相碰撞，引起齿轮产生频率等于啮合频率的振动和噪声。

任何一对齿轮副，其啮合频率等于啮合周期的倒数。对于定轴齿轮传动而言，齿轮啮合频率大小在数值上等于所在轴的旋转频率乘上齿轮的齿数，即：

$$f_{m} = z f_{r} = \frac{zn}{60} \tag{4-34}$$

式中 f_{m} ——齿轮啮合频率，Hz；

$\quad\ f_{r}$ ——齿轮旋转频率，Hz；

$\quad\ z$ ——齿轮齿数；

$\quad\ n$ ——齿轮转速，r/min。

由上式可知，一对运行中的齿轮，不管处于何种状态，啮合频率总是存在的；且一对互相啮合的齿轮，其啮合频率对其中任何一个齿轮都是相等的。当齿轮的运行状态劣化，对应于啮合频率及其谐波的振动幅值会明显增加，这为齿轮的故障诊断提供了有力的依据。

2) 齿轮振动信号的调制。在工程中，有时会遇到两个简谐振动（时域）信号相乘的情况，其结果称为调制现象。调制现象在通信、电视、电话中被广泛运用。调制有 3 种基本方式：①幅度调制，也称调幅（AM）；②角度调制，又可分为频率调制（调频，FM）和相位调制（调相，FP）；③脉冲调制（PM）。

在机械系统振动中，也经常出现调制现象。如齿轮啮合振动中，由于齿轮存在偏心、齿轮转速不均匀等，都会产生调幅现象，且齿轮发生故障，必将使调制现象发生变化。齿轮振动信号的调制分调幅和调相两种：①调幅是齿轮旋转过程中，由于参与啮合的轮齿齿面载荷波动或刚度波动对振动幅值的影响造成的，如周节误差、齿轮偏心等均会产生调幅，调幅信号是以齿轮轴旋转频率的倒数为周期；②相位调制是由于轮齿上载荷或压力波动而使齿轮轴的转速变化而引起的，调相信号也是以齿轮轴旋转频率的倒数为周期。所以，经相位调制后的信号所形成边带的间隔与幅度调制后的信号边带间隔相同。因此，齿轮振动信号谱的边带是调幅和调相综合作用的结果。调制边带中含有非常有用的故障信息。

需要说明的是：在实际的齿轮系统中，调幅、调相总是同时存在的，所以，频谱上的边频成分为两种调制单独作用时所产生的边频成分的叠加。虽然在理想条件下（即单独作用时），两种调制所生的边频都是对称于载波频率的，但两者共同作用时，由于边频成分具有不同的相位，而它们的叠加是向量相加，所以叠加后有的边频幅值增加了，有的反而下降了，这就破坏了原有的对称性。

另外，边频具有不稳定性，这是由于边频的相对相位关系容易受到随机因素的影响而改变，所以在同样的调制指数下，边频带的形状会有所改变。所以在齿轮故障诊断中，只监测某几个边频仍是不可靠的。

3）齿轮的固有频率。对于直齿圆柱齿轮，其固有频率 f_c 按下式计算：

$$f_c = \frac{1}{2\pi}\sqrt{k/m} \tag{4-35}$$

式中　k——齿轮副的弹簧常数；

　　　m——齿轮副的等效质量。

4）齿轮振动信号中的其他成分。齿轮振动信号中，有时还包含其他的频率成分，如齿轮平衡不善、对中不良和机械松动等，均会在频谱图中产生旋转频率及其低次谐波。在这些频率中，有的频率成分与齿轮故障没有多大关系，甚至还对识别齿轮故障带来了干扰，所以须充分了解各种振动信号的频率特性和产生的根源。

（2）齿轮振动的测量。

齿轮发生的振动中，有固有频率、齿轮轴的旋转频率及轮齿啮合频率等成分，其频带较宽。利用包含这种宽带频率成分的振动进行诊断时，要把所测的振动按频带分类，然后根据各类振动进行诊断。通常在进行齿轮振动测定时，可选用频率范围较宽的加速度传感器。同时，还应注意下面几点：

1）齿轮振动信号在传递途中存在严重衰减。在振动测量时，须认真搜索，仔细测量，尽量提高信噪比。

2）结构复杂的齿轮箱往往同时有数对齿轮副在运行，故其振源较多，在振动频率中包含有多个齿轮啮合频率及其调制转速频率，谱线密集，难以分辨，给识别故障带来相当的难度，因此，需要使用分辨率较高的仪器。

3）坚持定期监测，建立判断标准。齿轮早期故障的振动信号相当弱小，故障诊断困难，为此应坚持定期对齿轮进行监测，及早发现故障苗头。为了从频谱的变化中识别齿轮状态，还应建立齿轮正常状态下的基准谱，以便用作判断齿轮状态的依据之一。

（3）齿轮诊断中常用的频谱分析方法。

1）功率谱分析。这是现场诊断应用最多的一种频谱分析方法，在理论实用上都比较成熟。采用功率谱分析，对齿轮大面积磨损点蚀等故障的诊断效果很好，对局部故障敏感性较差。

2）细化谱分析。采用细化谱分析的目的是为了提高分辨率，有助于识别齿轮的边频结构，常常用来作为功率谱的辅助分析手段。

3）倒谱分析。这也是诊断齿轮的常用频谱分析方法，对识别齿轮边频结构很有效。另外，倒谱分析对齿轮信号的传递路径不甚敏感，这为选择测点提供了方便。如果仪器的信噪比较高，采用倒谱分析效果更好。

c　旋转机械精密振动诊断简介

旋转机械是指那些主要功能是由旋转动作来完成的机械，如发动机、透平机、离心式压缩机、鼓风机、离心机、发电机、离心泵、风机、电动机及各种减速增速用的齿轮传动装置等。这类设备在各种机械中占有相当大的比重，大都属于工厂的关键设备，覆盖着动力、电力、化工、冶金、机械制造等重要工程领域。

由于转子、轴承、壳体、联轴节、密封和基础等部分在结构、加工及安装方面的缺陷，机械在运行中会产生振动；机器运行过程中，由于运行、操作、环境等方面的原因所造成的机器状态的劣化，也会表现为振动的异常。旋转机械设备的振动有很多害处，它会产生噪声，降低工作效率，使配合松动、元件断裂，从而导致事故发生。目前监测旋转机械正常工作的手段虽然很多，但是至今人们仍认为，振动信号监测是一种易于实现且又可靠的办法，由此还形成了"旋转机械的振动监测及故障诊断"这门学科。

（1）旋转机械转子的特性。

1）临界转速。旋转机械在启停升、降速过程中，往往在达到某个（或某几个）转速时，会出现剧烈的横向弯曲振动的现象，有时甚至会造成转轴和轴承的破坏，而当转速在这些转速的一定范围之外时，运转又趋于平稳，这些引起剧烈振动的特定转速称为该转子的临界转速（n_{cr}）。

这种现象是共振的结果，虽然多数旋转机械的转子都经过了严格的平衡，但仍不可避免地存在着极其微小的偏心。另外，转子由于自重的原因，在轴承之间也总要产生一定的挠度。上述两方面的原因，使转子的重心不可能与转子的旋转轴线完全吻合，从而在旋转时就会产生一种周期变化的离心力，这个力的变化频率无疑是与转子的转数相一致的。当周期变化的离心力的变化频率和转子横向振动的固有频率相等时，转子系统将发生强烈的振动，称为"共振"。所以，转子的临界转速也可以说是旋转机械在运行中发生转子共振时所对应的转速。

临界转速的大小与转子的材料、几何形状、尺寸、结构形式、支承情况和工作环境等因素有关。计算转子临界转速的精确值很复杂，需要同时考虑全部影响因素，在工程实际中常采用近似计算法或实测法来确定。

2）刚性转子及柔性转子。转子横向振动的固有频率有多阶，故相应的临界转速也有多阶，按数值由小到大分别记为 n_{c1}，n_{c2}，…，n_{ck}，…。但由于转子的转速限制，所以有工程实际意义的是较低的前几阶。任何转子都不允许在临界转速下工作。

对于工作转速 n 低于其一阶临界转速的转子，称为刚性转子，要求 $n<0.75n_{c1}$；对于工作转速 n 高于其一阶临界转速的转子，称为柔性转子，要求 $1.4n_{ck}<n<0.7n_{c(k+1)}$。所以，在一般的情况下，刚性转子的运转是平稳的，不会发生共振问题。但如果设计有误，或者在技术改造中随意提高转速，则机器投入运转时就有可能产生共振。另外，对于柔性转子来说，在启动或停车过程中，必然要通过某一阶临界转速，这时振动肯定要加剧。但只要迅速通过去，由于转子系统阻尼作用的存在，一般是不会造成破坏的。

3）转轴的旋转频率。设旋转机械转轴的转速为 n（r/min），则该轴的旋转频率 f_0 为：

$$f_0 = n/60 \tag{4-36}$$

（2）获取旋转机械振动故障信息的主要途径。

1）振动频率分析。旋转机械的每一种故障都有其自身对应的特征频率，故此在现场对振动信号作频率分析，是诊断旋转机械最有效的方法。

2）分析振幅的方向性。在有些情况下，旋转机械不同类型的故障在振动表现上有比较明显的方向特征。所以对旋转机械的振动测量，只要现场条件允许，一般每个测点都应测量水平 H、垂直 V 和轴向 A 3 个方向，这是因为不同方向提供了不同故障的信息。

3）分析振幅随转速变化的关系。旋转机械有相当一部分故障的振动幅值与转速变化有密切的关系，所以现场测量时，在必要的时候，要尽可能创造条件，在改变转速的过程中测量机器的振幅值。

（3）旋转机械常见故障振动特征。

旋转机械的故障是多种多样的，已知的故障种类就有几十种之多常见的主要有转子不平衡、转子不对中、转轴弯曲及裂纹、油膜涡动及油膜振荡、机组共振、机械松动、碰磨、流体的涡流激振等。为了能对旋转机械故障振动诊断有一种基本认识，下面列举几种常见故障的振动特征，具体见表 4-14。感兴趣的读者，可以自行参阅其他相关文献资料。

表 4-14　旋转机械常见故障振动特征示例

常见故障	总 体 振 动 特 征
不平衡	（1）主要表现为转子的基频等于转子的旋转频率，此外还会激起其他一些弱小的频率成分，如 $2f_0$、$3f_0$ 等； （2）对于刚性转子，不平衡故障对转速的变化反应非常敏感，其振动幅值与偏心质量（m）、偏心距（e）成比例变化，在理论上与转速（n）的平方成正比； （3）不平衡引起的振动，其振动量的大小反映在径向和轴向两个方向是不一样的，径向振动比轴向振动要大，这是因为不平衡产生的离心力作用方向垂直于转子轴线； （4）不平衡振动在相位上保持恒定不变，与转速同步； （5）轴心轨迹成为椭圆形

常见故障	总 体 振 动 特 征
不对中	(1) 转子不对中的形式不同，频率表现也有些差别，例如平行不对中主要激起 $2f_0$，角度不对中则表现为同频振动突出，它们的共同点是，都会产生多倍转频振动，通常不对中越严重，$2f_0$ 所占比例越大； (2) 不对中引起的振动大小与不对中形式有一定的关系，一般表现为轴向振动比较大，约占径向振动的50%，尤其是角度不对中时表现得更加明显。而当存在平行不对中时，径向振动比较大； (3) 不对中引起的振动，其振幅值与机器的负荷有一定的关系，一般随着负荷的增大而成正比例增加，然而转速的变化对振动影响不大； (4) 转子不对中有明显的相位特征，当存在平行不对中时，转子两端径向振动相位差为180°；当存在角度不对中时，联轴器两侧轴向振动相位差为180°，而这时两侧径向相位是同相的；实际上由于受机器动力特性的影响，其测得的相位差不一定就是180°，有时会在150°~200°； (5) 典型的轴心轨迹为香蕉形，正进动
机械松动	(1) 由松动引起的振动具有一定的非线性，其振动信号的频率成分较为复杂；除基频（等于转频）以外，还会产生高次谐波和分数谐波（$1/2f_0$、$1/3f_0$），频谱结构成梳状，有时还会出一些看起来很特殊的频率成分，如当机器地脚螺栓松动时，其频率成分中基频的奇数倍谱峰突出； (2) 因地脚螺栓松动而引起的振动，其方向特征很明显，主要表现在垂直方向的振动很强烈；滑动轴承的轴瓦如果存在松动，也会引起垂直方向的振动增大； (3) 机械松动引起的振动，幅值与负荷有密切关系，幅值将随着负荷的增加而增大。当设备处于松动的情况下，其运行状态对转速的变化反映也很敏感，振动值随转速的增减而表现出无规律的变化，忽大忽小，呈跳跃式变化； (4) 机器存在松动时，振动相位无变化，与转频一致

（4）旋转机械振动故障识别。

通过转子系统各种振源的振动机理分析可知，不同振源在振动功率谱上出现的激振频率和幅值变化特征是不相同的，频谱图中每个振动分量都与特定的零部件和特定原因相联系。所以，对转子系统振动原因的识别是基于对各类激振频率和幅值变化特征的分析。索勒（J. S. Sohre）于1968年在美国 ASME 石油机械工程年会上发表有名的论文《高速涡轮机械运行问题（故障）的起因和治理》，用600余次事故分析的经验编成了旋转机械振动原因分析表。他将40余种故障按照振动主频率分量、主要振动方向和位置以及振动随转速变化等方面表现出来的统计百分数列成表格。该表清晰而又简洁地描述了旋转机械故障的特征及其可能原因，目前已被国内外广泛采用。后来，美国德克萨斯州莫山托（Mosanto）石油化工公司杰克生（C. Jackson）在索勒（J. S. Sohre）的基础上对上述表格进行了补充和修改。表4-15摘录了此表部分内容用作示例。

4.2.4　任务实施

设备状态监测与故障诊断工作没有捷径可走，必须始终坚持科学严谨的工作作风，这是因为设备诊断是一项集综合性、先进性、智能性及生产应用型于一身的复杂技术手段。长期现场诊断的实践表明，对机械设备开展振动诊断，必须遵循正确的诊断程序，以使诊断工作有条不紊地进行，方能取得良好的效果。通观振动诊断的全过程，诊断步骤可概括为3个环节，即准备工作、诊断实施、决策与验证。为此，在板带轧机减速机振动监测与

表4-15　旋转机械振动原因分析表（节选）

振动原因	主要频率											主要振幅的方向和位置								
	0~40%工频	40%~50%工频	50%~100%工频	1×工频	2×工频	高阶工频	$\frac{1}{2}$×工频	$\frac{1}{4}$×工频	低阶工频	奇数工频	极高工频	垂直	水平	轴向	轴	轴承	壳体	基础	管道	联轴器
	1	2	3	4	5	6	7	8	9	10	11	12	13	14	15	16	17	18	19	20
初始不平衡				90	5	5						40	50	10	90	10				20
转子呈大久性弓形变形或缺掉一块叶片				90	5	5						40	50	10	90	10				
转子临时性弓形变形				90	5	5						40	50	10	90	10				
机壳临时性变形		10		80	5	5						40	50	10	90	10				
机壳永久性变形		10		80	5	5						40	50	10	90	10				
基础变形		20		50	20					10		40	50	10	40	30	10	10	10	
密封摩擦		10		20	10	10			10	10	10	30	40	30	80	10	10			
转子轴向摩擦		20		30	10	10			10	10	10	30	40	30	70	10	20			
不对中				40	50	10						20	30	50	80	10	10			
管道力				40	50	10						20	30	50	80	10	10		10	
轴颈和轴承偏心				80	20							40	50	10	90	10				
轴封损坏		20		40	20							40	50	10	70	20	10			
轴承和支承激励振动（如油膜涡动）	10	70				20	10	10			20	30	40	30	70	20	10			
轴承在水平和垂直方向刚度不够	10				80							40	50	10	50	20	20	10		
推理轴承损坏			90								10	20	30	50	60	20	20			

注：表中所列数字表示所示特征占有的百分比。

诊断任务的实践中，应围绕上述 3 个方面的内容，参照以下几个步骤来具体实施。

（1）了解诊断对象。本任务的诊断对象即为板带轧机配备的减速机。在实施设备诊断之前，必须对它的各个方面有充分、全面的认识了解，就像医生治病必须熟悉人体的构造一样。经验表明，诊断人员如果对设备没有足够充分的了解，甚至茫然无知，那么即使是信号分析专家也是无能为力的。所以，了解诊断对象是开展现场诊断的第一步。

需要补充说明的是：在一个大型工矿企业中，往往有成千上万台设备，不可能将全部设备都作为诊断对象，因为这样会极大增加诊断工作量，降低诊断效率，并且诊断效果也不甚理想。因此，必须经过充分的调查研究，根据企业自身的生产状况以及各类设备的实际特点、组成情况等，有重点地选定作为诊断对象的设备。一般来说，这些设备应该重点考虑：稀有、昂贵、大型、精密、无备台的关键设备；连续化、快速化、自动化、流程化程度高的设备；一旦发生故障可能造成很大经济损失，或是环境污染，或是人身伤亡事故等影响的设备及故障率高的设备等。在冶金企业中，一般是通过对设备进行分项评级打分，以此来明确诊断对象。

了解设备的主要手段是开展设备调查，重点要求掌握以下几方面内容：

1）设备的结构组成。

①搞清楚设备的基本组成部分及其连接关系。一台完整的设备一般由三大部分组成，即原动机（大多数采用电动机，也有用内燃机、汽轮机、水轮机的，一般称辅机）、工作机（也称主机）和传动系统。要分别查明它们的型号、规格、性能参数及连接的形式，并画出结构简图。

②必须查明各主要零部件（特别是运动零件）的型号、规格、结构参数及数量等，并在结构图上标明，或另予说明。重点注意以下数据：功率、轴承形式、滚动轴承型号、每级齿轮的齿数、联轴器形式等。

2）设备的工作原理和运行特性。

①各主要零部件的运动方式：旋转运动还是往复运动。

②机器的运动特性：平稳运动还是冲击性运动。

③转子运行速度：低速（< 600r/min）、中速（600 ~ 6000r/min）还是高速（>6000r/min）；匀速还是变速。

④机器正常运行时及振动测量时的工况参数值，如排出压力、流量、转速、温度、电流、电压等。

3）设备的工作条件。

①载荷性质：均载、变载还是冲击负荷。

②工作介质：有无尘埃、颗粒性杂质或腐蚀性气（液）体。

③周围环境：有无严重的干扰（或污染）源存在，如振源、热源、粉尘等。

4）设备基础形式及状况。明确是刚性基础还是弹性基础。

5）主要技术档案资料。有关设备的主要设计参数，质量检验标准和性能指标，出厂检验记录，厂家提供的有关设备常见故障分析处理的资料（一般以表格形式列出），以及投产日期、运行记录、事故分析记录，大修记录等。

（2）拟定诊断方案。在对诊断对象全面了解的基础上，接着就要确定具体的诊断方案。诊断方案正确与否，关系到能否获得必要充分的诊断信息，必须慎重对待。一个比较完整的现场振动诊断方案应包括下列内容：选择测点；选择测量方向；明确测量参数；预估频率和振幅；选择诊断仪器，并做好校准标定；选择与安装传感器；选定测量工况等。

（3）进行振动测量与信号分析。在确定了诊断方案之后，便可根据诊断目的，在生产现场对设备进行相关参数测量及分析。需要指出的是：

1）对测量的数据一定要作详细记录。记录数据要有专用表格或软件系统，确保做到规范、完整、准确、及时。除了记录仪器显示的参数外，还要记下与测量分析有关的其他内容，如环境温度、电源参数、仪器型号、仪器的通道数（数采器有单通道、双通道之分）以及测量时设备运行的工况参数（如负荷、转速、进出口压力、轴承温度、声音、润滑等）。如果不及时记录，以后无法补测，将严重影响分析判断的准确性。

2）诊断是一种相对比较，而在振动测量中要使比较结果具有意义，必须做到测点、参数、方向、工况、基准（指标定）和频带（指传感器附着方式）六个相同。

对所获取的参数值，最好进行分类整理，比如，按每个测点的各个方向整理，用图形或表格表示出来，这样易于抓住特征，便于发现变化情况。也可以把一台设备定期测定的数据或相同规格设备的数据分别统计在一起，这样有利于比较分析。目前，多数振动测量仪器均具有数据存储和回放功能，但为了方便下次测量，测量结束后也应及时记录整理存储的数据。

（4）实施状态判别。根据测量数据和信号分析所得到的信息，对设备状态做出判断。首先判断它是否正常，然后对存在异常的设备做进一步分析，指出故障的原因、部位和程度。对那些不能用简易诊断解决的疑难故障，须动用精密手段加以确诊。

（5）做出诊断决策。通过测量分析、状态识别等几个程序，弄清设备的实际状态，为处理决策创造了条件。这时应当提出处理意见：或是继续运行，或是停机修理。对需要修理的设备，应当指出修理的具体内容，如待处理的故障部位、所需要更换的零部件等。

（6）进行检查验证。设备诊断的全过程并不是做出结论就算结束了，最后还有一个重要的步骤，那就是必须检查验证诊断结论及处理决策的结果。诊断人员应当向用户了解设备拆机检修的详细情况及处理后的效果，如果有条件的话，最好亲临现场察看，检查诊断结论与实际情况是否符合。如果二者不符，则还要认真查找偏差原因并整改，以便切实提高诊断结论的准确性，这是对整个诊断过程最权威的总结。

4.2.5　知识拓展

4.2.5.1　频谱图识读的主要内容

从某种意义上讲，振动信号频域分析的核心任务就是识读谱图，将频谱图上的每个频谱分量与被监测机器的零部件对照联系，给每条频谱以物理解释。其主要内容包括：

（1）振动频谱中存在哪些频谱分量？

（2）每条频谱分量的幅值多大？

（3）这些频谱分量彼此之间存在什么关系？

（4）如果存在明显高幅值的频谱分量，那么其准确来源是什么？它与被测机器的零部件对应关系如何？

（5）如果能测量相位，那么所测相位是否稳定？各测点信号之间的相位关系如何？

4.2.5.2　频谱图识读的主要步骤

（1）了解频谱的构成。进行频谱分析首先要了解频谱的构成。依据故障推理方式的不同，对频谱构成的了解可按不同层次进行：

1）按高、中、低频段进行分析，初步了解主故障发生的部位。

2）按工频、超谐波、次谐波进行分析，用以确定转子故障的范围。振动信号中的很多分量都与转速频率（简称工频）有密切关系，往往是工频的整数倍或分数倍，所以一般均先找出工频成分，随后再寻找其谐波关系，弄清它们之间的联系，故障特征就比较清楚了。

3）按频率成分的来源进行分析。实际的谱图通常比较复杂，除故障成分以叠加的方式呈现在谱图上外，还有由于非线性调制生成的和差频成分、零部件共振的频率成分、随机噪声干扰成分等非故障成分。弄清振动频率的来源有利于进一步进行故障分析。

4）按特征频率进行分析。振动特征频率是各振动零部件运转中必定产生的一种振动成分，例如：不平衡必定产生工频；气流在叶片间流动必定产生通过频率；齿轮啮合存在啮合频率；通过临界转速时有共振频率；零部件受冲击时有固有振动频率等。通过对特征频率进行分析，即可大致掌握机器各构成部件的振动情况。

（2）对主振成分进行分析。做频谱分析时，应重点对幅值较高的谱峰进行分析，因为它们的量值对振动的总水平影响较大，为此需要分析产生这些频率成分的可能因素。例如：工频成分突出，往往是不平衡所致，但要加以区分的原因还有轴弯曲、共振、角度不对中、基础松动、定转子同心度不良等故障；2 倍频成分突出，往往是平行不对中以及转轴存在有横裂纹；$1/2$ 分频过大，则预示涡动失稳；$0.5 \sim 0.8$ 分频对应流体旋转脱离；特低频是喘振；整数倍频是叶片流道振动；啮合成分高是齿轮表面接触不良；谐波丰富是松动；边频是调制；分频是流体激振、摩擦等。

（3）通过频谱对比，判明状态异常。在分析和诊断时，应注意从发展变化中得出准确的结论，单独一次测量往往难以对故障做出较有把握的判断。在机器振动中，有些振动分量虽然较大，但是很平稳，不随时间的变化而变化，对机器的正常运行也不会构成多少威胁。而一些较小的频率成分，特别是那些增长很快的分量，往往预示着故障的发展，故应加以重视。特别需要注意的是，一些在原来谱图上不存在或比较微弱的频率分量突然出现并快速上升，可能会在比较短的时间内破坏机器的正常工作状态，因此分析幅值谱时，不仅要注意各分量的绝对值大小，还要注意其发展变化情况。

分析幅值谱的变化可以从以下几个方面着手：

1）某个谱峰的变化情况，是单调增大、单调减少，还是波动而无固定趋势？

2）哪些谱峰是同步变化的？哪些谱峰不发生变化？

3）是否有新的频率成分出现？

4）转子同一部分各测点（例如轴承座水平、垂直方向）振动之间，或相近部位各测点的振动之间振动谱上的相互联系，各种变化的快慢等。

任务 4.3　冶金企业动力设备状态监测与诊断技术及实践

4.3.1　任务引入

现代工业生产的一个重要特征是大量使用天然或经加工转化而成的能源作为动力，而一切能源的转换、传输、分配及应用均离不开动力设备。动力设备及传输管线可以形象比喻为企业生产活动的心脏和脉管。只有确保动力设备及管线的安全、可靠、经济、稳定运行，才能保证生产经营活动正常进行。尤其是对冶金行业而言，其动力设备及管线的固定资产值、动力费用等所占比重相对其他行业更大，加之动力设备自身多为长期连续运行、高温、高压、高电压、强电流、大功率的运行条件，以及易燃、易爆、易被电机等危险因素的特点，故必须强化设备状态监测与故障诊断工作，以此推进动力设备设施的管理，为企业的安全生产、节能环保、提高产品工艺质量、增强企业经济效益等提供坚实保障。

4.3.2　任务描述

某冶金企业专门设置了一个能源动力中心，下辖供电、给水、燃气、空压、热力五个子系统，负责水、电、风、气（汽）等能源产品的保供任务。然而在动力设备的实际管理过程中，时常出现诸如因润滑缺陷导致设备事故、设备工作温度超标、设备运行噪声异常、材料劣化监控不到位等诸多问题，致使动力设备的可靠性、连续性、安全性和经济性等受到不利影响。虽然，振动诊断对保障动力设备管理目标的顺利实现起到了较大作用，但它也有其局限性，为此，有必要导入更多的设备状态监测与故障诊断技术。本任务以典型动力设备为载体，要求学员运用油液分析技术、温度监测技术、噪声诊断技术和无损检测技术等，分别对空压机润滑状态、电力变压器各部件温度、电动机运行噪声和动力管线壁厚及焊缝质量等进行监测和分析，并提交相关诊断报告，提出处理建议。

4.3.3　知识准备

4.3.3.1　油液分析技术

人们在感到身体不适时，往往会到医院进行体检，而体检过程中常需要验血，就是通过分析血液的成分，以查验身体状况好快。油液分析技术可以形象比作给设备进行验血。

A　油液分析技术的发展历史及其意义

a　油液分析技术的发展历史

油液分析（Oil Analysis，OA）作为一项与机器使用的油液质量密切相关的实践活动已有多年的历史。虽然公元前 1650 年前后在埃及就已经开始使用润滑剂（脂肪和油脂），然而直到蒸汽动力时代到来，从工程上提出对润滑和摩擦学的要求，才开始注意对润滑油液的物理化学性质进行表征。

最早的油液分析活动大概源于 1687 年前后由 Isaac Newton 进行的关于黏性流假说的实验，这一假说后来发展成为流体膜润滑理论。伴随着学术性研究的进展，到了 1831 年，Charles Dolfuss 演示了最早的黏度实验。自此出现了第一台黏度实验仪器，这大概也是油液分析的开端。在此期间，其他的润滑剂分析方法也开始普遍采用，包括闪点、比重和摩擦试验。由于工业革命的推动，在美国、德国、法国和英国，人们对油液的兴趣日趋高涨，技术文献中很快出现了大量关于润滑、摩擦装置和油液物理性质分析的文章及书籍，其中 Augustus H. Gill 编著的《简明油液分析手册》（A Short Handbook on Oil Analysis，1897）被认为是油液分析的传世之作，其本人也被后人奉为油液分析的开山鼻祖。而现代油液分析现代油液分析技术，起源于 20 世纪 40 年代。1941 年，美国 Denver RioGrande 公司和西方铁路（Western Railway）公司率先将润滑油化验手段用于监测机车在用润滑油，这一做法很快为美国各铁路公司所效仿。也正是在这一时期，美国 Baird 公司研制成功了世界上第一台润滑油分析光谱仪。

第二次世界大战后，随着工业技术的迅速发展和设备维修体制作出的与之相适应的变革，油液分析技术逐步受到广泛的关注。美国军事部门于 20 世纪 50 年代就开始关注铁路部门执行的油液分析计划。1955 年，美国海军开始执行一项鉴定飞机发动机的机械故障的油液分析计划。目前，海军的多数船舶和航空设备都通过油液分析监控设备失效。美国陆军在对海军的油液分析计划进行详细研究后，于 1959 年启动了一项类似的飞机油液分析计划，随后在 1975 年和 1979 年，又将油液分析计划分别扩展到地面作战装备和所有其他设备。美国空军在确定磨损金属分析是保持喷气式飞机飞行安全性的根本因素后，于 1962 年启动了自己的油液分析计划，之后，空军还将油液分析从实验室转移至外场。

欧洲各工业发达国家也陆续在设备管理程序中采用了这技术。尤其是 1972 年，第一台商用铁谱仪诞生，进一步丰富了油液分析技术的内容，将油液分析技术延伸到设备磨损状态监测与故障诊断这一新的领域。到 1982 年，铁谱技术的应用已经从小型车用发动机、燃气轮机、齿轮箱、液压系统工况监测延伸到人工关节研究开发等诸多领域。1984 年，英国 SWANSEA 大学研制成功旋转式铁谱仪，这种仪器使得分析污染较严重的在用润滑油中磨损微粒的程序变得更为方便快捷。进入 20 世纪 90 年代以后，专用于油液分析的发射光谱分析技术、红外光谱分析技术和一些常规的理化分析手段得到了显著的改进，从而使得油液分析反映的信息更为系统全面，分析的速度更快、精度更高。

近年来，随着现代机电设备向高速、大功率、高度自动化、集成化和强适应能力方向发展，现代社会对设备的运行可靠性和安全性提出了越来越高的要求，以设备故障诊断为目的的油液分析技术在世界各相关工业领域得到了更为广泛的应用，各种以分别检测油液中磨损微粒、污染物和油品品质变化的在线分析仪器也应运而生并投入工业应用。油液分析技术已经成为航天航空、铁路（公路）运输、石油化工、冶金矿山、电力能源等部门重大机械设备不可或缺的视情维护手段。油液分析技术在保障设备工作可靠性、延长设备使用寿命和提高设备综合运行效益上面的显著作用在工业界已经得到了普遍认同。

b　油液分析技术的意义

机械设备中的润滑剂在使用过程中，受设备工况条件变化、环境和相关机械子系统的影响，不但在数量上会有损耗，而且在组成成分和结构上也会发生变化，从而导致品质下降，直至最终丧失应有的润滑效能，如果不能得到及时的补充或更换，设备相关摩擦副将由于得不到有效的保护而发生损伤甚至失效。

如果能通过及时检测设备在用润滑剂的品质和污染物指标的变化，适时掌握设备润滑剂的劣化、污染程度以及设备中关键摩擦副的磨损情况，确定合理的换油周期及维护措施，可有效防止设备中关键摩擦副的损伤，延长设备的使用寿命，提高设备工作的可靠性。

目前油液分析的主要应用场合包括：机械设备状态监测与故障诊断；润滑材料的改进与开发；典型摩擦副磨损机理研究；机械零件的摩擦学设计；润滑油品技术服务；车辆污染控制等。

随着现代信息技术的迅猛发展，油液分析技术的面貌也在发生着深刻的变化，人工智能、模式识别、虚拟现实和计算机网络等技术正逐步应用于油液分析与诊断的各个领域。油液分析技术在这些方面所取得的进展，将会使现代工业设备的管理过程产生更为深刻的影响。"以小的油液分析费用换取巨大的设备维修费用的节约"这一观念在各个工业领域必将得到更为广泛的认可和实践。

B　油液分析技术的基础知识

a　油液分析的含义及内容

所谓油液分析，是指通过对从运行设备中所取得的有代表性的润滑油样的检测和分析，获得有关设备在用润滑油性能指标变化、油中磨损产物、污染和变质产物的宏观或微观物态特征信息，并由此评判设备润滑与磨损状况或诊断相关故障的技术过程。

在用油液分析技术经过几十年的发展已经形成了相对较完整的体系，可采用的分析原理和方法也很多。按照这些方法与机械设备之间的关系，在用油液分析技术可分为离线分析、近线分析和在线分析三类。一般而言，离线分析技术所采用的仪器功能比较完善，反映的信息比较全面、深入，但分析油样的周期较长，在保证监测诊断的及时性方面存在缺陷，另外，对油样的运输保管环节还有可能造成信息失真；近线、在线分析技术在保障监测诊断及时性方面具有明显的优势，但诊断仪器的功能较单一，反映的信息比较片面，尤其在反映故障的机理性方面存在较大的不足。较为实际的选择是，将近线、在线监测技术与离线分析技术有机结合起来，发挥各自的优势，实现多种监测信息的融合，提高监测诊断的准确性和灵活性。

通过油液分析技术，可将采集到的设备润滑油或工作介质样品，利用光、电、磁学等手段，分析其理化指标、检测所携带的磨损和污染物颗粒，从而获得机器的润滑和磨损状态的信息，定性和定量地描述设备的磨损状态，找出诱发因素，评价机器的工况和预测其故障，并确定故障部位、原因和类型。为此，油液分析一般包括以下三个方面的内容：

（1）性质分析：评价油液的化学、物理性质和添加剂性质等。

（2）污染分析：分析从环境进入系统的污染物和系统内部产生的污染物。

（3）磨屑分析：监控和分析机器零件磨损产生的磨屑颗粒。由此便可判断设备的磨损部位、磨损程度及磨损状态。

b　油液分析的方法

用于上述内容分析的主要技术方法如下：

（1）铁谱分析：润滑油中金属磨损颗粒及其他可沉积污染物分析。

（2）元素光谱分析：润滑油中金属磨损颗粒、添加剂金属元素和外来污染物金属元素分析。

（3）红外光谱分析：润滑油中主要变质产物污染物和添加剂分析。

（4）磁塞技术分析：从油样中获取磨损铁磁微粒大小、形态及数量等信息，以判断磨损状态。

（5）常规理化指标分析：润滑油主要性能指标，如黏度、总碱（酸）值、闪点等的分析。

对于齿轮油和液压油，下面的技术分析方法有时也是十分必要的：

（1）四球机评价：润化油极压特性分析。

（2）润滑油污染水平分析：液压油中污染颗粒计数。

在实际应用中，技术方法的选用取决于设备的重要程度、设备机群的分布情况以及所采用的润滑油种类等。

c　油液分析的工作流程

油样分析可分为采样、检测、诊断、预测和处理五个步骤。

（1）取样：是指从润滑油中采集能反映当前机器中各零部件运行状态的油样，即油样应具有代表性。

（2）检测：是指对油样进行分析，测定油样中磨损颗粒的数量、粒度分布、化学成分，初步判断设备是正常磨损或异常磨损。

（3）诊断：是确定异常磨损状态的零件及磨损类型（如磨料磨损、疲劳剥落等）。

（4）预测：是预估异常磨损零件的剩余寿命及今后的磨损趋势。

（5）处理：是根据以上结果，确定维修方式和维修时间。

C　油液理化性能分析

在用润滑油的理化分析是检测润滑油性能变化的基本手段之一，通过定期对油液理化性能测试分析，可以动态监测油液变质和润滑效能变化状况，从而保证机械设备处于良好的润滑状态，并可提供机器换油的直接依据，有助于确定最合理和最经济有效的换油周期，最大限度地发挥油液的潜在使用能力。这对于需要大量使用油液的用户来说无疑是一种节约开支的良好手段。另外，它还可作为设备磨损状态监测技术的必要补充，提供油液本身足够的且可能是产生故障原因的数据。

在用润滑油的理化分析主要包括油液的常规理化性能指标测试（如酸性试验、黏度、不溶物指标测试等）和红外光谱分析（如氧化深度、硝化深度、抗磨剂水平、硫酸盐水平、积炭水平、水羟）两方面的内容。

（1）油液理化性能分析机理。油液物理、化学性能指标及其他综合指标的变化，反映油品的劣化变质程度。若超过一定数值，润滑油成为废油，必须更换。

（2）油液理化性能分析内容。润滑油的理化指标依油品种类不同而不同，检测的重点也不一样。对于出厂油品而言，其检验是全面的，因为它们必须符合国家制定的质量标准；而对于在用油液而言，由于要求不像对待新油那样严格，因此基于经济性考虑，在用油液的质量指标、分析项目和试验类型，依据被监控设备及其所用油液的类型而定（有所取舍）。

（3）油液理化性能分析常用仪器。油液理化性能分析常用仪器有振荡式黏度计、滴定仪、闪点计、红外光谱仪、颗粒计数器、污染监测仪、便携式综合油液分析仪等。

D　铁谱分析技术

铁谱技术的原理最早由美国麻省理工学院 W. W. Seifert 和美国 Foxboro 公司 V. C. Westcott 于 1970 年提出，并于 1971 年研制出用于分离磨损颗粒并进行观察分析的仪器——铁谱仪和铁谱显微镜。此后，铁谱技术迅速被许多国家所接受，并由最初的实验室磨损机理研究逐步发展成为用于机器状态监测和故障诊断的重要工具。

　　a　铁谱分析技术的含义

　　铁谱分析技术是一种利用高梯度强磁场作用，将机器摩擦副产生的磨粒从润滑剂中分离出来并按尺寸有序排列，用各种手段观察、测量，以获得有关磨损过程的各种信息，进而判明机器磨损机理及其状态的一种分析技术。

　　经过 30 多年来的发展与研究，铁谱技术在摩擦学基础研究和机器状态监测中获得了广泛的应用，其作用与重要性已得到普遍的承认，大量应用于国民经济建设及国防建设的各个部门，如航空、舰船、铁路、电站以及汽车、拖拉机、液压、机床、矿山、石油、化工等机械设备的状态监测与故障诊断方面。

　　b　铁谱分析技术的特点

　　铁谱分析技术与其他技术相比，具有独特的优势，主要表现在：

　　(1) 应用铁谱技术能分离出润滑油中所含较宽尺寸范围的磨屑，故应用范围广。铁谱技术对各种各样的磨损颗粒均很敏感，其对从几微米到几百微米甚至毫米级的磨粒都有满意的检测效果。而光谱分析检测磨粒的有效尺寸范围是 $0.1 \sim 10\mu m$，其中对于大于 $2\mu m$ 的磨粒其检测效率就大为降低。磁塞检测法只能有效地检测出上百微米至毫米级的磨粒。

　　大量检测表明，铁谱分析技术的检测范围正是绝大多数机械设备摩擦副发生磨损时产生的磨粒的尺寸范围，所以在机器摩擦副磨损状态分析中，铁谱分析方法较其他方法得到了更为广泛的应用，更能及时准确的判断设备磨损的变化。

　　(2) 铁谱技术利用铁谱仪将磨屑重叠地沉积在基片或沉淀管中，进而对磨屑进行定性观测 (观察磨粒的形态、尺寸、颜色、表面特征等) 和定量分析 (测量磨粒量、磨损烈度、磨粒材质成分等)。这不仅给分析机械设备磨损状态、故障原因和研究设备失效机理等提供了更全面而宝贵的信息，而且大大提高了机械设备状态监测的可靠性，同时能准确地监测出机械系统中一些不正常磨损的轻微征兆，如早期的疲劳磨损、黏着、擦伤与腐蚀磨损等，从而为设备状态监测提供宝贵的信息，避免机械事故的发生。

　　(3) 铁谱仪比光谱仪价廉，可适用于不同机器设备。

　　铁谱技术的缺点在于：

　　(1) 铁谱技术的效率较低 (每个油样大约需要 20min)，不能适应突发事故的监测。

　　(2) 其取样要求较为苛刻，否则将影响分析结果。

　　(3) 对润滑油中非铁系颗粒的检测能力较低，只用于检测磁性和顺磁性大颗粒，而且在元素成分识别上有局限性，例如在对含有多种材质摩擦副的机器 (例如发动机) 进行监测诊断时，往往感到力不从心。

　　(4) 作为一门新兴技术，铁谱分析的规范化不够，分析结果对操作人员的经验有较大的依赖性，若缺乏经验，往往会造成误诊或漏诊，因此不能理想地适应大规模设备群的故障诊断，在推广应用中应予以注意。

　　c　铁谱分析仪器

　　目前，国内外已开发出的铁谱仪种类很多，人们也从不同角度提出了不同的分类方法。磁铁装置是铁谱仪的核心部件，若按磁铁的工作原理来分，铁谱仪可分为永磁式铁谱仪和电磁式铁谱仪。根据机器状态监测方式来分，铁谱仪可分为离线铁谱仪和在线铁谱仪。若按实现铁谱定量与定性分析功能需要来分，铁谱仪又可分为分析式铁谱仪、直读式铁谱仪、双联式铁谱仪等，这三种铁谱仪都属于离线铁谱仪。此外，若根据铁谱片的制作原理不同分类，铁谱仪还可分为旋转式铁谱仪和固定式铁谱仪。近年来，随着现代信息技术的发展，计算机图像分析、模式识别、神经网络和模糊推理等技术逐步应用于铁谱分析过程，为铁谱分析技术的发展注入了新的生机。

分析式铁谱仪是最早开发出来的铁谱仪，它包含了铁谱技术的全部基本原理。分析式铁谱仪的用途是用来分离机器润滑油样中的磨粒，并能使磨粒依照尺寸大小有序地沉积在一显微镜玻璃基片上，从而制成铁谱片，然后利用铁谱显微镜等观测和分析仪器，实现对磨粒的定性、定量铁谱分析。

分析式铁谱仪的结构与工作原理简图如图 4-32（a）所示，它将从润滑系统中取得的分析油样经稀释处理后取样到玻璃管中，经微量泵将分析油样输送到安放在磁场装置上方的玻璃基片的上端，玻璃基片的安装与水平面成一定倾斜角，以便在沿油流方向形成一逐步增强的高强度磁场，同时又便于油液沿倾斜的基片向下流动，从玻璃基片下端经导流管排入废油杯中。分析油样中的可磁化金属磨粒在流经高梯度强磁场时，在高梯度磁力、液体黏性阻力和重力联合作用下，按磨粒尺寸大小有序地沉积在玻璃基片上，并沿垂直于油样流动方向形成链状排列。在分析油样从基片上流过之后，经用四氯乙烯溶液洗涤基片，清除残余油液，使磨粒固定在基片上便制成了可供观察和检测的铁谱片。图 4-32（b）所示为铁谱片的磨粒尺寸分布。用于沉积磨粒的玻璃基片又称铁谱基片，在它的表面上制成有 U 形栅栏，用于引导油液沿基片中心流向下端的出口端到废油杯。

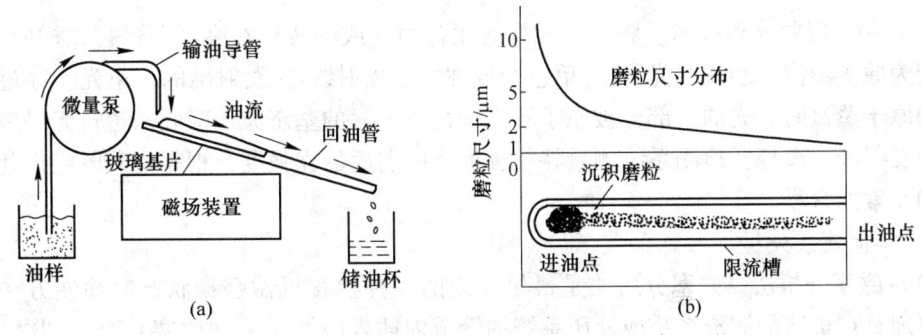

图 4-32　分析式铁谱仪与铁谱片示意

(a) 分析式铁谱仪工作原理；(b) 铁谱片的磨粒尺寸分布

E　光谱分析技术

a　光谱技术的定义

油液光谱分析是一种通过检测油液中的元素原子（离子或分子）在受外界能量激发条件下，以特定波长的光的形式释放出的能量强度，来确定油液中金属元素浓度，进而判明机器相关摩擦副的磨损状况、油液中污染成分的来源及污染水平，或相关润滑油添加剂损耗程度，以此来监测设备运转状态、磨损趋势，判断磨损部位的技术。

b　光谱技术的特点

光谱分析的特点是速度快、分析数据准确和适合于大量数据的采集。但是该检测技术有如下局限性：

（1）光谱分析对于大于 $10\mu m$ 的磨粒无能为力。

（2）光谱分析能监测油中所含元素的浓度，所反映的是各摩擦副磨损积累的含量，而不能获得磨粒尺寸和形貌等方面的信息。

在常规条件下，光谱仪所检测的磨粒尺寸范围在 $10\mu m$ 以下。尽管大磨粒对于诊断严重磨损有着特殊的意义，但是油液中小尺寸磨粒数量的迅速增加往往是磨损异常的重要前兆，因此元素光谱分析依然是磨损故障早期预报的有效工具。与铁谱分析方法相比，光谱分析在检测有色金属颗粒方面存在明显的优越性。在现代油液分析技术中，常常将光谱分析与铁谱分析配合使用，互为补充，以提高磨损故障诊断的准确性。另外，光谱分析还能指示来自外界和其他子系统的污染物，以及润滑油添加剂中的金属元素含量，在一定程度上反映油液受污染的程度和添加剂损耗的水平，为判断油液状况提供依据。从这个意义上讲，油液光谱分析具有综合的效能。光谱分析一般能够反映故障来源和故障水平两个方面的诊断信息。

c　常用光谱分析技术

用于油液监测与诊断的光谱技术，目前主要有原子发射光谱技术和原子吸收光谱技术。

（1）原子发射光谱技术。油样在高温状态下用带电粒子撞击（一般用电火花），使之发射出代表各元素特征的各种波长的辐射线，并用一个适当的分光仪分离出所要求的辐射线，通过把所测的辐射线与事先准备的校准器相比较来确定磨损碎屑的材料种类和含量。

（2）原子吸收光谱技术。将待测元素的化合物（或溶液）在高温下进行试样原子化，使其变为原子蒸汽。当锐线光源（单色光或称特征辐射线）发射出的一束光，穿过一定厚度的原子蒸汽时，光的一部分被原子蒸汽中待测元素的基态原子吸收。透过光经单色器将其他发射线分离掉，检测系统测量特征辐射线减弱后的光强度，根据光吸收定律就能求得待测元素的含量。

F　其他油液分析技术简介

（1）磁塞分析法。磁塞分析法是最早出现的一种检查机器磨损状态的简便方法。其基本原理是在机器的润滑系统或液压系统的管道内插入磁性探头（磁塞），用以收集悬浮在润滑油液中的铁磁性磨粒，并定期用放大镜或光学显微镜等观察所收集到的磨粒大小、数量和形态，从而判断机器的磨损状态的一种检测方法。这种方法只能用于铁磁性磨粒的检测，而且当磨损程度严重，出现大于 $50\mu m$ 以上的大尺寸磨粒时，才能显示其较高的检测效率。

（2）显微镜颗粒计数技术。该技术的基本原理是将油样经滤膜过滤，然后将带污染颗粒的滤膜烘干，放在普通显微镜下统计不同尺寸范围的污染物颗粒数目和尺寸。其优点是能直接观察和拍摄磨损微粒的形状、尺寸和分布情况，从而定性了解磨损类型和磨损微粒来源，而且装备简单、费用低廉、应用广泛。世界各国都制订有显微计数法油液颗粒污染物分析标准。但该技术操作较费时，人工计数误差较大，再现性差，对操作人员技术熟练程度要求苛刻。

（3）自动颗粒计数技术。自动颗粒计数技术不需从样液中将固体颗粒分离出来，而是自动地对样液中的颗粒尺寸进行测定和计数。该技术可以早期预报机器中部件的磨损，可用于实验室内进行的污染分析以及在线污染监测。

（4）重量分析技术。重量分析技术将油样用滤膜过滤，烘干后称重，用滤膜过滤前后的重量之差作为油样污染微粒重量。该技术特别适用于油液中含磨损微粒浓度较大时的油液分析，所需装备简单，但当外部环境、过滤方法、油样稀释液种类、冲洗条件、烘干条件稍有变化时，就会发生较大偏差，测试精度较低，只能用于润滑状态的粗略判断。

4.3.3.2　温度监测技术

一方面，温度是工业生产过程中最普遍和最重要的工艺参数之一，为了保证生产工艺在规定的温度条件下完成，需要对温度进行监测和调节；另一方面，温度也是表征设备运行状态的一个重要指标，设备出现故障的一个明显特征就是温度的升高，如轴承有故障、电气接点松动或氧化、绝缘损坏等都会导致温度的变化。一些能源的浪费和泄漏也都会在温度方面有所反映。同时温度的异常变化又是引发设备故障的一个重要因素。有统计资料表明，温度测量约占工业测量的 50%。因此，温度与设备的运行状态密切相关。

温度检测技术在机器诊断中是最早采用的一种技术。随着现代化的热学传感器和检测技术的发明和发展，温度诊断技术已成为故障诊断技术的一个重要方向，在设备故障诊断技术体系中占有不可或缺的重要地位。

A　温度测量基础

a　温度与温度单位（温标）

在日常生活中，经常会碰到这样的现象：当触摸物体时，会有冷和热的感觉，这种描述和表示物体冷、热程度的物理量就称为温度。它是物体分子运动平均动能大小的标志。温度是一个重要的物理量，也是国际单位制（SI）七个基本单位（长度、质量、时间、发光强度、电流强度、热力学温度、物质）之一。但它与其他六个物理量有所不同，长度、时间等六个物理量是可以叠加的。也就是说，如将两个长度相同的物体连接在一起，所得的长度将是原物体长度的两倍。同时，两个时间的组合也是两个量的叠加。因此，这些物理量称为外延量，而温度这个量却不可采用简单叠加的办法。如：我们把两壶 100℃ 的开水倒在一起，此时的温度绝不是 200℃，而仍是 100℃。所以，温度这个物理量称之为内涵量。

人们可能有这样的体会：当在 5℃ 的房间待久了，会感觉很冷；但如果从冰天雪地的室外突然进到这个房间，却会感到很暖和。由此说明，靠人的感觉来标定温度的高低是不准确、也是不科学的。因此，为了准确地用数字来体现物体的冷热程度，保证温度量值准确、一致，需要建立一个衡量温度的标准尺度。用来度量物体温度高低的标准尺度，称作温度标尺，简称温标。温标就是温度的数值表示方法，它是为了度量物体或系统的温度，而对温度的零度和温度分度方法所做的一种规定。

在生产实际中，温度常用热力学温标（K）和摄氏温标（℃）来表示。在国内外的一些文献资料中，也常遇到非标准的温度单位：如法国和德国部分场合使用的列氏温标（R）和美国使用的华氏温标（F）等。

（1）热力学温标（亦称开氏温标，或绝对温标）。

《1968 年国际实用温标》规定：以热力学温标为基本温标，用符号 T 表示，单位是开尔文，单位代号是"K"。

（2）摄氏温标（亦称百分温标）。摄氏温标的物理量符号是"t"，单位是摄氏度，单位代号是"℃"。

热力学温标和摄氏温度间的关系为：

$$t = T - T_0 \tag{4-37}$$

式中，$T_0 = 273.15K$，工程上一般取近似值，即 $t = T-273$。

由此可知，摄氏温度的数值是以 273.15K 为起点（$t=0$），而热力学温度以 0K 为起点（$T=0$）。这两种温度仅是起点不同，并无本质差别。表示温度差时，1℃ = 1K。

$T=0K$ 称为热力学零度，即绝对零度。在该温度下，分子运动停止（即没有热存在）。一般 0℃ 以上用摄氏度℃表示；0℃ 以下用开尔文 K 表示，这样可以避免温度使用负值，又与一般习惯相一致。

b　温度测量方式

温度的测量方法通常分为接触式测温法和非接触式测温法两大类，见表 4-16。

（1）接触式测温。接触式测温是使被测物体与温度计的感温元件直接接触，通过传导和对流达到热平衡，使其温度相同，便可以得到被测物体的温度。

接触式测温时，由于温度计的感温元件与被测物体相接触，吸收被测物体的热量，往往容易使被测物体的热平衡受到破坏。所以，对感温元件的结构要求苛刻，这是接触法测温的缺点，因此不适于小物体的温度测量。另外，在测温的过程中，其还存在一个热平衡的过程，因此，接触式测温响应速度较慢。

（2）非接触式测温。非接触式测温是温度计的感温元件不直接与被测物体相接触，而是利用物体的热辐射原理或电磁原理得到被测物体的温度。

非接触法测温时，温度计的感温元件与被测物体有一定的距离，是靠接收被测物体的辐射能实现测温，所以不会破坏被测物体的热平衡状态，且辐射热与光速一样快，故热惯性很小，具有较好的动态响应。但非接触测量的精度较低。

表 4-16　接触式与非接触式测温方法比较

测温方式 / 对比项目	接触式测温	非接触式测温
必要条件	感温元件必须与被测物体相接触；或感温元件与被测物体虽然接触，但后者的温度不变	感温元件能接收到物体的辐射能
特　点	不适宜热容量小的物体温度测量；不适宜动态温度测量；便于多点，集中测量和自动控制	被测物体温度不变；适宜动态温度测量；适宜表面温度测量
测量范围	适宜 1000℃ 以下的温度测量	适宜高温测量
测温精度	测量范围的 1% 左右	一般在 10℃ 左右
滞　后	较大	较小

B　接触式温度测量

用于设备诊断的接触式温度监测仪器有下列几种：

（1）热膨胀式温度计。热膨胀式温度计是利用物体（液体或固体）热胀冷缩的性质制成的。此种温度计的种类很多，如水银温度计、双金属温度计、压力表式温度计等。

（2）电阻式温度计。电阻式温度计是利用金属导体或半导体的电阻随温度变化的物理现象，将温度变化转换为电阻值变化，并以此作为测温信号而实现温度测量。

热电阻温度计被广泛地用于低温及中温（-200~500℃）范围内的温度测量，随着科技的发展，目前应用范围已扩展到 1~5K 的超低温领域，同时，在 1000~1200℃ 的高温范围内，也具有较好特性。

（3）热电偶温度计。热电偶温度计由热电偶、电测仪表和连接导线所组成，广泛地用于 300~1300℃ 温度范围内的测温。

热电偶通过热电效应可把温度直接转换成电量，因此对于温度的测量、调节、控制，以及对温度信号的放大、变换都很方便。它结构简单，便于安装，测量范围广，准确度高，热惯性小，性能稳定，便于远距离传送信号。因此，它是目前在温度测量中应用极为广泛的一种温度测量系统。

C　非接触式温度测量

a　非接触式测温的应用场合

接触式测温时，由于温度计的感温元件与被测物体相接触，吸收被测物体的热量，往往容易使被测物体的热平衡受到破坏，而且测量时还需要有一个同温过程，例如，测量体温时一般需要保持数分钟，其实这就是一个让温度计和人的体温的同温过程。生产和科学技术的发展，对温度监测提出了越来越高的要求，接触式测温方法已远不能满足许多场合的测温要求。

近年来非接触式测温获得迅速发展，除了是因为敏感元件技术发展外，还因为它不会破坏被测物的温度场，适用范围大大拓宽。许多接触式测温无法测量的场合和物体，采用非接触式测温，可得到很好的解决。比如：温度很高的目标、距离很远的目标、有腐蚀性的物质、高纯度的物质、导热性差的物质、目标微小的物体、小热容量的物体、运动中的物体和温度动态过程及带电的物体等。

红外技术的发展已有较长的历史，但直到 20 世纪末才逐渐成为一门独立的综合性工程技术。这项技术最早用于军事领域，后来推广应用到其他领域和科学研究等各个方面，如在钢铁、有色金属、橡胶、造纸、玻璃、塑料等工业中，对加工过程中的检查、管理，炉窑、铸件、焊接的无损检测，电气设备的维护和检查，设备、建筑物的热分布监测和分析等；在农业中，对病虫害地区的探测，农作物估产，植物、水、土壤温度的测量等；在公安工作中，对犯罪现场的调查和分析，防盗，入侵报警和监视，火灾发现和监视，遇难救险等；在医学中，对疾病的检查和诊断等。特别是随着设备状态监测和诊断技术的研究、开发和应用，红外测温技术已广泛地应用于设备运行过程的各个阶段，例如：在新设备刚刚安装完毕，并开始验收时，用以发现制造和安装的问题；在设备运行过程中和维修之前，用以判断和识别有故障或需要特别注意的地方，以便有针对性地安排检修计划和备件、材料供应计划；在设备检修后，开始运行时，用以评价检修质量，并做好原始记录，以便在以后的设备运行中，为掌握设备的劣化趋势提供依据（因为一般认为，检修后，是设备状态处于最好阶段）。

b　非接触式测温的基本原理

（1）红外辐射。1800 年，德国天文学家 F. W. 赫胥尔发现，望远镜用的各种颜色玻璃滤光片对太阳光和热的吸收作用各不相同。为了弄清热效应与各色光的关系，亦即弄清热效应在光谱中的分布情况，赫胥尔利用三支涂黑酒精球的温度计（较能吸收辐射热），一支置于可见光某一色光中，另两支置于可见光外作为背景值的测量，发现温度计读数从紫色光波段到红色光波段是逐渐提高的。更不可思议的是，他发现在红光区域旁，肉眼看不见光线的地方，温度居然更高。

之后，大量的研究人员开始探索最大热效应值在电磁波谱上的位置问题。直到1830年，赫胥尔的试验重复了多次，确信在可见光谱的红光之外还存在着一种能使温度计温度升高的、人眼看不见的不可见辐射。后来，法国物理学家白克兰把这种辐射称之为"红外辐射"。红外辐射和可见光的本质是相同的，即红外辐射的折射、反射、衍射、偏振等性质与可见光是一样的，只是红外辐射的波长范围不同于可见光。它在电磁波谱中的波长范围是 $0.78 \sim 1000\mu m$，而可见光的波长范围是 $0.38 \sim 0.78\mu m$。鉴于红外线的波长范围相当宽，在研究和应用红外辐射的过程中，为了方便，一般把红外波段划分为四个区域，近红外（波长为 $0.78 \sim 3\mu m$）、中红外（波长为 $3 \sim 6\mu m$）、中远红外（波长为 $6 \sim 20\mu m$）、远红外（波长 $20 \sim 1000\mu m$）。

理论分析和实验研究表明，不仅太阳光中有红外线，而且任何温度高与绝对零度的物体（如人体等）都在不停地辐射红外线。就是冰和雪，因为它们的温度也远远高于绝对零度，所以也在不断的辐射红外线。因此，红外线的最大特点是普遍存在于自然界中。也就是说，任何"热"的物体虽然不发光但都能辐射红外线。因此红外线又称为热辐射线简称热辐射。

（2）黑体辐射基本定律。

如前所述，红外辐射与可见光是同一性质的，具有可见光的一般特性。但红外辐射也还有其特有的规律，这些定律揭示了红外辐射的本质特性，也奠定了红外应用的基础。斯洛文尼亚物理学家约瑟夫·斯特藩和奥地利物理学家路德维希·玻耳兹曼分别于1879年和1884年独立提出，一个黑体表面单位面积在单位时间内辐射出的总能量与黑体本身的热力学温度的4次方成正比，此即斯忒藩-玻耳兹曼定律，其数学表达式为：

$$E_0 = \sigma T^4 \tag{4-38}$$

以上结论是对黑体（即在任何温度下，能全部吸收投射到其表面上的入射辐射，并具有最大辐射能力的物体）研究得出的。鉴于黑体是人为定义的理想物体，在自然界中并不存在，故此在实际应用中，对于非黑体（亦即实际物体而言），只需乘以一个系数即可，即：

$$E_0 = \varepsilon\sigma T^4 \tag{4-39}$$

式中　E_0——单位面积辐射的能量，W/m^2；

　　　σ——斯忒藩-玻耳兹曼常数，$\sigma = 5.67\times10^{-8}W/(m^2 \cdot K^4)$；

　　　T——热力学温度，K；

　　　ε——比辐射率（非黑体辐射度/黑体辐射度）。

斯忒藩-玻耳兹曼定律告诉我们，物体的温度越高，辐射强度就越大。只要知道了物体的温度及其比辐射率 ε，就可算出它所发射的辐射功率；反之，如果测出了物体所发射的辐射强度，就可以算出它的温度，这就是红外测温技术的依据。有关红外线辐射其他两个基本定律：普朗克定律、维恩位移定律，感兴趣的读者，可以自行阅读相关书籍。

c　非接触式测温仪器

一般来说，测量红外辐射的仪器分为两大类：分光计和辐射计。分光计用来测量被测目标发出的红外辐射中每单一波长的辐射能量。而辐射计则与之不同，它是测量被测目标在预选确定的波长范围内所发出的全部辐射能量。因此，分光计多用于分析化合物的分子结构，不属于我们的应用范畴。下面所介绍的均系辐射计的范围。

由于在 2000K 以下的辐射大部分能量，不是可见光而是红外线，因此红外测温得到了迅猛的发展和应用。红外测温的手段不仅有红外点温仪、红外线温仪，还有红外电视和红外成像系统等设备（见图 4-33），除可以显示物体某点的温度外，还可实时显示出物体的二维温度场，温度测量的空间分辨率和温度分辨率都达到了相当高的水平。

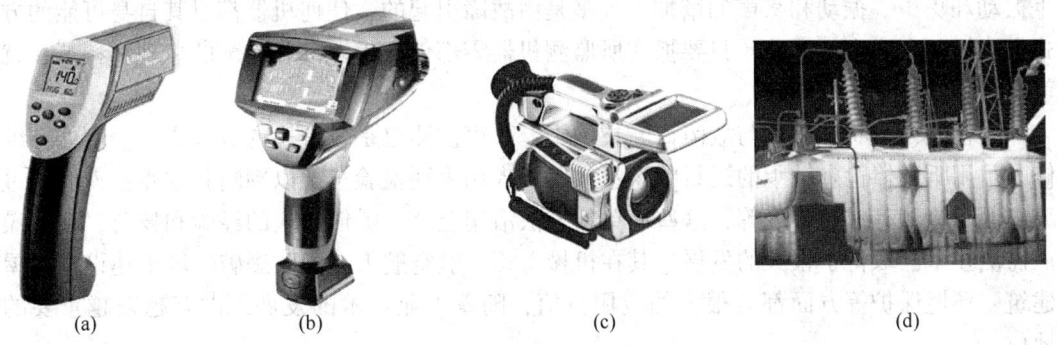

图 4-33　非接触式测温仪器与红外热像图例
(a) 红外点温仪；(b) 红外热成像仪；(c) 红外热电视；(d) 红外热像图

（1）红外点温仪。点温仪是红外测温仪中，最简单、最轻便、最直观、最快速、最价廉的一种，它主要应用于测量目标表面某一点的温度。但在使用红外点温仪时，要特别注意测温仪的距离系数问题。

（2）红外热成像仪。在不少实际应用场合，不仅需要测得目标某一点的温度值，而且还需要了解和掌握被测目标表面温度的分布情况。红外热成像系统就是用来实现这一要求的。它是将被测目标发出的红外辐射转换成人眼可见的二维温度图像或照片。

实际上，热成像与照相机成像原理是极相似的。红外热成像仪是接收来自被测目标本身发射出的红外辐射，以及目标受其他红外辐射照射后而反射的红外辐射，并把这种辐射量的分布以相应的亮度或色彩来表示，成为人眼观察的图像。

我们把目标反射的或自身辐射的红外辐射转变成人眼可观察的图像的技术称为红外成像技术。它又分为两种形式：以红外辐射源照射目标，再摄取被目标反射的红外辐射而成像，这种成像方式称为主动式红外成像；而摄取目标自身辐射出的红外辐射成像，称为被动式红外成像。习惯上，把被动式红外成像称为热像，被动式红外成像装置称为热像仪。

（3）红外热电视。红外热成像仪虽然具有优良的性能，但它装置精密，价格比较昂贵，通常在一些必需的、测量精度要求较高的重要场合使用。对于大多数工业应用，并不需要太高的温度分辨率，可不选用红外热成像仪，而采用红外热电视。红外热电视虽然只具有中等水平的分辨率，可是它能在常温下工作，省去了制冷系统，设备结构更简单些，操作更方便些，价格比较低廉，对测温精度要求不太高的工程应用领域，使用红外热电视是适宜的。

红外热电视采用热释电靶面探测器和标准电视扫描方式。被测目标的红外辐射通过热电视光学系统聚焦到热释电靶面探测器上，用电子束扫描的方式得到电信号，经放大处理，将可见光图像显示在荧光屏上。红外热电视是 20 世纪 70 年代发展起来的。近年来，由于器件性能改善，特别是采用先进的数字图像处理和微机数据处理技术，整机性能显著提高，已能满足多数工业部门的实用要求。

4.3.3.3　噪声诊断技术

机器运行过程中所产生的振动和噪声是反映机器工作状态诊断信息的重要来源。振动和噪声是机器运行过程中的一种属性，即使是最精密、最好的机械设备也不可避免地要产生振动和噪声。振动和噪声的增加，大多是由故障引起的，任何机器都以其自身可能的方式产生振动和噪声。因此，只要抓住所监测机器零部件产生振动和噪声的机理和特征，就可以对其状态进行诊断。

在机械设备状态监测与故障诊断技术中，噪声监测也是较常用的方法之一。例如：维修人员用听音棒检查轴承的运行状态；铁路工人用手锤检验车架以判断其故障；人们通过敲击西瓜检测其成熟程度等，这些简单的方法沿用至今，需依赖人的经验和技巧。现代噪声监测技术已取得了很大的发展，其在机械工程、航空航天、国防爆破、城市建设、房屋建筑、环境保护等方面都有很大的应用价值，随着工业技术的发展，占有越来越重要的地位。

A　声学基础

a　机械振动和声

声音是由声波刺激人耳神经所引起的感觉。产生声音的条件有两个：一是物体的振动，二是声波传播的介质。声波是一种机械波，它具有一般波动现象所共有的特性，如反射、绕射、折射和干涉现象等。所谓机械波就是机械振动在媒质中的传播过程。通常，将产生声波的振动系统称作声源，声波所及的空间范围称作声场。声波传播过程中的介质有气体、液体、固体。其中，声波在固体中传播最快，液体中次之，空气中最慢。

只有特定频率范围（20~20kHz）内的声波，可使人耳产生听觉，这就是通常意义上的声音。频率低于 20Hz 的声波称为次声波，其波长很长，不易被一般物体所反射和折射，在媒质中不易被吸收，传播距离非常远，所以次声波不仅可以用来探测气象、分析地震和军事侦察，还可用于机械设备的状态监测，特别是在远场测量情况下。频率高于 20kHz 的声波称为超声波，由于它传播时定向性好，穿透性强，在不同媒质中波速、衰减和吸收特性存在差异，故在机械设备的故障诊断中也很有用。

从生理学观点来看，凡是妨碍人们正常休息、学习和工作的声音，以及对人们要听的声音产生干扰的声音统称为噪声；而从物理学观点来看，则将不规则、间歇的或随机振源在空气中引起的振动波称为噪声。噪声是一种紊乱、断续或统计上随机的声音，例如交通噪声、工业噪声等。随着现代工业的高速发展，工业和交通运输业的机械设备都向着大型、高速、大动力方向发展，所引起的噪声，已成为环境污染的主要公害之一。噪声对人体的危害也很大，可导致耳鸣、耳聋，引起心血管系统、神经系统和内分泌系统的疾病。对噪声进行正确的测试、分析，并采取必要的防治和控制措施，是人们关心的重要课题。

b　描述噪声的常用物理量

描述噪声特性的方法可分为两类：一类是把噪声单纯地作为物理扰动，用描述声波的客观特性的物理量来反映，这是对噪声的客观量度；另一类涉及人耳的听觉特性，根据听者感觉到的刺激来描述，这是噪声的主观评价。

噪声强弱的客观量度用声压、声强和声功率等物理量表示。声压和声强反映声场中声的强弱，声功率反映声源辐射噪声本领的大小。声压、声强和声功率等物理量的变化范围非常宽广，在实际应用上一般采用对数标度，以分贝为单位，即分别用声压级、声强级和声功率级等无量纲的量来度量噪声（所谓的级是物理量相对比值的对数，而分贝则是级的一种无量纲单位，符号是 dB）。

噪声的频率特性通常采用频谱分析的方法来描述。用这种方法可较细致地分析在不同频率范围内噪声的分布情况。

下面简要介绍噪声监测中经常使用的几个物理量。

（1）声压、声压级。

1）声压。

①瞬时声压——声波通过媒质中某一点时，在该点的压力产生起伏变化。与该点的静压力相比较，因声波存在的某一瞬时所产生的压力增量，称为在该点的瞬时声压。

②有效声压——在一定的时间间隔内，某点的瞬时声压的均方根值称为该点的有效声压。声压过去常用微巴为单位，现在国际上统一用帕作为其度量单位，$1Pa = 1N/m^2$。

在一般情况下，声压是指有效声压。在这种意义下，声压不会是负的。当声波不存在时，声压为零。在某点的声音强弱，可以用该点的声压大小来表示。大多数接收器，就是根据测量声压的原理设计的。

2）声压级。一个声音的声压级以分贝为单位，它等于这个声音的声压与基准声压的比值的常用对数乘以20。

$$L_p = 20 \lg(p/p_0) \tag{4-40}$$

式中　L_p——对应于声压 p 的声压级；

　　　p_0——基准声压，在噪声测量中，常采用 $p_0 = 2\times10^{-5}Pa$。

（2）声强、声强级。

1）声强。声波在媒质中传播时伴随着声能流。在声场中某一点，通过垂直于声波传播方向的单位面积在单位时间内所传过的声能，称为在该点声传播方向上的声强。声强的常用单位是瓦特每平方米，符号是 W/m^2。

在一般声场中，声波沿着不同方向传播，这时，声强与声压间的关系较为复杂。在噪声测量中，声压比声强容易直接测量，因此，往往根据声压测定的结果间接求出声强。

2）声强级。一个声音的声强级等于这个声音的声强与基准声强的比值的常用对数乘以10。

$$L_I = 10\lg(I/I_0) \tag{4-41}$$

式中　L_I——对应于声强为 I 的声强级；

　　　I_0——基准声强，在噪声测量中，常采用 $I_0 = 10^{-12}W/m^2$。

（3）声谱。声音通常由许多不同频率不同强度的分音叠加而成。声谱是把声音的分音的幅值按频率排列的图形。根据声音的性质，声谱可分为三种：

1）线状谱：由频率是离散的一些分音组成的谱。

2）连续谱：由频率在一定范围内是连续的分音组成的谱。

3）复合谱：由线状谱和连续谱叠加而成的谱。

噪声的声谱通常为连续谱或复合谱。

B　噪声的测量

在进行噪声测量时，常采用声压级、声强级和声功率级来表示噪声的强弱，采用频率或频谱来表示其成分，也可以用人的主观感觉进行量度，如响度级等。

（1）噪声测量用的传声器。传声器是将声波信号转换为相应电信号的传感器，可直接测量声压。其原理是用变换器把由声压引起的振动膜振动变成电参数的变化。传声器主要包括两部分，一是将声能转换成机械能的声接收器。声接收器具有力学振动系统，如振膜。传声器置于声场中，声膜在声的作用下产生受迫振动。二是将机械能转换成电能的机电转换器。传声器依靠这两部分，可以把声压的输入信号转换成电能输出。

（2）声级计。声级计是用一定频率和时间计权来测量声压级的仪器，是现场噪声测量中最基本的噪声测量仪器。声级计由传声器、衰减（放大）器、计权网络、均方根值检波器、指示表头等组成。它的工作原理是：被测的声压信号通过传声器转换成电压信号，然后经衰减器、放大器以及相应的计权网络、滤波器，或者输入记录仪器，或者经过均方根值检波器直接推动以分贝标定的指示表头，从表头或数显装置上可直接读出声压级的分贝（dB）数。

声级计一般都按国际统一标准设计有 A、B、C 三种计权网络，有些声级计还设有 D 计权网络，其利用不同线路对不同频率声音实行不同程度的衰减，从而使仪器的读数能够近似地表达人们对声音的感受和反映。其中，A 计权网络较好地模仿了人耳对低频段（500Hz 以下）不敏感，而对于 1000~5000Hz 声敏感的特点。用 A 计权测量的声级来代表噪声的大小，称为 A 声级，单位是分贝（A）或 dB（A）。由于 A 声级是单一数值，容易直接测量，并且是噪声的所有频率成分的综合反映，与主观反映接近，所以在噪声测量中得到广泛的应用，并作为评价噪声的标准。

按国际电工委员会公布的 IEC651 规定，声级计的精度分为四个等级，即 0、1、2、3 级。其中 0 级精度最高；1 级为精密声级计（除了具有 A、B、C 计权网络外，还有外接滤波器插口，可进行倍频程或 1/3 倍频程滤波分析）；2 级为普通声级计（具有 A、B、C 计权网络）；3 级为调查用的声级计（只有 A 计权网络）。机器设备噪声监测常用精密型。

（3）声强测量。声强测量具有许多优点，用它可判断噪声源的位置，求出噪声发射功率，不需要在声室、混响室等特殊声学环境中进行。

声强测量仪由声强探头、分析处理仪器及显示仪器等部分组成。声强探头由两个传声器组成，具有明显的指向特性。声强测量仪可以在现场条件下进行声学测量和寻找声源，具有较高的使用价值。

（4）声功率的测量。在一定的条件下，机器辐射的声功率是一个恒定的量，它能够客观地表征机器噪声源的特性。但声功率不是直接测出的，而是在特定的条件下由所测得声强或声压级计算出来的。

C　噪声源与故障源识别

噪声监测的一项重要内容就是通过噪声测量和分析，来确定机器设备故障的部位和程度。噪声识别的方法很多，在复杂程度、精度高低以及费用大小等方面均有很大差别，这里介绍几种现场实用的识别方法。

（1）主观评价和估计法。经过长期实践锻炼的人，有可能主观判断噪声源的频率和位置。有时为了排除其他噪声源的干扰，主观评价和估计法也可以借助于听音器。对于那些人耳达不到的部位，还可以借助于传声器—放大器—耳机系统。

主观评价和估计法的不足之处在于鉴别能力因人而异，需要有较丰富的实际经验，另外也无法对噪声源作定量的量度。

（2）近场测量法。这种方法通常用来寻找机器的主要噪声源，较简便易行。具体的做法是用声级计在紧靠机器的表面进行扫描，并根据声级计的指示值大小来确定噪声源的部位。

由于现场测量总会受到附近其他噪声源的影响，一台大机器上的被测点又多是处于机器上其他噪声源的混响场内，所以近场测定法不能提供精确的测量值。这种方法通常用于机器噪声源和主要发声部位的一般识别或用作精确测定前的粗定位。

（3）表面振速测量法。为了对辐射表面采取有效的降噪措施，需要知道辐射表面上各点辐射声能的情况，以便确定主要辐射点，采取针对性的措施。这时可以将振动表面分割成许多小块，测出表面各点的振动速度，然后画出等振速线图，从而可形象地表达出声辐射表面各点辐射声能的情况以及最强的辐射点。

（4）频谱分析法。噪声的频谱分析与振动信号分析方法类似，是一种识别声源的重要方法。通过频谱分析，可以了解噪声的频率组成及相应的能量大小，从中找出噪声源。

（5）声强法。近年来用声强法来识别噪声源的研究进展很快，至今已有多种用于声强测量的双通道快速傅里叶变换分析仪。声强探头具有明显的指向特性，这使声强法在识别噪声源中更有其特色。声强测量法可在现场作近场测量，既方便又迅速，故受到各方面的重视。

4.3.3.4　无损检测技术

在日常生活中，常常有这样的经历：比如用手拍击西瓜判断是否成熟，铁路检车工敲击车轴检查机车车轮是否能安全运行；医生用叩诊把脉的方法诊断病情。这些检测和判断都是在没有破坏被检物体的情况下进行的，都是常见的"无损检测"实例。

试想一下，如果人们去医院看病，告知医生自身身体不适（肚子难受，胃里不舒服，心跳得厉害等），这时医生告知说这些器官看不见，无法判断，必须进行手术开刀，观察各个器官实物，方能诊断。可能一次手术人们还能接受，但如果每次都这样，试问今后谁还敢找医生看病？当然，这只是一个笑话。但是，从中可以看出无损检测的重要性和必要性。

A　无损检测技术概述

a　无损检测技术的含义

无损检测技术是指在不损害或不影响被检测对象使用性能、不伤害被检测对象内部组织的前提下，利用材料内部结构异常或缺陷引起的热、声、光、电、磁等反应的变化，以物理或化学方法为手段，借助现代化的技术和设备器材，对试件内部及表面的结构、性质、状态及缺陷的类型、性质、数量、形状、位置、尺寸、分布及其变化进行检查和测试的方法。在我国，无损检测一词最早被称为探伤或无损探伤，这一称法或写法广为流传，并一直沿用至今，其使用率并不亚于无损检测一词。

无损检测的目的在于定量掌握缺陷与强度的关系，评价构件的允许负荷、寿命或剩余寿命；检测设备（构件）在制造和使用过程中产生的结构不完整性及缺陷情况，以便改进制造工艺，提高产品质量，及时发现故障，保证设备安全、高效可靠地运行；是工业发展必不可少的有效工具，在一定程度上反映了一个国家的工业发展水平，其重要性已得到公认。我国在 1978 年 11 月成立了全国性的无损检测学术组织——中国机械工程学会无损检测分会。

由于无损检测方式的特殊性，它几乎应用了整个物理学的所有学科知识，如电学、声学、力学、电磁场学、光学以及高能物理方面的知识。据统计已经应用于工业现场的各种无损检测诊断方法已达 70 余种。随着技术的发展，今后还将会出现更多的无损检测方法与种类。目前，常用的无损检测技术包括超声检测、射线检测、磁粉检测、渗透检测、涡流检测等常规技术，以及声发射检测、激光全息检测、微波检测等新技术。

　　b　无损检测技术的特点

（1）无损检测技术不会对构件造成任何损伤。

（2）无损检测技术为查找缺陷提供了一种有效方法。

（3）无损检测技术能够对产品质量实现监控。

（4）无损检测技术能够防止因产品失效引起的灾难性后果。

（5）无损检测技术具有广阔的应用范围。

正是由于无损检测技术具有以上特点，因此受到工业界的普遍重视。无损检测技术可用于各种设备、压力容器、机械零件等缺陷的检测诊断，例如金属材料（磁性和非磁性、放射性和非放射性）、非金属材料（水泥、塑料、炸药）、锻件、铸件、焊件、板材、棒材、管材以及多种产品内部和表面缺陷的检测。

　　c　使用时应注意的问题

（1）关于检测结果的可靠性。一般说来，不管采用哪一种检测方法，若要完全检测出结构的异常部分是比较困难的。因为缺陷与表征缺陷的物理量之间并非是一一对应关系。因此，需要根据不同情况选用不同的物理量，有时甚至需要同时使用两种或多种无损检测方法，才能对结构异常做出可靠判断，特别是大型复杂设备或结构，更应如此。例如运行中的核反应堆就同时采用了磁粉、涡流、射线、超声、声发射和光纤内窥镜等多种检测方法。

（2）关于检测结果的评价。无损检测结果必须与一定数量的破坏性检测结果相比较，才能建立可靠的基础和得到合理的评价，而且这种评价只能作为材料或构件质量和寿命评定的依据之一，而不应仅仅据此做出片面结论。

（3）关于无损检测的实施时间。无损检测应该在对材料或工件质量有影响的每道工序之后进行。例如焊缝检测在热处理前是对原材料和焊接工艺进行检查；在热处理后则是对热处理工艺进行检查，有时还要考虑时效变化对焊缝的影响。

　　B　常用无损检测技术介绍

在工程实践中得到广泛应用，且比较成熟的检测方法主要有以下五大常规无损检测方法。

　　a　超声波检测（Ultrasonic Testing，UT）

（1）超声波检测的含义及应用。

超声波检测是利用电振荡在发射探头中激发高频超声波，入射到被检物内部后，若遇到缺陷，超声波会被反射、散射或衰减，再用接收探头接收从缺陷处反射回来（反射法）或穿过被检工件后（穿透法）的超声波，并将其在显示仪表上显示出来，通过观察与分析反射波或透射波的时延与衰减情况，即可获得物体内部有无缺陷以及缺陷的位置、大小及其性质等方面的信息，并由相应的标准或规范判定缺陷的危害程度的方法。

超声波检测技术是工业无损检测技术中应用最为广泛的检测技术之一，例如用于医疗上的超声诊断（如 B 超）、海洋学中的声呐、鱼群探测、海底形貌探测、海洋测深、地质构造探测、工业材料及制品上的缺陷探测、硬度测量、测厚、显微组织评价、混凝土构件检测、陶瓷土坯的湿度测定、气体介质特性分析、密度测定等。超声波在液体介质中传播时，达到一定程度的声功率就可在液体中的物体界面上产生强烈的冲击（基于"空化现象"），从而引出了"功率超声应用"技术，例如"超声波清洗"、"超声波钻孔"、"超声波去毛刺"（统称"超声波加工"）等。另外，利用强功率超声波的振动作用，还可用于例如塑料等材料的"超声波焊接"。此外还有超声频谱分析法、超声波计算机层析扫描技术、超声全息技术等。

（2）超声波及其特性。

一般把频率在 20kHz 以上的声波称超声波，它是一种机械振动波，能透入物体内部并可以在物体中传播。无损检测用的超声波频率范围为 0.5～25MHz，其中最常用的频段为 1～5MHz。超声波之所以用于无损检测技术中，主要是基于超声波具有如下特性：

1）超声波声束能集中在特定的方向上，在介质中沿直线传播，具有良好的指向性。

2）超声波的能量较高，在大多数介质中传播时能量损失小，传播距离远，穿透能力强。

3）超声波在异种介质的界面上将产生反射、折射和波型转换。利用这些特性，可以获得从缺陷界面反射回来的反射波，从而达到探测缺陷的目的。

（3）超声波的分类。

根据波动传播时介质质点的振动方向与波的传播方向的相互关系的不同，可将超声波分为纵波、横波、表面波和板波等。

1）纵波（简称 L 波，又称作压缩波、疏密波）。纵波是指介质中质点的振动方向与波的传播方向一致的波，用 L 表示。由于纵波的产生和接收都比较容易，因而在工业探伤中得到广泛的应用。利用纵波，可以探测金属铸锭、坯料、中厚板、大型锻件和形状比较简单的制件中所存在的夹杂物、裂缝、缩管、白点、分层等缺陷。

2）横波（简称 S 波，又称作 T 波、切变波或剪切波）。介质中质点的振动方向与波的传播方向互相垂直的波称为横波，常用 S 或 T 表示。横波只能在固体介质中传播，其通常是由纵波通过波型转换器（有机玻璃制成的）转化而来。利用横波可以探测管材中的周向和轴向裂缝、划伤、焊缝中的气孔、夹渣、裂缝、未焊透等缺陷。在同样工作频率下，横波探伤的分辨率要比纵波几乎高一倍。

3）表面波（Surface Wave）。当介质表面受到交变应力作用时，产生沿介质表面传播的波，称为表面波。在工业超声检测中常用的表面波主要是指超声波沿介质表面传递时，传声介质的质点沿椭圆形轨迹振动的瑞利波（R 波）。瑞利波与横波一样，只能在固体介质中传播，但其在介质上的有效透入深度只有 1～2 个波长的范围，其能量随距表面的深度的增加而迅速减弱。因此其不能像纵波与横波那样深入介质内部传播，只能用于检查介质表面的缺陷（如裂纹等）。

4）板波（简称 P 波，又称兰姆波）。在厚度与波长相当的弹性薄板中传播的超声波称为板波（Plate Wave），也称作兰姆波（Lamb Wave）。这是一种由纵波与横波叠加合成，以特定频率被封闭在特定有限空间时产生的制导波。在工业超声检测中，主要利用板波对薄的金属板材进行探伤。

除了上述四种主要的应用波型外，现在已经发展应用的还有头波（Head Wave）和爬波（又称作爬行纵波），特别是后者能够以纵波的速度在介质表面下传递，适合用于检测表面特别粗糙，或者表面存在不锈钢堆焊层等情况下的近表层缺陷检测。

（4）超声波检测的特点。

1）超声波检测的优点是：适用于金属、非金属和复合材料等多种试件的无损检测；可对较大厚度范围内的试件内部缺陷进行检测，如对金属材料，可检测厚度为 1~2mm 的薄壁管材和板材，也可检测几米长的钢锻件；缺陷定位较准确，对面积型缺陷的检出率较高；灵敏度高，可检测试件内部尺寸很小的缺陷；检测成本低、速度快，设备轻便，对人体及环境无害，现场使用较方便。

2）超声波检测的缺点是：对具有复杂形状或不规则外形的试件进行超声检测有困难；缺陷的位置、取向和形状以及材质和晶粒度都对检测结果有一定影响；对缺陷的显示不直观，探伤技术难度大，容易受到主客观因素影响；检测结果也无直接见证记录。

（5）超声波检测设备。

1）超声波探头。探头是实现电信号与声讯号相互转换的器件，是超声波探伤装置的重要组成部分，其性能的好坏对超声波检测的成功与否起着关键性的作用。产生超声波的方法很多，如热学法、力学法、静电法、电磁法、电动法、激光法、压电法等。目前，在超声波探伤中应用最普遍的是压电法。压电法是利用压电材料的逆压电效应来产生超声波。

2）超声波检测仪。超声波检测仪是超声检测的主体设备，其作用是产生电振荡，并施加于探头上，使之发射超声波，同时，还将探头接收的电信号进行滤波、检波和放大等，并以一定的方式将检测结果显示出来，由此判别被检工件内部有无缺陷，以及缺陷的位置、大小和性质等方面的信息。

超声波检测仪有以下几种分类方式：按超声波的连续性分类，可分为脉冲波检测仪、连续波检测仪、调频波检测仪等；按缺陷显示的方式分类，可分为 A 型、B 型和 C 型等；按通道数的多少不同，可分为单通道型和多通道型两大类。A 型显示脉冲超声波探伤仪是目前工业超声检测领域中应用最广泛的设备。

3）耦合剂。在超声波接触检测中，为了使探头有效地向工件发射超声波及有效地接受由工件返回来的超声波，必须使探头与工件探测面之间具有良好的声耦合。良好的声耦合可以通过填充耦合剂来实现，以避免其间空气层存在，因为空气层的存在将会使声能几乎完全被反射。当然，耦合剂也有利于减小探头与工件表面间的摩擦，延长探头的使用寿命。

经常使用的耦合剂是油类。一般情况采用中等黏度的机油，平滑表面可以用低黏度油类，粗糙表面可用高黏度油类。由于甘油的声阻抗最高且易溶于水，所以也是一种常采用的耦合剂。

（6）超声波检测的方法。

超声波检测的方法很多，可从多个角度来对其进行分类。

1）根据采用超声波的种类分类。

①脉冲波法。超声探头激发的是脉冲超声波，这是有一定持续时间、按一定重复频率间歇发射的超声波，通常具有较大的频带宽度。

Ⅰ脉冲反射法：在检测时，向被检对象发射脉冲超声波，利用超声波的反射特性，根据有无缺陷回波或工件底面反射回波、回波幅度的大小、回波信号数量、回波在示波屏时基线上的位置以及回波包络形状变化等对被检对象的质量情况进行评价。超声脉冲反射法是目前应用最广泛的方法。

Ⅱ脉冲穿透法：在检测时，分别将两个探头置于被测试件相对的两个侧面，一个探头用于向被检对象发射脉冲超声波，另一个探头在适当位置接收穿越材料的超声波，根据接收的超声信号强弱来评价被检对象有无缺陷及缺陷严重程度等情况。

②连续波法。超声探头激发的是连续的、不停歇振动的超声波，通常具有单一的频率。

Ⅰ谐振法：利用超声波的谐振特性以及在工件中形成驻波的条件，可以用来测定被检工件的厚度，胶接结构与复合材料、点焊等的接合质量情况。

Ⅱ穿透法：又称透射法，它根据超声波穿透工件后的能量变化来判断工件内部有无缺陷。

2）根据超声波进入被检工件的方式分类。

①接触法。接触法是利用超声探头与工件表面直接接触而对缺陷进行探伤的一种方法。它是通过在探头与工件表面之间的一薄层耦合剂来实现良好的声耦合。

②液浸法。直接接触法虽具有灵活、方便、耦合层薄、声能损失少等优点，但由于耦合层厚度难以控制、探头磨损较大、测速慢等缺点，所以也可以采用液浸法。液浸法是在探头与工件表面之间充以液件进行探伤。液浸法常采用水作为耦合介质，故有时也称水浸法。

b　射线检测（Radiographic Testing，RT）

（1）射线检测概述。

1895 年 11 月 8 日，德国科学家伦琴利用气体放电管在实验室中发现了一种可以穿透物体的贯穿性辐射，由于当时对这种辐射的性质还不了解，所以被命名为 X 射线。后来，人们为了纪念伦琴这一伟大的贡献，又把这种射线命名为伦琴射线。时隔一年，由亨利·贝克勒耳在利用铀盐和感光板进行实验时，发现了铀能够发射一种类似于 X 射线的辐射线。经过进一步研究，表明产生辐射是某些元素具有的特性，并存在一定的定量关系，特别是产生这种辐射的原子以它特有的速率衰变成新的原子，这种辐射就是 γ 射线。

1911 年德国米勒博士成功地制造了世界上第一只 X 光管，提供了产生 X 射线的基本元件和设备。1915 年开始利用 X 射线和 γ 射线去透照物体，并在感光板上获得物体的影像，这就是最早的射线照相技术。第二次世界大战期间，随着飞机等军事工业的发展，苏联、美国等工业先进的国家，为了保证战斗机的质量，在飞机制造过程中广泛开始利用 X 射线和 γ 射线对飞机的重要零部件进行射线照相，使这一技术逐步成熟并趋向实用。

（2）射线检测的原理及应用。

　　射线检测是应用较早的检测方法之一，其基本工作原理为：射线在穿过物质的过程中，由于受到物质的散射和吸收作用而使其强度衰减，强度衰减的程度取决于物体材料的性质、射线种类及其穿透距离。当把强度均匀的射线照射到物体上一个侧面，如果物体局部区域存在缺陷或结构存在差异，它将改变物体对射线的衰减，就会使不同部位透射射线强度发生变化，这样采用一定的检测器（例如射线照相中采用胶片）检测透射射线强度，就可以判断物体表面或内部的缺陷，包括缺陷的种类、大小和分布情况并做出评价。

　　射线检测在工业上有着非常广泛的应用，它既可用于金属检测，又可用于非金属检测。对金属内部可能产生的缺陷，如气孔、夹杂、疏松、裂纹、未焊透和未熔合等，都可以用射线检查。应用的行业有承压设备、航空航天、船舶、兵器、水工成套设备和桥梁钢结构等。

　　(3) 射线检测的方法与设备。

　　按照美国材料试验学会（ASTM）的定义，射线检测可以分为照相检测、实时成像检测、层析检测和其他射线检测技术四类。射线检验常用的方法有 X 射线检测、γ 射线检测、高能射线检测和中子射线检测。不同厚度的物体需要用不同能量的射线来穿透，因此要分别采用不同的射线源。对于常用的工业射线检测来说，一般使用的是 X 射线检测和 γ 射线检测。

　　X 射线、γ 射线与红外辐射、可见光等一样，都属于电磁波，均具有波动性、粒子性，都可产生反射、折射、干涉、光电效应、康普顿效应和电子效应等。但它们又是不可见光，不带电荷，不受电场和磁场影响；能透过可见光不能透过的物质，使物质起光化学反应；能使照相胶片感光；能使荧光物质产生荧光。

　　X 射线是在高真空状态下用高速电子冲击阳极靶而产生的。工业射线照相检测中使用的低能 X 射线机，简单地说是由四部分组成的：射线发生器（X 射线管）、高压发生器、冷却系统、控制系统。X 射线机按其结构，通常分为三类：便携式 X 射线机、移动式 X 射线机、固定式 X 射线机。移动式 X 射线机通常体积和重量都较大，适合于实验室或车间使用；便携式 X 射线机体积小、重量轻，适用于流动性检验或大型设备的现场探伤。

　　γ 射线是放射性同位素在原子蜕变过程中放射出来的，能量不变。γ 射线机用放射性同位素作为 γ 射线源辐射 γ 射线，它与 X 射线机的一个重要不同是 γ 射线源始终都在不断地辐射 γ 射线，而 X 射线机仅仅在开机并加上高压后才产生 X 射线，这就使 γ 射线机的结构具有了不同于 X 射线机的特点。γ 射线探伤机可分为手提式、移动式、固定式三种类型。其中，手提式 γ 射线机轻便，体积小、重量小，便于携带，使用方便。但从辐射防护的角度，其不能装备能量高的 γ 射线源。

　　γ 射线机与 X 射线机比较具有设备简单、便于操作、不用水电等特点，但 γ 射线机操作错误所引起的后果十分严重，因此，必须注意 γ 射线机的操作和使用。

　　(4) 射线照相的过程和特点。

　　射线照相的典型操作过程为：一般把被检物安放在离 X 射线装置或 γ 射线装置 0.5～1m 处，将被检物按射线穿透厚度为最小的方向放置，把胶片盒紧贴在被检物的背后，让 X 射线或 γ 射线照射一定时间（几分钟至几十分钟不等），进行充分曝光。把曝光后的胶片在暗室中进行显影、定影、水洗和干燥。再将干燥的底片放在显示屏的观察灯上观察，根据底片的黑度和图像来判断缺陷的种类、大小和数量，随后按通行的要求和标准对缺陷进行等级分类。

射线照相法能较直观地显示工件内部缺陷的大小和形状，易于判定缺陷的性质，检测结果（照相底片）可作为检验的原始记录供多方研究并作长期存档备查。但这种方法耗用的胶片等器材费用较高，检验速度较慢，要求在被检试件的两面都能操作，只宜探查气孔、夹渣、缩孔、疏松等体积性缺陷，能定性但不能定量，且不适合用于有空腔的结构，对角焊、T 形接头的检验敏感度低，不易发现间隙很小的裂纹和未熔合等缺陷以及锻件和管、棒等型材的内部分层性缺陷。此外，射线对人体有害，需要采取适当的防护措施。

c　涡流检测（Eddy Current Testing，ET）

经典的电磁感应定律和涡流电荷集肤效应的发现，促进了现代导电材料涡流检测方法的产生。1935 年第一台涡流探测仪器研究成功。20 世纪 50 年代初，德国科学家霍斯特发表了一系列有关电磁感应的论文，开创了现代涡流检测的新篇章。

（1）涡流检测的基本原理。

如图 4-34 所示，涡流检测是利用电磁感应原理，检测导电构件表面和近表面缺陷的一种探伤方法。将通有交流电的线圈置于待测的金属板上或套在待测的金属管外，这时线圈内及其附近将产生交变磁场，使试件中产生呈旋涡状的感应交变电流，称为涡流。涡流的分布和大小，除与线圈的形状和尺寸、交流电流的大小和频率等有关外，还取决于试件的电导率、磁导率、形状和尺寸、与线圈的距离以及表面有无裂纹缺陷等。因而，在保持其他因素相对不变的条件下，用一探测线圈测量涡流所引起的磁场变化，可推知试

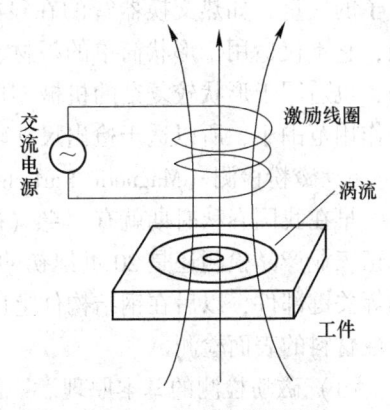

图 4-34　涡流检测原理

件中涡流的大小和相位变化，进而获得有关电导率、缺陷、材质状况和其他物理量（如形状、尺寸等）的变化或缺陷存在等信息。但由于涡流是交变电流，具有集肤效应，所检测到的信息仅能反映试件表面或近表面处的情况。

（2）涡流检测的特点与适用范围。

电涡流检测具有如下的特征：

1）检测结果可以直接以电信号输出，故可用于自动化检测。

2）由于实行非接触式检测，所以检测速度很快。

3）适用范围较广，除可用于检测缺陷外，还可用于检测材质的变化、形状与尺寸的变化等。

4）对形状复杂的试件检测有困难。

5）对表面下较深部位的缺陷检测困难。

6）除检测项目外，试件材料的其他因素一般也会引起输出的变化，成为干扰信号。

7）难以直接从检测所得的显示信号来判别缺陷的种类。

由以上涡流检测的原理及特性可知，涡流检测适用于由钢铁、有色金属以及石墨等导电材料所制成的试件，不适用于玻璃、石头和合成树脂等非导电材料的检测。

从检测对象来说，电涡流方法适用于如下项目的检测：

1）缺陷检测：检测试件表面或近表面的内部缺陷。

2）材质检测：检测金属的种类、成分、热处理状态等变化。

3）尺寸检测：检测试件的尺寸、涂膜厚度、腐蚀状况和变形等。

4）形状检测：检测试件形状的变化情况。

（3）涡流检测的方法及应用。

由于试件形状的不同，检测部位的不同，检验线圈的形状与接近试件的方式与不尽相同。为了适应各种检测需要，人们设计了各种各样的检测线圈和涡流检测仪器。

在涡流探伤中，往往是根据被检测件的形状、尺寸、材质和质量要求（检测标准）等来选定检测线圈的种类。常用的检测线圈有穿过式、插入式和探头式三类。穿过式线圈是将被检测试样放在线圈内进行检测的线圈，适用于管材、棒材、线材的探伤，使用时使被检物体以一定的速度在线圈内通过，可发现裂纹、夹杂、凹坑等缺陷。内插式线圈是放在管子内部进行检测的线圈，专用来检查厚壁或钻孔内壁的缺陷，也用来检查成套设备中管子的质量，如热交换器管的在役检验。探头式线圈是放置在试样表面上进行检测的线圈，它不仅适用于形状简单的板材、板坯、方坯、圆坯、棒材及大直径管材的表面扫描探伤，也适用于形状较复杂的机械零件的检查。与穿过式线圈相比，探头式线圈的体积小、场作用范围小，所以适于检出尺寸较小的表面缺陷。

d　磁粉检测（Magnetic Particle Testing，MT）

早在我国春秋时期就有"慈（磁）石召铁"（见《吕氏春秋》）的说法，但磁力检测真正工业产品检测还是 20 世纪初的事。20 世纪 30 年代用磁粉检测方法来检测车辆的曲柄等关键部件，以后在钢结构件上广泛应用磁粉探伤方法，使磁粉检测得以普及到各种铁磁性材料的表面检测。

（1）磁粉检测的基本原理。

磁粉检测是通过磁粉在缺陷附近漏磁场中的堆积，来检测铁磁性材料表面或近表面处缺陷的一种无损检测方法。它是利用铁磁性材料和缺陷之间的磁导率变化来发现缺陷的。当存在缺陷的铁磁性材料被适当磁化后，在没有缺陷的连续部分，由于小磁铁的 N、S 磁极互相抵消，不呈现出磁极；但是在处于表面或近表面的缺陷处，由于该处的磁阻变大，使其周围的磁场部分越出工件表面，形成漏磁场。此时，若将高磁导率的磁粉施加至经过磁化的试验工件表面上，它们即被漏磁场所吸附而聚集在缺陷处，从而显示出缺陷的形状和尺寸。图 4-35 为表面和近表面缺陷漏磁示意图。

（2）磁粉检测的特点。

磁粉法的优点是：1）能直观显示缺陷的形状、位置、大小，并可大致确定其性质。2）具有高的灵敏度，可检出的缺陷最小宽度约为 $1\mu m$。3）几乎不受试件大小和形状的限制。4）检测速度快，工艺简单，费用低廉。

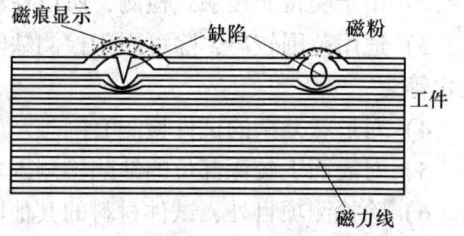

图 4-35　表面和近表面缺陷漏磁示意图

磁粉法的局限性是：1）只能用于铁磁性材料。2）只能发现表面和近表面缺陷，可探测的深度一般在 1~2mm。3）磁化场的方向应与缺陷的主平面相交，夹角应在 45°~90°，有时还需从不同方向进行多次磁化。因为当缺陷走向与磁场方向垂直时，探伤的灵敏度最高。灵敏度正比于缺陷与磁场交角的正弦值，当交角小于 45° 时，探伤灵敏度将显著降低。因而，要完全地检出任何取向的表面缺陷，每次探伤必须使磁感应线相互垂直地通过被检表面的两个方向。4）不能确定缺陷的埋深和自身高度。5）宽而浅的缺陷也难以检出。6）不是所有铁磁性材料都能采用，铁素体钢在磁场强度 $H \leqslant 2500 \text{A/m}$ 时，相对磁导率是 $\mu_r = 300$；不锈钢的铁素体含量应大于 70%。7）检测后常需退磁和清洗。8）试件表面不得有油脂或其他能黏附磁粉的物质。

（3）磁粉检测的应用。

在工业中，磁粉探伤可用来作最后的成品检验，以保证工件在经过各道加工工序（如焊接、金属热处理、磨削）后，在表面上不产生有害的缺陷。它也能用于半成品和原材料如棒材、钢坯、锻件、铸件等的检验，以发现原来就存在的表面缺陷。铁道、航空等运输部门、冶炼、化工、动力和各种机械制造厂等，在设备定期检修时对重要的钢制零部件也常采用磁粉探伤，以发现使用中所产生的疲劳裂纹等缺陷，防止设备在继续使用中发生灾害性事故。

　　e　渗透检测（Penetrant Testing，PT）

渗透检测是一种以毛细作用原理为基础的检查表面开口缺陷的无损检测方法。20 世纪初，最早利用具有渗透能力的煤油检查机车零件的裂缝。20 世纪 40 年代初期美国斯威策（R. C. Switzer）发明了荧光渗透液。这种渗透液在第二次世界大战期间，大量用于检查军用飞机轻合金零件。由此渗透探伤便成为主要的无损检测手段之一，获得广泛应用。

（1）渗透检测的基本原理。

渗透检测是基于液体的毛细作用（或毛细现象）和固体染料在一定条件下的发光现象进行检测的。当工件表面被施涂含有荧光染料或者着色染料的渗透剂后，在毛细作用下，经过一定时间，渗透剂可以渗入表面开口缺陷中；去除工作表面多余的渗透剂，经过干燥后，再在工件表面施涂吸附介质——显像剂；同样在毛细作用下，显像剂将吸收缺陷中的渗透剂，即渗透剂回渗到显像中；在一定的光源下（黑光或白光），缺陷处的渗透剂痕迹被显示（黄绿色荧光或鲜艳红色），从而探测出缺陷的形貌及分布状态。

（2）渗透检测的特点和适用范围。

渗透检测可广泛用于检测大部分非吸收性物料的表面开口缺陷，如钢铁、有色金属、陶瓷及塑料等，其适用范围广，检测一般不受试件材料种类及其外形轮廓的限制；检测效率高，对于形状复杂的试件或在试件上同时存在有多个缺陷时，只需一次检测操作即可完成；具有较高的灵敏度（可发现 $0.1 \mu \text{m}$ 宽缺陷）；设备简单，便于携带，操作简便，特别适合野外现场检测。

但是渗透检测也有一定的局限性。当零件表面太粗糙时，易造成假象，降低检验效果；只能检测表面开口缺陷，粉末冶金零件或其他多孔材料不宜采用此法；无缺陷深度显示；检测结果受操作人员技术水平的影响；不宜实现自动化检测。

（3）渗透检测的方法。

1）根据渗透液的不同色调，渗透检测可分为荧光法和着色法两种。荧光渗透测法是采用含荧光材料的渗透液进行检测，它用波长为（360±30）nm 的紫外线进行照射，使缺陷显示痕迹发出黄绿色的光线。荧光渗透检测的观察必须在暗室里采用紫外线灯进行。着色渗透检测法是采用含红色染料的渗透液进行检测的，它在自然光或在白光下可以观察出红色的缺陷痕迹。与荧光渗透法相比，着色渗透检测法受场所和检测装置等条件限制较小。

2）根据清洗渗透液形式的不同，渗透检测可以分为水洗型渗透检测法、后乳化型渗透检测法和溶剂去除型渗透检测法三种。水洗型渗透液可以直接用水清洗干净；后乳化型渗透液要把乳化剂加到试件表面的渗透液上以后，再用水洗净；溶剂去除型渗透检测法所用的渗透液要用有机溶剂进行清洗去除。

（4）渗透检测的基本步骤。

无论是哪种渗透检测方法，其基本步骤大体相同，主要包括：

1）预处理：清除试件表面的油脂、涂料、铁锈及污物等。

2）渗透：将试件浸渍于渗透液中或者用喷雾器或刷子等工具把渗透液涂在试件表面，让渗透剂有足够的时间充分地渗入到缺陷中。

3）乳化处理：为了使渗透液容易被水清洗，对某些渗透液有时还要进行乳化处理，喷上乳化剂。

4）清洗：用水或清洗剂去除附着在试件表面的残余渗透剂。

5）显像：将显像剂涂敷在试件表面上，残留在缺陷中的渗透剂就会被显像剂吸出，在表面上形成放大的带色显示痕迹。

6）观察：荧光渗透检测的观察必须在暗室内用紫外线灯照射，而着色渗透检测法在一定亮度的可见光下即可以观察出缺陷痕迹。

7）后处理：检测结束后，清除表面残留的显像剂，以防腐蚀被检测表面。

4.3.4　任务实施

（1）子任务 1：空压机润滑油液分析。

为确保空压机的安全稳定运行，有必要对其开展油液分析，具体实施步骤如下：

1）了解诊断对象。收集被诊断设备（空压机）的原始技术资料，包括设备的基本构造、关键摩擦副的工作条件、结构、润滑方式、典型失效形式、主要材料组成、设备在用润滑油的技术规范、设备的主要技术性能指标、工况条件和设备使用环境等方面的内容。收集充分的、正确的原始技术资料，对诊断过程做出正确的判断十分重要。

在此基础上，选择并制定合理的油液监测技术方案。包括制定监测计划、确定取样及样品储运规范等，如确定油液监测分析的内容、方法和取样方法、取样频率、取样位置、取样量等。合理的取样和储运规范应保证能够取得有代表性的油样，且在样品运输保管过程中不会造成信息失真。

2）选取油样。这是实施技术的重要环节，应严格按规定的技术规范选取原始油样。原始油样是测定磨损微粒，进而进行数据处理和分析，最后判断故障的基础。取样的正确性、均匀性和代表性，直接影响到故障判断的正确与否。所取的油样中必须含有表征设备主要磨损部位信息的有代表性的磨粒，能正确反映磨损真实情况。采样过程中应注意以下几点：

①取样部位。对于循环油路来说，取样部位宜在回油管路、经过过滤器之前的地方；对于非循环油路，一般在停机后半小时之内取样，而且要在稍低于整个箱体一半的高度取样。

②取样方法。可选择的取样方法有样品枪法、取样阀法和放油嘴法三种。注意采用取

样阀和放油嘴取样时，应在放掉少许油液，冲去聚集在阀嘴中的沉渣后，再接入样品瓶。

③取样间隔（即取样频率或称取样周期）。视机器的重要性、使用期、负载特性而定，要合理地确定取样间隔时间。

④取样规范。对某一待监测的设备，一定要固定取样位置，固定停机（或不停机）后取样的时间，不应在紧接换油后取样，不应在补进大量油液后取样；绝对保证取油器具的清洁无污染；取样时不可将污染杂质带入油样和待监测的设备中。

⑤完整原始记录。认真填写样品瓶上贴的标签，认真填写原始记录，包括取样日期、油品种类、取样部位、机器运转时间、取样员姓名等。

3）制备检测油样。依据储运规范对油样进行保管和运送，然后按照所选用的油液监测技术及仪器所规定的制备方法和步骤，进行认真的制备，比如对样品进行加热、稀释等。

4）按制定的项目，将检测油样送入监测仪器，定性、定量测定有关参数。

5）进行检测数据处理与分析。视所选用的监测技术的不同，可以采用趋势法、类比法等方法处理数据和分析结果，进一步可应用数理统计、模糊数学等知识建立相应的计算机数据处理系统。

6）根据数据处理分析的结果，判断设备异常与否、异常部位、异常程度及产生原因，预报可能出现的问题以及发生异常的时间、范围和后果。

7）完成并向设备管理部门或客户提交监测报告。一般完整的监测报告应包括当前设备油液分析的主要数据指标、主要监测数据的变化趋势、对设备关键摩擦副磨损状态、油品污染和变质状况的评价和主要监测诊断结论等，同时提出改进设备异常状况的措施（包括处理异常的时间、内容、费用，具体修理方案和实施）。另外，还应积极向设备管理部门或客户征询反馈信息，必要时重新分析或重新取样进行分析，同时记得将当前监测报告备份归档，以备日后使用。

(2) 子任务 2：电力变压器温度监测。

电气设备只要有电流通过就会产生热量。温升在规定范围内，设备就能安全运行，一旦温升超限，则将产生故障。可以说，温度是电气设备参数中一个很重要的物理参量，这是因为在电气故障中，有很多故障在产生的同时，都伴随有温度的变化，因此，有必要对其开展温度监测来发现设备问题，以便及时予以处理。

电力变压器是能源动力中心供电子系统的重要设备，一旦发生故障，后果非常严重。为了保证其安全运行，要求变压器各部件的温度与温升均不超过允许值。变压器发热主要是由于绕组损耗和铁芯损耗引起的。变压器中温度最高的是绕组，其次是铁芯，而变压器的油温最低。其中，变压器油温是由油箱下部至箱盖逐渐升高的，即下层和中层的油温要比上层油温低。为了监视变压器运行时各部分的温度，规定以变压器的上层油温来确定变压器温度。

允许温升是允许温度与周围空气最高温度之差。一般油浸式变压器的绝缘多采用 A 级绝缘材料，其耐热温度为 105℃。在国标中规定变压器使用条件最高气温为 40℃，因此绕组的温升限值为 105-40=65℃。非强油循环冷却，顶层油温与绕组油温约差 10℃，故顶层油温升为 65-10=55℃，顶层油温度为 55+40=95℃。强油循环顶层油温升一般不超过 40℃。故《电力变压器运行规程》（DL/T 572—2010）规定：自由循环冷却的油浸式变压器的最高顶层油温一般不许超过 95℃。只有当变压器的上层油温及温升，均不超过允许值时，变压器才能安全运行。有鉴于此，可参照如下方法开展电力变压器温度监测。

1）测量变压器周围的气温。为了便于计算变压器油的温升值，需要测量变压器周围的气温。其具体方法是：用不少于三支温度计，将测量端浸于容积不小于 1L 的盛油狭口瓶内，放置在距变压器 2~3m 处的四周，并应置于被试变压器高度的中部，与周围的墙壁、设备门窗间等应留有合适的间距，使测量结果不受到日光、气流以及表面热辐射的影响。周围气温的数值应以这些温度计读数的算术平均值为准。注意，当强制风冷时，温度计应放置在冷空气进口处，此时可不用浸在油杯内。

2）测量上层油温。在测量变压器的上层油温时，温度计的测量端应浸于油面之下 50~100mm 处进行测量。如设有温度计管座时，管中应充以变压器油，再插入温度计进行测量。

3）测量铁芯的温度。测量铁芯的温度时，应将温度计的测量端和铁芯表面紧密接触，并使测量端和空气绝热，以免因气流散热给测量造成误差。当用热电偶测温元件测量时，可将热电偶的测温头插到铁芯片间，其深度均为 10~20mm，并至少应有三个测量点。

若发现变压器上层油温升高超过 85℃时，此时应首先检查校对温度计指示是否正确，并检查变压器冷却系统的运行情况是否正常；若无问题，则可能负载过大，应降低负载；或者可能三相负载不平衡，可调整三相负载的分配；若以上几项均正常，而温度继续上升，则要考虑是否起因于变压器内部故障，如绕组短路、油路堵塞等，若是就应立即停电修理。

（3）子任务 3：电动机运行噪声测量。

电动机是将电能转变为机械能的一种机器，鉴于其能提供的功率范围很大，加之使用和控制方便，具有自启动、加速、制动、反转等能力，能满足各种运行要求，且工作效率较高，又无烟尘、气味，不污染环境等优点，故其在动力设备中获得了广泛的应用。

然而，其在使用过程中，因材质、设计、制造、安装、维护等诸多方面的缺陷，不可避免出现各种异常现象，譬如运行时声音异响、出现过大噪声及声响，为此有必要对其进行噪声监测与诊断。在本子任务中，可以采取如下措施对电动机的运行噪声进行测量和诊断：

1）运用机械故障听诊器，通过主观评价和估计法，判明噪声源的频率和位置。

2）运用精密型声级计，直接测量电动机噪声的声压级。

3）运用近场测量法，寻找电动机的主要噪声源，用作精确测定前的粗定位。

4）运用频谱分析法，实现噪声源的精确定位，为下步维修处置提供参考。

（4）子任务 4：动力管线壁厚测量及焊缝探伤。

动力管线主要用于输送动力能源介质（如水、煤气、氧气、蒸汽和压缩空气等），其重要性不言而喻，为此必须确保管线安全稳定运行，不得出现渗漏、爆管等缺陷。在工程实践，常运用无损检测技术测量其壁厚，并检查焊缝质量情况。

1）壁厚测量。清理管道上铁锈等污物或防腐保护层，并涂抹耦合剂，然后运用超声波测厚仪，测量管道壁厚，并做好数据记录，为趋势管理奠定基础。

2）焊缝探伤。

①检测前的准备：熟悉被检工件（工件名称、材质、规格、坡口形式、焊接方法、

热处理状态、工件表面状态、检测标准、合格级别、检测比例等）；选择超声波检测仪器和探头（根据标准规定及现场情况，确定探伤仪、探头、试块、扫描比例、探测灵敏度、探测方式）；仪器的校准（在仪器开始使用时，对仪器的水平线性和垂直线性进行测定）；探头的校准（进行前沿、折射角、主声束偏离、灵敏度余量和分辨力校准）；仪器的调整（时基线刻度可按比例调节为代表脉冲回波的水平距离、深度或声程）；灵敏度的调节（在对比试块或其他等效试块上对灵敏度进行校验）。

②检测操作：母材的检验（检验前应测量管壁厚度，至少每隔 90° 测量一点，以便检验时参考，将无缺陷处二次底波调节到荧光屏满刻度作为检测灵敏度）；焊接接头的检验（扫查灵敏度应不低于评定线灵敏度，探头的扫查速度不应超过 150mm/s，扫查时相邻两次探头移动间隔应保证至少有 10% 的重叠）。

③检验结果及评级：根据缺陷性质、幅度、指示长度依据相关标准评级。

④对仪器设备进行校核复验。

⑤出具检测报告。

4.3.5　知识拓展

4.3.5.1　声发射检测的原理

声发射检测（Acoustic Emission Testing，AT 或 AE）是通过接收和分析材料的声发射信号来评定材料性能或结构完整性的无损检测方法。当材料受力作用而产生变形或断裂时，或者构件在受力状态下使用时，以弹性波形式释放出应变能的现象称为声发射（AE），有时也称为应力波发射。1950 年联邦德国 J. 凯泽对金属中的声发射现象进行了系统的研究。1964 年美国首先将声发射检测技术应用于火箭发动机壳体的质量检验并取得成功。此后，声发射检测方法获得迅速发展。

声发射是一种常见的物理现象，而声发射源往往是材料损坏的发源地，其检测原理为：从声发射源发射的弹性波最终传播到达材料的表面，引起可以用声发射传感器探测的表面位移，探测器将材料的机械振动转换为电信号，然后再被放大、处理和记录。固体材料中内应力的变化产生声发射信号，而在材料加工、处理和使用过程中有很多因素能引起内应力的变化，如位错运动、孪生、裂纹萌生与扩展、断裂、无扩散型相变、磁畴壁运动、热胀冷缩、外加负荷的变化等。人们根据观察到的声发射信号进行分析与推断以了解材料产生声发射的机制。

4.3.5.2　声发射检测的仪器

各种材料声发射信号的频率范围很宽，从次声频、声频到超声频；声发射信号幅度的变化范围也很大，从微观位错运动到宏观断裂。如果声发射释放的应变能足够大，就可产生人耳听得见的声音。大多数材料变形和断裂时有声发射发生，但许多材料的声发射信号强度很弱，人耳不能直接听见，这时需借助灵敏的电子仪器才能检测出来。

声发射仪器可以形象地比喻为材料的听诊器，其分为单通道和多通道两种。单通道声发射仪比较简单，主要用于实验室材料试验。多通道声发射仪有多个检测通道，可以确定声发射源位置，根据来自各个声源的声发射信号强度，判断声源的活动性，实时评价大型构件的安全性，故主要用于大型构件的现场试验。

4.3.5.3　声发射检测的特点

（1）声发射检测是一种动态无损检测技术。其利用物体内部缺陷在外力或残余应力作用下，本身能动态地投射出声波来判断发射地点的部位和状态。根据声发射信号的特点和诱发 AE 波的外部条件，既可以了解缺陷的目前状态，也能了解缺陷的形成过程和发展趋势，这是其他无损检测诊断方法难以做到的。

（2）声发射检测几乎不受材料限制。除极少数材料外，金属和非金属材料在一定条件下都有声发射发生。所以，声发射检测诊断几乎不受材料限制。

（3）声发射检测灵敏度高。物体结构或部件的缺陷在萌生之初就有声发射现象，因此，只要及时检测 AE 信号，根据 AE 信号的强弱就可以判断缺陷的严重程度。AE 法有时可以显示零点几毫米数量级的裂纹增量，并能进行实时预测和报警。

（4）可以实现在线监测。如对压力容器等人员难以接近的场合进行监测，若用 X 射线法则必须停产检查，如果用 AE 法则不须停产，这样能减少停产造成的损失。

4.3.5.4　声发射检测的应用

由于声发射具有以上特点，因此得到了科学界和工程界的重视。经过几十年来的发展，美国、日本和欧洲一些国家用声发射在压力容器水压试验或定期检修等方面，已达到了工业实用阶段。AE 技术在核容器与化工容器运行中的安全性监测、复合材料压力容器检测、焊接过程研究等方面都取得了很大成就，现已成为无损检测技术体系中的一个极其重要的组成部分。

我国于 20 世纪 70 年代开始研究和应用声发射，先后研制和开发了多种型号的声发射检测仪器，并在压力容器监测、疲劳裂纹扩展、焊接过程及断裂力学等方面得到了广泛应用。对大型油罐的在线测试，AE 技术已成为唯一可行的检测诊断手段。随着新一代全数字化声发射仪器和功能强大的信号处理软件的问世，AE 技术将会获得更广泛的应用。

学 习 小 结

（1）通过现场调研冶金企业当前正在使用的设备状态监测与故障诊断技术的基本情况，并以冶金企业大量采用的水泵、风机或减速机等通用设备为载体，探讨设备状态监测与故障诊断技术的应用范畴，由此学习了设备故障的基本概念、分布规律、分类、基本特性、典型模式、分析方法和故障成因；以及状态监测与故障诊断的概念、分类、基本方法、一般过程、作用、发展及意义。

（2）以板带轧机减速机为载体，学习了机械振动及其分类、简谐振动及其性质、复杂周期振动及其性质、振动信号的幅值域分析、简易振动诊断参数的测量、常用仪器设备、相关诊断标准、状态发展趋势分析及典型零部件的简易振动诊断方法；数字信号处理、振动信号的时域分析、频域分析及其他常用分析方法、常用仪器设备及典型零部件的精密振动诊断方法。

（3）以典型动力设备为载体，学习了油液分析技术、温度监测技术、噪声诊断技术、无损检测技术的含义、特点、方法、仪器及应用范畴等。

思考练习

4-1 何谓设备故障？简述设备性能随运行时间变化的情况。

4-2 绘制典型故障曲线——浴盆曲线图。依据此曲线，使用维修期间的设备故障状态可分为哪三个阶段？简要叙述每个阶段的特点。

4-3 简述常见设备故障的分类情况。

4-4 简述设备故障的基本特性。

4-5 典型故障模式有哪些？产生故障的主要原因大体有几个方面？

4-6 简述故障分析的常用方法。

4-7 状态监测与故障诊断的基本概念是什么？简述常见故障诊断的分类。

4-8 何谓简易诊断和精密诊断？

4-9 按检测手段分类，常用故障诊断的方法有哪些？

4-10 简述故障诊断的基本过程？

4-11 故障诊断技术在现代设备工程中的作用有哪些？

4-12 什么是机械振动？简述振动的分类。

4-13 描述机械振动的三个特征量是什么？列举简谐振动三要素。

4-14 按信号处理方式的不同，振动信号的分析方法有哪些？简要说明其含义。

4-15 请列举振动信号幅域分析常用的有量纲参数和无量纲参数。

4-16 简要说明简易振动诊断参数、测点、方向、周期该如何选择。

4-17 简易振动诊断常用的传感器和仪器有哪些？

4-18 按照标准制定方法的不同，振动标准一般可分为几大类？每类的具体含义是什么？

4-19 设备状态发展趋势分析的主要目的有哪些？

4-20 滚动轴承和齿轮常用简易振动诊断法有哪些？

4-21 列举振动信号时域分析常用方法。

4-22 精密振动诊断常用仪器设备有哪些？

4-23 简述滚动轴承、齿轮振动信号的频率结构。

4-24 列举滚动轴承、齿轮精密振动诊断的方法。

4-25 简述振动诊断的实施步骤。

4-26 什么是油液分析技术？其一般包括哪几方面内容？

4-27 列举油液分析的主要方法？简述油液分析的工作流程。

4-28 何为铁谱分析技术？铁谱分析技术的特点是什么？

4-29 何为光谱技术？光谱技术的特点是什么？

4-30 温度测量方法常分为哪几类？每类的具体含义是什么？并列举各自常用的测温仪器。

4-31 描述噪声的常用物理量有哪些？列举噪声源与故障源的识别方法。

4-32 何为无损检测技术？无损检测技术的特点是什么？

4-33 常用的无损检测技术有哪些？

4-34 什么是超声波？其可分为哪几类？

4-35 简述超声波检测的特点和方法？

4-36 射线检测的方法和设备有哪些？

4-37 什么是涡流检测？简述涡流检测的特点与适用范围。

4-38　什么是磁粉检测？简述磁粉检测的特点。

4-39　渗透检测的方法有哪些？简述渗透检测的特点和适用范围。

【考核评价】

本学习情境的考核评价内容包括实践技能评价、理论知识评价、学习过程与方法评价、团队协作能力评价及工作态度评价；考核评价方式包括学生自评、组内互评、教师评价。具体见表 4-17。

表 4-17　考核评价表

姓　名		班级		组别	
学习情境		指导教师		时间	
考核项目	考核内容	配分	学生自评 比重 30%	组内互评 比重 30%	教师评价 比重 40%
实践技能评价	常见设备故障的分析和诊断策略的构建能力；常用状态监测与故障诊断技术的实际应用能力	40			
理论知识评价	设备故障、状态监测、故障诊断的含义、类别、方法等基础知识认知	20			
学习过程与方法评价	各阶段学习状况及学习方法	20			
团队协作能力评价	团队协作意识、团队配合状况	10			
工作态度评价	纪律作风、责任意识、主动性、纪律性、进取心	10			
合　计		100			

学习情境 5　设备维修技术认知与实践

【学习目标】

知识目标

（1）懂得维修的概念、模式及类别。

（2）明白机械设备常用的维修技术。

（3）知道电气设备的常用维修技术。

能力目标

（1）能够正确认知维修的基本概念。

（2）能够针对常见设备，构建维修策略和维修模式。

（3）能够认识并选择相应机械、电气维修技术。

素养目标

（1）训练学生自主学习、终身学习的意识和能力。

（2）培养学生理论联系实际的严谨作风，建立用科学的手段去发现问题、分析问题、解决问题的一般思路。

（3）解放思想、启发思维，培养学生勇于创新的精神。

任务 5.1　设备维修概论认知

5.1.1　任务引入

随着现代机械设备制造技术的高科技化、结构复杂化、操作自动化程度的提高，机械设备维修的难度愈来愈大，维修要求愈来愈严，维修地位也愈来愈重要。半个世纪以来，维修思想、维修观念伴随着机械设备的进步，内涵和外延都发生了深刻地变化。作为一名设备领域的从业者，有必要认知设备维修的相关基础。

5.1.2　任务描述

设备的使用过程，是其生产产品、创造利润的过程，但由于磨损等各种难以避免的因素影响，其自身也在不断消耗。为此，若不能及时对设备进行补偿，则其将会产生故障，甚至导致停机或事故发生。设备的补偿有设备维修、设备更新和设备技术改造等方式。其中，设备维修的核心问题是根据设备的磨损和消耗状况，结合企业自身的经营目标，对各类设备选择合理的维修策略，制定相关计划并实施。本任务要求学员实地调研区域内的冶金企业，认识企业内现行的宏观维修策略及微观维修模式，了解其指导思想、一般做法、主要成效等。

5.1.3　知识准备

5.1.3.1　设备维修概念

A　设备的磨损形式

机械设备的磨损或损耗，是进行修理的前提。在使用或闲置过程中，设备的物质形态和价值形态都要发生损耗。我们可以把两者的损耗称为机械设备的广义磨损，其含义是设备物质实体功能方面的低劣化和价值形态的贬值。设备的磨损可分为有形磨损和无形磨损两个方面。

a　设备的有形磨损

有形磨损是指设备在使用或闲置的过程在所发生的实体上的磨损或损失，又称物质磨损、物理磨损。它可分为第一种有形磨损和第二种有形磨损。

第一种有形磨损是机械设备在使用过程中，由于摩擦、冲击、振动、疲劳、腐蚀、断裂、变形等造成设备的实物形态的变化，使功能逐渐（或突然）降低以至丧失。它通常表现为：机器设备零部件的原始尺寸改变，甚至形状也发生变化；公差配合性质改变；零部件损坏。

有形磨损一般可分为三个阶段。第一阶段是新机器或大修理的设备磨损较强的"初期磨损"阶段；第二阶段是磨损量较小的"正常磨损"阶段；第三阶段是磨损量增长较快的"剧烈磨损"阶段。例如机器中的齿轮，初期磨损是由于安装不良、人员培训不当等造成的结果。正常磨损是机器处在正常工作状态下发生的，它与机器开动的时间长短、载荷强度大小有关，当然也与机器零件的牢固程度有关。剧烈磨损是在正常工作条件被破坏或使用时间过长的结果。

在第一种有形磨损的作用下，以金属切削机床为例，其加工精度、表面粗糙度和劳动生产率都会劣化。磨损到一定程度就会使整个机器出毛病、功能下降，并使设备的使用费剧增。有形磨损达到比较严重的程度时，设备便不能继续正常工作甚至发生事故。

第二种有形磨损是，设备在闲置过程中，由于受自然力的作用而产生氧化生锈、腐蚀、老化、变质，自然丧失精度和工作能力等。它与生产过程的作用无关，主要是由自然力的作用而造成的有形磨损。

有形磨损的技术后果是机器设备的价值降低，磨损达到一定程度可使机器完全丧失使用价值。有形磨损的经济后果是机器设备原始价值的部分降低，甚至完全贬值。为了补偿有形磨损，需支出修理费或更换费。

机器设备在使用过程中，由于各组成要素的磨损程度不同，因此替换的情况也不同。有些组成要素在使用过程中不能局部替换，只好到平均使用寿命完结后进行全部替换，如灯泡的灯丝一断，即使其他部分未坏也不能继续使用。但对于多数机器设备，由于各组成部分材料和使用条件不同，故其耐用时间也不同，例如有形磨损之后，其零部件的磨损程度大致可分为三组：一是完全磨损不能继续使用的零件；二是可修复的零件；三是未完全损坏可以继续使用的零件。这三组零件应在不同的时间进行修理和更换。这构成了修理的技术可能性和经济性的前提。

科学技术进步对机器设备的有形磨损是有影响的，如耐用材料的出现、零部件加工精度的提高以及结构可靠性的增大等，都可推迟设备有形磨损的期限。同时，正确的预防维修制度和先进的维护技术，又可减少有形磨损的发生。但是，技术进步又有加速有形磨损的一面，例如，高效率的生产技术使生产强化，自动化又提高了设备的利用程度，自动化管理系统大大减少了设备停歇时间，数控技术大大减少了设备辅助时间，从而使机动时间的比重增大。由于专用设备、自动化设备常常在连续、强化、重载条件下工作，必然会加快设备的有形磨损。此外，技术进步常与提高速度、压力、载荷和温度相联系，因而也会增加设备的有形磨损。

　　b　设备的无形磨损

　　机器设备在使用或闲置过程中，除有形磨损外还遭受无形磨损，后者亦称经济磨损或精神磨损。这是由非使用和非自然力作用，引起的机器设备价值的损失，因此其在实物形态上看不出来。

　　造成无形磨损的原因，一是由于劳动生产率提高，生产同样机器设备所需的社会必要劳动消耗减少，因而原机器设备相应贬值；二是由于新技术的发明和应用，出现了性能更加完善、生产效率更高的机器设备，使原机器设备的价值相对降低，此时其价值不取决于其最初的生产耗费，而取决于其再生产的耗费。

　　为了便于区别无形磨损的两种形式，把相同结构的机器设备由于再生产费用的降低而产生的原设备的贬值，称为第一种无形磨损；把在技术进步影响下，生产中出现结构更加先进、技术更加完善、生产效率更高、耗费能源和原材料更少的新型设备，从而使原机器设备显得陈旧落后，并产生经济损耗，称为第二种无形磨损。

　　在第一种无形磨损的情况下，虽然有机器设备部分贬值的经济后果，但设备本身的技术特性和功能不受影响，即使用价值并未因此而变化，故不会产生提前更换设备的问题。

　　在第二种无形磨损的情况下，不仅产生原机器设备价值贬值的经济后果，而且也会造成原设备使用价值局部或全部丧失的技术后果。这是因为应用新技术后，虽然原来机器设备还未达到物质寿命，但它的生产率已大大低于社会平均水平，如果继续使用，产品的个别成本会大大高于社会平均成本。在这种情况下，旧设备虽可使用而且还很"年轻"，但用新设备代替过时的旧设备在经济上却是合算的。

　　无形磨损引起使用价值降低与技术进步的具体形式有关。例如：

　　(1) 技术进步的形式表现为不断出现性能更完善、效率更高的新结构，但加工方法无原则变化，这种无形磨损使原设备的使用价值大大降低。如果这种磨损速度很快，继续使用旧设备可能是不经济的。

　　(2) 技术进步的表现形式为广泛采用新的劳动对象，特别是合成和人造材料的出现和广泛应用，必然使加工旧材料的设备被淘汰。

　　(3) 技术进步的形式表现为改变原有生产工艺，采用新的加工方法，将使原有设备失去使用价值。

　　c　综合磨损

　　综合磨损是指设备在有效使用期内发生的有形磨损和无形磨损的总和。设备发生综合磨损之后，应设法补偿。根据设备的磨损形式不同，补偿的方式可分为局部补偿和完全补偿。

B　设备磨损的补偿方式

为了保证企业生产经营活动的顺利开展，应使设备经常处于良好的技术状态，故必须对设备的磨损及时予以补偿。设备磨损的补偿就是为了恢复或提高设备系统组成单元的功能，而采取的追加投资的技术组织措施。由于各组成单元损耗程度是不均匀的，因此必须将各组成单元区别对待，其补偿的方式应视设备的磨损情况、技术状况和是否经济，来综合考虑。

返修、更换和现代化改装，是设备磨损补偿的三种方式。这三种方式的选用并非绝对化，必须根据设备的具体情况采用不同方式：当某些可以消除的有形磨损的修复费用很大时，就应考虑是否改用更换的方式；倘若有形磨损与无形磨损程度接近，就应考虑是否进行设备更新，以高效率的设备来取代老设备；当有形磨损严重，而无形磨损尚少的时候，进行修理是适当的。总之，补偿方式是一种对策，归根结底取决于进行补偿时的经济评价。

总之，在技术上和生产组织上，设备维修始终是设备管理中工作量最大、内容最繁杂的一部分，以至于人们为了越过这一阶段，而在现代科学技术的基础上实行大规模的标准化生产，尽可能地降低设备及其零部件的成本，使更换和更新的费用低于维修费，这就是无维修设计。然而，无维修设计至今只能用于低值易耗的设备或零部件，而对技术密集、资金密集的设备仍不免要维修。生产技术越向大型、复杂、精密的高级形式发展，设备的价值含量也越大。所以，维修费占生产总成本的比重不是减小，而是增大了。

C　设备维修的含义

设备维修是指为了维持和恢复设备的额定状态，以及确定和评估其实际状态，所采取的全部必要措施的总称。设备维修包含了三个方面的含义：

（1）设备维护：是为了维持设备的额定状态而采取的必要措施，如清洁、润滑、防腐、紧固、调整，又称为设备保养。它是发现及处理设备在运行中出现的异常现象，防止其性能劣化，降低故障率，保证正常运行，延长物质寿命的主要手段。

（2）设备检查：是为了确定和评估设备的实际状态而采取的必要措施，如监测、测量、试验、外观观察等，对其实际状态与额定状态的差异，进行评估。通过检查，全面掌握设备的技术状况和磨损情况，以便及时掌控设备隐患，有目地做好修前准备工作，以提高检修质量，缩短检修时间。设备检查一般包括日常检查、定期检查和专项检查。在生产实践中，通常采用设备点检来开展相关检查工作。

（3）设备修理：是为了恢复设备的额定状态而采取的必要措施，又称为设备检修。它是在设备出现故障或劣化到某一临界状态时，恢复其技术状况或工作能力，保障企业安全生产，延长设备物质寿命的重要手段。

机器在使用过程中，其性能总是要不断劣化的，只有通过系统的维修，才能实现保护及恢复其原始性能、保护投资、避免不可预见的停机及生产损失、节约资源和能源、改进安全、保护环境、提高产品质量和创造效益的目的。

5.1.3.2　设备维修策略与维修模式

设备维修体系按照设备服役时间（磨损老化状况）可以划分为三个阶段，即初始故障期、偶发（随机）故障期和耗损故障期。为此，可针对这三个阶段采用不同的维修大策略。然后，在这个总体框架下，再依据设备运行状况划分为不同的具体维修小策略（维修模式）。图 5-1 为维修策略与维修模式确立流程的示例图。

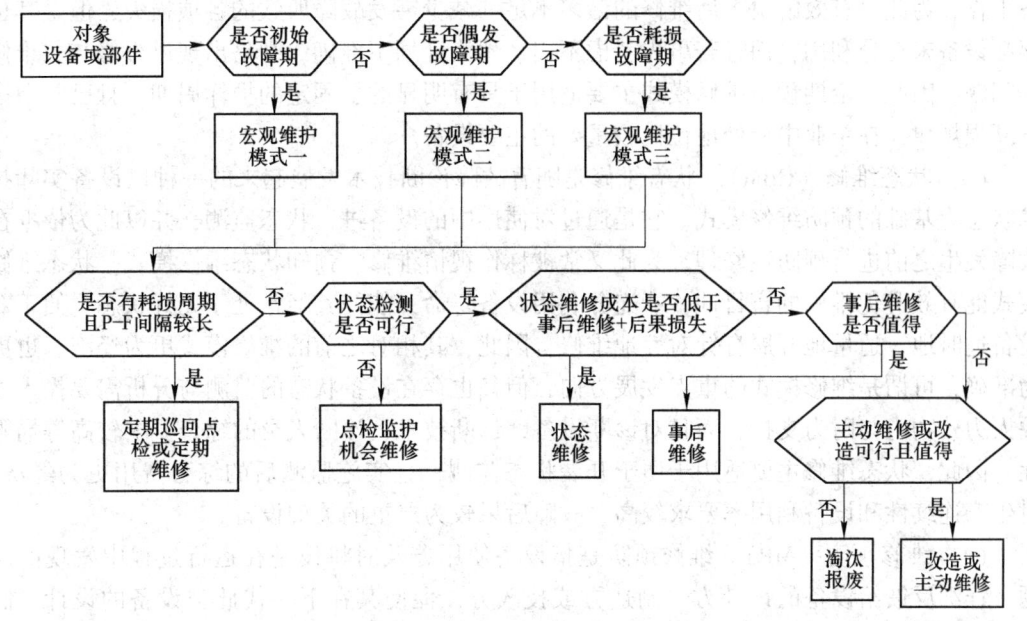

图 5-1　维修策略与维修模式确立示例

A　与设备役龄相关的维修策略

对于处于早期故障期的设备，鉴于其故障率随时间呈下降趋势，其维修策略应该以加强监控、强化维护为主，如果发现设备先天不足，可采取维修预防模式，及时将情况反馈给设备设计、制造、技改方；对于处于偶发故障期的设备，鉴于其故障率保持恒定状态，设备服役时间对故障发生概率几乎没有影响，此时也应以状态维修为主，不宜频繁进行定期预防维修，否则可能造成新的高故障率状态；对处于耗损故障期的设备，多倾向选择改善维修或主动维修模式，若此时已无维修价值，则应选择计划报废。

B　与故障特征、起因相关的维修模式

维修模式是指维修微观策略设计，其关系到每一台具体的设备，或者设备的某一个部分。以下介绍一些常见的维修模式以供参考。

（1）事后维修（BM）。事后维修是指在设备出现故障之后，或者设备的性能、精度等指标无法满足企业生产需要时，才对其进行非计划修理的一种维修模式。事后维修虽然是最原始、最简单的维修模式，存在着打乱生产秩序、延误维修时机、影响维修质量、制约安全保产等诸多缺陷，但鉴于其能最大限度延长设备利用时间，为此在应对结构简单、价值低廉、利用率低、维修性好（修理不复杂）、故障后果不严重、出现故障停机后对设备本身、安全环保及生产大局等均不会造成太大影响的一般设备时，依旧具有较好的适用性，所以事后维修在目前仍然占有一席之地。

（2）定期预防维修（TBM）。定期预防维修是一种以时间为基础的预防维修 PM 模式，它是依据设备已知故障规律及其磨损状态，在故障发生之前，有计划地按事先确定维修实施细则，如维修间隔期、维修类别、维修工作量、工时及其备品、材料等，对设备进行周期性地强制维修。在前苏联创立的计划预修制 PPM 以及我国 20 世纪 60 年代创立的计划保修制中，就是运用的此类模式。鉴于其提前做好维修之前的相关技术准备与生产准备工作，为此可有效解决事后维修的诸多不足，减少突发故障所致的各项损失，但是其也存在设备未充分利用，而且若事先考虑不周、预修计划不准确，则易出现过维修与欠维修等问题。因此，定期预防维修模式主要适用于具有明显的、固定的损坏周期，且已掌握设备磨损规律，在企业中所处地位比较重要的主要设备。

（3）状态维修（CBM）。状态维修是随着故障诊断技术发展起来的一种以设备实际技术状态为基础的预防维修模式。它是通过对使用中的设备进行状态监测，并以此为依据在故障发生之前进行预防性修理，为此又常被称作视情维修、预知状态维修模式。状态维修模式能有效避免维修的盲目性，能充分利用设备寿命，能使其经常处于完好状态，便于对设备适时地、适量地开展有针对性地维修，因此，其相对之前的维修模式更为经济、也更为准确，可谓是维修模式的重点发展方向，但其也存在设备状态的监测与分析需要投入相关人力、物力与财力支持，而且对诊断设备、诊断技术、诊断人员的综合要求较高等局限性。因此，状态维修主要适用于便于开展状态监测，且实施监测后的综合费用更为经济，对生产连续性和设备利用率要求较高、故障后果较为严重的关键设备。

（4）维修预防（MP）。维修预防是指设备使用方及时将设备在运行过程中发现的问题，详细反馈给设备的设计方、制造方或技改方，促使其在下一代此类设备的设计、制造、技改过程中，通过修改设计方案、改进制造工艺等措施予以解决，从而在根本上提高设备可靠性与维修性。该模式主要用于设备存在先天性缺陷，需要设备的设计、制造与技改方在下一代产品中进行改进的场合。

（5）改善维修（CM）。改善维修又常被称作纠正性维修，是指在维修过程中，通过采取零件更换、尺寸补充、精度恢复、表面改性等手段，对设备进行修复性修理。改善维修模式倡导对设备局部缺陷进行改善，以此增强其先进性、可靠性及维修性，提升设备利用率。该模式主要针对处于耗损故障期的设备，以及存在先天缺陷或重复性故障频发的场合。

（6）机会维修（OM）。机会维修是指在维修过程中，不拘泥于原有维修计划，而是充分利用维修窗口，如生产淡季、节假日、流程内其他设备停用等生产间隙，把握维修时机，进行全流程设备维修，以此缩短设备停机时间，提高设备利用率。这种模式可以应用于所有类型设备，尤其是平时无法随时停机检修的流程生产设备。

（7）主动维修（Promaint、PaM）。主动维修是指在维修过程中，不拘泥于设备原有结构，而是通过消除故障根源（Boot Causes of Failure），以此从根本上对设备故障进行预防，减少设备维修需求，延长设备使用寿命。主动维修模式是近年来国际上的研究热点，其主要适用于存在设计、制造、原材料等先天性缺陷的设备。

（8）计划报废。计划报废是指依据设备状况，对既无利用价值，又无改造翻新意义的维修对象进行报废处理。该模式主要用于无翻新价值的设备或设备的某一部分。

除此以外，维修还有无维修设计（Design-out Maintenance）、绿色维修（Green Maintenance）等模式。相信随着维修理论和技术的不断发展，一定还会有更多的维修模式不断涌现。

C　影响设备维修策略构建的主要因素

每种维修策略各具特点和应用场合，没有绝对的优劣之分，为此需针对不同的设备

（或设备的某一部分）进行择优选择与组合使用。设备故障特性不同，其维修策略在构建时势必有所差异，如图 5-2 所示。

（1）设备重要程度。设备的重要程度也是构建维修策略不可忽视的因素。通常来讲，对于一般设备而言，优先选择事后维修策略是比较合理的，以便节省人力、物力与财力；而对于主要设备而言，则倾向于优先采取定期预防维修策略，以便妥善安排生产计划，有效减少故障停机损失；但对于关键设备而言，鉴于其故障后果较为严重，为确保整个企业安全保产，此时应注重优先采取状态维修策略，以便在高度预知条件下有针对性地开展维修，此外，若其平时无法随意停机，还可多加运用机会维修策略，把握每个维修时机。

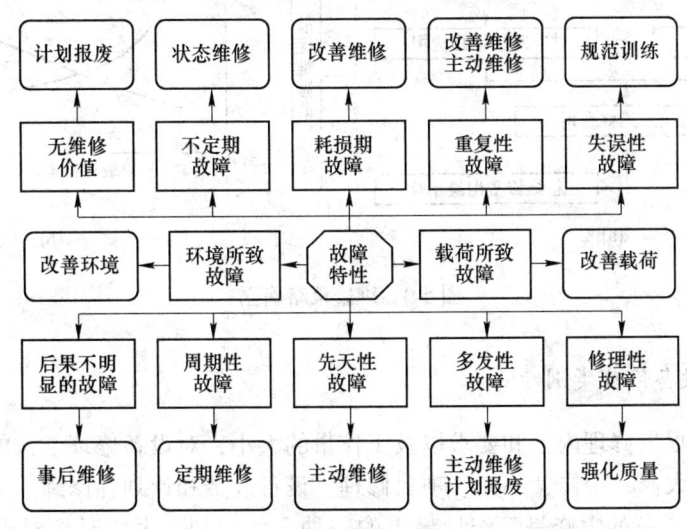

图 5-2　基于故障特性的维修策略选择

（2）设备服役阶段。设备服役阶段不同，其维修侧重点也有所差异。具体参见前述的"与设备役龄相关的维修策略"。

（3）设备总维修费用。现代维修管理追求设备寿命周期费用经济性，而总维修费用可谓是寿命周期费用 LCC 的重要组成部分。依据德国学者 Heck 的定义，其计算方法为：

总维修费用＝直接维修费用＋间接维修费用

直接维修费用＝预防故障费用＋排除故障费用

间接维修费用＝维修准备费用＋停机费用＋重新启动费用＋附加费用＝故障后果费用

维修策略的构建必须使直接维修费用与间接维修费用之和保持在经济合理的前提下进行。其中，在设备维修策略优选中，应重点关注间接维修费用支出，这主要是因为目前随着企业生产的集中化、自动化、连续化，从而导致间接维修费用在总维修费用中的比例可谓是越来越大。

D　设备维修策略确立流程

对于企业而言，在针对每一个维修对象（即设备或设备某一部分）制定具体维修策略时，应该着重以总维修费用为主导，在此基础上兼顾其他影响因素，以此形成合理、可行、经济、有效的最终策略。其具体确立流程如图 5-3（a）所示：首先依据每一个维修对象的故障特性、重要程度、服役阶段等因素，分别择优选取一种或数种维修策略进行组合；然后对每个策略可能造成的直接维修费用与间接维修费用之和进行评估；最后选取总维修费用最小区间所对应的维修策略（见图 5-3b），便是该维修对象在此时期的最优维修策略。

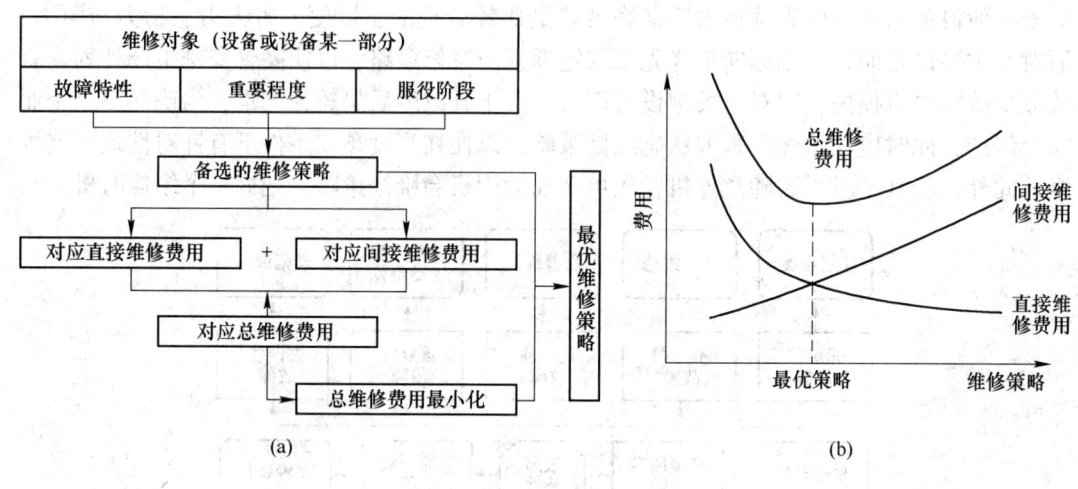

(a)　　　　　　　　　　　　　　　　　　　(b)

图 5-3　维修策略确立

5.1.3.3　设备修理类别

修理类别是根据修理内容和要求以及工作量的大小，对设备修理工作的划分。预防维修的修理类别有大修、中修、小修、项目修理、设备改造和计划外修理。

（1）大修。设备的大修是工作量最大的一种全面修理。大修时将对设备进行全部或大部分解体，修复基准件，更换或修复全部不合用的零部件，修理、调整设备的电气系统，修复设备的附件以及翻新外观等，从而达到全面消除修前存在的缺陷，恢复设备原有的精度和性能，达到出厂标准。

（2）中修。中修是介于大修与小修之间的一种修理。其修理内容为：部分解体，更换或修复部分不能用到下次计划修理的磨损零件，部分刮研导轨，调整坐标，使规定修理部分恢复出厂精度或满足工艺要求。修后应保证设备在一个中修间隔期内能正常使用。

（3）小修。设备的小修是工作量最小的一种修理。小修是维持性修理，不对设备进行较全面的检查、清洗和调整，只结合掌握的技术状态的信息进行局部拆卸、更换和修复部分失效零件，以保证设备正常的工作能力。

（4）项目修理（项修）。项修是在设备技术状态管理的基础上，针对设备精度和性能的劣化程度，在判明故障部件的情况下，根据检查、监测、诊断结果，进行某些项目或部件的计划修理，使项目或部件符合成套设备或整台设备的功能和参数要求。

项修时，一般要进行部分拆卸，检查、更换或修复失效的零件，必要时对基准件进行局部维修和调整精度，从而恢复所修部分的精度和性能。项修是穿插在大、中、小修之间，没有周期性的一种计划维修层次。项修的工作量视实际情况而定。项修具有安排灵活，针对性强，停机时间短，维修费用低，能及时配合生产需要，避免过剩维修等特点。对于大型设备、组合机床、流水线或单一关键设备，可根据日常检查、监测中发现的问题，利用生产间隙时间（节假）安排项修，从而保证生产的正常进行。目前我国许多企业已较广泛地开展了项修工作，并取得了良好的效益。项修是我国设备维修实践中，不断总结完善的一种维修类别。

（5）设备改造。用新技术、新材料、新结构和新工艺，在原设备的基础上进行局部改造，以提高原设备的功能和精度，提高生产率和可靠性为目的。这种修理属于改善性的维修，工作量的大小取决于原设备的结构对实行改造的适应性程度，以及人们对原设备功能提高到何种水平。

设备改造时必须考虑生产上的必要性、技术上的可能性和经济上的合理性。设备改造的主要作用是补偿无形磨损，某些情况下也补偿有形磨损。通过改造可以实现企业生产手段现代化。

（6）计划外修理。计划外修理是无法纳入计划或在不可预计、事先未曾列入计划情况下安排的修理，如故障修理、事故修理以及因采取事后修理方式而没有列入计划的修理。设备的管理水平越高，计划外修理的次数和工作量应越少。在攀钢，类似这种计划外修理，如果影响较为严重的话，还会受到考核。

5.1.4   任务实施

（1）选定调研企业。选定区域内典型冶金企业，优先选择校外实训基地。

（2）拟定调研方案。针对本任务需要，拟定调研方案，明确调研目的、调研内容、调研对象、调研方法、调研安排等相关内容。

（3）开展企业调研。按照既定计划，实地调研区域内典型冶金企业，通过现场观摩、研讨交流等形式，认识企业内现行的宏观维修策略及微观维修模式，了解其指导思想、一般做法、主要成效等，并做好记录。

（4）提交调研报告。调研结束后，要求提交本任务相关成果（即调研报告）。

（5）任务检查评价。针对提交的任务成果，开展个人自查、小组评价和教师评价，以查找问题与不足，切实完成既定任务目标。

5.1.5   知识拓展

5.1.5.1   冶金设备维修管理的主要任务

A   进行设备保养管理

（1）以恰当的人力资源安排、合理的库存备件、最经济的方法完成设备的维护和保养任务。

（2）保持对维修人员的技术培训，并审核维修人员的技术资格，以达到在最少人力的情况下保证生产正常运作的目标。

（3）定期检查设备备件的库存量，保证正常消耗的备件及设备突发故障所需备件能及时更换，使生产的运作和库存资金的积累在合理的水平线上。

（4）对生产设备进行分类管理，确定相应的维修保养策略。

B   实施设备维修作业

（1）建立健全设备的技术档案。对价格昂贵、结构复杂、自动化程度高、某工序上独一无二的设备建立齐备的资料档案。每一种设备档案内均应包括以下内容：

1）设备档案卡，内容有设备名称、型号、出厂编号、主要技术参数、制造商、维修代理商及其电话等，为工作上的联系提供最快捷的查询方法。

2）维修记录，包括历次维修项目、故障原因分析报告、解决故障方法、预防措施等，为今后设备的维修保养提供参考，以减少突发性故障的维修时间，以及维修技术人员变动以后维修技术的保留。

3）应急计划，包括发生意外故障时的处理方法、应急措施，以求保证生产不受到影响。

4）备件资料，包括该种设备易损零部件的名称、型号、产地、销售商及价格等资料，既可为购买备件时提供充足的技术参数数据又可为备件的供应商和价格的选择提供参考。

5）更改/改良，将设备所做的改进、更改项目和内容记录存档，为日后的维护保养提供参考。

（2）积极贯彻预防性维修保养的策略。针对已确定的需定期或不定期做预防性保养的设备，分种类写出标准的执行程序文件，文件中应详细叙述维修保养的具体步骤、方法、技术要求及采用的工具等，以便执行人员严格按照文件的要求执行。根据维修保养的实际过程与文件对照，不断完善文件，这样既可保证维修保养的标准有据可依，又可在维修技术人员因故流动后，保留维修保养技术文件。

（3）建立一套科学完备的维修执行程序。设备负责人或操作者应填写维修设备出故障申请单，申请单中应有设备名称、型号、系列编号、位置及故障现象等，供维修人员尽快地做好各项维修准备工作；同时申请单中还应列有故障原因分析、解决方法等供以后的维修工作参考；故障维修结束后，申请单中应有申请人签名认可，再将全部项目完成了的维修申请单分类存档；重点设备的重大故障抢修完毕后应进行专门的故障分析，总结故障分析报告，为今后的预防保养工作提供技术参考；定期对维修申请单进行检查，对各类故障进行分析，制定预防措施，这样既可提高设备的完好率，又能节省维修费用。

5.1.5.2　冶金机械设备维修管理的一般方法

A　冶金设备维修的基本要求

（1）编制切合实际的维修计划。编制维修计划必须掌握工程任务、施工计划、设备状况、已运转台时、维修周期、维修作业时间等资料。

（2）确定合理的维修组织形式。合理的组织形式应按生产实际情况而定，当维修规模较大或工期较长时，可设置临时维修所，负责该机械设备维修工作；当维修工作量较小或工期较短或工点分散时，可设置组织流动维修组，进行巡回保修。

（3）配备恰当的维修力量。维修力量包括设备和人员，设备维修的类型可按工艺需要而定，数量一般为机械设备的 10% ~ 20%；维修人员一般为出勤人数的 $\frac{1}{4}$ ~ $\frac{1}{3}$。

（4）采用合理的作业方式。目前，常用的维修作业方式有综合维修方式和专业分工作业方式两种，可视实际情况选择。

（5）采用高效的修理方法。一般有单机修理法和总成互换修理法。单机修理法（与综合维修方式相似）修理时间长，修理质量不稳定，只适合于维修力量薄弱、修理任务少而机型复杂的修理。总成互换修理法是目前公认的现场维修的最好方法，是将磨损的零部件或总成拆下，用新品或修复件进行更换，替下的零部件或总成在经济合理的情况下修复，检验合格之后入库备用。采用这种修理方法，可以取消中修，简化修理层次，修理速度快，时间短，因而大大提高设备完好率、出勤率，增加设备使用的经济效益，也为专业化维修创造有利条件。

（6）加强维修技术检验工作。要建立技术检验组织，制定技术检验制度，严格执行自检、互检、专检的"三检"和维修前、中、后的"三检"。

B　冶金设备维修管理的基本要领

（1）加强设备管理评价。加强对机械设备的管理，为设备前期维修管理打下基础。在设备管理的评价中，固然可以从企业生产经营和经济效益得到反映，但其管理工作水平，可以从技术和经济的具体指标考核获得评价。

1）从设备完好率评价：设备完好率是考核设备管好与否的技术指标。按照规定项目进行技术状况鉴别，评定为四类，属完好和基本完好的一、二类，称为完好设备。其计算公式为：设备完好率＝期末完好类设备数÷期末设备总数×100%。

2）从设备利用率评价：设备利用率是考核设备按计划完成营运的指标。按报告期计划营运时间与其实际营运比较，借以考核设备在生产营运中的效能。其计算公式为：设备利用率＝报告期设备实际营运总时间÷报告期设备计划营运总时间×100%。

3）从设备创净产值率评价：按照设备的全年平均原值（年初原值加年末时原值，并取其平均值），考核设备全年所创净产值的经济指标。其计算公式：固定资产创净产值率＝全年设备净产值总和÷全年设备平均原值×100%。按设备报告期内消费的维修费用来衡量设备报告期内所创净产值。其计算公式：净产值设备维修费用率＝报告期设备维修费÷报告期净产值总和×100%。

（2）加强维修队伍建设。随着科学技术的发展和企业装备水平的提高，机、电、液一体化的设备逐步增多，传统的维修方法、凭感官的检查手段已不适应现代设备保养维修工作的需要。因此，建立培养一支高素质的设备维修队伍，是提高设备维修水平和维修质量的保证。企业要采取各种培训方式，培养造就一批掌握现代检测仪器、准确判断故障、及时排除故障的高素质人才。在培训时要及时传授新的、先进的工艺技术和方法，要普及安全常识，加强安全教育，增强职工安全意识。在日常工作中，要采取相应的激励措施，鼓励技术人员积极地学习、采取先进的维修技术、提高相关人员的技术能力，保证设备维修质量。对那些因操作不当、不规范的维修引起的设备损耗应对相关责任人员进行适当的处罚。

（3）完善配件的采购供应。为了保证机械设备的正常使用，提高设备完好率，又少占流动资金，必须掌握配件供应原则，编制配件供应计划，严格选择配件来源，加强配件仓库管理等。材料和配件应遵循以下供应原则：保证重点，兼顾一般；计划供应，定额发料；合理库存，节省费用；挖掘潜力，厉行节约。即计算合理的储备量，采用经济批量法，保证机械设备要求，从而节省储备和采购费用。

（4）倡导采用维修新技术。积极推进和倡导运用维修新技术、新方法。对于特定设备采取专门的维修制度，对重点设备执行状态监测和诊断技术为主的预知维修；建立专业分工的维修体制，配备先进的维修机具，掌握维修新技术，提高维修水平，达到维修质量好、工期短的目的；对燃料、润滑油料实行科学管理，根据油质化验结果确定使用期。同时，将修理、改造、更新相结合。对于淘汰的落后设备必须进行改造和报废处理；如果设备的性能差、效率低，报废又可惜，可考虑技术改造。设备的改造须从生产需要出发，有可靠的技术论证，有相当的技术力量，有必要的物质保证和合理的经济效益方可进行；没有修理价值的则应坚决予以报废。

（5）加强设备维修的监督。为有效控制设备维修质量，必须加强对设备维修作业的检查与监督。首先要收集各种修理工艺规程和质量标准，保证设备维修操作和检查有法可依；在维修过程中，要实行有效的监督机制，设专人严格按规程和标准对维修过程进行全程或不定期监督检查。对需要更换的主要部件，要检查测量核实，做出翔实记录，对非正常损坏的部件要分析原因，做出整改预防方案。通过查找原因，可更好地采取有效措施预防和避免非自然规律发生的部件损坏，同时，也可以提高维修和监督管理人员的技术水平。

（6）实行设备维修的经济核算制度。实行设备维修的经济核算，就是要根据设备的实际技术状态确定设备是否需要修理、什么时间修理及修理的具体实施等问题，以免出现过剩维修。在不同的修理时期，要根据设备各部件的实际情况采取相应的修理方法，使设备各部件达到最好的配比，发挥最大的功效，最大限度地降低维修费用；在设备进入报废期后，应充分利用现有的条件进行技术改造，挖掘其可使用的潜在功能，对老旧淘汰设备有使用价值的部件，可通过必要的技术改造，予以充分利用，减少维修费用支出。但同时要考虑修旧利废的经济可行性，以免造成不必要的人力、物力浪费。设备改造方案要周密慎重，需经过专业技术人员可行性论证后方可实施。最后，还应加强维修工时、材料备件的定额管理，减少库存积压，加速资金流转以提高企业经济效益。

任务 5.2　冶金机械设备常用维修技术及实践

5.2.1　任务引入

现代机械设备是现代科技的荟萃，是推动社会发展的坚强后盾，社会革新主要是先进生产力的革新，追求先进的设备，先进的技术，是 21 世纪制造业的奋斗目标。机电一体化，高速化，微电子化等特点一方面使设备更容易操作，另一方面却使得设备的维修与诊断更加困难。机械设备维修技术较多，在实际修复中可在经济允许，条件具备，尽可能满足零件尺寸及性能的情况下，合理地选用适当的维修技术。

5.2.2　任务描述

机械设备中的零件经过一定时间的运转，难免会因磨损、腐蚀、氧化、刮伤、变形等原因而失效，为节约资金减少材料消耗，采用合理的、先进的维修工艺对零件进行修复是十分必要的。许多情况下，修复后的零件质量和性能可以接近新零件的水平，有的甚至可以超过新零件。目前常用的修复技术有：热喷涂和喷焊修复技术、焊接修复技术、电镀和化学镀修复技术、黏结与表面黏涂修复技术、表面强化技术、金属扣合技术等。下面就几种常用的零件修复技术进行介绍。

5.2.3　知识准备

5.2.3.1　热喷涂和喷焊技术

热喷涂和喷焊技术，一方面能够恢复机械零件磨损的尺寸，另一方面还能通过选用合适的喷涂（喷焊）材料，来改善和提高包括耐磨性和耐腐蚀性等在内的零件表面的性能，因而，用途极为广泛，它在零件的修复技术中占有重要的地位。

A　热喷涂技术

a　热喷涂技术原理与种类

利用氧-乙炔火焰或者电弧等热源，将喷涂材料（呈粉末状或丝材状）加热到熔融状态，在氧-乙炔火焰或者压缩空气等高速气流推动下，喷涂材料被雾化并被加速喷射到制备好的工件表面上。喷涂材料呈圆形雾化颗粒喷射到工件表面即受阻变形成为扁平状。最先喷射到工件表面的颗粒与工件表面的凹凸不平处产生机械胶合，随后喷射来的颗粒打在先前到达工件表面的颗粒上，也同样变形并与先前到达的颗粒互相咬合，形成机械结合。这样大量的喷涂材料颗粒在工件表面互相挤嵌堆积，就形成了喷涂层。

按照所用热源不同，热喷涂技术可分为氧-乙炔火焰喷涂、电弧喷涂、高频喷涂、等离子喷涂、激光喷涂和电子束喷涂等。其中氧-乙炔火焰喷涂以其设备投资少、生产成本低、工艺简单容易掌握、可进行现场维修等优点，在设备维修领域得到广泛的应用。

b　热喷涂技术特点

热喷涂技术的优点是：

（1）适用范围广。涂层材料可以是金属、非金属以及复合材料，被喷涂工件也可以是金属和非金属材料。正因为如此，喷涂表面可以具有各种功能，如耐蚀性、耐磨性、耐高温性等。

（2）工艺灵活。施工对象小到 $\phi 10mm$ 内孔，大到桥梁、铁塔等大型结构。喷涂既可在整体表面上进行，也可在指定区域内进行；既可在真空或控制气氛中喷涂活性材料，也可在现场作业。

（3）喷涂层减磨性能良好。喷涂层的多孔组织具有储油润滑和减磨性能。

（4）工件受热影响小。热喷涂技术对工件受热温度低，故工件热变形较小，材料组织不发生变化。

（5）生产率高。大多数喷涂技术的生产率可达到每小时喷涂数千克喷涂材料，有些工艺方法更高。

热喷涂技术也存在缺点：

（1）涂层与工件基体结合强度较低，不能承受交变载荷和冲击载荷。

（2）工件表面粗糙化处理会降低零件的刚性。

（3）涂层质量靠严格实施工艺来保证，涂层质量尚无有效的检测方法。

c　氧-乙炔火焰喷涂技术

该技术是以氧乙炔焰为热源，借助高速气流将喷涂粉末吸入火焰区，加热到熔融状态后再喷射到制备好的工件表面，形成喷涂层。氧-乙炔火焰喷涂设备主要包括喷枪、氧气和乙炔储存器（或发生器）、喷砂设备、电火花拉毛机、表面粗化用工具及测量工具等。

　　喷枪是氧乙炔火焰喷涂技术的主要设备。国产喷枪大体上可分为中小型和大型两类。中小型喷枪主要用于中小型和精密零件的喷涂和喷焊，适应性较强。大型喷枪主要用于对大型零件的喷焊，生产效率高。

　　中小型喷枪的典型结构如图 5-4 所示。当粉阀不开启时，其作用与普通气焊枪相同，可作喷涂前的预热及喷粉后的重熔。当按下粉阀开关阀柄，粉阀开启时，喷涂粉末从粉斗流进枪体，随氧气与乙炔混合流被熔融、喷射到工件上。

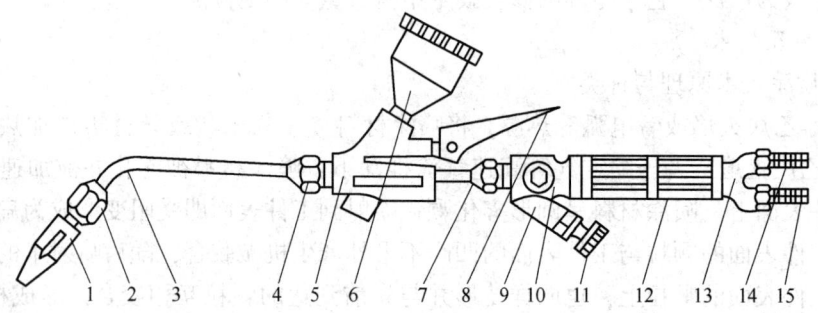

图 5-4　中小型喷枪的典型结构

1—喷嘴；2—喷嘴接头；3—混合气管；4—混合气管接头；5—粉阀体；6—粉斗；7—气接头螺母；8—粉阀开关阀柄；9—中部声体；10—乙炔开关阀；11—氧气开关阀；12—手柄；13—后部接体；14—乙炔接头；15—氧气接头

　　大型喷枪内设置有专门的送粉通道，有些大功率喷枪在喷嘴上还设有水冷却装置，这样可以长时间地工作。图 5-5 所示为某种大型喷枪的结构。

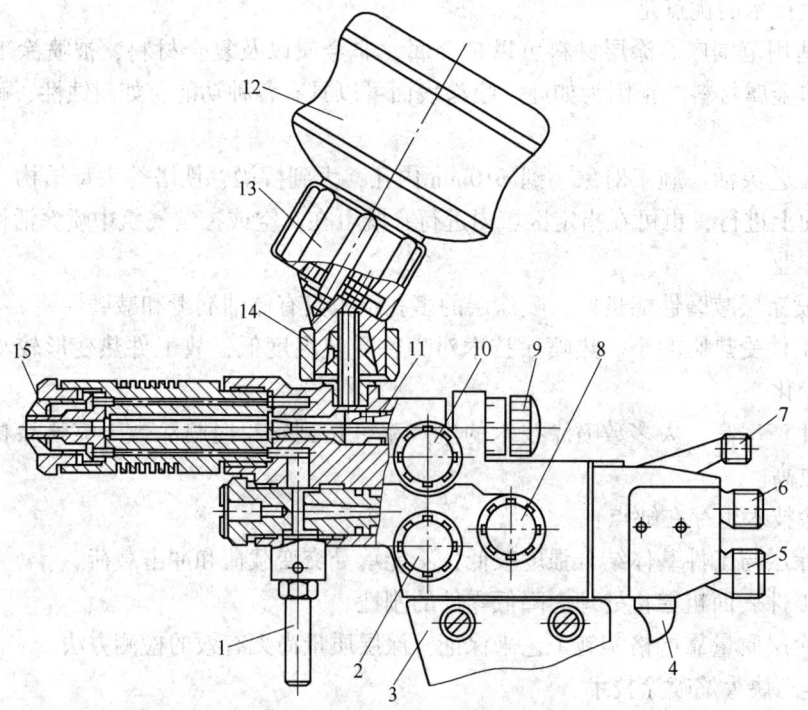

图 5-5　某种大型喷枪的结构

1—支柱；2—乙炔阀；3—手柄；4—气体快速关闭阀；5—乙炔进口；6—氧进口；7—送粉气进口；8—氧阀；9—粉阀柄；10—气体控制阀；11—本体；12—粉斗；13—粉斗座；14—锁紧环；15—喷嘴

各种喷枪都配有 2~3 个不同孔径的喷嘴，以适应对火焰功率和生产率的不同要求。对于氧气和乙炔气的供给，热喷涂时要求火焰功率和性质在调好后稳定不变。安全阀和减压器必须配备齐全并灵敏可靠。

喷砂设备一般采用压送式喷砂机。电火花拉毛机主要用于热处理过的淬硬工件表面粗化处理。其他表面粗化处理和表面清理用的工具有钢丝刷、手持砂轮机、砂纸等。测量工具及仪器有钢直尺、卡尺、卡钳、温度计等。工件夹持可根据需要选用卧式车床等。乙炔火焰喷涂技术包括喷涂前的准备、喷涂表面预处理、喷涂及喷涂后处理等过程。

（1）喷涂前的准备。喷涂前的准备工作内容有工艺制订，材料、工具和设备的准备两大方面。在工艺制订前首先需了解被喷涂工件表面的实际状况和技术要求并进行分析，从本企业设备、工装实际出发，努力创造条件，订出最佳工艺方案。在工艺制订中主要考虑：

1）确定喷涂层的厚度。由于喷涂后必须机械加工，因此涂层厚度中应包括加工余量，同时还要考虑喷涂时的热胀冷缩。

2）确定喷涂层材料。选择涂层材料的依据是涂层材料的性能应满足被喷涂工件的材料要求、配合要求、技术要求以及工作条件等，据此，分别选择结合层和工作层用材料。

喷涂用粉末可分为结合层用粉（简称结合粉）和工作层用粉（简称工作粉）两类。结合粉喷在基体与工作层之间，故也称为底粉，它的作用是提高基体与工作层之间的结合强度。结合粉目前多用镍、铝复合粉，它的特点是每个粉末颗粒中镍和铝单独存在，常温下不发生反应。但在喷涂过程中，粉末被加热到 600℃ 以上时，镍和铝之间就发生强烈的放热反应。同时，部分铝还被氧化，产生更多的热量。这种放热反应在粉末喷射到工件表面后还能持续一段时间，使粉末与工件表面接触处瞬间达到 900℃ 以上的高温。在此高温下镍会扩散到母材中去，形成微区冶金结合。大量的微区冶金结合可以使涂层的结合强度显著提高。工作粉要满足表面使用条件，同时还能与结合层可靠地结合。氧-乙炔火焰喷涂工作层用粉末种类很多，有纯金属粉、合金粉、金属包覆粉、金属包覆陶瓷的复合粉等多种类型，但在成分上多为镍基、铁基和铜基三大类。我国生产的喷涂材料品种繁多，使用时可参考各生产厂家提供的样本。

3）确定喷涂参数。根据涂层的厚度、喷涂材料性能、粒度来确定热喷涂的参数，包括乙炔和氧气的压力、喷涂距离、喷枪与工件的相对运动速度等。

（2）喷涂表面预处理。为了提高涂层与基体表面的结合强度，在喷涂前对基体表面进行清洗、脱脂和表面粗糙化、预热等预处理，它是喷涂技术的一个重要环节。

1）基体表面的清洗、脱脂。清洗的主要对象是基体待喷区域及其附近表面的油污、水、锈和氧化皮层。可采用碱洗法、有机溶剂洗涤法、蒸汽清洗法等。对于铸铁材料的清洗、脱脂比较困难。因为在喷涂时基体表面的温度升高，疏松孔中的油脂就会渗透到基体表面，对涂层与基体的结合极为不利，所以对铸铁件这样疏松的基体表面，经过清洗、脱脂后，还需要将其表面加热到 250℃ 左右，尽量将油脂渗透到表面，然后再加以清洗。

2）基体表面氧化膜的处理。一般采用机械方法，如切削加工方法和人工除锈法，也可用硫酸或盐酸进行酸洗。

3）基体表面的粗糙化处理。基体表面的粗糙化处理是提高涂层与基体表面机械结合强度的一个重要措施。喷涂前 4~8h 内必须对工件表面进行粗糙化处理。常用的表面粗糙化处理方法有喷砂法、机械加工法、化学腐蚀法、电火花拉毛法等。

喷砂法是最常用的粗糙化处理方法。喷砂前工件表面要清洗、脱脂，喷砂用的压缩空气应去除油和水，砂粒应清洁锐利，喷砂时用喷砂机进行。喷砂过程中要有良好的通风吸尘装置。喷砂后除极硬的材料表面外，不应出现光亮表面。喷砂表面粗糙化完成后，工件表面要保持清洁，并尽快（一般不超过 2h）转入喷涂工序。

对轴、套类零件表面的粗糙化处理，可采用车削粗浅螺纹、开槽、滚花等简易机械加工方法。

化学腐蚀法是通过对基体表面进行化学腐蚀而形成粗糙的表面。电火花拉毛法是将细的镍丝或铝丝作为电极，在电弧作用下，电极材料与基体表面局部熔合，产生粗糙的表面。

4）基体表面的预热处理。由于涂层与基体表面有温度差会使涂层产生收缩应力，引起涂层开裂和剥落，通过对基体表面预热可降低和防止上述情况。一般基体表面的预热温度在 200~300℃之间。预热可直接用喷枪进行，如用中性氧-乙炔焰对工件直接加热；预热也可在电炉、高频炉等中进行。

5）非喷涂表面的保护。在喷砂和喷涂前，必须对基体的非喷涂表面进行保护。如对基体表面上的键槽或小孔等不允许喷涂的部位，喷砂前可以用金属、橡胶或石棉绳等堵塞，喷砂后换上碳素物或石棉等。

(3) 喷涂。对预处理后的零件应立即喷涂结合粉，但应注意控制黏结层的厚度。一般，镍包铝层厚度为 0.1~0.2mm，铝包镍层厚度为 0.08~0.1mm。但因涂层薄较难测量，故一般考虑用单位喷涂面积的喷粉量来确定，即镍包铝粉为 0.15g/cm²，铝包镍粉取 0.08g/cm²。喷粉时用中性或弱碳火焰，送粉后出现集中亮红火束，并有蓝白色烟雾。如果火焰末端呈白亮色，说明粉有过烧现象，应调整火焰，或减小送粉量，或增大流速；若火焰末端呈暗红色，说明粉末没有熔透，应加大火焰，控制粉量与流速。如果调整火焰和粉量无效时，可改变粉末粒度和含镍量，可改用粗粉末或用含镍量大的粉末。喷粉时喷射角度要尽量垂直于喷涂表面，喷涂距离一般掌握在 180~200mm。

结合层喷完后，用钢丝刷去除灰粉和氧化膜，然后更换粉斗喷工作层。使用铁基粉末时采用弱碳化焰，使用铜基粉末时采用中性焰，使用镍基粉末时介于两者之间。喷涂距离一般也掌握在 180~200mm 为宜，距离太近会使粉末加热时间不足和工件温升过高，距离太远又会使粉末到达工件表面时的速度和温度下降，这些都将影响涂层质量。喷涂时喷枪与工件相对移动速度最好在 70~150mm/s；喷涂过程中，应经常测量基体温度，超过 250℃时宜暂停喷涂。对于圆柱形工件喷涂可装夹在车床上进行，工件表面线速度控制在 15~20m/min，以使喷涂层熔融均匀。

(4) 喷涂后处理。喷涂后处理包括封孔、机械加工等工序。喷涂层的孔隙约占总体积的 15%。对于摩擦副零件，可在喷后趁热将零件浸入润滑油中，利用孔隙储油有利于润滑。但对于承受液压的零件、腐蚀条件下工作的零件，其涂层都需用封孔剂填充孔隙，这一工序称为封孔。常用的封孔剂有石蜡、环氧、聚氨酯、酚醛等合成树脂。

当喷涂层的尺寸精度和表面粗糙度不能满足要求时，需对其进行机械加工，可采用车削或磨削加工。

B 喷焊技术

喷焊是指对经预热的自熔性合金粉末喷涂层再加热（1000~1300℃），使喷涂层颗粒熔化，造渣上浮到涂层表面，生成的硼化物和硅化物弥散在涂层中，使颗粒间和基体表面润湿达到良好黏结，最终质地致密的金属结晶组织与基体形成 0.05~0.1mm 的冶金结合层。喷焊层与基体结合强度约为 400MPa，它的耐磨、耐腐蚀、抗冲击性能都较好。这一加热过程称为重熔。

a 喷焊技术的适用范围

由于喷焊时基体局部受热温度高，会产生热变形，所以适用于喷焊的工件金属材料大体上可分为以下几种类型：

（1）无需特殊处理就可喷焊的材料。这类材料有含碳量小于 0.25% 的一般碳素结构钢，锰、钼、钒总的质量分数小于 3% 的结构钢，镍不锈钢，灰铸铁、可锻铸铁和球墨铸铁，纯铁等。

（2）需预热 250~375℃，喷焊后要缓冷的材料。这类材料指含碳量大于 0.4% 的碳钢；锰、钼、钒总的质量分数大于 3% 的结构钢等。

（3）喷焊后需等温退火的材料。这类材料指含铬量大于 11% 的马氏体不锈钢，含碳量不小于 0.4% 的铬钼结构钢等。

（4）不适于喷焊的材料。这类材料指比喷焊用合金粉末的熔点还要低的材料。

与喷涂层相比，喷焊层组织致密、耐磨、耐腐蚀、与基体结合强度高、可承受冲击载荷，所以喷焊技术适用于承受冲击载荷、要求表面硬度高、耐磨性好的磨损零件的修复，例如混砂机叶片、破碎机齿板、挖掘机铲斗齿等。但在用喷焊技术修复大面积磨损或成批零件时，因合金粉末价格高，故应考虑经济性。

b 喷焊用自熔性合金粉末

喷焊用自熔性合金粉末是以镍、钴、铁为基材的合金，其中添加适量硼和硅元素起到脱氧造渣焊接熔剂的作用，同时能降低合金熔点，适于氧-乙炔火焰喷焊。

我国标准规定了氧-乙炔火焰喷焊合金粉末的技术数据，见表 5-1，使用时可结合厂家产品样本选用。

表 5-1 氧-乙炔火焰喷焊合金粉末化学成分和物理性能（JB/T 3168.1—1999）

类别	序号	牌号	化学成分 w/%			
			C	B	Si	Cr
镍基	1	F11-25	<0.10	1.50~2.00	2.50~4.00	9.00~11.00
	2	F11-40	0.30~0.70	1.80~2.60	2.50~4.00	8.00~12.00
	3	F11-55	0.60~1.00	3.0~4.50	3.50~5.50	13.00~14.00
钴基	4	F21-46	1.00~1.40	0.50~1.20	1.00~2.00	25.0~32.0
	5	F21-52	0.30~0.50	1.80~2.50	1.0~3.0	19.0~23.0
铁基	6	F31-28	0.40~0.80	1.30~1.70	2.50~3.50	4.0~6.0
	7	F31-38	0.60~0.75	1.80~2.50	3.0~4.0	15.0~18.0
	8	F31-50	0.40~0.80	3.50~4.50	3.0~5.0	4.0~6.0
	9	F31-65	4.0~5.0	1.80~2.30	0.70~1.40	45.0~50.0

类别	序号	牌　号	化学成分 w/%			硬度 (HRC)	熔点/℃
			Ni	Fe	Co		
镍基	1	F11-25	其余	<8.0	—	20~30	985~1100
	2	F11-40	其余	<4.0	—	35~45	970~1050
	3	F11-55	其余	<5.0	—	>55	970~1050
钴基	4	F21-46	W4.0~6.0	<3.0	其余	40~48	1200~1280
	5	F21-52	W4.0~6.0	<3.0		45~55	1000~1150
铁基	6	F31-28	28.0~32.0	其余		26~30	1100
	7	F31-38	21.0~25.0	其余		36~42	1100~1140
	8	F31-50	28.0~32.0	其余		45~55	1050~1150
	9	F31-65		其余		63~68	1200~1280

c　氧-乙炔火焰喷焊技术

喷焊技术过程与喷涂技术过程基本相同。喷焊技术是在喷涂后加有重熔工序，而且由于操作顺序的不同，分为一步法喷焊和二步法喷焊。喷焊过程还应注意以下事项：

（1）如果工件表面有渗碳层或渗氮层，预处理时必须清除，否则喷焊过程会生成碳化硼或氮化硼，这两种化合物很硬、很脆，易引起翘皮，导致喷焊失败。

在对工件预热时，一般碳钢预热温度为 200~300℃，对耐热奥氏体钢可预热至 350~400℃。预热时火焰采用中性或弱碳化焰，避免表面氧化。

（2）重熔后，喷焊层厚度减小 25% 左右，在设计喷焊层厚度时要考虑。

下面简单叙述一步法喷焊和二步法喷焊。

（1）一步法喷焊。一步法喷焊就是指喷粉和重熔同时进行的操作方法。也就是说边喷粉边重熔，使用同一支喷枪即可完成喷涂、喷焊过程。

首先工件预热后喷 0.2mm 左右的薄层合金粉，以防止表面氧化。接着间歇按动送粉开关进行送粉，同时将喷上去的合金粉重熔。根据熔融情况及对喷焊层厚薄的要求，决定火焰的移动速度。火焰向前移动的同时，再间歇送粉并重熔。这样，喷粉—重熔—移动，周期地进行，直到整个工件表面喷焊完成。

一步法喷焊对工件输入热量少，工件变形小，适用于小型零件或小面积喷焊，喷焊层厚度在 2mm 以内较合适。

（2）二步法喷焊。二步法喷焊就是喷粉和重熔分两步进行。不一定使用同一喷枪，甚至可以不使用同一热源。

首先对工件进行大面积或整体预热，接着喷预保护层，之后继续加热至 500℃ 左右，再在整个表面多次均匀喷粉，每一层喷粉厚度不超过 0.2mm，多次薄层喷粉有利于控制喷层厚度及均匀性。达到预计厚度后停止喷粉，然后开始重熔。

重熔是二步法喷焊的关键工序，对整个喷焊层质量有很大的影响。若有条件，最好使用重熔枪，火焰应调整成中性焰或弱碳化焰的大功率柔软火焰，将涂层加热至固-液相线之间的温度。重熔速度应掌握适当，即涂层出现"镜面反光"时，即向前移动火焰进行下个部位的重熔，最终的喷焊层厚度可控制在 2~3mm。

由于喷焊合金的线膨胀系数较大，重熔后冷却不当会产生变形，甚至引起裂纹。所以应在喷焊后视具体情况采用不同的冷却措施。对于中低碳钢、低合金钢的工件和薄喷焊层、形状简单的铸铁件采用空气冷却方法；对于喷焊层较厚、形状复杂的铸铁件，锰、钼、钒合金含量较大的结构钢件，淬硬性高的工件等，可采取在石灰坑中缓冷的方法。

根据工件的需要，可对喷焊层进行精加工，用车削或磨削即可。但是，需注意所用刀具、砂轮和切削规范。

C　喷焊技术喷涂层、喷焊层质量测试

目前我国尚无关于喷涂层、喷焊层的质量检测标准。在实际工作中，喷涂层、喷焊层的质量是指它的硬度、组织、机械强度、耐磨性和耐蚀性等。

（1）喷涂层、喷焊层的硬度检测。对于喷涂层、喷焊层宏观硬度的检测一般采用洛氏硬度试验方法测定，其中薄层的检测使用洛氏表面硬度计。对于金属覆盖层及其他有关覆盖层，使用维氏（HV）和努氏（HK）硬度试验方法。

（2）喷涂层、喷焊层组织的定性检查。喷涂层的正常组织应是均匀细致的层状组织，外观为均匀分布的细砂状表面，表层硬实。镍基涂层颜色为银灰色，铁基涂层为灰黄色，铜基涂层为深黄色，镍铝复合涂层为银黄色。喷焊层的正常组织应是金属结晶组织，与金属堆焊组织相同。表面焊渣去掉后，焊层表面光滑坚实。除铜基喷焊层颜色为银黄色外，其余镍、钴；铁基喷焊层均是呈金属光泽的银灰色，略有深浅之分。

喷涂层组织粗加工后，表面不应有裂纹、空洞、针孔等缺陷。喷焊层组织经直接检查后，表面应无漏底、裂纹、夹渣、空洞、针孔等。

（3）喷涂层、喷焊层的强度、耐磨性、耐蚀性的检测。可参考材料的测试，取样进行。

5.2.3.2　焊接修复技术

对失效的零件应用焊接的方法进行的修复称为焊接修复，它是金属压力加工机械设备修理中常见的工艺手段之一。焊接工艺具有较广的适应性，能用以修复多种材料和多种缺陷的零件，如常用金属材料制成的大部分零件的磨损、破损、断裂、裂纹、凹坑等，且不受工件尺寸、形状和工作场地的限制。同时，修复的产品具有很高的结合强度，并有设备简单，生产率高和成本低等优点。它的主要缺点是由于焊接温度很高而引起金属组织的变化和产生热应力以及容易出现焊接裂纹和气孔等。

根据提供的热源不同，焊接分为电弧焊、气焊等；根据焊接工艺的不同，焊接分为焊补、堆焊、钎焊等。

A　焊补

（1）铸铁件的焊补。铸铁零件多数为重要的基础件。由于铸铁件大多体积大、结构复杂、制造周期长，有较高精度要求，一般无备件，一旦损坏很难更换，所以，焊接是铸件修复的主要方法之一。但铸铁焊接性较差，在焊接过程中可能产生热裂纹、气孔、白口组织及变形等缺陷。对铸铁件进行焊补时，应采取一些必要的技术措施保证焊接质量，如选择性能好的铸铁焊条、做好焊前准备工作（如清洗、预热等）、焊后要缓冷等。

铸铁件的焊补，主要应用于裂纹、破断、磨损、气孔、熔渣杂质等缺陷的修复。

（2）有色金属件的焊补。金属压力加工机械设备中常用的有色金属有铜及铜合金、铝及铝合金等。因它们的导热性好、线胀系数大、熔点低、高温状态下脆性较大及强度低，很容易氧化，所以可焊性差，焊补比较复杂和困难。

1）铜及铜合金件的焊补。在焊补过程中，铜易氧化，生成氧化亚铜，使焊缝的塑性降低，促使产生裂纹；其导热性比钢大 5~8 倍，焊补时必须用高而集中的热源；热胀冷缩量大，焊件易变形，内应力增大，合金元素的氧化、蒸发和烧损可改变合金成分，引起焊缝力学性能降低，产生热裂纹、气孔、夹渣；铜在液态时能溶解大量氢气，冷却时过剩的氢气来不及析出，而在焊缝熔合区形成气孔，这是铜及铜合金焊补后常见的缺陷之一。

焊补时必须要做好焊前准备，对焊丝和焊件进行表面清理，开 60°~90°的 V 形坡口；施焊时要注意预热，一般温度为 300~700℃，注意焊补速度，遵守焊补规范并锤击焊缝；气焊时选择合适的火焰，一般为中性焰；电弧焊要考虑焊法，焊后要进行热处理。

2）铝及铝合金件的焊补。铝的氧化比铜容易，它生成致密难熔的氧化铝薄膜，熔点很高，焊补时很难熔化，阻碍基体金属熔合，易造成焊缝金属夹渣，降低力学性能及耐蚀性；铝的吸气性大，液态铝能溶解大量氢气，当快速冷却及凝固时，氢气来不及析出，易产生气孔；铝的导热性好，需要高而集中的热源；热胀冷缩严重，易产生变形；由于铝在固液态转变时，无明显的颜色变化，焊补时不易据颜色变化来判断熔池的温度；铝合金在高温下强度很低，焊补时易引起塌落和焊穿。

（3）钢件的焊补。对钢件进行焊补主要是为修复裂纹和补偿磨损尺寸。由于钢的种类繁多，所含各种元素在焊补时都会产生一定的影响，因此可焊性差别很大，其中以碳含量的变化最为显著。低碳钢和低碳合金钢在焊补时发生淬硬的倾向较小，有良好的焊接性；随着碳含量的增加，焊接性降低；高碳钢和高碳合金钢在焊补后因温度降低，易发生淬硬倾向，并由于焊区氢气的渗入，使马氏体脆化，易形成裂纹。焊补前的热处理状态对焊补质量也有影响，含碳或合金元素很高的材料都需经热处理后才能使用，损坏后如不经退火就直接焊补比较困难，易产生裂纹。

B　堆焊

堆焊是焊接工艺方法的一种特殊应用。它的目的不是为了连接机件，而是借用焊接手段改变金属材料厚度和表面的材质，即在零件上堆敷一层或几层所希望性能的材料。这些材料可以是合金，也可以是金属陶瓷。如普通碳钢零件，通过堆焊一层合金，可使其性能得到明显改善或提高。在修复零件的过程中，许多表面缺陷都可以通过堆焊消除。

a　堆焊的主要工艺特点

堆焊层金属与基体金属有很好的结合强度，堆焊层金属具有很好的耐磨性和耐腐蚀性；堆焊形状复杂的零件时，对基体金属的热影响较小，可防止焊件变形和产生其他缺陷，可以快速得到大厚度的堆焊层，生产率高。

b　堆焊方法及原理

堆焊分手工堆焊和自动堆焊，自动堆焊又有埋弧自动堆焊、振动电弧堆焊、气体保护堆焊、电渣堆焊等多种形式，其中埋弧自动堆焊应用最广。

手工堆焊是利用电弧或氧乙炔火焰产生的热量熔化基体金属和焊条，采用手工操作进行堆焊的方法。它适用于工件数量少，没有其他堆焊设备的条件下，或工件外形不规则、不利于机械化、自动化堆焊的场合。这种方法不需要特殊设备，工艺简单，应用普遍，但合金元素烧损很多，劳动强度大，生产率低。

自动堆焊与手工堆焊的主要区别是引燃电弧、焊丝送进、焊炬和工件的相对移动等全部由机械自动进行,克服了手工堆焊生产率低、劳动强度大等主要缺点。

埋弧自动堆焊又称焊剂层下自动堆焊,其焊剂对电弧空间有可靠的保护作用,可以减少空气对焊层的不良影响。熔渣的保温作用使熔池内的冶金作用比较完全,因而焊层的化学成分和性能比较均匀,焊层表面也光洁平直,焊层与基体金属结合强度高,能根据需要选用不同的焊丝和焊剂以获得所需的堆焊层。对于修补面较大、形状不复杂的工件适于采用堆焊。

埋弧自动堆焊原理如图 5-6 所示。电弧在焊剂下形成。由于电弧的高温放热,熔化的金属与焊剂蒸发形成金属蒸气与焊剂蒸气,在焊剂层下造成一密闭的空腔,电弧就在此空腔内燃烧。空腔的上面覆盖着熔化的焊剂层,隔绝了大气对焊缝的影响。由于气体的热膨胀作用,空腔内的蒸气压略大于大气压力。此压力与电弧的吹力共同把熔化金属挤向后方,加大了基体金属的熔深。与金属一同挤向熔池较冷部分的熔渣相对密度较小,在流动过程中渐渐与金属分离而上浮,最后浮于金属熔池的上部。其熔点较低,凝固较晚故减慢了焊缝金属的冷却速度,使液态时间延长,有利于熔渣、金属及气体之间的反应,可更好地清除熔池中的非金属质点、熔渣和气体,可以得到化学成分相近的金属焊层。

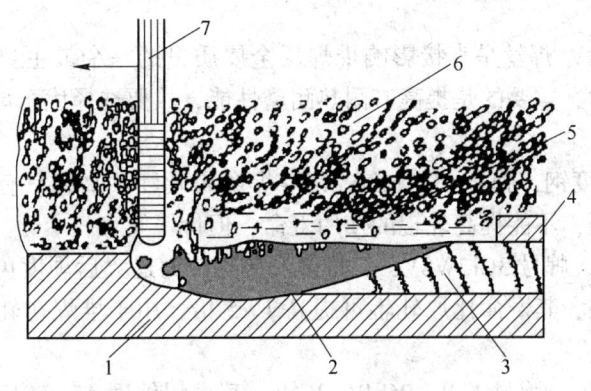

图 5-6　埋弧自动堆焊原理

1—基体;2—熔化金属;3—凝固焊层金属;4—焊壳;5—焊渣;6—焊剂;7—焊丝

c　堆焊工艺

一般堆焊工艺是:工件的准备→工件预热→堆焊→冷却与消除内应力→表面加工。下面以轧辊堆焊为例进行简单介绍。

轧辊轧制过程中产生的辊面缺陷主要有不均匀磨损、裂纹、掉皮、压痕、凹坑等,这些缺陷会直接影响到产品质量、增加辊耗。当缺陷程度轻微时,经过磨削后即可再用。当缺陷程度严重如裂纹较深、掉皮严重时,经车削再磨削后如果其工作直径能满足使用要求也可再用;当其工作直径过小时,只能报废。轧辊报废的原因还有轧制力过大或制造工艺不完善造成的断辊,疲劳裂纹引起的断辊,扭矩过大损坏辊颈等。目前,国内每年轧辊消耗量极大,据统计国内生产 1t 钢的轧辊消耗为 7.5kg,而国外的轧辊消耗为 1.8kg/t。降低轧辊消耗的途径除合理使用轧辊外,就是采用堆焊方法修复报废的轧辊。

(1) 轧辊的准备。轧辊堆焊前必须用车削加工除去其表面的全部缺陷,保证有一个致密的金属表面(采用超声波探伤检查)。对大型旧轧辊堆焊前,要进行 550~650℃ 退火以消除其疲劳应力。

（2）轧辊预热。由于轧辊的材质和表面堆焊用的材料均是含碳量和合金元素比较高的材料，加之轧辊直径比较大，为了预防裂纹和气孔，并改善开始堆焊时焊层与母材的熔合，减少焊不透的缺陷，必须在堆焊前对轧辊预热。预热温度应在 M_s 点（马氏体开始转变温度）以上。因为堆焊轧辊表面时，第一层焊完后，温度下降到 M_s 点以下，就变成马氏体组织。再堆焊第二层时，焊接热量就会加热已堆焊好的第一层金属，使其回火软化。所以从开始堆焊到堆焊完毕，层间温度不得低于预热温度的 50℃。

（3）堆焊。对于辊芯含碳量高的轧辊堆焊，必须采用过渡层材料，这是为了避免从辊芯向堆焊金属过渡层形成裂纹。焊接参数在施焊中不要随意变动，焊接时要防止焊剂的流失，要确保焊剂的有效供应。

（4）冷却与消除内应力。堆焊完后，最好把轧辊均匀加热到焊前的预热温度。如果轧辊表面比内部冷得快，会引起收缩而造成应力集中，形成表面裂纹，因此需要缓慢地冷却。热处理规范根据不同堆焊材质制定。焊后最好立即进行 150~200℃ 的回火处理，可减少应力，避免裂纹产生。然后粗磨，再经磁力探伤检查。

（5）表面加工。表面硬度不高时可用硬质合金刀具车削，硬度高则用磨削加工，合格后送精磨。

（6）焊丝的选择。焊丝是直接影响堆焊层金属质量的一个最主要因素。堆焊的目的不仅是修复轧辊尺寸，重要的是提高其耐热耐磨性能，故要选择优于母材材质的焊丝。焊丝材料有：

1）低合金高强度钢，牌号 3CrMnSi，其堆焊金属硬度不高，只有 35~40HRC，只能起恢复轧辊尺寸作用，不能提高轧辊的使用寿命，但价钱便宜。

2）热作模具钢，牌号 3Cr2W8V，其堆焊和消除应力退火后硬度可达 40~50HRC，需用硬质合金刀具切削，其寿命比原轧辊可提高 1~5 倍，用于堆焊初轧机、型钢轧机、管带轧机的轧辊。

3）马氏体不锈钢，牌号 CrB、2CrB、3CrB，其堆焊硬度 45~50HRC，用于堆焊开坯轧辊、型钢轧辊。

4）高合金高碳工具钢，这种焊丝由于含碳和合金元素较高，容易出现裂纹，要求有高的预热温度和层间温度。堆焊后硬度高达 50~60HRC，用于精轧机成品轧机工作辊。

（7）焊剂的选择。焊剂的作用是使熔融金属的熔池与空气隔开，并使熔融焊剂的液态金属在电弧热的作用下，起化学作用调节成分。常用的有熔炼焊剂和非熔炼焊剂。

1）熔炼焊剂。熔炼焊剂又分为酸性熔炼焊剂和碱性熔炼焊剂，酸性熔炼焊剂工艺性能好，价格便宜，但氧化性强，使焊丝中的 C、Cr 元素大量烧损，而 Si、Mn 元素大量过渡到堆焊金属中。碱性熔炼焊剂，氧化性弱，对堆焊金属成分影响不大，但易吸潮，使用时先要焙烤，工程中常用碱性熔炼焊剂。

2）非熔炼焊剂。常用的是陶质焊剂，它是由各种原料的粉末用水玻璃黏结而成的小颗粒，其中可以加入所需要的任何物质。陶质焊剂与熔炼焊剂相比，其优点是陶质焊剂堆焊的焊缝成形美观、平整，质量好，热脱渣性好（温度达 500℃ 时仍能自动脱渣、渣壳成型），这是熔炼焊剂做不到的。采用熔炼焊剂，金属化学成分中的 C、Cr、V 等有效元素大量烧损，而 P、S 等有害元素都有所增加。因而降低了堆焊金属的耐磨性能，提高了焊缝金属的裂纹倾向。采用陶质焊剂，不但可以减少易烧损的有用元素的烧损，而且还可以过渡来一些有用的元素。另外，通过回火硬度和高温硬度比较，可以看出同样的焊丝采用陶质焊剂时硬度都大大提高。特别是3Cr2W8最为明显。陶质焊剂与熔炼焊剂的回火硬度和高温硬度的比较如图5-7与图5-8所示，图中的实线代表陶质焊剂，虚线代表熔炼焊剂。从图中可以看出，采用陶质焊剂后，堆焊金属的硬度性能大幅度提高，从而提高了轧辊的耐磨能力。

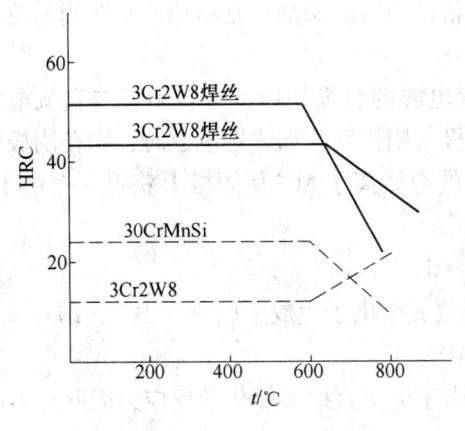

图 5-7　回火硬度比较

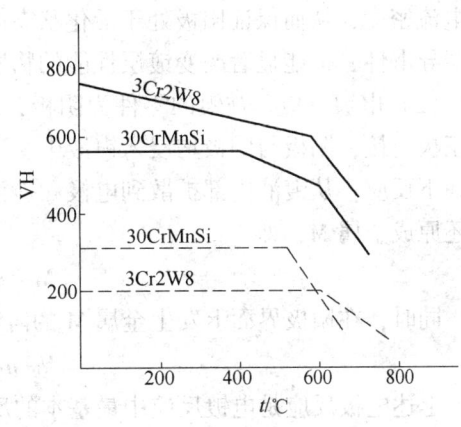

图 5-8　高温硬度比较

C　钎焊

钎焊就是采用比基体金属熔点低的金属材料作钎料，将焊件和钎料加热到高于钎料熔点、低于基体金属熔化温度，利用液态钎料润湿基体金属，填充接头间隙并与基体金属相互扩散实现连接的一种焊接方法。

钎焊根据钎料熔化温度的不同分为两类：软钎焊是用熔点低于450℃的钎料进行的钎焊，也称低温钎焊，常用的钎料是锡铅焊料；硬钎焊是用熔点高于450℃的钎料进行的钎焊，常用的钎料有铜锌、铜磷、银基焊料、铝基焊料等。

钎焊具有温度低，对焊接件组织和力学性能影响小，接头光滑平整，工艺简单，操作方便等优点；又有接头强度低，熔剂有腐蚀作用等缺点。

钎焊适用于对强度要求不高的零件产生裂纹或断裂的修复，尤其适用于低速运动零件的研伤、划伤等局部缺陷的修复。

5.2.3.3　电镀修复技术

电镀是指在含有欲镀金属的盐类液中，以被镀基体金属为阴极，通过电解作用，使镀液中欲镀金属的阳离子在基体金属表面沉积，形成镀层的一种表面加工技术。电镀技术形成的金属镀层可补偿零件表面磨损和改善表面性能，它是最常用的修复技术。

A　电镀

a　电镀的基本知识

（1）电镀液。电镀液是由主盐、络合剂、附加盐、缓冲剂、阳极活化剂、添加剂等组成。主盐是指镀液中能在阴极上沉积出所要求镀层金属的盐，它的作用是提供金属离子。当镀液中主盐的金属离子为简单离子时，为保证镀层晶粒质量，需加入络合剂，它的作用是能络合主盐中的金属离子形成络合物。在含络合物的镀液中，影响电镀效果的主要是主盐与络合剂的相对含量，而不是络合剂的绝对含量。附加盐是指电镀液中除主盐外的某些碱金属或碱土金属盐类，它的作用是提高电镀液的导电能力。缓冲剂是指用来稳定溶液酸碱度的物质，它一般是由弱酸和弱酸盐或弱碱和弱碱盐组成，可使镀液在遇到碱或酸时，溶液的 pH 值变化幅度较小。任何缓冲剂都只在一定的 pH 值范围内才有较好的缓冲作用。阳极活化剂是指在镀液中能促进阳极活化的物质，它的作用是提高阳极开始钝化时的电流密度，从而保证阳极处于活化状态而能正常地溶解。添加剂是指那些不会明显改善镀层导电性，但能显著改变镀层性能的物质。

（2）电镀反应。被镀的零件为阴极，与直流电源的负极相连，金属阳极与直流电源的正极连接，阳极与阴极均浸入镀液中。当在阴极与阳极间施加一定电位时，则在阴极发生如下反应：从镀液内部扩散到电极和镀液界面的金属离子 M^{n+} 从阴极上获得 n 个电子，被还原成金属 M，即

$$M^{n+} + ne \longrightarrow M$$

同时，在阳极界面上发生金属 M 的溶解，释放 n 个电子生成金属离子 M^{n+}，即

$$M - ne \longrightarrow M^{n+}$$

上述电极反应是电镀反应中最基本的反应。由于电子直接参加化学反应，因此称为电化学反应。

（3）金属的电沉积过程。电镀过程是镀液中的金属离子在外电场的作用下，经电极反应还原成金属离子并在阴极上进行金属沉积的过程。图 5-9 是金属的电沉积过程示意图。完成金属的电沉积过程必须经过以下三个步骤：

1）液相传质。液相传质是指镀液中的水化金属离子或络离子从溶液内部向阴极界面迁移，到达阴极的双电层溶液一侧。液相传质有三种方式，即电迁移、对流和扩散。

2）电化学反应。水化金属离子或络离子通过双电层，并去掉它周围的水化分子或配位体层，从阴极上得到电子生成金属原子。

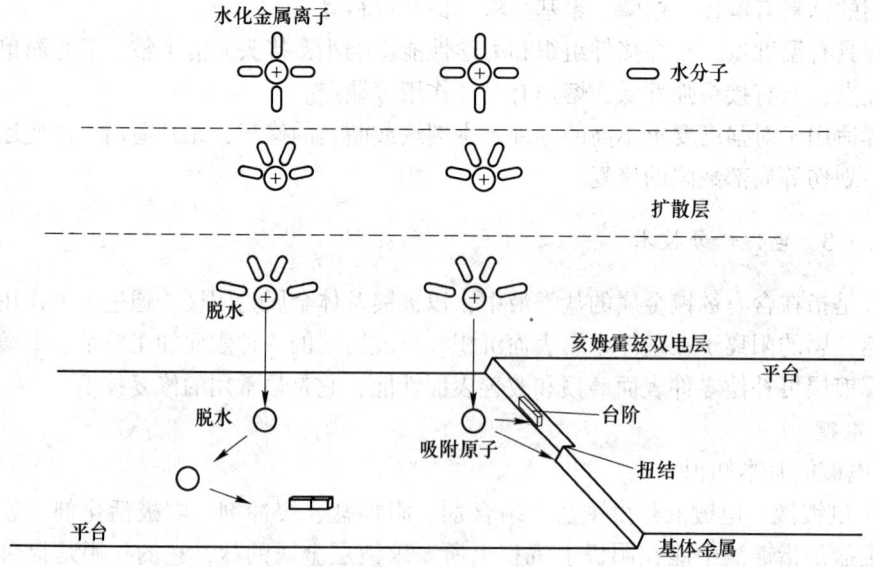

图 5-9　电沉积过程

3）电结晶。金属原子沿金属表面扩散到达结晶生长点，以金属原子态排列在晶格内，形成镀层。

电镀时，以上三个步骤是同时进行的。

（4）影响电镀质量的因素。影响电镀质量的因素很多，包括镀液的成分以及电镀工艺参数。现对主要影响因素进行讨论。

1）pH 值。镀液中的 pH 值可以影响氢的放电电位、碱性夹杂物的沉淀、络合物的组成和平稳、添加剂的吸附程度等。最佳的 pH 值往往要通过试验来决定。

2）添加剂。镀液中的光亮剂、整平剂、润湿剂等添加剂能明显改善镀层组织。

3）电流密度。任何电镀液都必须有一个能产生正常镀层的电流密度范围，这个范围是由电镀液的组成、浓度、温度和搅拌等因素决定的。

4）电流波形。电流波形对电镀质量的影响是通过阴极电位和电流密度的变化来影响的。

5）温度。温度升高使扩散加快，浓差极化、电化学极化降低，使晶粒变粗；但温度升高可以提高电流密度，从而提高生产率。

6）搅拌。搅拌可降低电化学极化，使晶粒变粗，但可提高电流密度，从而提高生产率。

b　电镀前预处理和电镀后处理

（1）电镀前预处理。预处理目的是为了使待镀面呈现干净新鲜的金属表面，以便获得高质量镀层。首先通过表面磨光、抛光等方法使表面粗糙度达一定要求，再采用溶剂溶解或化学、电化学方法使表面脱脂，接着用机械、酸洗以及电化学方法除锈，最后把表面在弱酸中侵蚀一定时间进行镀前活化处理。

（2）电镀后处理。电镀后处理包括钝化处理和除氢处理。钝化处理是指把已镀表面放入一定的溶液中进行化学处理，在镀层上形成一层坚实致密的、稳定性高的薄膜的表面处理方法。钝化处理使镀层耐蚀性大大提高，并增加表面光泽和抗污染能力。有些金属，例如锌，在电沉积过程中，除自身沉积出来外，还会析出一部分氢，这部分氢渗入镀层中，使镀件产生脆性甚至断裂，称为氢脆。为了消除氢脆，往往在电镀后，使镀件在一定的温度下热处理数小时，称为除氢处理。

c　电镀金属

槽镀时的金属镀层种类很多，设备维修中常用的有镀铬、镀镍、镀铁、镀铜及其合金等。

（1）镀铬。在钢铁材料或有色金属基体上可以镀铬。不带底镀层镀铬后直接使用，可作为抛光或珩磨精饰后表面。带底镀层的镀铬可用于修复时补偿较厚的尺寸，一般底层镀镍或铜，磨光后再镀铬层，最终磨削。

铬镀层的特点是：

1）耐磨损。镀层的硬度随工艺规范不同而不同，可获得硬度 $400 \sim 1200HV$，$300℃$ 以下时硬度无明显下降。滑动摩擦系数小，约为钢和铸铁的 50%，抗黏附性好，可提高耐磨性 $2 \sim 50$ 倍。

2）耐腐蚀。在轻微的氧化作用下表面钝化，可保护镀层。除盐酸、热浓硫酸外，对其他酸碱有耐腐蚀能力。

3）与基体结合强度高。铬镀层与基体结合强度高于自身晶间结合强度。但铬镀层不耐集中载荷与冲击，不宜承受较大的变形。

（2）镀镍。维修零件时表面镀镍厚度一般为 0.2~3mm，镍镀层的有些力学性能和耐氯化物腐蚀性能优于铬镀层，所以应用更为广泛。造纸、皮革、玻璃等制造业用轧辊表面镀镍可耐腐蚀、抗氧化等。另外镀镍还用于维修时补偿零件尺寸。

（3）镀铁。铁镀层的成分是纯铁，它具有良好的耐蚀性和耐磨性，适宜对磨损零件作尺寸补偿。其特点有：

1）铁镀层的硬度高，最高可达 500~800HV。

2）铁镀层与基体结合强度较高，可达 450MPa。

3）铁镀层表面呈网状，有较好储油性能，加之硬度高，具有优良的耐磨性。镀铁采用不对称交-直流低温镀铁工艺，沉积效率高，成本低，应用广泛。

（4）镀铜。铜镀层较软，富有延展性，导电和导热性能好，对于水、盐溶液和酸，在没有氧化条件下具有良好的耐蚀性，常用作铬镀层或镍镀层的底层，热处理时的屏蔽层、减磨层等。

（5）电镀合金。电镀时，在阴极上同时沉积出两种或两种以上金属，形成结构和性能符合要求的镀层的工艺过程，称为电镀合金。通过电镀合金可以制取高熔点和低熔点金属组成的合金，以及获得许多单金属镀层所不具备的优异性能。在待修零件表面上可电镀铜-锡合金（青铜）、铜-锌合金（黄铜）、铅-锡合金等，作为补偿尺寸和耐磨层用。

B　电刷镀

电刷镀是在被镀零件表面局部快速电沉积金属镀层的技术，其本质是依靠一个与阳极接触的垫或刷提供电镀所需要的电解液的电镀，所以电刷镀也称快速镀、无槽镀等。与槽镀相比，电刷镀具有设备简单、工艺简单、可现场修复、镀层种类多、可满足各种维修性能要求、沉积速度快等优点。电刷镀主要用于修复磨损零件表面，并使表面具有更好的性能，例如耐磨性、导电性、耐蚀性等。电刷镀技术在许多工业部门已得到广泛的应用，取得了很大的经济效益。

a　基本原理

电刷镀和槽镀一样，都是一种电化学沉积过程，其基本原理如图 5-10 所示。将表面处理好的工件与刷镀电源的负极相连，作为电刷镀的阴极，将镀笔与电源的正极相连，作

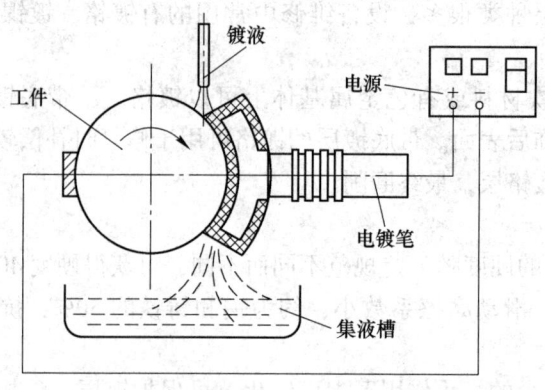

图 5-10　电刷镀原理

为电刷镀的阳极。刷镀时，用棉花和针织套包套的镀笔浸满电刷镀液，镀笔以一定的相对运动速度在被镀零件表面上移动，并保持适当的压力。于是，在镀笔与被镀零件接触的部分，电刷镀镀液中的金属离子在电场力的作用下扩散到零件表面，在表面获得电子被还原成金属原子，这些金属原子沉积结晶就形成了刷镀层。随着镀笔在零件表面不断移动，镀层逐渐增厚，直至达到需要的厚度。

　　b　电刷镀设备

电刷镀设备由电刷镀电源、镀笔和辅助装置组成。

　　(1) 电刷镀电源。电刷镀电源是电刷镀的主要设备，它应能满足：输出直流电压可无级调节、平稳直流输出、输出极性能变换、能监控镀层厚度、有过电流保护功能等要求，同时还应体积小、重量轻、操作简单、易于维修。电刷镀电源由整流电路、极性转换装置、过载保护电路及安培小时计（或镀层厚度计）等几部分组成。

　　(2) 镀笔。镀笔是电刷镀的重要工具，主要由阳极、绝缘手柄和散热装置组成。可根据电刷镀的零件大小和形状不同选用不同类型的镀笔。

　　1) 镀笔的阳极材料要求具有良好的导电性，能持续通过高的电流密度，不污染镀液，易于加工等，一般使用高纯度石墨、铂-铱合金及不锈钢等不溶性阳极。根据被镀零件的表面形状，阳极可以加工成不同形状，如圆柱形、平板形、瓦片形等。

　　2) 阳极需用棉花和针织套进行包裹，以储存刷镀用的溶液，并防止阳极与被镀件直接接触，过滤阳极表面所溶下的石墨粒子。

　　3) 镀笔上有绝缘手柄，常用塑料或胶木制成，套在用纯铜做的导电杆外面。导电杆一头连接散热器，另一头与电源电缆接头连接。散热器一般选用不锈钢制作，尺寸较大的镀笔也可选用铝合金制作。

　　4) 电刷镀过程中镀笔应专笔专用，不可混用。镀笔和阳极在使用过程中勿被油脂等污染。阳极包套一旦发生磨穿，应及时更换，以免阴阳两极直接接触发生短路。用完镀笔，应及时拆下阳极，用水冲洗干净，并按镀种分别存放保管，不要混淆。

　　(3) 辅助装置。

　　1) 卧式车床。它用来夹持被镀工件并使其按一定转速旋转，保证镀笔与镀件的相对运动，以获得均匀的镀层。

　　2) 供液、集液装置。电刷镀时，根据被镀零件的大小，可以采用不同的方式给镀笔供液，例如蘸取式、浇淋式和泵液式。无论哪种方式供液，关键都是应连续供液，以保证金属离子的电沉积能正常进行。流淌下来的溶液一般使用塑料桶、塑料盘等容器收集，以供循环使用。

　　c　电刷镀溶液

电刷镀溶液是电刷镀技术的关键部分。其根据作用可分为四大类：预处理溶液、镀液、钝化液和退镀液。

　　(1) 预处理溶液。预处理溶液的作用是除去待镀件表面的油污和氧化膜，净化和活化需电刷镀的表面，保证电刷镀时金属离子电化学还原顺利进行，获得结合牢固的刷镀层。预处理溶液有电净液和活化液。电净液为碱性，其主要成分是一些具有皂化能力（如 $NaOH$）和乳化能力（如 Na_3PO_4）的化学物质，它们用来化学脱脂，如果用电解方法脱脂，效果更佳。活化液均为酸性，主要成分为常用的无机酸，也有一些是有机酸。活化液具有化学溶解金属表面的氧化物和锈蚀产物的能力，用电解方法可增强其去除表面氧化膜的能力，使金属表面得到活化。各种预处理溶液的配方、性能、适用范围和工艺要点见表 5-2，供选用。

表 5-2　刷镀预处理溶液的配方、性能、适用范围和工艺要点

名称	溶液配方/g·L⁻¹	基本性能	适用范围	工艺规程及操作要点
1号电净液	氢氧化钠：25.0 无水碳酸钠：21.7 磷酸三钠：50.0 氯化钠：2.4	碱性，pH = 12 ~ 13，无色透明，有较强的去污能力，腐蚀性小，可长期存放	用于各种金属表面的化学脱脂	工作电压 8~15V，相对运动速度 4~8m/min，零件接电源负极，时间尽量短，电净后用清水洗净
0号电净液	氢氧化钠：25.0 无水碳酸钠：21.7 磷酸三钠：50.0 氯化钠：2.4 水剂清洗剂：5~10mL	碱性，pH = 12 ~ 18，无色透明，有强的去油污能力，腐蚀性小，可长期存放	用于各种金属表面的电化学脱脂，特别适用于铸铁等组织疏松材料	工作电压 8~15V，相对运动速度 4~8m/min，零件接电源负极，时间尽量短，电净后用清水洗净
1号活化液	浓硫酸：80.6 硫酸铵：110.9	酸性，pH = 0.8 ~ 1.0，无色透明，有去除金属氧化膜的作用，对基体金属腐蚀性小，作用温和	用于不锈钢、高碳钢、高合金钢、铸铁以及难熔金属或旧的镍、铬镀层的活化处理	工作电压 8~15V，相对运动速度 6~10m/min，钢铁件用反接，镍铬不锈钢用正接
2号活化液	浓硫酸：25%~36% 氯化钠：140.1	酸性，pH = 0.6 ~ 0.8，无色透明，有良好的导电性，去除金属氧化物和铁锈能力较强，对金属的腐蚀作用较快，可长期存放	用于中碳钢、中碳合金钢、高碳合金钢、铝及铝合金、灰口铸铁，不锈钢及难熔金属的活化处理。也可以用于去除金属毛刺和剥蚀镀层	工作电压 6~14V，相对运动速度 6~10m/min，零件接阳极，活化后用水洗净
3号活化液	柠檬酸三钠：141.2 柠檬酸：94.2 氯化镍：3.0	酸性，pH = 4.5 ~ 5.5，浅绿色透明，导电性较差，腐蚀性小，可长期存放，对用其他活化液活化后残留的石墨或炭黑具有强的去除能力	通常用于后续处理液使用，用于高碳钢、铸铁、不锈钢等金属材料经用1号、2号活化液活化后残留在表面的炭黑或污物，但铝及铝合金经用2号活化液活化后，表面呈灰黑色，不宜用3号活化液再处理	工作电压 10~25V，相对运动速度 6~8m/min，零件接阳极
4号活化液	浓硫酸：116.5 硫酸铵：118.3	酸性，pH = 0.2，无色透明，去除金属表面氧化物的能力很强	用于经其他活化液活化后仍难以镀上镀层的基本金属材料的活化，并可用于去除金属毛刺或剥蚀镀层	工作电压 10~15V，相对运动速度 6~10m/min，零件接阳极

名称	溶液配方/g·L^{-1}	基本性能	适用范围	工艺规程及操作要点
铬活化液	浓硫酸：87.3 浓磷酸：5.3 氟硅酸：5.0 硫酸铵：100.0	酸性，pH<1.0，无色透明，去除金属表面氧化膜的能力很强	用于对镍铬基材或镀层表面的活化处理	工作电压 6~16V，相对运动速度 4~12m/min，零件接阴极

（2）镀液。电刷镀时使用的金属镀液很多。根据获得镀层的化学成分，金属镀液可分为单金属镀液、合金镀液和复合金属镀液三类。镀液的主要成分是各类金属盐（主盐），此外，溶液中还加入某些其他特定盐类和若干添加剂，它们可以起以下作用：提高溶液的导电性、稳定溶液的 pH 值、与主盐形成络合物、改善镀层的光亮度以及增强溶液对金属表面的润湿能力等。

电刷镀溶液在工作过程中性能稳定，中途不需调整成分，可以循环使用。它无毒、不燃、腐蚀性小。表 5-3 列出了机械维修中常用电刷镀的溶液组成、工艺参数、性能与主要用途，供参考。在使用过程中，镀液中金属离子的含量、pH 值、耗电量、镀液的实际损耗、镀层厚度或重量、硬度和力学性能等，以及随着电刷镀所耗用的电量或随着电刷镀时间而变化的情况，均是镀液的重要综合工艺性能，它可通过试验做出的"综合工艺性能图"给出。

表 5-3　常用的电刷镀的溶液组成、工艺参数，性能与用途

名称	成分/g·L^{-1}	pH 值（26℃）	工作电压/V	镀笔相对工件移动速度/m·min^{-1}	主要特点	主要用途
特殊镍	镍离子：70~75 醋酸：20~100 添加剂（Ⅰ）：20~100 添加剂（Ⅱ）：20~100 添加剂（Ⅲ）：微量	<2.0	10~18	5~10	工作温度范围较宽，镀层致密，耐磨性好，耐蚀性好，与大多数金属结合良好	在钢、不锈钢、铬、铜、铝等零件上作底层或中间夹心层也可作耐磨和耐蚀镀层
快速镍	镍离子：50~55 氢氧化铵：80~120 有机酸：5~30 添加剂：微量	7.5	8~14	6~12	沉积速率高，镀层硬度高，耐磨性好，耐蚀性好	用作零件表面工作层，适用铸铁件镀底层
低应力镍	镍离子：75~80 醋酸：10~50 添加剂：适量	3~4	10~16	6~10	使用中电流效率基本稳定，预热至50℃刷镀，镀层致密，应力低	专用作组合镀层的夹心层，改善应力状态，不宜作耐磨层使用
半光亮镍	镍离子：60~65 醋酸：30~60 各类添加剂：适量	2~4	4~10	10~14	随使用时耗量增加，pH 值下降，电流效率及沉积速率降低	适用于作防腐和耐磨镀层

名称	成分/g·L⁻¹	pH 值 (26℃)	工作电压 /V	镀笔相对工 件移动速度 /m·min⁻¹	主要特点	主要用途
镍-钨	镍离子：80~95 钨离子：10~15 醋酸：适量	2~3	10~15	4~12	循环使用，镍和钨离子含量基本稳定，镀层致密，平均硬度高，耐磨性很好	用作耐磨工作层，但厚度限制在 0.03~0.07mm
镍-钨 (D)	镍离子：80~85 钨离子：5~30 有机酸：40~100 各类添加剂：适量	1.4~2.4	10~15	4~12	性能比镍-钨溶液更佳，镀层硬度高，残余应力小，同某些难电镀金属有较好的结合力	用作各种零件工作层，修复尺寸和强化表面
铁合金 (Ⅰ)	铁离子：65~70 钴离子：0.75~1.5 酸度缓冲剂：20~30 阳极防钝化剂：60~70	1.9~2.0	5~12	25~30	适用于采用可溶性阳极，镀液可循环使用到消耗溶液70%为止（体积），镀层致密	主要用于修复零件表面尺寸，强化表面，提高耐磨性
铁合金 (Ⅱ)	铁离子：55~60 镍离子：70~75 钴离子：1.5~2.0 酸度缓冲剂：10~20 阳极防钝化剂：20~40 添加剂：0.4~0.6	3.4~3.6	5~15	25~30	硬度高，耐磨性高于淬火45号钢，镀层与金属基体结合良好，成本低	主要用于修复零件表面尺寸，强化表面，提高耐磨性
快速酸性铜	铜离子：100~150 有机酸：300~500	1.5	6~16	10~15	沉积速率高，可循环使用到消耗溶液60%，镀液腐蚀性大，不宜在钢和少数贵金属上刷镀，镀前需要镍打底	用于铜零件修复尺寸，填充凹坑，也可在钢和铝制件上局部刷镀铜代替铜件
碱性铜	铜离子：60~65 有机酸：100~150	9.2~9.8	8~14	6~12	沉积速度快，腐蚀小	用于快速恢复尺寸，填充沟槽，特别适用铝、铸铁、锌等难镀零件上的刷镀
高堆积碱性铜	铜离子：75~80 有机酸：200~300 有机碱：150~250 添加剂：适量	8.5~9.5	8~14	6~12	沉积速率较高，能获得厚的、内应力小的镀层，镀液无腐蚀性	主要用于刷镀修复尺寸，用途很广
酸性钴	钴机酸：65~74 有机碱：20~100 添加剂：适量	1.5~2.0	8~10	10~14	沉积速度较快，镀层应力低，硬度高，镀层白亮	可作零件的工作层和装饰防腐，以及夹心层

（3）钝化液和退镀液。

1）钝化液。它是指用在铝、锌、镉等金属表面，生成能提高表面耐蚀性的钝态氧化膜的溶液。

2）退镀液。它是指用于退除镀件不合格镀层或多余镀层的溶液，退镀时一般是采用电化学方法，在镀件接正极情况下操作。使用退镀液时应注意退镀液对基体的腐蚀问题。

d　电刷镀工艺过程

电刷镀工艺过程主要包括镀前预处理、刷镀层的选择和设计、镀件刷镀和镀后处理等。

（1）镀前预处理。镀件镀前预处理是电刷镀顺利进行和获得成功的必要条件。它包括镀件表面整修、表面清理、表面电净处理和表面活化处理。

1）表面整修。镀件表面存在的毛刺、磨损层和疲劳层，都要用切削机床修整或用砂布打磨，以使表面平滑，并获得正确的几何形状和暴露出基体金属的正常组织。

2）表面清理。它是指采用化学及机械的方法对镀件表面的油污、锈斑等进行清理；当镀件表面有大量油污时，可先用汽油、煤油等有机溶剂去除绝大部分油污，然后再用化学脱脂溶液除去残留油污，并用清水洗净。若表面有较厚的锈蚀物，可用砂布打磨、钢丝刷刷除或喷砂处理，以除去锈蚀物。

3）表面电净处理。它是指采用电解方法去除表面油脂。镀件经表面修整和表面清理后，用镀笔沾电净液，在刷镀表面上反复刷抹，通电后，油膜撕破，成为细碎油粒。油粒被电净液乳化和皂化，并被镀笔和镀液带走。由于阴极上产生的氢气泡多于阳极，撕破油膜的作用加强，所以镀件电净时通常接电源负极。但对于某些易渗氢的钢件，则应接电源正极。

电净时的工作电压和时间应根据镀件的材质而定。电净后的表面应无油迹，对水润湿良好，不挂水珠。凡经电净的部位，都要用水清除干净，彻底除去残留的电净液和其他污物。

4）表面活化处理。电净处理之后紧接着是活化处理。它是指使用活化液，通过化学的和电化学的腐蚀作用，除去表面的氧化膜并使表面受到轻微刻蚀而呈现出金属的结晶组织。

活化时，镀件一般接电源正极，用镀笔沾活化液反复在刷镀表面刷抹。活化液、工作电压和处理时间应根据镀件材质来选择。活化质量可用直观表面的色泽及其均匀性来判断。低碳钢件活化后，表面应呈均匀银灰色，无花斑。中碳钢或高碳钢件用1号或2号活化液活化至表面出现黑色，再用3号活化液活化至表面出现银灰色。活化后，表面用清水彻底洗清。

（2）刷镀层的选择和设计。

1）过渡镀层。它位于镀件基体金属和工作镀层之间，是被直接刷镀在经过活化处理后的基体金属上。它是一种具有特定功能、起特殊作用的镀层，也称底镀层。它的特定功能是：

①改善基体金属的可镀性。由于在某些基体金属上直接刷镀工作镀层有困难（指工作镀层与基体结合性能差），可采用适当过渡层。

②提高工作镀层的稳定性。

有些镀层直接刷镀到基体金属上，虽然具有良好的结合强度，但是由于电化学腐蚀原因，镀层工作能力会下降。如果在基体金属上预先刷镀适当的过渡镀层，再刷工作镀层，就可以避免工作镀层工作能力下降。

常用的过渡镀层有以下几种：

①特殊镍溶液。用于一般金属、特别是钢、不锈钢、铬、铜、镍等材料上作底层。

②碱铜溶液。常用在铸钢、铸铁、锡、铝等材料上作底层。

2）工作镀层。它作为镀件的工作表面，直接承受工作载荷、运动速度、温度等工况。选择工作镀层时应考虑以下要求：与基体金属或过渡层金属有良好的结合性能；能满足工况要求。在满足以上要求的前提下，工作镀层的刷镀液沉积速率要高，而且经济。

3）镀层设计。在设计镀层时，要注意控制同一种镀层一次连续刷镀的厚度。因为随着镀层厚度的增加，镀层内残余应力也随之增大，同种镀层厚度过大可能使镀层产生裂纹或剥离。因此，同一镀层一次连续刷镀存在一个"安全厚度"限制，即指这时所允许的镀层最大厚度值。由经验总结出的单一刷镀层一次连续刷镀的安全厚度见表 5-4，供设计镀层参考。

表 5-4　单一刷镀层一次连续刷镀的安全厚度　　　　　　　　　　　　　　　mm

刷镀液种类	镀层单边厚度	刷镀液种类	镀层单边厚度
特殊镍	过渡层 0.001~0.002	铁合金	0.2
快速镍	0.2	铁	0.4
低应力镍	0.13	铬	0.025
半光亮镍	0.13	碱铜	0.13
镍-钨合金	0.013	高速酸铜	0.13
镍-钨合金（D）	0.13	高堆积碱铜	—
镍-钴合金	0.05	锌	0.13
钴-钨合金	0.005	低氢脆镉	0.13

当需要刷镀较厚的镀层时，可以采用分层刷镀的方法，即在一种刷镀层达到一定厚度之后，换用另一种刷镀层加厚，交替刷镀来增加镀层厚度，直至达到所需的厚度为止。这种镀层称为组合镀层，或复合镀层。

（3）镀件刷镀。镀件刷镀表面经预处理后，应及时进行刷镀。首先刷镀过渡层，例如在钢、不锈钢等材质镀件上用特殊镍作过渡层，厚度在 $2\mu m$ 左右。先不通电流，用沾满特殊镍溶液的镀笔在待镀表面上擦拭，时间 3~5s。然后在较高工作电压下刷镀 3~5s，随后转入正常规范刷镀。刷镀好过渡层后，把残存的镀液用清水冲洗干净。最后选用工作层镀液，按工艺规范刷镀至所需厚度。若厚度超过安全厚度，可进行组合镀层设计；但要保证组合镀层的最外一层必须是所选用的工作镀层。

（4）镀后处理。刷镀完毕要立即进行镀后处理。清洗干净镀件表面并干燥后，用肉眼检查镀层色泽，有无起皮、脱层等缺陷，测量镀层厚度。若镀件不再加工，需抛光、涂油等。

e　刷镀层的主要性能

（1）刷镀层与基体金属的结合性能。根据试验测定，刷镀镍镀层与低碳钢基体的结合强度为 235~294MPa（剥离试验）；刷镀铁镀层与低碳钢基体的结合强度为 85.3MPa（拔销法）；刷镀铁合金镀层与低碳钢基体的结合强度为 74MPa（拔销法）。其他各种刷镀层与基体金属均可获得满足要求的结合性能。

（2）刷镀层的硬度。刷镀层具有较高的硬度，其硬度值取决于镀液种类、电刷镀工艺规范等因素。若干金属刷镀层的平均硬度见表 5-5。

表 5-5　若干金属刷镀层的平均硬度 HBW

镀层种类	镀层平均硬度	镀层种类	镀层平均硬度
特殊镍	575	快速铜	300
中性镍	550	铬	600
低应力镍	350	锌	50~70
铁	580	银	60
铁合金Ⅰ和铁合金Ⅱ	56~57HRC	镉	40
镍-钨	700~750	铅	20
镍-钴	500	铟	1
钴-钨	800	锡	1
钴	600		

（3）刷镀层的残余内应力。刷镀层通常都有残余内应力，它的大小与镀层结构、厚度、镀液种类、镀液温度等有关。由于内应力的性质和数值与镀层厚度有关，故给出的内应力数值都是指在某种厚度下测定的。表 5-6 列出了低应力镍刷镀层在镀液不同温度下的内应力值。

表 5-6　低应力镍刷镀层在镀液不同温度下的内应力值

项　目	镀液温度/℃			
	50		19	
镀层厚度/mm	0.02	0.058	0.013	0.08
横向应力/MPa	−689.9	−276.3	414.5	344.9
纵向应力/MPa	−689.9	−276.3	414.5	344.9

注：表中数值为负的表示压应力。

（4）刷镀层的耐磨性。用特殊镍、快速镍、镍-钨合金三种刷镀层和经淬火的 45 钢在试验机上作磨损试验，结果表明，三种刷镀层的耐磨性都比经淬火的 45 钢高。

另外三种刷镀层（快速镍、铁合金Ⅰ、铁合金Ⅱ）和经淬火的 45 钢在磨损试验机上做磨损试验，结果也表明，这三种刷镀层的耐磨性也比经淬火的 45 钢高，其中铁合金Ⅰ刷镀层最高。

5.2.3.4　黏结修复技术与表面黏涂修复技术

A　黏结修复技术

a　概述

黏结就是通过黏结剂将两个或两个以上同质或不同质的物体连接在一起。黏结是通过黏结剂与被黏结物体表面之间物理的或化学的作用而实现的。该技术由于简单、实用、可靠等特点，因此已经逐步取了部分传统的机械连接方法。

黏结工艺的优点是：

黏结力较强，可黏结各种金属或非金属材料，目前钢铁的最高黏结强度可达 75MPa；黏结中无需高温，不会有变形、退火和氧化的问题；工艺简便，成本低，修理迅速，适于现场施工；黏缝有良好的化学稳定性和绝缘性，不产生腐蚀。

其缺点是：不耐高温，有机胶黏结剂一般只能在 150℃下长期工作，无机胶黏结剂可在 700℃下工作；抗冲击性能差；长期与空气、水和光接触，胶层容易老化变质。

黏结剂品种繁多，常见的分类有如下几种：

（1）按照黏结剂的基本成分性质分类。这种分类比较常用，见表 5-7。

表 5-7　黏结剂的分类

分类	黏 结 剂													
	有 机 黏 结 剂										无机黏结剂			
	合成黏结剂						天然黏结剂							
	树脂型		橡胶型		混合型			动物黏结剂	植物黏结剂	矿物黏结剂	天然橡胶黏结剂	硅酸盐	磷酸盐	硫酸盐	硼酸盐
	热固性黏结剂	热塑性黏结剂	单一橡胶	树脂改性	橡胶与橡胶	树脂与橡胶	热塑性与热固性树脂								

（2）按照固化过程的变化分类。按照固化过程的变化不同，黏结剂可分为反应型黏结剂、溶剂型黏结剂、热熔型黏结剂、压敏型黏结剂等。

（3）按黏结剂的用途分类。按照黏结剂的用途，黏结剂可分为结构黏结剂、非结构黏结剂、特种黏结剂三大类。结构黏结剂的黏结强度高、耐久性好，用于承受较大应力的场合。非结构黏结剂用于不受力或受力不大的部位。特种黏结剂主要是满足特殊的需要，如耐高温、耐磨、耐腐蚀、密封等。

b　黏结工艺

为了保证黏结质量，黏结时必须严格按照黏结工艺规范进行。一般的黏结工艺流程是：零件的清洗检查—机械处理—除油—化学处理—黏结剂调制—黏结—固化—检查。

（1）清洗检查。将待修复的零件用柴油、汽油或煤油洗净并检查破损部位，做好标记。

（2）机械处理。用钢丝刷或砂纸清除铁锈，直至露出金属光泽。

（3）除油。当胶接表面有油时，一方面影响黏结剂对黏结件的浸润，另一方面油层内聚强度极低，零件受力时，整个黏结接头就会遭受破坏。一般常用丙酮、酒精、乙醚等除油。

（4）化学处理。对于要求结合强度较高的金属零件应进行化学处理，使之能显露出纯净的金属表面或在表面形成极性化合物，如酸蚀处理或表面氧化处理。由酸蚀处理得到的纯净表面可以直接与黏结剂接触。各种黏结作用力都可能提高，而由表面氧化处理形成的高极性氧化物，则可能增强化学键力和静电引力，从而达到提高黏结强度的目的。

（5）黏结剂的调制。市场上买来的黏结剂，应按技术条件或产品说明书使用。自行配制的黏结剂，应按规定的比例和顺序要求加入。特别是使用快速固化剂时，固化剂应在最后加入。各种成分加入后必须搅拌均匀。

调制黏结剂的容器及搅拌工具要有很高的化学稳定性，常用容器为陶瓷制品，搅拌工具常用玻璃棒或竹片。应在临用前调配，一次调配量不宜过多，操作要迅速，涂胶要快，以防过早固化。

（6）黏结。首先对相互黏结的表面涂抹胶黏剂，涂层要完满、均匀，厚度以 0.1 ~ 0.2mm 为宜。为了提高黏结剂与表面的结合强度，可将工件进行适当加热。涂好黏结剂后，胶合时间根据黏结剂的种类不同而有所不同。对于快干的黏结剂，应尽快进行胶合和固定；对含有较多溶剂和稀释剂的，宜放置一段时间，使溶剂基本挥发完再进行胶合。

（7）固化。在胶接工艺中固化是决定胶接质量的重要环节。固化在一定压力、温度、时间等条件下进行。各种黏结剂都有不同要求。固化时，应根据产品使用说明或经验确定。固化后需要机械加工时，吃刀量不宜太大，速度不可太高。此外，不要冲击和敲打刚胶接好的零件。

（8）检查。查看黏结层表面有无翘起和剥离的现象，有无气孔和夹空，若有就不合格。用苯、丙酮等溶剂溶在胶层表面上，检查固化情况，浸泡 1~2min，无溶解黏手现象，则表明完全固化，不允许做破坏性（如锤击、摔打、刮削和剥皮等）试验。

（9）修整或后加工。对于检验合格的黏结件，为满足装配要求需要修整，刮掉多余的胶，将黏结表面修整得光滑平整。也可以进行机械加工，达到装配要求。但要注意，在加工过程中要尽量避免胶层受到冲击力和剥离力。

c　黏结接头的形式

黏结接头设计是指黏结部位尺寸的大小和几何形状的设计。与高强度的被黏材料相比，胶黏剂的机械强度一般要小得多。为了使黏结接头的强度与被黏物的强度有相同的数量级，保证黏结成功，必须根据接头承载特点认真地选择接头的几何形状和尺寸大小，设计合理的黏结接头。通常接头类型有对接、斜接、搭接、角接、T 接、套接和嵌接等。黏结接头的基本形式及改进形式如图 5-11 所示，显然，改进后黏结强度大大提高。

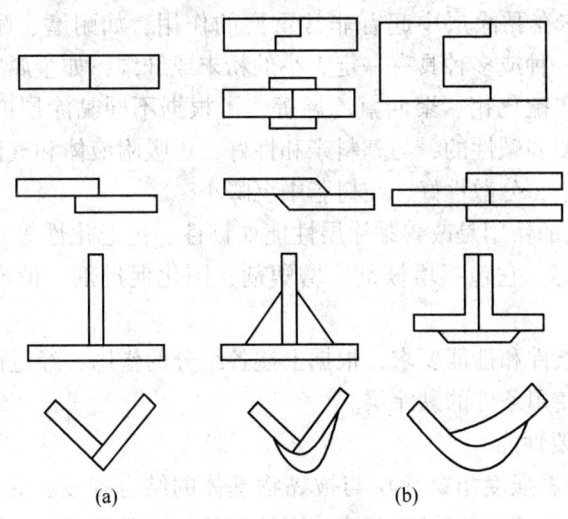

图 5-11　黏结接头的基本形式和改进形式
(a) 基本形式；(b) 改进形式

B　表面黏涂修复技术

表面黏涂修复技术是指以高分子聚合物与特殊填料（如石墨、二硫化钼、金属粉末、陶瓷粉末和纤维）组成的复合材料胶黏剂涂敷于零件表面，赋予零件某种特殊功能（如耐磨、耐腐蚀、绝缘、导电、保温、防辐射等）的一种表面强化和修复的技术。它是黏结技术的一个最新发展分支，黏结主要是通过黏结剂实现各种零件的连接，表面黏涂则是通过特种黏结剂在零件表面形成功能涂层。

a　表面黏涂修复技术的特点

表面黏涂修复技术具有黏结修复技术的优点，如黏涂层应力分布均匀，又具有耐腐蚀、导电、绝缘等功能，可以满足表面强化和修复的需要。而且，黏涂工艺简便，不需专门设备，不会使零件产生热影响区和热变形，黏涂层厚度可以从几十微米到几十毫米，与基体金属具有良好的结合强度，可以解决用其他表面修复技术，如焊修、热喷涂等，难以解决的技术难题。

b　黏涂层

（1）黏涂层的分类。

1）按化学成分分类。若按基料分，黏涂层可分为无机涂层和有机涂层。有机涂层又可分为树脂型、橡胶型、复合型三大类。若按填料分，黏涂层可分为金属修补层、陶瓷修补层、陶瓷金属修补层三大类。

2）按用途分类。按用途分类分为填补涂层、密封堵漏涂层、耐磨涂层、耐腐蚀涂层、导电涂层、耐高（低）温涂层等。

3）按应用状态分类。按应用状态分类分为一般修补涂层和紧急修补涂层。

（2）黏涂层的组成。

1）基料。基料也称黏料，它的作用是把黏涂层中的各种材料包容并牢固地黏着在基体表面形成涂层。其种类有热固性树脂类、合成橡胶类等。

2）固化剂。它的作用是与基料产生化学反应，形成网状立体聚合物，把填料包络在网状体中，形成三向交联结构。

3）特殊填料。它在黏涂层中起着非常重要的作用，如耐磨、耐腐蚀、导电，绝缘等。黏涂层填料包括一种或多种具有一定大小的粉末或纤维，如金属粉末、氧化物、碳化物、氮化物、石墨、二硫化钼、聚四氟乙烯等，可根据不同黏涂层的功能选择不同的填料。这些填料是中性或弱碱性的，与基料亲和性好，不吸附液体和气体；有足够的耐热性和一定的纯度；密度小，分散性好，在树脂中沉降小。

4）辅助材料。它的作用是改善黏涂层性能如韧性、抗老化性等，以及降低胶黏剂的黏度、提高涂敷质量等。它包括增韧剂、增塑剂、固化促进剂、消泡剂、抗老剂、偶联剂等。

按照不同的使用条件和性能要求，根据上述各组分的作用，经过试验，选择合适的组分，配制成适合各种使用条件的黏涂层。

（3）黏涂层的主要性能。

1）黏着强度。黏着强度指黏涂层与被黏物基体的结合强度，它与黏涂层材料性能、黏涂工艺、基体的材质、表面粗糙度和清洁度等有关。一般要求黏涂层与基体的抗剪强度在 10MPa 以上，抗拉强度在 30MPa 以上。

2）耐磨性。黏涂层的耐磨性要求包括两个方面：首先是要求黏涂层应保护配对表面不被磨损，其次要求黏涂层本身要具有尽可能高的耐磨性。黏涂层的耐磨性主要取决于填料性质。

黏涂层本身的磨损过程大致可分为磨合阶段和稳定磨损阶段。初期磨合阶段时磨损率较高，进入稳定磨损阶段后磨损率逐步降低。目前生产的耐磨胶在低应力工况下耐磨性要比普通中碳钢好。

3）摩擦特性。摩擦特性是指黏涂层与基体金属之间的摩擦系数随运动速度改变而变化的特性。

4）耐蚀性。耐蚀性是指黏涂层抵抗化学变化的能力，它包括耐介质腐蚀性和耐溶剂性。耐蚀性和环境温度、介质浓度等因素有关。一般来说，温度升高，腐蚀性增大；溶液浓度升高，腐蚀性增大。和金属相比，黏涂层具有较好的耐蚀性。大多数黏涂层可耐浓度10%的酸碱，一些耐腐蚀黏涂层如 TS416、TS426，可耐浓度为 50%甚至更高的酸碱腐蚀。

5）绝缘性和导电性。一般黏涂层都不导电，绝缘性极好。绝缘性最好的是陶瓷修补涂层。只有导电涂层才能导电，如 T5930 导电修补涂层。

6）抗压强度。抗压强度是指黏涂层固化后，为保证黏涂层在外来压力的作用下不会产生塑性变形，黏涂层所能承受的最大压力。一般黏涂层抗压强度在 80MPa 以上，高的可达 200MPa。

7）硬度。硬度说明黏涂层抵抗其他较硬物体压入的性能。黏涂层的硬度与耐磨性、抗压强度等有一定的关系。与金属相比，黏涂层的硬度较低。

8）冲击强度。冲击强度是指黏涂层抵抗冲击能所消耗的功。它反映了黏涂层承受载荷的能力，与黏涂层的韧性有关。与金属相比，黏涂层的韧性还较低，橡胶修补剂冲击强度较高。

9）耐温性。耐温性是指黏涂层耐高温和低温的能力。有机黏涂层耐热温度一般为60~200℃，个别可在 500℃以下使用；无机黏涂层耐热温度一般在 500℃以上。

c　黏涂层涂敷工艺

黏涂层材料一般是双组分糊状物质，使用时必须按规定配方比例称取，混合均匀，涂敷在处理后的基体表面上。黏涂层材料从混合开始到失去黏性、不能涂敷止经历的时间称为它的适用期。环氧黏涂层在常温下（25℃）适用期通常在 1h 以内，固化时间则需要几小时到几十小时。固化时间与环境温度有密切关系，温度低，固化慢，温度高，固化快。因此，黏涂层涂敷前必须事先做好准备，操作必须熟练、正确，各个环节必须安排妥当，配合周密。正确而熟练地掌握黏涂层涂敷工艺是取得修复成功与否的关键。

黏涂层涂敷工艺一般归纳为以下几个步骤：

（1）表面预处理。表面预处理包括初清洗、预加工、最后清洗及活化处理。初清洗是用汽油、柴油或煤油粗洗，再用丙酮清洗，除掉待修表面的油污、锈迹。预加工是指涂胶前对表面进行机械加工，将其加工成粗糙表面，以增加黏结面积，提高黏结质量。最后清洗是用丙酮或专用清洗剂彻底清除表面油污或其他污染物。通过喷砂、化学处理等方法，不仅能彻底清除表面氧化层，还能提高表面活性。

（2）配胶。黏涂层材料必须严格按规定的配合比称取并充分混合；在混合过程中要尽量避免产生气泡，并注意环境温度；完全搅拌均匀之后，立即进行涂敷操作。

（3）涂敷。涂敷的具体施工方法有刮涂法、刷涂压印法、模具成型法。选择哪种方法必须根据涂层设计方式、涂敷面大小以及零件形状、施工现场的工作条件等来确定。

（4）固化。涂层在规定的固化条件下固化。胶的固化反应的速度与环境温度有关，温度高，则固化快。

（5）修整、清理或后加工。对于不需后续加工的涂层，可用锯片、锉刀等修整零件边缘多余的胶。对于需后加工的涂层，可用车削或磨削的方法进行加工以达到修复尺寸和精度的要求。

d　表面黏涂修复技术的应用

表面黏涂修复技术是一种非常重要的表面修复技术，它除用于绝缘、导电、密封、堵漏外，还广泛应用于零件的耐磨损、耐腐蚀修复和预保护涂层，也用于修补零件上的各种缺陷如裂纹、划伤、尺寸超差、铸造缺陷等，尤其适用于以下情况：

（1）用难以或无法焊接的材料制成的零件，如铸铁、铸铝、铝合金、塑料等，用表面黏涂修复技术修复效果很好。

（2）薄壁零件用堆焊修复时，容易变形和产生裂纹，用黏涂修复可以避免这些问题的产生。

（3）结构形状复杂的零件中的内外沟槽、内孔磨损修复时，用黏涂修复十分方便。

（4）某些特殊工况和特殊部位如燃气罐、储油箱、井下设备等修复，用黏涂修复是最为安全可靠的。

（5）需现场修复的、拆卸困难的大型零件，油、气泄漏的管道等，可采用黏涂修复技术现场修复，既提高工作效率，又缩短维修周期和停机时间。

5.2.3.5　表面强化技术

表面强化技术是指采用某种工艺手段使零件表面获得与基体材料的组织结构、性能不同的一种技术，它可以延长零件的使用寿命，节约稀有、昂贵材料，对各种高新技术发展具有重要作用。表面强化技术主要有表面机械强化技术、表面热处理强化和表面化学热处理强化技术、电火花强化技术、激光表面处理技术、电子束表面处理技术等。

A　表面机械强化

表面机械强化的基本原理是，通过滚压、内挤压和喷丸等手段，使零件金属表面产生压缩变形，表面形成形变硬化层。这种表层组织结构产生的变化，有效地提高了金属表面强度和疲劳强度。表面机械强化成本低廉，强化效果显著，在机械设备维修中常用。表面机械强化方法主要有滚压、内挤压和喷丸等，其中喷丸强化应用最为广泛。

（1）滚压强化。滚压强化的原理是利用球形金刚石滚压头或者表面有连续沟槽的球形金刚石滚压头以一定的压力对零件表面进行滚压，使表面形变强化产生硬化层。

（2）内挤压。内挤压是指孔的内表面获得形变强化的工艺方法。

（3）喷丸。喷丸是利用高速弹丸强烈冲击零件表面，使之产生形变硬化层并引进残余应力的一种机械强化工艺方法。该方法已广泛用于弹簧、齿轮、链条、轴、叶片等零件的强化，显著提高了它们的抗弯强度、抗腐蚀疲劳、抗微动磨损等性能。

B　表面热处理强化和表面化学热处理强化

a　表面热处理强化

常用的表面热处理强化包括高频和中频感应加热表面淬火、火焰加热表面淬火、接触电阻加热表面淬火、浴炉（高温盐浴炉）加热表面淬火等。以上除接触电阻加热表面淬火外，其他均为常规的热处理方法。

接触电阻加热表面淬火工艺方法是利用铜滚轮或碳棒和零件间接触电阻使零件表面加热,并依靠自身热传导来实现冷却淬火。这种方法设备简单,操作灵活,零件变形小,淬火后不需回火。它可以显著提高零件的耐磨性和抗擦伤能力,但是淬硬层较薄(0.15 ~ 0.30mm),金相组织及硬度的均匀性较差,多用于机床铸铁导轨的表面淬火,还有气缸套、曲轴等的表面淬火。

b 表面化学热处理强化

表面化学热处理强化可以提高金属表面的强度、硬度和耐磨性,提高表面疲劳强度,提高表面的耐蚀性,使金属表面具有良好的抗黏着能力和低的摩擦系数。

常用的表面化学热处理强化方法有渗硼(可提高表面硬度、耐磨性和耐蚀性)、渗碳、渗氮、碳氮共渗(可提高表面硬度、耐磨性、耐蚀性和疲劳强度)、渗金属(渗入金属大多数为 W、Mn、V、Cr 等,它们与碳形成碳化物,硬度极高、耐磨性很好、抗黏着能力强、摩擦系数小)等。

C 电火花强化

电火花强化是以直接放电的方式向零件表面提供能量,并使之转化为热能和其他形式的能量以达到改变表面层的化学成分和金相组织的目的,从而使表面性能提高。

a 电火花强化原理

电火花强化一般是在空气介质中进行,强化过程如图 5-12 所示,图中箭头表示当时电极的运动方向。其中图 5-12(a)表示电极并未接触到工件时,强化机直流电源经电阻对储能电容器充电;图 5-12(b)表示电极向工件运动而无限接近工件时,间隙击穿而产生火花放电,强化机电容上所储存的能量以脉冲形式瞬时输入火花间隙,形成放电回路通道,这时产生高温,使电极和工件上的局部区域熔化甚至汽化,随之发生电极材料向工件迁移和化学反应过程;图 5-12(c)表示电极仍向下运动接触工件,在接触处流过短路电源,使电极和工件的接触部分继续加热;图 5-12(d)表示电极以适当的压力压向工件,使熔化了的材料相互熔接、扩散,并形成新合金或化合物;图 5-12(e)表示电极离开工件,除了有电极材料熔渗进入工件表层深部以外,还有一部分电极材料涂覆在工件表面。这时放电回路被断开,电源重新对强化机电容器充电;至此,一次电火花强化过程完成。重复这个充放电过程并移动电极的位置,强化点相互重叠和融合,在工件表面形成一层强化层。

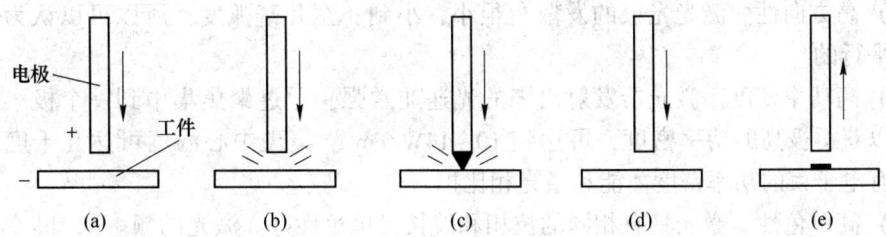

图 5-12 电火花强化过程

在强化过程中,由于火花放电所产生的瞬时高温,放电区的电极材料和工件表面的基体材料瞬间被高速熔化,发生了高温物理化学冶金过程。在此冶金过程中,电极材料和被电离的空气中的氮离子等,熔渗、扩散到工件表层,使其重新合金化;它的化学成分也随着发生明显变化。同时，由于熔化区体积极小，脉冲放电瞬时停止之后，在基体材料上的被熔化的金属微滴因快速冷却凝固而被高速淬火，大大改变了工件表面层的组织结构和性能。所以，用适当的电极材料强化工件，能在工件表面形成一层高硬度、高耐磨性和耐蚀性的强化层，显著地提高被强化工件的使用寿命。

b　电火花强化过程

该过程包括强化前准备、实施强化和强化后处理三个方面。

（1）强化前准备。首先应了解工件材料硬度、工件表面状况、工作性质及经强化后希望达到的技术要求，以便确定是否可以采用该工艺。其次确定强化部位，并给予清洁。选择设备和强化规范，对于表面粗糙度要求较低的中小型模具和刀具强化以及量具的修复，通常选用小功率的强化机；对于表面粗糙度值较高而需要较厚强化层的大型工件的强化和修复，可选用小功率型强化机。强化规范的选择要根据工件对粗糙度和强化层厚度的要求进行。一般为了同时保证厚度和表面粗糙度，往往采取多规范强化的方法。在电极材料选择上最常用的是YG8硬质合金材料。

（2）实施强化。它是电火花强化的重要环节，包括调整电极与工件强化表面的夹角、选择电极移动方式和掌握电极移动速度等。

（3）强化后处理。它包括表面清理和表面质量检查。

c　电火花强化在机械设备维修中的应用

电火花强化工艺除了可应用于模具、刀具和机械零件易磨损表面的强化外，还可广泛地应用于修复各种模具、量具、轧辊、零件的已磨损表面，修复质量较好，经济性也较佳。

必须指出，电火花强化工艺由于其强化层较薄、经强化后零件表面较粗糙、强化机多数为手工操作、生产效率低等原因，它的应用受到一定限制。

D　激光表面处理

在一定条件下，激光表面处理具有传统表面处理技术或其他高能密度表面处理技术不能或不易达到的特点，所以它已用于汽车、冶金、石油、机床以及刀具、模具等的生产和修复中，正显示出越来越广泛的应用前景。激光表面处理的目的是改变表面层的成分和显微结构，从而提高表面性能。

a　激光的特点

（1）高方向性。激光光束的发散角很小，小到一至几毫弧度，所以可以认为光束基本上是平行的。

（2）高功率密度。激光器发射出来的光速非常强，通过聚焦集中到一个极小的范围内，可以获得极高的功率密度，可达到$10\sim14W/cm^2$。集斑中心温度可达几千度到几万度。只有电子束的功率密度才能和激光相比拟。

（3）高单色性。激光具有相同的位相和波长，单色性好。激光的频率范围非常窄。

b　激光表面处理原理

激光束向金属表面层进行热传递，金属表层和其所吸引的激光进行光热转换。由于光子能穿过金属的能力极低，仅能使金属表面的一薄层温度升高，加之金属电子的平均自由时间只有$10^{-3}s$左右，因此，这种交换和热平衡的建立是非常迅速的。从理论上分析，在激光加热过程中，金属表面极薄层的温度在微秒（$10^{-6}s$）级、纳秒（$10^{-9}s$）级甚至皮秒

（10^{-12}s）级内就能达到相变或熔化温度。

c　激光表面处理设备

激光表面处理设备包括激光器、功率计、导光聚焦系统、工作台、数控系统和软件编程系统。激光器是主要设备，它是由激活物质（也称工作物质）、激活能源和谐振器组成，主要有固体激光器（如红宝石激光器、钕玻璃激光器）、气体激光器（如 CO_2 气体激光器、准分子激光器）、液体激光器（如染料激光器）等。

d　激光表面处理技术

激光表面处理技术包括激光表面强化、激光表面涂敷、激光表面非晶态处理、激光表面合金化、激光气相沉积等。

（1）激光表面强化。激光表面强化是用激光向零件表面加热，在极短的时间内，零件表面极薄层就达到相变或熔化温度，使表面硬度增加，从而使其耐磨性能提高。

（2）激光表面涂敷。用激光进行表面陶瓷涂敷，可避免热喷涂方法使涂层内有过多的气孔、焊渣夹杂、微观裂纹和涂层结合强度低等缺点。用激光涂敷陶瓷，涂层质量高，零件使用寿命长。激光还可用来在有色金属表面涂敷非金属涂层。

（3）激光表面合金化。激光表面合金化是一种既改变表面的物理状态，又改变其化学成分的激光表面处理技术。它预先用电镀或喷涂等技术把所需合金元素涂敷在金属表面，再用激光照射该表面；也可以涂敷与激光照射同时进行。激光照射使涂敷层合金元素和基体表面薄层熔化、混合，形成物理状态、组织结构和化学成分不同的新的表层，从而提高表层的耐磨性、耐蚀性和高温抗氧化性等。

（4）激光表面非晶态处理。激光加热金属表面至熔融状态后，以大于一定临界冷却速度快速冷却至某一特征温度以下，防止了金属材料的晶体成核和生长，从而获得表面非晶态结构，这种表面也称为金属玻璃，这种方法称为激光表面非晶态处理。激光表面非晶态处理可减少表层成分偏析，消除表面的缺陷和可能存在的裂纹，具有良好的韧性，高的屈服点，非常好的耐蚀性、耐磨性以及优异的磁性和电学性能。例如：汽车发动机凸轮轴和缸套外壁经激光表面非晶态处理后，强度和耐蚀性均明显提高。

（5）激光气相沉积。激光气相沉积是以激光束作为热源在金属表面形成金属膜，通过控制激光的工艺参数可精确控制膜的形成。用这种方法可以在普通材料上涂敷与基体完全不同的具有各种功能的金属或陶瓷，节省资源效果明显。

E　电子束表面处理

当高速电子束照射到金属表面时，电子能深入金属表面一定深度，与基体金属的原子核发生弹性碰撞。而与基体金属的电子碰撞可看做是主要能量传递，这种能量传递立即以热能形式传给金属表层原子，使金属表层温度迅速升高。

电子束加热与激光加热不同，激光加热时金属表面吸收光子能量，激光并未穿过金属表面。所以电子束加热的金属深度和尺寸都比激光大。

a　电子束表面处理主要特点

（1）加热和冷却速度快。电子束将金属材料表面由室温加热至奥氏体相变温度或熔化温度仅需几分之一到千分之一秒。其冷却速度可达 $106 \sim 108$℃/s。

（2）使用成本低。电子束设备一次性投资约为激光的三分之一，实际使用成本也只有激光的一半。

（3）结构简单。电子束靠磁偏转动，而不需要工件转动、移动和光传输机构。

（4）能量利用率高。电子束能量利用率远高于激光，能量控制也比激光方便，它通过灯丝电流和加速电压很容易实施准确控制。

（5）熔化层厚。电子束加热时熔化层至少几个微米厚。加热时液相温度低于激光，温度梯度较小。

b　电子束表面处理技术

（1）电子束表面相变强化。采用散焦方式的电子束轰击金属工件表面，控制加热速度为 $103\sim105℃/s$，使金属表面加热到相变点以上，随后高速冷却产生马氏体，表面强化。这种方法适用于碳钢、中碳低合金钢、铸铁等材料的表面强化。

（2）电子束表面重熔。在真空条件下利用电子束轰击工件表面，使表面产生局部熔化并快速凝固，从而细化组织，提高或改善表面性能。电子束重熔主要用于工模具的表面处理方面。

（3）电子束表面合金化。预先将具有特殊性能的合金粉末涂敷在金属表面上，再用电子束轰击加热熔化，或在电子束作用的同时加入所需合金粉末使其熔融在工件表面上，在工件表面上形成一层新的，具有耐磨、耐腐蚀、耐热等特殊性能的合金表层。

（4）电子束表面非晶态处理。电子束表面非晶态处理与激光表面非晶态处理相似，只是热源不同。由于聚焦的电子束的功率密度高以及作用时间短，使工件表面在极短的时间内迅速熔化，又迅速冷却。这时工件表面几乎保留了熔化时液态金属的均匀的特性。

c　电子束表面处理设备

电子束表面处理设备包括高压电源、电子枪、低真空工作室、传动机构、高真空系统和电子控制系统。

5.2.4　任务实施

5.2.4.1　氧-乙炔火焰喷涂技术修复冶金机械零件实例

某冶金机械一传动轴外形及尺寸如图 5-13 所示。该传动轴全长 1977mm，自重 500kg，材质为 45 钢。为了减少拆装工作量，在传动轴的中部有一个 $\phi500mm\times410mm$ 的大齿轮没有拆卸下来，这样整个组件重达 900kg。需修复的磨损部位为 $\phi200mm$ 轴颈处，经检查，该处直径磨损量为 0.08~0.10mm，没有裂纹。此轴颈工作时与一滚柱轴承配合，不承受冲击载荷，无腐蚀。

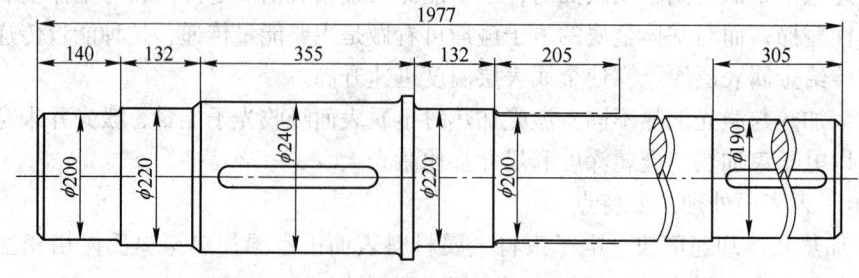

图 5-13　球磨机传动轴

经过技术分析，考虑到经济性，决定采用氧-乙炔火焰喷涂技术修复。具体修复过程是：

（1）技术准备。根据工作条件和所选择的氧-乙炔火焰喷涂技术，编制传动轴修复工艺规程。按要求准备喷枪、结合粉（选用 Ni/Ae 复合粉）、工作粉（选用 G103 型镍基喷涂粉末）等。该传动轴颈处的预热、喷涂和喷涂后加工都需把工件夹持在 C61100 车床上进行。同时还需准备氧气瓶、乙炔气瓶、胶管等供气装置及测温、清洗、车削加工等使用的器材。

（2）表面预处理。用清洁棉纱擦净待修复轴颈表面的油渍、污垢，再用丙酮清洗，同时检查待修复表面应无裂纹，用千分尺测量，待修复轴颈直径实测为 199.9mm。

（3）表面预热。将零件装夹于 C61100 车床上，另一端使用尾座顶尖孔，并用中心架。用千分表找正。调整车床转速为 24r/min，启动车床使工件低速旋转，使用喷枪，用微碳化焰预热待喷面，使其温度升高到 120℃。

（4）表面粗糙处理。将车刀刀尖用丙酮擦净，车去待喷面的表面疲劳层约 0.2mm 厚，然后，将待喷面车出螺距为 0.6mm、螺纹深度为 0.3mm 的螺纹。车削前，刀尖磨成半径为 0.5mm 的圆角。

（5）喷结合粉。车床转速保持为 24 r/min，喷枪火焰为中性焰，用喷枪将 Ni/Ae 复合粉末喷涂于轴颈表面，喷涂厚度为 0.1mm。要注意控制涂层厚薄均匀、覆盖严密。

（6）喷工作层粉。将粉末更换为 G103 型镍基粉末，继续用中性焰，车床转速仍为 24r/min，进行喷涂，直到轴颈直径达到计算值（即 201.3mm）。

喷粉后的喷涂表面热测直径公式为：

$$d' = (200+\delta) \times (1+\alpha\Delta t) = (200+\delta) + \alpha\Delta t\ (200+\delta)$$

式中　　d'——喷涂表面热测直径，mm；

　　　　δ——径向车削加工余量，取 $\delta = 0.7$mm；

　　　　$\alpha\Delta t$——轴颈的热膨胀量，一般为直径的 0.3%。

于是　　　　　　$d' = (200+0.7) + (200+0.7) \times 0.3\% = 201.3$mm

（7）冷却。喷涂后使轴继续在车床上空转，待冷却至 50℃以下时，停车自然冷却。

（8）喷涂后车削。采用 YG6 型硬质合金刀具，取转速为 24r/min、背吃刀量为 0.15mm、进给量为 0.15mm。把轴颈喷涂表面车削至图样尺寸，粗糙度为 R_a6.3μm。

（9）装配。将滚柱轴承在加热炉中缓慢加热到 100℃左右装入轴颈处。

5.2.4.2　电刷镀技术修复冶金机械零件实例

电刷镀技术的设备、工艺简单，可现场修复，对被刷镀件的材质和几何形状的适应性较广，所以获得广泛应用。但是它不适用于大面积、厚镀层的刷镀；不适用于修复承受高接触应力的零件表面，如滚动轴承的滚道或者齿轮轮齿的工作面。

如图 5-14 所示，修复某冶金机械一传动轴，材料是 45 钢，其滑动配合轴颈 φ120f7 处磨损，并有轻度研伤。

用电刷镀技术修复，修复工艺过程是：

（1）修整基体表面。在 φ120mm 处分别实测，尺寸为 φ119.90mm 和 φ119.88mm，用磨床修去研伤，修至 φ119.80mm 和 φ119.78mm。用有机溶剂清洗。

（2）装夹。将工件装夹在车床上。

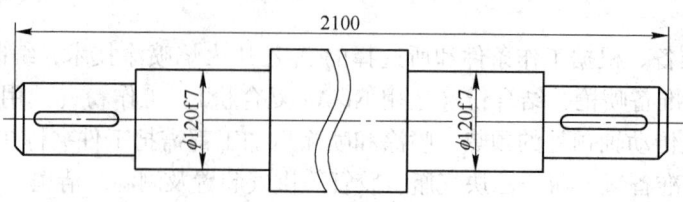

图 5-14　传动轴的修复

（3）电净处理。用 1 号电净液电净，工件接负极，工件转速约 34r/min，电压 12V，时间 5~30s。电净完，不停车清水冲洗。

（4）活化处理。一次活化用 2 号活化液，工件接正极，转速不变，电压 14V，时间 10~60s，直至表面发黑后用清水冲洗。接着二次活化，用 3 号活化液，工件接正极，转速不变，电压 15V，时间 30~90s，直至表面银白色后用清水彻底冲洗。

（5）刷过渡层。选用特殊镍溶液。先不通电，镀笔涂刷表面 15s。接着通电，工件接负极，电压由小加大到 12V，转速为 24r/min，刷过渡层 2~5/μm，最后清水冲洗。

（6）刷尺寸层。选用快速镍溶液。工件接负极，电压 14V，转速为 24r/min，镀厚到 φ119.97mm 左右。清水冲洗。

（7）刷工作层。选用镍-钨合金镀液。工件接负极，电压 12V，转速为 24r/min，镀层厚度约 0.03mm。清水冲洗。

（8）涂防锈剂。测量，若符合尺寸精度要求后，再清水冲洗，涂防锈剂。

5.2.5　知识拓展

以上介绍了冶金机械零件的各种修复技术，阐述了各种技术的原理、设备、过程及应用等内容。对于某一种机械零件可能同时有不同的损伤缺陷或者对于某一种损伤缺陷可能有几种修复方法及技术：究竟哪一种修复方法及技术最好呢？这是修复零件时首先要解决的问题。下面讨论机械零件修复技术的选择原则、方法、步骤等方面的内容。

5.2.5.1　选择修复技术应遵守的基本原则

选择机械零件修复技术时，应遵循的原则是：技术合理、经济性好、生产可行。在应用这一原则时要对具体情况进行具体分析，并综合考虑。

A　技术合理

技术合理指的是该技术应满足待修机械零件的技术要求。为此，要作如下各项考虑：

（1）考虑所选择的修复技术对机械零件材质的适应性。由于每一种修复技术都有其适应的材质。所以，在选择修复技术时，首先应考虑待修复机械零件的材质对修复技术的适应性。如喷涂技术在零件材质上的适用范围较宽，黑色金属零件如碳钢、合金钢、铸铁件和绝大部分有色金属件及它们的合金件等几乎都能喷涂。在金属中只有少数的有色金属及其合金喷涂比较困难，例如纯铜，由于导热系数很大，常导致喷涂的失败。另外，以钨、钼为主要成分的材料喷涂也较困难。再如喷焊技术对材质的适应性较复杂。通常把金属材料按喷焊的难易分成四类：1）容易喷焊的金属，例如低碳钢、含碳量小于 0.4% 的中碳钢、铬镍基不锈钢、灰铸铁等，这些金属不经特殊处理就可以喷；2）需要特殊处理（如喷焊前预热、重熔后需缓冷）后才可喷焊的材质，例如含碳量大于 0.4% 的中碳钢等；3）重熔后需要等温退火的材料，例如铬的质量分数大于 11% 的马氏体不锈钢等；4）目前还不适于进行喷焊加工的材质，例如铝、镁及其合金，青铜，黄铜等。

（2）考虑各种修复技术所能提供的覆盖层厚度。每个机械零件由于磨损等损伤情况不一，修复时要补偿的覆层厚度也不一样。因此，在选择修复技术时，必须了解各种技术修复所能达到的覆盖层厚度。下面推荐几种主要修复技术能达到的覆盖层厚度，见表 5-8。

表 5-8　几种主要修复技术能达到的覆盖层厚度　　　　　　　　　　mm

修复技术	覆盖层厚度	修复技术	覆盖层厚度	修复技术	覆盖层厚度
镀铬	0.1~0.3	喷涂	0.2~3	电振动堆焊	1~2.5
镀铁	0.1~5	喷焊	0.5~5	等离子弧堆焊	0.25~6

（3）考虑覆盖层的力学性能。覆盖层的强度、硬度、覆盖层与基体的结合强度以及机械零件修理后表面强度的变化情况等是评价修理质量的重要指标，也是选择修复技术的重要依据。如铬镀层硬度可高达 800~1200HV，其与钢、镍、铜等机械零件表面的结合强度可高于其本身晶格间的结合强度；铁镀层硬度可达 500~800HV（45~60HRC），与基体金属的结合强度在 200~350MPa 范围。又如喷涂层的硬度范围为 150~450HBW，喷涂层与工件基体的抗拉强度为 20~30MPa，抗剪强度 30~40MPa。喷焊层的硬度范围是 25~65HRC，喷焊层与工件基体的抗拉强度为 400MPa 左右。

在考虑覆盖层力学性能时，也要考虑与其有关的问题。如果修复后覆盖层硬度较高，虽有利于提高耐磨性，但加工困难；如果修复后覆盖层硬度不均匀，则会引起加工表面不光滑。

（4）考虑修复技术应满足机械零件的工作条件。机械零件的工作条件包括承受的载荷、温度、运动速度、工作面间的介质等，选择修复技术时应考虑其必须满足机械零件工作条件的要求。如气焊、电焊等补焊和堆焊技术，在操作时机械零件受到高温的影响，其热影响区内金属组织及力学性能均发生变化，故这些技术只适于修复焊后需加工整形的机械零件、未淬火的机械零件以及焊后需热处理的机械零件。

机械零件工作条件不同，所采用的修复工艺也应不同。例如在滑动配合条件下工作的机械零件两表面，承受的接触应力较低，从这点考虑，各种修复技术都可适应；而在滚动配合条件下工作的机械零件两表面，承受的接触应力较高，则只有喷焊、堆焊等技术可以胜任。

（5）考虑对同一机械零件不同的损伤部位所选用的修复技术尽可能少。

（6）考虑下次修复的便利。多数机械零件不只是修复一次，因此要考虑下次修复的便利。例如专业修理厂在修复机械零件时应采用标准尺寸修理法及其相应的技术，而不宜采用修理尺寸法，以免给送修厂家再修复时造成互换、配件等方面的不方便。

B　经济性好

在保证机械零件修复技术合理的前提下，应考虑到所选择修复技术的经济性。但单纯用修复成本衡量经济性是不合理的，还需考虑用某技术后机械零件的使用寿命。同时还应注意尽量组织批量修复，这有利于降低修复成本，提高修复质量。

在实际生产中，还必须考虑到会出现因备品配件短缺而停机停产使经济蒙受损失的情况。这时即使是所采用的修复技术使得修复旧件的单位使用寿命所需的费用较大，但从整体的经济方面考虑还是可取的，此时可不满足要求。

C　生产可行

许多修复技术需配置相应的技术装备、一定数量的技术人员，涉及整个维修组织管理和维修生产进度。所以选择修复技术要结合企业现有的修复用的装备状况和修复水平进行。但是应指出，要注意不断更新现有修复技术，通过学习、开发和引进，结合实际采用较先进的修复技术；组织专业化机械零件修复，并大力推广先进的修复技术。这是保证修复质量、降低修复成本、提高修理技术的发展方向。

5.2.5.2　选择机械零件修复技术的方法与步骤

遵照上述选择修复技术的基本原则，选择机械零件修复技术的方法与步骤如下：

（1）了解和掌握待修机械零件的损伤形式、损伤部位和程度；了解机械零件的材质、物理、力学性能和技术条件；了解机械零件在机械设备中的功能和工作条件。为此，需查阅机械零件的鉴定单、图册或制造技术文件、装配图及其工作原理等。

（2）考虑和对照本单位的修复技术装备状况、技术水平和经验，估算旧件修复的数量。

（3）按照选择修复技术的基本原则，对待修机械零件的各单个损伤部位选择相应的修复技术。如果待修机械零件只有一个损伤部位，则到此就完成了修复技术的选择过程。

（4）全面权衡整个机械零件各损伤部位的修复技术方案。实际上，一个待修机械零件往往同时存在多处损伤，尽管各部位的损伤程度不一，有的部位可能处于未达极限损伤状态，但仍应当全面加以修复。此时按照步骤（3）确定机械零件各单个损伤的修复技术之后，应进行综合权衡，确定其全面修复的方案。为此，必须按照下述原则全面权衡修复方案：1）在保证修复质量前提下，力求修复方案中采用的修复技术种类最少；2）力求避免各修复技术之间的相互不良影响（例如热影响）；3）尽量采用简便而又能保证质量的技术。

（5）最后择优确定一个修复方案。当待修机械零件全面修复技术方案有多个时，需要再次根据修复技术选择基本原则，择优选定其中一个方案作为最后采纳的方案。

5.2.5.3　具体实施修复时应考虑的问题

（1）修理的对象不是毛坯，而是有损伤的旧机械零件，同时损伤形式各不相同。因此修理时，既要考虑修理损伤部件，又要考虑保护不修理表面的精度和材料的力学性能不受影响。

（2）机械零件制造时的加工定位基准往往被破坏，为此，加工时需预先修复定位基准或给出新的定位基准。

（3）需修理的磨损的机械零件，通常其磨损不均匀，而且需补偿的尺寸一般较小。

（4）机械零件需修理表面在使用中通常会产生冷作硬化，并沾有各种污秽，修理前需有整理和清洗工序。

（5）修复过程中采用的技术方法较多，批量较小，辅助工时比例较高，尤其对于非专业化维修单位而言，多是单件修复。

（6）修复高速运动的机械零件，其原来平衡性可能受破坏，应考虑安排平衡工序，以保证其平衡性的要求。

（7）有些修复技术可能导致机械零件材料内部和表面产生微裂纹等，为保证其疲劳强度，要注意安排提高疲劳强度的工艺措施和采取必要的探伤检验等手段。

（8）有些修复技术（如焊接或堆焊）会引起机械零件变形，在安排工序时，应注意把会产生较大变形的工序安排在前面，并增加校正工序，精度要求较高、表面粗糙度要求低的工序应安排在后面。

任务 5.3　冶金电气设备常用维修技术及实践

5.3.1　任务引入

长期以来，冶金企业是根据电气设备规程的规定，对电气设备进行定期的检修与维护，以保障电气设备的安全运行。由于环境、设备和人为等因素，电气设备不可避免地会发生故障，故障若不能迅速诊断排除，则会影响生产，造成经济损失。因此电气设备的维修技术对于设备来说至关重要。

5.3.2　任务描述

机电设备的电气控制系统一般是以低压电器作为系统的电气元件，以电动机作为系统的动力源，因此机电设备的电气故障主要发生在这两类电气设备上。

低压电器是指在低压（1200V 及以下）供电网络中，能够依据操作信号和外界现场信号的要求，自动或手动地改变电路的状况、参数，用以实现对电路或被控对象的控制、保护、测量、指示、调节和转换等的电气器械，它是构成低压控制电路的最基本元件。常见的低压电器有保护类低压控制电器（如熔断器、漏电保护器等）、控制电器（如接触器、继电器、电磁阀和电磁抱闸等）、主令电器类（如万能转换开关、按钮及行程开关等）。因此，电气设备的维修主要是针对上述电气元件进行维修。

5.3.3　知识准备

5.3.3.1　冶金电气设备故障维修的十项原则

（1）先询问后维修。对于有故障的电气设备不要急于动手修理，应先询问产生故障的前后经过及故障现象，发生故障时的天气变化、负荷的大小、以往发生类似故障的记录及解决的办法等，带有综合保护的设备应先阅读综合保护提供的数据来判断电气设备的故障点。设备的故障大体上表现为声音异常、有异味、温度升高、还要了解主设备与附属设备的电气连锁关系。对于陌生的电气设备，还应先熟悉电气设备的电路原理和结构特点，遵守相应规则。维修拆卸前要充分熟悉每个电气部件的功能、位置、连接方式以及与周围其他器件的动作关系，在没有组装图和原理图的情况下，应一边拆卸，一边画草图，并做好标记和序号，便于维修人员快速完整地处理事故，避免事故查找工作进入误区而延长停电时间，扩大事故范围。

（2）先外部后内部。应先检查设备有无明显损伤、缺损、烧毁痕迹，了解其维修史、使用年限等，然后再对电气设备内进行仔细检查。维修前应排除周边电器设备的故障因素，确定为机内故障后才能拆卸，否则盲目拆卸维修，可能将设备越修越坏，导致电气设备故障的扩大而延误生产。

（3）先机械后电气。只有在确定机内机械零部件和外部连接部件无故障后，才进行电气方面的仔细检查。检查电气电路故障时，应利用检测仪器仪表等工具寻找电气故障部位，确认无接触不良、短路、断路故障后，再有针对性地查看电气线路与机械的动作关系，以免误判，造成维修时间过长。

（4）先静态后动态。在设备未通电时，用电气仪器仪表来判断电气设备按钮、接触器、热继电器以及保险丝的好坏，从而判定电气设备故障点的所在位置。上述正常后通电试验，听其声、闻气味、摸温度、测参数，判断电气设备故障点，最后对电气设备故障进行有针对性的维修。如在电动机缺相时，若测量三相电压值无法判别时，就应该听其声、闻气味、摸其温度，单独测每相对地电压，就可判断哪一相缺损。

（5）先清洁后维修。对污染油污较重的电气设备，应先对其按钮、接线点、端子排、接触点进行清洁，检查外部控制键是否失灵。许多电气设备故障都是由脏污及导电尘块引起的，一经清洁紧固，故障往往会排除。

（6）先电源后设备。电气设备电源部分的故障率在整个故障设备中占的比例很高，所以先检修电气设备的电源线路往往可以事半功倍，节约维修时间。

（7）先普通后特殊。因装配部件质量和安装的错误或其他附属电气设备的故障而引起的故障，一般占常见电气故障的 50% 左右。电气设备的特殊故障多为软故障，一般电气设备软故障不是很直观，有一定的逻辑关系和很系统的工作过程，要靠丰富的工作经验和仪器仪表来测量和维修。

（8）先附属后主机。维修过程中发现有损坏的电气部件应先不要急于更换损坏的电气部件，在确认外围电气设备电路正常时，再考虑更换损坏的电气部件，以免因外部电气设备故障重新损坏换上的电气部件，还有可能扩大原有的电气故障。

（9）先直流后交流。对于电气设备存在交直流电源检修时，必须先检查直流回路静态工作点，再检查交流回路动态工作点。

（10）先故障后调试。对于调试和故障并存的电气设备，应先排除所有的电气故障，再进行调试，调试电气设备必须在电气线路完全工作正常的前提下进行。

5.3.3.2　冶金电气设备故障维修的十种方法

（1）断电检查法。检查故障时先断开电气设备的电源，然后根据故障可能发生的部位逐步找出故障点，检查时应先检查电源进线处有无损伤而引起电源接地、短路等现象，螺旋式熔断器的熔断指示色是否脱落，热继电器是否动作，综合保护是否动作，然后检查电气外部有无损坏，连接导线有无断路、松动，绝缘是否过热或烧焦。

（2）通电检查法。断电检查仍未找到电气故障时，可对电气设备进行通电检查。通电检查法是电气设备发生故障后，根据电气故障的性质在条件允许的情况下通电检查故障发生的部位和原因。在通电检查电气故障时要尽可能使电动机和机械传动部分脱开。通电检查应注意：在通电检查时必须注意人身和设备的安全，要遵守电气安全操作规程，不得随意触动带电部分。

（3）直观检查法。直观法是根据电气故障的外部表现有无明显损伤、缺损、烧毁痕迹，通过看、闻、听、摸等手段，检查、判断电气故障的基本方法。其检查步骤为：

1）调查情况：向操作者和故障在场人员询问情况，包括故障外部表现、大致部位、发生故障时环境情况。如有无明显损伤、缺损、烧毁痕迹，有无异常气体、明火、热源是否靠近电器，有无腐蚀性气体侵入，有无漏水，是否有人修理过，修理的内容等。

2）初步检查：根据对现场调查的情况，看相关电器外部有无损坏，连线有无断路、短路、松动，绝缘有无烧焦，螺旋熔断器的熔断指示器是否跳出，综合保护是否正常，电器有无进水、油垢、开关位置是否正确等。

3）试车：通过对电气设备初步检查，确认不会使电气故障进一步扩大和造成人身、设备事故后，可进一步试车检查，试车中要注意有无严重跳火、异常气味、异常声音、异常温度等现象，一经发现应立即停车，切断电源。注意检查电器的温升及电器的动作程序是否符合电气设备原理图的要求，从而发现故障部位。

直观检查的检查方法有：

1）观察火花：电器的触点在闭合、分断电路或导线线头松动时会产生火花，因此可以根据火花的有无、大小等现象来检查电气故障。例如，正常紧固的导线与螺钉间发现有火花时，说明线头松动或接触不良。电器的触点在闭合、分断电路时跳火说明电路通，不跳火说明电路不通。控制电动机的接触器主触点两相有火花、一相无火花时，表明无火花的一相触点接触不良或这一相电路断路；三相中两相的火花比正常大，另一相比正常小，可初步判断为电动机相间短路或接地；三相火花都比正常大，可能是电动机过载或机械部分卡住。在辅助电路中，接触器线圈电路通电后，衔铁不吸合，要分清是电路断路还是接触器机械部分卡住造成的。可按一下启动按钮，如按钮常开触点闭合位置断开时有轻微的火花，说明电路通路，故障在接触器的机械部分；如触点间无火花，说明电路是断路。

2）动作程序：电气的动作程序应符合电气说明书和原理图纸的要求。如某一电路上的电气元件动作过早、过晚或不动作，说明该电路或电气元件有故障。

另外，还可以根据电器发出的声音、温度、压力、气味等分析判断故障。运用直观法，不但可以确定简单的故障，还可以把较复杂的故障缩小到较小的范围。

（4）验电器检验法。用验电器检修电气故障时，用验电器依次测试，当验电器测到哪一点不亮时即为断点故障。用验电器测试电气故障时应注意：

1）在一端接地的220V电路中测量时，应从电源侧开始依次测量，并注意观察验电器的亮度防止由于外部电场泄漏电流造成氖管发亮而误认为电路无故障。

2）当检查380V且有变压器控制电路中的熔断器是否熔断时，应防止由于电源通过另一相熔断器和变压器一次绕组回到已熔断的熔断器出线端，造成熔断器没有熔断的假象。

（5）测量电压法。测量电压法是根据电器的供电方式，测量各点的电压值与电流值并与正常值相比较来判断故障。检查时把万用表挡位开关转到交流电压500V。它具体可分为：

1）分阶测量法：是根据各阶电压值来检查电气故障的方法。

2）分段测量法和点测法：是根据各段电压值来检查电气故障的方法。

（6）测电阻法。测电阻法可分为分阶测量法和分段测量法。这两种方法适用于开关、电器分布距离较大的电气设备。用电组法测试电气故障时应注意：

1）用电阻法测量法检查电气故障时一定要断开电源。

2）如果被测电路与其他电路并联时，必须将该电路与其他电路断开，否则所测得的电阻值将不准确。

3）测量高电阻值的电气元件时，要把万用表的选择开关旋至合适的电阻挡。

（7）对比、转换元件法。

1）对比法：把检测数据与图纸资料及平时记录的正常参数相比较来判断故障。对无资料又无平时记录的电器，可与同型号的完好电器相比较。电路中的电气元件属于同样控制性质或多个元件共同控制同一设备时，可以利用其他相似的或同一电源的元件动作情况来判断故障。

2）转转换元件法：某些电路的故障原因不易确定或检查时间过长时，为了保证电气设备的利用率，可转换同一相性能良好的元器件实验，以证实故障是否由此电气元件引起。运用转换元件法检查时应注意，当把原电气元件拆下后，要认真检查是否已经损坏，只有肯定是由于该电气元件本身因素造成损坏时，才能换上新电气元件，以免新换电气元件再次损坏。

（8）逐步开路（或接入）法。多支路并联且控制较复杂的电路短路或接地时，一般有明显的外部表现，如冒烟、有火花等。电动机内部或带有护罩的电路短路、接地时，除熔断器熔断外，不易发现其他外部现象，这种情况可采用逐步开路（或接入）法检查。

1）逐步开路法：遇到难以检查的短路或接地故障，可重新更换熔体，把多支路交联电路，一路一路逐步或重点地从电路中断开，然后通电试验，若熔断器不再熔断，故障就在刚刚断开的这条电路上。然后再将这条支路分成几段，逐段地接入电路。当接入某段电路时熔断器又熔断，故障就在这段电路及某电气元件上。这种方法简单，但容易把损坏不严重的电气元件彻底烧毁。

2）逐步接入法：电路出现短路或接地故障时，换上新熔断器逐步或重点地将各支路一条一条的接入电源，重新试验。当接到某段时熔断器又熔断，故障就在刚刚接入的这条电路及其所包含的电气元件上。

（9）强迫闭合法。在排除电气故障时，经过直观检查后没有找到故障点而手下也没有适当的仪器仪表进行测量时，可用一绝缘棒将有关继电器、接触器、电磁铁等用外力强行按下，使其常开触点闭合，然后观察电气部分或机械部分出现的各种现象，如电动机从不转到转动、电气设备相应的部分从不动到正常运行等。

（10）短接检查法。设备电路或电器的故障大致归纳为短路、过载、断路、接地、接线错误、电器的电磁及机械部分故障等六类。诸类故障中出现较多的为断路故障。它包括导线断路、虚连、松动、触点接触不良、虚焊、假焊、熔断器熔断等。对这类故障除用电阻法、电压法检查外，还有一种更为简单可靠的方法，就是短接法。此方法是用一根良好绝缘的导线，将所怀疑的断路部位短路接起来，如短接到某处，电路工作恢复正常，说明该处断路。具体操作可分为局部短接法和长短接法。注意：用以上测量法检查电气故障点时，一定要保证各种测量工具和仪器仪表的完好，使用方法正确。尤其注意防止感应电、回路电及其他并联电路的影响以免产生误判断故障。

对于连续烧坏的元器件应查明原因后再进行更换；电压测量时应考虑导线的压降；不违反设备电气控制的原则，试车时手不得离开电源开关，并且保险或整定值应选择等量或略小于额定电流值，注意测量仪器仪表挡位的选择正确。

电气设备的大小、结构、用材、功能各不相同，出现故障的原因和规律也不相同。另外在工作时所受的电、热、机械、环境各不相同，呈现的故障规律也不会相同，要有针对性地判断故障和处理故障。所以以上几种检查方法，要活学活用，遵守电气安全操作规程。

5.3.4 任务实施

三相异步电动机在生产现场大量使用着，这些电动机通过长期运行，会发生各种故障。及时判断故障的原因、进行相应的处理，是防止故障扩大，保证设备正常运行的重要工作。表 5-9 列出了三相异步电动机的故障现象、原因及处理方法，供参考。

表 5-9 三相异步电动机的故障现象、原因及处理方法

故障现象	故障原因	处理方法
通电后电动机不能转动，但无异响，也无异味和冒烟	电源未通（至少两相未通）	检查电源回路开关、熔丝、接线盒处是否有断点，并修复
	熔丝熔断（至少两相熔断）	检查熔丝型号及熔断原因，换新熔丝
	过流继电器调得过小	调节继电器整定值与电动机配合
	控制设备接线错误	改正接线
通电后电动机不转，然后熔丝熔断	缺一相电源，或定子线圈一相反接	检查刀闸是否有一相未合好，或电源回路有一相断线；消除反接故障
	定子线圈相间短路	检出短路点，予以修复
	定子线圈接地	消除接地
	定子线圈接线错误	检出误接，予以更正
	熔丝截面过小	更换熔丝
	电源线短路或接地	消除接地点
通电后电动机不转动，有嗡嗡声	定、转子线圈有断路（一相断线）或电源一相失电	检出断点，予以修复
	绕组引出线始末端接错或绕组内部接反	检查绕组极性；判断绕组首末端是否正确
	电源回路接点松动，接触电阻大	紧固松动的接线螺丝，用万用表判断各接头是否假接，予以修复
	电动机负载过大或转子卡住	减载或查出并消除机械故障
	电源电压过低	检查是否把规定的△接法误接为Y，是否由于电源导线过细使电压过大，予以纠正
	小型电动机装配太紧或轴承内油脂过硬	重新装配使之灵活，更换合格油脂
	轴承卡住	修复轴承

故障现象	故 障 原 因	处 理 方 法
电动机启动困难，带额定负载时，电动机转速低于额定转速较多	电源电压过低	测量电源电压，设法改善
	△接法电机误接为Ｙ	纠正接法
	笼型转子开焊或断裂	检查开焊和断点并修复
	定、转子局部线圈接错、接反	查出误接处，予以纠正
	修复电动机绕组时增加匝数过多	恢复正确匝数
	电动机过载	减载
电动机空载电流不平衡，三相相差大	重绕时，定子三相绕组匝数不相等	重新绕制定子绕组
	绕组首尾端接错	检查并纠正
	电源电压不平衡	测量电源电压，设法消除不平衡
	绕组存在匝间短路，线圈反接等故障	消除绕组故障
电动机空载、过载时，电流表指针不稳、摆动	笼型转子导条开焊或断条	查出断条予以修复或更换转子
电动机空载电流平衡，但数值大	修复时，定子绕组匝数减少过多	重绕定子绕组，恢复正确匝数
	电源电压过高	检查电源，设法恢复额定电压
	Ｙ接法电机误接为△	改接为Ｙ
	电动机装配过程中，转子装反，使定子铁芯未对齐，有效长度减短	重新装配
	气隙过大或不均匀	更换新转子或调整气隙
	大修拆除旧绕组时，使用热拆法不当，使铁芯烧损	检修铁芯或重新计算绕组，适当增加匝数
电动机运行时，声响不正常，有异响	定子与转子绝缘低或槽楔相擦	修剪绝缘，削低槽楔
	轴承磨损或油内有砂粒等异物	更换轴承或清洗轴承
	定、转子铁芯松动	检修定、转子铁芯
	轴承缺油	加油
	风道填塞或风扇擦风罩	清洗风道重新安装风罩
	定、转子铁芯相擦	消除擦痕，必要时车小转子
	电源电压过高或不平衡	检查并调整电源电压
	定子绕组错接或短路	消除定子绕组故障
运行中电动机振动较大	由于磨损轴承间隙过大	检修轴承，必要时更换
	气隙不均匀	调整气隙，使之均匀
	转子不平衡	校正转子动平衡
	转轴弯曲	校直转轴
	铁芯变形或松动	校正重叠铁芯
	联轴器（皮带轮）中心未校正	重新校正，使之符合规定
	风扇不平衡	检修风扇，校正平衡，纠正其几何形状
	机壳或基础强度不够	进行加固

故障现象	故障原因	处理方法
运行中电动机振动较大	电动机地脚螺丝松动	紧固地脚螺丝
	笼型转子开焊,断路	修复转子绕组
	定子绕组故障	修复定子绕组
轴承过热	润滑脂过多或过少	按规定加润滑脂(容积的 $\frac{1}{3} \sim \frac{2}{3}$)
	油质不好含有杂质	更换清洁的润滑脂
	轴承与轴颈或端盖配合不当(过松或过紧)	过松可用黏结剂修复;过紧应车、磨轴颈或端盖内孔,使之适合
	轴承盖内孔偏心,与轴相擦	修理轴承端盖,消除擦点
	电动机端盖或轴承盖未装平	重新装配
	电动机与负载间联轴器未校正,或皮带过紧	重新校正
	轴承间隙过大或过小	更换新轴承
	电动机轴弯曲	校正电动机轴或更换转子
电动机过热甚至冒烟	电源电压过高,使铁芯发热大大增加	降低电源电压(如调整供电变压器分接头),若是电动机Y、△接法错误引起,则应改正接法
	电源电压过低,电动机又带额定负载运行,电流过大绕组发热	提高电源电压或换粗供电导线
	修理拆除绕组时,采用热拆法不当,烧伤铁芯	检修铁芯,排除故障
	定、转子铁芯相擦	消除擦点(调整气隙或锉、车转子)
	电动机过载或频繁启动	减载;按规定次数控制启动
	笼型转子断条	检查并消除转子绕组故障
	电动机缺相,两相运行	恢复三相运行
	重绕后定子绕组浸漆不充分	采用二次浸漆及真空浸漆工艺
	环境温度高,电动机表面污垢多,或通风道堵塞	清洗电动机,改善环境温度,采用降温措施
	电动机风扇故障,通风不良	检查并修复风扇,必要时更换
	定子绕组故障	检修定子绕组,消除故障

5.3.5　知识拓展

5.3.5.1　冶金电气设备主要故障类型

(1)电源故障。电源主要是指为电气设备及控制电路提供能量的功率源,是电气设备和控制电路工作的基础。电源参数的变化会引起电气控制系统的故障,在控制系统中电源故障一般占 20% 左右。当发生电源故障时,控制系统会出现以下现象:电源断开开关后，电器接线端子仍有电或设备外壳带电；系统的部分功能时好时坏，屡烧保险丝；故障控制系统没有反应，各种指示全无；部分电路工作正常，部分工作不正常等。由于电源种类较多，且不同点原有不同特点，不同的用电设备在相同的电源参数下有不同的故障表现，因此，电源故障的分析查找难度较大。

（2）线路故障。导线故障和导线连接故障都属于线路故障。导线故障一般由导线绝缘层老化破损或导线折断引起；导线连接部分故障一般由连接处松脱、氧化、发霉等引起。当发生线路故障时，控制线路会发生导通不良、时通时断或严重发热现象。

（3）元器件故障。在一个电气控制电路中，所有使用的元器件种类有数十种甚至更多，不同的元器件发生故障的模式也不同，根据元器件功能是否存在，可将元器件故障分为两类：

1）元器件损坏。元器件损坏一般是由工作条件超限、外力作用或自身的质量问题等原因引起的。它能造成系统功能异常，甚至瘫痪。这种故障特征一般比较明显，往往从元器件的外表就能看到变形、烧焦、冒烟、部分损坏等现象，因此诊断起来相对容易一些。

2）元器件性能变差。元器件性能变差是一种软故障，故障的发生通常是由工作状况的变化、环境参数的改变或其他故障连带引起的。当电气控制电路中某个元器件出现了性能变差的情况，经过一段时间的发展就会发生元器件损坏，引发系统故障。这种故障在发生前后均无明显征兆，因此查找困难较大。

5.3.5.2　冶金电气设备故障查找的准备工作

（1）根据故障现象对故障进行充分的分析和判断，确定切实可行的检修方案。这样做可以减少检修中的盲目行动和乱拆乱调现象，避免出现原故障未排除，又造成新故障的情况发生。

（2）研读设备电气控制原理图，掌握电气系统的结构，熟悉电路的动作要求和顺序，明确控制环节的电气过程，为迅速排除故障做好技术准备。

5.3.5.3　冶金电气故障维修仪表及工具

（1）验电器。验电器又称试电笔，分高压和低压两种。在机床电气设备检修时使用的为低压验电器，它是检验导线、电器和电气设备是否带电的一种电工常用工具。低压验电器的测试电压范围为 60~500V。使用验电笔时，应以手指触及笔尾的金属体，使氖管小窗背光朝向自己。

（2）校火灯。校火灯又称试灯。利用校火灯可检查线路的电压是否正常、线路是否断路或接触不良等故障。用校火灯查找断路故障时应使用较小功率的灯泡；查找接触不良的故障时，以采用较大功率的灯泡（115~200W）。这样可根据灯泡的亮、暗程度来分析故障情况。此外，使用校火灯时，应注意灯泡的电压与被测部位的电压相符，否则会烧坏灯泡。

（3）万用表。万用表可以测量交直流电压、电阻和直流电流，功能较强的还可以测量交流电流、电感、电容等。在故障分析中，使用万用表测量电参数的变化即可判断故障原因及位置。

（4）电池灯。电池灯又称对号灯，它是用来检测线路的通断和检验线号的仪器。使用时应注意，若线路中串有电感元件（如接触器、继电器的线圈），则电池灯应与被测回路隔离，以防在通电的瞬间因自感电势过高，使测试者产生麻电的感觉。

（5）电路板测试仪。电路板测试仪是近年来出现在市场上的一种新型仪器，使用它对电路板进行故障检测，检测时间明显缩短，准确率大大提高。特别是在不知道电路原理的情况下，使用该仪器对电路板进行测量检测，故障查找的准确率可达90%以上。

学 习 小 结

（1）设备维修的概念、维修方式及维修类别等方面的基本知识。

（2）冶金机械设备维修的实施的一般过程、设备管理方法等方面知识。

（3）热喷涂和喷焊修复技术、焊接修复技术、电镀和化学镀修复技术、黏结与表面黏涂修复技术、表面强化技术、金属扣合技术等常用的机械设备修复方法。

（4）冶金机械零件修复技术的选择的基本原则方法。

（5）冶金电气设备的检测、故障诊断及维修方法。

思考练习

5-1　什么是设备维修？

5-2　什么是定期维修？

5-3　什么是事后维修？

5-4　什么是完全互换法？

5-5　什么是修配法？

5-6　设备维修的基本要求有哪些？

5-7　热喷涂技术优点有哪些？

5-8　什么是钎焊？

5-9　什么是电镀修复技术？

5-10　什么是黏结修复技术？

5-11　冶金电气设备故障维修的十项原则是什么？

5-12　电动机过热甚至冒烟的原因有哪些？

5-13　冶金机械设备运行中电动机振动较大的原因有哪些？

【考核评价】

本学习情境评价内容包括基础知识与技能评价、学习过程与方法评价、团队协作能力评价及工作态度评价；评价方式包括学生自评、组内互评、教师评价。具体见表5-10。

表 5-10　学习情境考核评价表

姓　名		班级		组别		
学习情境		指导教师		时间		
考核项目	考核内容		配分	学生自评 比重30%	组内互评 比重30%	教师评价 比重40%
实践技能评价	维修策略和模式构建，维修技术选用		40			

姓　名		班级		组别	
学习情境		指导教师		时间	

考核项目	考核内容	配分	学生自评 比重 30%	组内互评 比重 30%	教师评价 比重 40%
理论知识评价	维修概论和维修技术的一般认知	20			
学习过程与方法评价	各阶段学习状况及学习方法	20			
团队协作能力评价	团队协作意识、团队配合状况	10			
工作态度评价	纪律作风、责任意识、主动性、纪律性、进取心	10			
合　计		100			

学习情境 6　设备大修工艺拟定与实施

【学习目标】

知识目标

（1）明白设备大修前各项准备工作，包括技术准备、生产准备和编制大修作业计划等。

（2）掌握设备大修的基本概念、基本内容和技术要求。

（3）熟知设备大修计划的整个实施过程，掌握设备的解体、零件的清洗、零件的检查、设备的修理装配和修理精度的检测等方面的知识。

（4）熟知齿轮、轴承、密封装置的装配方法。

（5）掌握机械设备的安装方法。

能力目标

（1）能做设备大修前的技术准备、生产准备工作，会编制大修作业计划。

（2）会对零件进行清洗、检查、装配和修理精度的检测。

（3）能正确安装、装配设备零部件及整台设备。

素养目标

（1）培养学生团队意识、集体荣辱意识、良性竞争意识。

（2）培养学生容忍、沟通和协调人际关系的能力和良好的职业道德。

（3）让学生形成良好的组织观念、劳动纪律、主人翁感、节约、环保意识。

（4）促使学生具有诚信品质、敬业精神、遵纪守法意识。

任务 6.1　高炉炉顶设备大修认知与准备

6.1.1　任务引入

大家常常可以从报纸、电视节目中，听到某某高炉、某某转炉、某某轧机大修顺利完成节点等等。那么什么是设备的大修？大修究竟需要做些什么工作，应该达到什么样的要求？它和我们常常听到的保养、日常零星设备检修等有什么关系或有什么不同？下面，就让我们带着这些问题来学习有关知识。

6.1.2　任务描述

机器设备是企业组织生产的重要物质技术基础，是构成生产力的重要要素之一。马克思把机器设备称做"生产的骨骼系统和肌肉系统"，可见它在现代工业企业中地位的重要性。

　　然而，由于现实中的设备不可避免存在诸如设计、制造、安装、材料等内部缺陷因素，及使用、管理等外部缺陷因素的影响，它在使用过程中，不可避免地发生失效，甚至发生故障，导致设备报废，生产停滞，严重时还将给生产运行、人身安全等造成极大损失，由此可以看出设备大修对保证安全生产的重要性是不言而喻的。

　　设备大修是工作量最大、修理时间最长的修理，不仅要达到预定的技术要求，而且要力求提高经济效益。因此在大修理之前要切实掌握设备的技术状况，制定切实可行的修理方案，充分做好技术和生产准备工作；在生产过程中要积极采用新技术，新材料、新工艺及现代管理方法，做好技术、经济和组织等方面的管理工作，以保证修理质量，缩短停机修理时间，降低维修成本。

　　设备在大修中，要对设备使用中发现的原设计制造方面的缺陷与不足，如局部设计结构不合理、零件材料设计使用不当、设备维修性差、局部拆装困难等，应用新技术、新材料和新工艺进行针对性地改进，以期提高设备各个方面的性能。即通过"修中有改、改修结合"来提高设备的性能。本任务以冶金企业高炉炉顶设备为载体，要求完成大修作业计划书。

6.1.3　知识准备

6.1.3.1　设备大修的基本概念

　　设备大修就是将设备全部或大部分解体，修复基础件，更换或修复机械零件、电器零件、调整修理电气系统，整机装配和调试，以达到全面清除大修理存在的缺陷，恢复规定的性能与精度。

6.1.3.2　设备大修的内容和技术要求

A　设备大修的内容
设备大修的内容一般有：
（1）对整个设备进行全部解体成零件。
（2）对每个零件（除易损件外）进行清洗、检查。
（3）做好备件、材料、工量具及技术资料等方面的准备工作。
（4）编制大修理的技术文件。
（5）修复基础件。
（6）修复或更换零件。
（7）修复电气系统。
（8）修复或更换附件。
（9）设备各总成的装配及调试。
（10）设备总装配，并调试到大修质量标准。
（11）外观翻新。
（12）设备验收。
除了上述内容以外，同时还应该考虑以下的内容：
（1）对于多发性故障部位，可以通过改进原设计来提高其可靠性。

（2）对于不当的材料使用、落后的局部设计和不当的控制方式等要进行改造。

（3）按产品的工艺要求，在不改变整机的结构情况下，局部提高个别主要零部件的精度。

B　设备大修的技术要求

对机电设备大修总的技术要求是：

（1）全面清除大修前设备存在缺陷与不足。

（2）大修后设备的主要性能指标应达到新设备的技术标准。在实际工作中，应从企业生产需要出发，根据产品工艺要求，制订设备大修质量标准，并在大修后达到此标准。

6.1.3.3　设备大修前的准备

设备大修前的准备工作很多，而且大多是技术性很强的工作，它的完善程度、准确性和及时性会直接影响大修计划、修理质量和工作计划。虽然各企业的设备维修组织和管理分工有所不同，但设备大修前的准备工作的内容和程序基本相同，主要包括技术准备、生产准备和作业计划的编制。

A　技术准备

技术准备的工作量比较大，它主要包括设备预检、分析制定修理方案、编制大修技术文件等工作。

a　预检

为了全面深入了解设备技术状况，在大修前安排的停机检查，通常称为预检。预检工作主要由主修技术人员负责，设备使用单位的技术人员参加，共同承担。预检的时间长短与机电设备的复杂程度、设备劣化程度及修理工作的管理有关。从预检结束至设备解体大修开始之间的时间不能过长，否则设备在此期间的技术状态会加速劣化，使预检的准确性降低，给大修工作带来困难。

通过预检来验证事先预测的设备劣化部位及程度，并注意发现事先未预测到的问题，从而全面深入了解设备的实际技术状态，结合已经掌握的设备技术状态劣化规律，作为制订修理方案的依据。

（1）预检前的调查准备工作。在预检前需要作好以下的调查准备工作：

1）详细阅读设备使用说明书和出厂检验记录，熟悉设备的结构、性能、精度及其技术特点。

2）查阅设备档案，着重了解以下内容：①设备安装（或上次大修）验收的检验记录；②历次修理（含小修、项修、大修）的内容，更换或修复的零件，修后遗留问题；③历次设备事故报告、事故情况及事故修理内容，事故处理后的遗留问题等；④设备运行中的状态监测记录。

3）向企业技术部门、质量部门了解产品工艺对设备的技术要求、生产效率等情况，了解设备安装（或上次大修）验收后产品质量情况。同时听取企业相关部门关于提高产品质量和生产效率对局部改进的意见和建议。

4）向现场一线的操作工和维修工了解：设备的精度是否满足产品的工艺要求；设备的性能是否下降；液压与气压系统是否正常，有无泄漏；设备附件是否齐全，有无损坏；控制监测系统是否正常；安全防护装置是否齐全、灵敏和可靠；设备在运行中经常发生故障的部位及其原因；设备目前存在的主要缺陷，在大修中需要修复或改进的具体意见等。

5）查阅设备图册，为核对、测绘大修时需要更换或需要修复的零件做好图样准备。

通过上述各项调查，并进行整理、归纳分析，可以对此次大修的内容及需要更换、修复的零件有一个比较全面、系统的初步概念。在此基础上提出预检的具体内容，并做出报告请生产计划部门安排预检。

（2）预检内容及步骤。

1）预检的内容。在实际工作中，应从设备的预检前调查结果和设备具体情况出发，确定预检的内容。下面为金属切削机床类的预检内容，仅供参考。

①按出厂精度标准对设备逐项检查，并记录实测值。

②检查电动机外观，如表面漆是否脱落、指示标牌是否齐全清晰、操纵手柄是否损伤等。

③检查机床外露的主要零件如丝杠、齿条、光杠等的磨损情况，并测出其磨损量。

④检查机床导轨，若有磨损，测出磨损量；检查导轨副可调整镶条尚有的调整余量，以便确定大修时是否需要更换。

⑤检查机床的运动状态，如各种运动是否达到规定速度，高速时运动是否平稳、有无振动和噪声，低速时有无爬行，运动时各操纵机构是否灵敏可靠。

⑥检查液压系统、气压系统和润滑系统，如系统的压力是否在规定范围，压力的波动情况，是否有泄漏情况，若有泄漏，应进一步查明部位和原因。

⑦用各种常规的检查方法检测电气系统是否正常。

⑧检查安全防护装置，主要有各种仪表、安全连锁装置、限位装置等是否灵敏可靠，各防护罩是否损坏。

⑨检查附件是否齐全，是否失效。

⑩部分解体检查，以便根据零件磨损情况来确定零件是否需要更换或修复。原则上尽量不拆卸零件，尽可能用简易方法借助仪器来确定零件的磨损。只有难以确定的零件磨损程度和必须测绘、核对图样的零件才能进行拆卸检查。

2）预检后达到的要求。通过预检掌握设备状况，确定更换和修复零件，其具体的要求是：

①更加明确产品工艺对设备精度、性能的要求。

②全面深入地掌握设备技术状态劣化的具体情况。

③确定需要更换或修复的零件，尤其是要保证大型复杂铸造件、焊接件、高精度关键件以及外购件的更换或修复。

④测绘或核对的更换件、修复件的零件图，要保证质量，保证制造或修配的需要。

3）预检的步骤。按预检内容做好预检前的各项准备工作。在预检过程中发现的故障隐患要及时排除。故障隐患排除以后，恢复设备并交付继续使用。预检结束需要交预检结果，在预检结果中要尽可能反映预检中发现的问题。如果根据预检结果判断不需要大修，应向设备管理部门提出改变维修类别的建议。

b　分析制订修理方案

通过预检，详细了解设备修前技术状况、存在的主要缺陷和产品工艺对设备的技术要求后，应该立即分析制订修理方案。

分析制订修理方案的主要内容：

（1）按照产品的工艺要求，设备的出厂精度标准是否能满足生产的需要。

（2）对于关键部位，如精密主轴部件、精密丝杠副、分度螺杆副的修理，本维修企业的维修条件和维修人员的技术水平是否胜任。

（3）对于多发性重复故障的部位，应分析进行改进的必要性和可能性。

（4）对于基础件，如床身、立柱、横梁等的修理，采用磨削、精刨或精铣工艺，在本企业或本地区其他企业实现的可能性和经济性。

（5）为了缩短修理时间，哪些零部件换新件比修复原件更经济。

（6）如果本企业承修，哪些修理作业需要委托外维修企业协作，与外企业联系并达成初步协议。如果本企业不能胜任或不能实现关键件、基础件的修理，则应确定委托外企业来承修。

c　编制大修技术文件

设备大修技术文件有修理技术任务书、修换件明细表、材料明细表、修理工艺、修理质量标准等。这些技术文件是编制修理作业计划，准备配件、备品、材料，核算修理工时与成本，指导修理作业以及检查和验收修理质量的依据。它们的正确性和先进性是衡量企业设备修理技术水平的重要标志之一。

（1）编制大修技术任务书。在分析制订出修理方案后，需要立即编制技术任务书。任务书的草案由主修人员编制，经主管工程师审核，最后由设备负责人批准。

设备修理技术任务书的内容主要有：

1）设备修前技术状况。包括说明设备修前工作精度下降情况，影响工作精度的主要几何精度检测项目实测值情况，设备主要输出参数下降情况，主要零部件的磨损和损坏情况，液压系统、润滑系统的缺损情况，电气系统的主要缺损情况，安全防护装置的缺损情况，附件的缺损情况，设备外观掉漆的情况说明等。

2）主要修理内容。包括说明设备要全部解体，清洗和检查零件的磨损和损坏的情况，确定需要更换和修复的零件，确定需要更换和修复的零件；扼要说明基础件、关键件的修理方法；说明必须仔细检查和调整的机构；结合修理需要进行改善修理的部位和内容；其他需要检查、修理和调整的内容；采用典型修理工艺或专用修理工艺规程等。

3）修理质量要求。对装配质量、外观质量、空载试车、负荷试车、几何精度和工作精度检验逐项说明按哪种通用、专用技术标准检查验收。通用技术标准应说明其名称及编号，专用技术标准应附在修理技术任务书后面。

（2）编制修换件明细表。一般情况，编制修换件明细表时，应遵循以下原则：

1）需要锻、铸、焊接件的毛坯的更换件，制造周期长、精度高的更换件，需外购的大型、高精度的滚动轴承、液压元件、气压元件、密封件等，需要采用修复技术的主要零件，零件制造周期不长但需要量大的零件均应列入修换件明细表。

2）用铸铁、一般钢材毛坯加工，工序少而且大修时制造不影响工期的零件，可以不列入修换件明细表。

3）需以毛坯或半成品形式准备零件，需要成对（组）准备的零件，都应在修换件明细表上加以说明。

4）对流水线上的设备或关键设备，可考虑按部件准备更换件。

　　（3）编制材料明细表。材料明细表是设备大修准备材料的依据。直接用于设备修理的材料，如钢材、有色金属、电气材料、橡胶制品、润滑油脂、油漆等均应列入材料明细表。制造更换件用材料和大修时的辅助材料和清洗剂、擦拭材料等不能列入材料明细表。

　　在材料采购中若需提出材料代用，应提出申请，经主修技术人员审查并在申请单上签字同意后方可代用。

　　（4）编制修理工艺。机械设备的修理工艺要具体规定机械设备的大修程序、零部件的修理方法、总装配试车的方法和技术要求等。它是设备大修时必须认真遵守和执行的技术文件。

　　编制大修工艺时应根据设备修前的实际状况和企业的修理装备以及修理技术水平，做到技术上可行、经济上合理，符合生产实际要求。

　　设备大修工艺可编制成典型修理工艺和专用修理工艺两类。典型修理工艺是指对同一类设备或结构形式相同的部件，按通常可能出现的磨损情况而编制的修理工艺，它具有普遍指导意义。专用修理工艺是指对某一型号的设备，针对其实际磨损情况，为该设备每次修理或某项修理所造成修理工艺，它具有针对性。一般来说，企业可对通用设备的大修采用典型的修理工艺，并针对设备的实际磨损情况编写补充工艺和说明。对行业专用设备则编写专用的修理工艺，经过几次实践验证后，可以修改完善成为这类设备的典型修理工艺。

　　设备的大修工艺通常包括以下内容：

　　1）整机和部件的拆卸程序、拆卸方法以及拆卸过程中应检测的数据和注意事项。

　　2）主要零部件的检查、维修和装配工艺，以及达到的技术条件。

　　3）总装配程序和装配工艺，以及应达到的精度要求、技术要求和检测方法。

　　4）关键零部件的调整工艺以及调整后应达到的技术条件。

　　5）总装后的试车程序、试车规范以及应达到的技术条件。

　　6）在拆卸、装配、检查测量和修配过程中的工、量具明细表，其中应对专用工、量具加以注明。

　　7）在大修作业中应注意的安全措施。

　　（5）大修质量标准。设备大修质量标准是各类修理中最高的标准。在通常情况下，它是以设备出厂标准为基准的，大修后设备的性能标准应能满足产品质量、加工工艺要求，并具有足够的精度储备。但有时，如果产品质量和加工工艺并不需要设备原有的某项性能或精度，则这项性能和精度也可以不列入修理质量标准。如果机械设备原有的某项性能或精度不能满足产品质量和加工工艺要求或精度储备量不足，在确认该项目可以通过一定的技术措施解决的前提下，在修理质量标准中应相应提高其性能和精度指标。在特殊情况下，对于整机磨损损坏严重，已难以修复到出厂精度要求机械设备，由于某种需要而进行大修时，可以适当降低精度标准。但是必须满足修理后加工产品的工艺要求，在安全防护和环境保护方面，也应该符合相应的法规规定。

　　机械设备的大修质量标准，主要包括的内容：

　　1）机械设备的工作精度标准。它是用来衡量机械设备的动态精度的标准，主要有：在规定的工件材料、形状、尺寸和规定的加工工艺规程条件下加工产品，加工后产品应达到的精度。

2）机械设备的几何精度标准。它是用来衡量机械设备的静态的标准，包括检验项目、各项目的允许偏差。

3）空运转试验的程序、方法、检验的内容和应达到的技术要求。

4）负荷测试的程序、方法、检验的内容和应达到的技术要求。

5）外观质量标准，包括机械设备外表面和外露零件的涂装、防锈、美观、表牌、标志牌等方面的技术要求。

在机械设备修理验收时可参照国家标准计量局和机械工业部等制定和颁布的机械设备大修通用技术条件。若有特殊要求，则按修理工艺、图样或相关技术文件的规定执行。企业可以参照机械设备大修通用技术条件编制本企业专用机械设备出厂技术标准作为大修质量标准。

B 生产准备

设备大修前的生产准备主要是备品、材料、专用工、量具的准备。主修技术人员在编制好修换件明细表以后，应及时交与备品、材料管理人员，备品、材料管理人员根据库存和外购开始准备。主修人员在制订好修理工艺后，应及时将需要的库存专用工、量具送相关部门检定，通过检修合格方能使用，同时要对新制的专用工、量具提出订货。

C 编制大修作业计划

企业修理部门的计划员根据下达的设备大修计划和大修技术文件编制大修作业计划，并由部门负责人组织企业设备管理部门的有关人员、主修技术员和修理班（组）长共同审定。大修作业计划的内容一般有：作业程序；分部分阶段作业所需工人数和作业天数；对部分作业之间相互衔接的要求；4 需要委托企业以外的单位协助的项目及其时间要求。

对于结构复杂的高精度、大型关键设备的大修计划应采用网络技术编制。网络技术对人力、物力、设备、资金等资源的合理使用，缩短修理工期，提高经济效益都具有显著的效果。

6.1.4 任务实施

（1）现场调查和预检 。与攀钢炼铁厂联系，学生下厂实地调查，对高炉炉顶设备进行预检。

（2）确定高炉顶设备的大修理内容。通过调查和预检，列出大修内容，并制订出相关的技术标准。

（3）充分做好大修理前的准备工作。根据大修理列出内容，列出材料、备件、工检具等的清单。

（4）编制高炉炉顶设备的大修理作业计划。根据以上内容，编制高炉炉顶设备大修理的作业计划书。

6.1.5 知识拓展

编制轧机的大修理作业计划。

（1）现场调查和预检。与攀钢轨梁厂联系，学生下厂实地调查，对某一轧机进行预检。

（2）确定轧机的大修理内容。通过调查和预检，列出大修理内容，并制订出相关的技术标准。

（3）充分做好大修理前的准备工作。根据大修理列出内容，列出材料、备件、专用工检具等的清单。

（4）编制轧机的大修理作业计划。根据以上内容，编制某一轧机大修理的作业计划书。

任务 6.2　20t 抓斗式起重机大修实施

6.2.1　任务引入

在上个任务中，我们就大修理的基本概念、内容、技术要求和准备工作进行了介绍，大家对"什么是大修"、"设备大修的内容是什么"、"设备大修的准备工作有哪些"等方面的内容，应该有了一个比较清晰的认识。那么设备大修理如何实施？要注意哪些问题？需要什么知识技能？对冶金机械设备如何进行大修理？带着这些问题我们进入相关内容的学习。

6.2.2　任务描述

设备大修不同于设备的制造，它的主要特点是：在修理技术的修理工作量方面，大修前难以预测的十分准确。在大修过程中，应从实际情况出发，及时采取各种措施来弥补大修前预测的不足，并保证修理工期按计划或提前完成。

设备大修过程如图 6-1 所示，在实际工作中应按大修作业计划进行，并同时做好作业调度、作业质量控制、竣工验收等主要管理工作。

本任务以 20t 抓斗式起重机大修为载体，详细探讨冶金设备是如何大修理的。

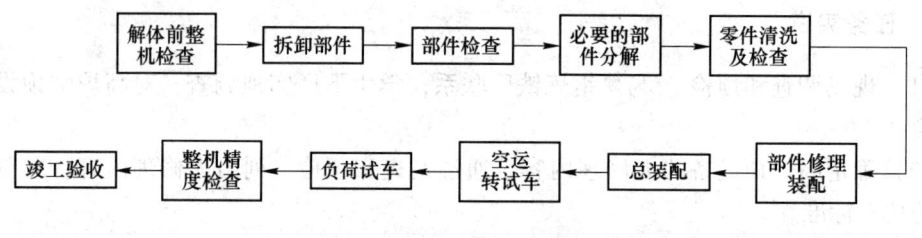

图 6-1　设备大修过程框图

6.2.3　知识准备

6.2.3.1　设备大修的过程

A　设备的解体

设备的解体是一项非常繁重的工作，应予以高度重视。如果在解体过程中违反操作规程，将会对零部件造成进一步的变形与损伤，甚至无法修复，从而造成修理质量事故，延误修理工期，造成更大的经济损失。

在预检中必要的解体是为了检查和核实零件磨损情况。在大修过程中的解体是为了对续用零件进行清洗和检查，以便核实换修件存在的问题。

a 设备解体时应遵循的原则

（1）在解体前应读懂装配图，搞清楚其装配关系，以便安排合理的解体程序，选用适当的拆卸工具和设备。

（2）在不影响需修换零件解体的前提下，对于不修理的零件，应尽量不拆卸和少拆卸。

（3）须严格遵守解体程序和解体方法。

（4）在解体过程中，对于对偶件需成对放置；对于特殊位置的装配，须找到或制作装配标记。

b 零件拆卸的一般方法

（1）击卸法。

1）用手锤击卸。此方法适用场合比较广泛，操作方便，无需特殊的工具和设备。注意手锤的重量选择要适当，拆卸时要注意用力的轻重；对击卸件的轴端、套端、轮毂等要采取保护措施；要先对击卸件进行试击，判别其走向（避免击错方向）、牢固程度（必要时可采用机械或其他拆卸法）、锈蚀程度（必要时可预先浸渍煤油、或者喷洒松脱剂）等；另外还须注意击卸时的安全。

2）利用零件自重（产生的惯性）击卸。此方法操作简单，拆卸迅速。不易损坏部件，但需注意冲击时的安全。

3）利用吊棒冲击击卸（类似于和尚撞钟，只不过这里撞的是工件而已）。此方法操作省劲，但需要吊车或其他悬挂装置配合，另外，请注意冲击时的安全。编者在江边浮船上检修取水泵时，拆卸泵轴时就是采用吊棒进行撞击。另外，编者在拆卸深井泵时（总长约30m，分段长度2~3m），就是采用吊车下悬挂吊棒进行撞击。但此次操作中由于操作员工疏忽，被松动的零件把手擦伤，结果被作为安全事故进行通报。后来编者采用Pro/E将废弃的压滤机改造成为专用的拆卸工具，才得以解决（这也成为编者的一个科技项目）。

（2）拉卸法。

1）用拉卸工具拉卸。拉卸工具主要有通用拉卸顶拔器（分为两爪式、三爪式及铰链式三种）、液压拉卸顶拔器。此方法拆卸比较安全，适用于拆卸精度较高或无法敲击的过盈量较小的配合件。拆卸时应注意保持拉杆与被拉卸零件平行。

2）拔销器拉卸。此法主要是拉卸轴类零件，拉卸前应仔细检查轴上的定位紧固件是否完全拆开；先试拉，查明轴的拆出方向；在拆出过程中，要注意轴上的弹性垫圈、卡环等再次卡住零件。

（3）压卸法。在冲压机上进行冲压，属于静力拆卸方法，适用于小型或形状简单的静止配合零件的拆卸。冲压时，要注意压机的行程和压力的大小，并注意安全。编者在实际中，自行设计了一台油压机，通过来回移动的丝杠螺母副带动支架前后移动，以便适应不同长度零件的需要。在定位后，通过液压油缸推动缸内活塞轴顶出，从而实现零件拆卸。（全部零件均为老一辈工人师傅自行设计制造，试想一下，现在让你们来做一台，你们该如何下手？）

（4）破坏性拆卸法。通过钻削、车削、凿削、锯割、气割等方法破坏性拆除，适用于拆卸热压、焊接、铆接的固定连接件或轴与套互相咬死、花键扭转以及需加快施工进度等场合，有时也用在变形或锈蚀严重时。这是一种保存主件，破坏副件的拆卸方法。例如一大型主轴上一个轴套严重变形、锈蚀，采用常规方法无法取出轴套，这时可以采用车削的方法将轴套车掉，保留下主轴，从而降低维修费用支出。建议尽可能不要采用。

（5）温差拆卸法。

1）热胀。利用热胀的原理使薄壁件迅速膨胀，使其容易拆卸，适用于轴承内圈的拆卸。可以采用浸热油法（用破布包裹零件，然后倒上热油）或蒸汽加热法（采用蒸汽流加热）。不可采用喷灯或焊嘴加热。

2）冷缩。即用干冰冷缩机构内廓的零件，使其受冷内缩，从而易于拆卸，但需注意安全。

B　零件的清洗

零件的清洗是大修作业中不可缺少的一项重要工作，需引起足够的重视。零件的清洗必须干净、彻底，否则会影响零件检测的真实性与可靠性，从而影响大修质量和设备的使用寿命。

零件表面存留的污染物如油污、锈蚀、积炭、水垢等，都是零件清洗的对象。

零件的清洗方法简介绍下。

（1）清除油垢。

1）有机溶剂清洗。常用的有机清洗溶剂有煤油、柴油、丙酮、三氯乙烯等。在设备的修理过程中，通常将零件放入煤油或柴油中，用棉纱或毛刷进行擦洗，清除零件表面的油垢。该操作方法简单，但清洗效率低，常用于单件或小批量的中小型零件的清洗。

2）碱性化学溶剂清洗。碱性化学溶剂通常是采用氢氧化钠、碳酸钠、磷酸钠和硅酸钠等化合物，按一定的比例配制而成，其配方、使用条件和应用范围见表 6-1。

表 6-1　碱性化学溶剂

成分含量/g · L^{-1}　　　配方号	1	2	3	4
氢氧化钠（NaOH）	30~50	10~15	20~30	
碳酸钠（NaCO$_3$）	20~30	20~50	20~30	30~50
磷酸钠（NaPO$_4$ · 12H$_2$O）	50~70	50~70	40~60	30~50
硅酸钠（NaSiO$_3$）	10~15	5~10		20~30
OP 乳化剂		50~70	非离子型润滑	
使用条件　使用温度/℃	80~100	70~90	90	50~60
保持时间/min	20~40	15~30	10~15	5
使用范围	钢铁零件	除铝、钛及其合金外的黑色金属和铜及其合金		橡胶、金属零件

为提高脱脂效果和脱脂速度，可采用加热、搅拌（用压缩空气搅拌）、压力喷洗、超声波清洗等措施。

3）电解脱脂。电解脱脂也称电化学脱脂，它的工作原理是：将零件放入装有碱性化学清洗剂的电解槽中，并接电源负极，将耐碱性能良好的钢板接电源正极，在直流电的作用下产生电解反应，借助阴极产生的气泡对零件表面油膜的撕裂作用除去零件表面油污。

当零件材料为高强度合金钢时，为了防止材料氢脆，这时零件应接电源正极。

（2）清除积碳。目前，清除积碳的方法有机械清除、有机溶剂清除和化学清除三大类。表6-2为常用的积碳清除方法、工艺、特点及应用。

表 6-2 常用的积碳清除方法、工艺、特点及应用

类别	方法与配方（质量分数）		工艺及特点	应用
机械清除	1	手工、机械刮除	根据积碳的程度，零件的材质、精度、部位和形状等选择合适的工具，如钢丝刷、铜丝刷、铲刀、刮刀、气动或电动工具等；其工艺简单，但清除质量不稳定、生产效率低	用于清除简单的各类零件
	2	喷射冲刷	利用碎果核或砂粒通过具有一定压力的空气喷射积碳层，该方法生产效率高，但需配备喷射设备，而且会污染环境	用于形状比较复杂的各类零件
有机溶剂清除	1	乙醇胺 10%、乙二醇 50%、二氯甲烷 40%	按配方混合均匀后，将零件在室温下浸泡 1~2h 后取出用水清洗	用于各种零件
	2	醋酸乙酯 4.5%、丙酮 1.5%、乙醇 22%、苯酚 40.8%、石蜡 1.2%、氨水 30%	按配方依次混合均匀后，将零件在室温下浸泡 2~3h，取出用毛刷沾汽油将其刷除，该方法清除效果好，使用方便，但氨水对铜有腐蚀作用，有一定毒性，且成本较高	主要用于钢、铸铁及铝合金
化学清除	1	氢氧化钠 70%~75%、硝酸钠 25%~30%、氯化钠 5%	将零件浸入按配方配制的，并加热至 400~500℃的强碱性溶液中，保持 5~8min 取出用冷水冲洗，该方法清除质量高	用于高温下形成的坚硬积碳
	2	磷酸钠 6%、硅酸钠 2%、软皂 0.5%、水 91.5%	将零件浸泡于按配方配制的溶液中，加热到 80~90℃，保持 1~2h 后取出用毛刷清除积碳，清除效率一般比较低，毒性小，但质量较高	主要用于清除在铝制零件上的积碳

（3）清除锈蚀。零件表面的氧化物，如钢铁零件表面的锈蚀，在修理中必须彻底清除。应按零件的材料、尺寸、形状、锈蚀的程度、锈蚀的部位以及对清除质量的要求等选择清除锈蚀的方法。目前在修理中主要采用机械法、化学法和电化学法等方法进行清除。

1）机械法清除锈蚀。机械法清除锈蚀是指利用工具、人工刷或打磨的方法，或利用机器如电动磨光、抛光、滚光、喷砂等方法去除零件表面的锈蚀。机器除锈比人工除锈效率高、除锈质量好。

2）化学法除锈。化学法除锈是利用酸性溶液来溶解零件表面的锈蚀。目前使用的化学溶液主要有硫酸、盐酸、磷酸或其混合溶液，再加入少量的缓蚀剂。其除锈过程：脱脂→水冲洗→除锈→水冲洗→中和→水冲洗→去氢。为了保证除锈效果，要根据零件材料、表面形状和精度要求选用合适的配方。在除锈过程中，要加热到一定温度，并保持一定的

时间。常用的酸性化学除锈剂见表 6-3。

表 6-3　常用的酸性化学除锈剂

配方号 成分含量	1	2	3	4	5
盐酸（HCl，工业用）/mL	100		100		
硫酸（H_4SO_4 工业用）/mL		60	100		
磷酸（H_3PO_4）/%				15~25	25
铬酐（CrO_3）/%				15	
缓蚀剂/g	3~10	3~10	3~10		
水	1L	1L	1L	60%~70%	75%
使用温度/℃	室温	70~80	30~40	85~95	60
保持时间/min	8~10	10~15	3~10	30~60	15
使用范围	适用于面积较粗糙、形状较简单、无小孔窄槽、尺寸要求不严的钢零件			适用于锈蚀程度不太严重，而尺寸精度要求较严格的零件（包括铝合金）	

为了避免材料产生氢脆和简化除锈前的脱脂工序，也可以用碱性化学溶液除锈。该溶液是用葡萄糖酸钠（58g/L）和氢氧化钠（225g/L）的混合水溶液组成。除锈时，溶液温度为 70~90℃，除锈时间 3~10min。

3）电化学法除锈。常用的电化学除锈有阳极除锈（把零件作为阳极）、阴极除锈（把零件作为阴极）。这两种方法除锈效率高、除锈质量好。但要注意：阳极除锈时，当电流密度过高时，易腐蚀过度，破坏零件表面，故适用于外形简单的零件；阴极除锈无过度腐蚀的问题，但易产生氢脆，使零件塑性下降。

（4）清除水垢。沉积在管道内表面上和水套隔层中的水垢往往难以用机械方法清除，一般是采用化学方法清除。应对不同成分的水垢采用不同的化学溶液清除。

由碳酸盐和硫酸盐所形成的水垢，应用酸、碱或磷酸三钠溶液来清除；当水垢中含有大量的硫酸盐时，应先用碳酸钠溶液处理，当其转化为碳酸盐后，再用 8%~10%（质量比）的盐酸溶液清除，若水垢中含有大量的硅酸盐时，可在盐酸溶液中加入适量氟化钠或氟化铵，采用强力方法清除。以上溶液温度一般在 50~60℃，清除时间为 50~70min。清除后的零件须在重铬酸钾的水溶液中清洗，以免零件被腐蚀。若使用 3%~5%（质量分数）的 Na_3PO_4 溶液，在溶液温度 60~80℃的条件下，能使任何成分的水垢松软或生成泥渣状物质而清洗。

实际上，在清洗上述污染物的各种方法中，往往是相互联系、相互交叉的。为了提高清洗污染物的质量，缩短清除的时间，国内外已采用较先进的熔盐清除方法，并将清除积碳、水垢、除锈以及钝化处理等组成流水作业。此外，在设备维修中，用喷砂来清洗零件表面的油污、修饰等很有效。

C　零件的检查

零件的检查分修前检查、修后检验。修前检查在预检中进行；通过检查，把零件分成继续使用件、更换件和修复件三类。修后检验是指零件修理后检验其质量，以确定零件是否能使用。无论是修理前检查还是修理后检验，都应当综合考虑零件的技术条件，都应选择合适的检查或检验方法。

零件在修理过程中的检查方法一般有眼看、耳听、测量、仪器测试、试验、金相分析和化学分析。

零件检查时综合考虑的技术条件有：零件的工作条件与性能要求；零件缺陷对其使用性能的影响；磨损零件的实际磨损与允许磨损标准；配合件的实际配合间隙与允许配合间隙标准；零件因镀层性能不好、镀层与机体的结合强度不够、平衡性破坏、密封性破坏等特殊情况而报废；零件的工作表面，因划伤、腐蚀、表面储油性破坏等，使其状态异常。

D 设备的修理装配

设备的修理装配就是把修复的零件、更换的新件和续用零件等全部合格的零件，按照一定的技术标准、一定的顺序装配起来，并达到规定的精度和使用性能要求的整个工艺过程。它是全部修理过程中很重要的部分。全部用合格零件装配而成的整台设备，未必能够达到规定的技术要求，其关键就在于装配质量。装配质量的好坏，在很大程度上影响设备的性能，因此必须予以高度重视。

a 修理装配的技术准备工作

（1）熟悉设备及各总成的装配图，熟悉相关的技术文件和技术资料。了解设备及各零部件的结构特点、作用、相互连接关系及连接方式。要特别注意配合精度、运动精度较高的零部件的特殊技术要求。

（2）根据零部件的结构特点、技术要求，确定合适的装配工序、方法和程序。同时要准备工、量、夹具等。

（3）按照明细表检查待装零件的尺寸精度、修复质量，核查技术要求，确保合格零件才能进入装配。

（4）零件在装配前必须进行清洗。

b 装配的工艺原则

装配时的顺序应与拆卸时的顺序相反。装配时要根据零部件的结构特点，采用合适的工具或设备，严格地按照顺序装配，必须注意零部件之间的配合精度要求。

（1）过渡配合和过盈配合的零件装配时，必须采用专用工具和工艺措施进行，必要时需加热加压装配。

（2）摩擦副装配前，接触表面要涂上适量的润滑油，以利于装配和减少表面磨损。

（3）有平衡要求的旋转零件，如发动机飞轮、磨床主轴等，在装配之前必须进行动平衡试验和静平衡试验，合格后才能进行装配。

（4）油封件的装配要使用专用工具进行，装配前应对表面仔细检查和清洁，不能有毛刺。装配后密封件不得覆盖润滑油、水和空气的通道，密封部位不得有渗漏。

（5）装配完毕，必须严格仔细地检查和清理，防止有遗漏或错装的零件。确认没有问题方能手动或低速运行。

c 装配精度

设备的质量是由其工作特性、使用效果、精度和寿命等综合性指标进行综合评定的，它主要取决于结构设计、零件的制造质量和装配精度。

装配精度一般是指：

（1）各部件的相互位置精度。如卧式车床，各部件的相互位置精度有主轴轴线对溜板箱移动的平行度、主轴中心与尾座顶尖孔中心的等高度等。

（2）各运动部件之间的相对运动精度。各部件之间的相对运动精度有直线运动精度、圆周运动精度、传动精度等。

（3）零件配合表面之间的配合精度和接触精度。配合精度是指配合表面应达到规定的间隙或过盈的标准，它直接影响配合的性质。接触精度是指配合表面之间应达到规定的接触面积大小和分布的标准，它主要影响配合零件之间接触变形的大小，从而影响配合性质的稳定性和寿命。

一般来说，设备的配合精度要求高，对零件的制造精度要求也高。零件的加工偏差越小，装配的设备就越接近比较理想的装配精度。但是一味地提高零件的制造精度的做法很不经济，甚至有可能是不能实现的。为了既经济又能保证配合精度，可以应用尺寸链的原理采用相应的装配方法来保证装配精度和设备的修理质量。

d　装配方法

设备要达到规定的装配精度的方法有完全互换法、部分互换法、选配法、修配法以及调整法等。虽然每一种方法都具有各自的特点与应用场合，但都需要用尺寸链的原理验算其装配精度。在设备的大修过程中，修理装配时常用的方法是完全互换法、修配法和调整法，有时这几种方法需要一起使用。

（1）完全互换法。完全互换法是指无需任何选择、修理和调整，使用合格的零件就能装配成符合精度要求的设备。这种装配方法简单，设备易供应，既能保证装配质量，又可以提高生产率，是一种比较理想的修理方法。完全互换法适用下列情况：

1）按设备原设计结构的特点，分析到原有尺寸链是完全互换法算解的，如各个典型的变速箱传动零件，装配前应按原设计的尺寸和精度加工制造。

2）在修理过程中需要更换的零件，它的结构参数已经标准化，如齿轮、蜗杆、花键轴、轴承、螺纹零件等，装配前应按原设计尺寸和精度购买配件或加工制造。

3）标准件、外购件和需要外协的零件，为了保证完全互换，需要制造时按标准尺寸和公差进行加工。

（2）修配法。修配法是把零件的尺寸公差放大制造，使零件装配时能够具有一定的修配余量，经过个别零件的修配加工，最后达到所要求的装配精度。用修配法装配，能够最大程度地放宽尺寸链尺寸的加工公差，而且能够保证所要求的装配精度，特别是对装配精度要求高的多环尺寸链更加有利。但是该方法的装配质量很大程度上取决于装配人员的技术水平，且每套零件都不能互换。该方法适用于单件小批量装配和修理作业，或加工尺寸精度不易达到而必须通过修配的方法才能保证其装配精度的情况。

（3）调整法。修配法最大的缺点就是在装配时要进行修配加工，增加了装配的工作量，而调整法可以克服这一缺点。它是将补偿件移动一定的距离或者装入一个具有补偿量的补偿零件来实现误差的补偿。因此，调整法和修配法，在本质上和应用尺寸链基本原理上是相同的，主要区别在于调整法是不修磨掉金属层来补偿误差。

当然实现补偿件的调整，必须在结构设计时专门设计设置可以调节和可以补偿尺寸误差的机构或补偿零件。设备修理装配时只能是在已经确定结构的前提下，试装时经过测量与验算，确定补偿量的大小，以合理的补偿量为依据，一方面适当地放大有关组成零件的制造公差，另一方面以必要的调整来提高装配精度。常用的调整法有可动调整法和固定调整法两种。

1）可动调整法。可动调整法是通过调整具体机构中某一零件的相对位置，使其补偿一定的数值，减少封闭环代表的装配误差，从而提高装配精度。补偿调整量可以是直线尺寸的位移，也可以是角度偏差（例如调整平行度、垂直度或角度等装配技术要求时，就属于角度偏移），甚至也可能是既有尺寸上的位移，又有角度上的偏移（如保证锥齿轮的啮合就属于这种情况）。

如图 6-2（a）所示为一可动调整法的实例，轴向装配间隙 X 应用调整轴套的位置来达到。轴套有一定的位移，当齿轮与轴套间距离达到要求的装配间隙以后，将轴套用定位螺钉固定好。用这样的办法可以使各个零件的轴向尺寸按公差等级较低的要求来制造，不管制造公差放大多少，都能通过调整达到装配精度要求。虽然在结构中增加了一个补偿套，但消除了修配加工，对装配仍然是有利的。

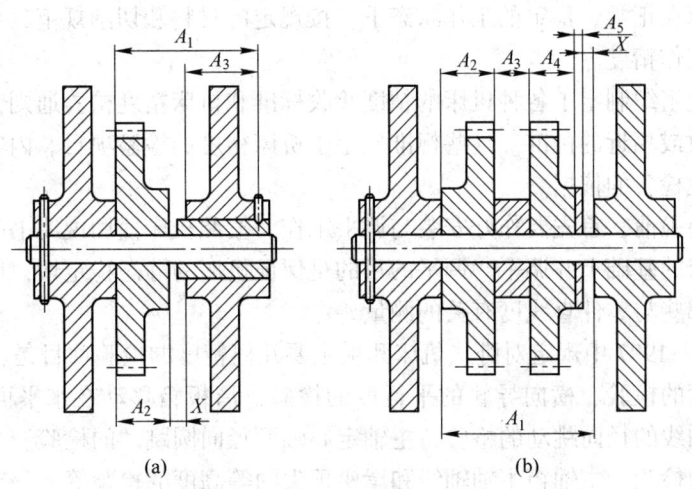

图 6-2 调整法举例
（a）可动调整法；（b）固定调整法

可动调整法一般不需要应用尺寸链的公式进行计算，只是在结构设计时，应用尺寸链关系，对补偿封闭环的状态进行必要的分析，从结构上解决补偿机构和补偿零件的调节和固定。

可动调整法由于补偿性质不同，又可分为自动调整法及定期调整法。自动调整法是靠自动补偿件随时调整封闭环的精度，消除零件磨损、变形等引起的偏差。定期调整法则是利用定期调整补偿件（如螺纹调整补偿件、斜面调整补偿件、长孔调整补偿件），来恢复设备尺寸链精度的一种简便方法。

2）固定调整法。这种方法是在机构中设置一个专门的零件，这个零件可以按照装配精度的要求进行选择和置换，并以不同的厚度作为不同的补偿量，使封闭环的实际误差得到相应的补偿，从而提高装配精度。

固定调整法经常选用简单的易加工的垫片来进行补偿，因此也称"补偿垫片法"。

如图 6-2（b）所示为一固定调整法的实例，在图示的齿轮轴装配中，增加了一个补偿垫片来代替可动调整法的轴套调节。各组成零件的轴向尺寸按公差等级较低的要求来制造，封闭环代表的轴向间隙 X 必然会有超差，这时可根据实际超差的大小，采用不同厚度的补偿垫来进行补偿，从而达到要求的装配精度。

应用调整法装配不仅可以保证达到装配精度，而且可以实现对设备磨损的补偿。当设备使用一定时间以后，可以重新调整或更换补偿件使其恢复到原有的精度。因此补偿件的调节补偿量要考虑由于零件放大制造公差而产生的装配超差，还要考虑能补偿设备的磨损。

E　设备修理精度的检验

设备大修以后按验收标准进行验收，不同的设备具有不同的验收标准和检验方法。金属切削机床的验收最为典型，它是按几何精度和工作精度标准进行验收的，几何精度的验收一般在机床静态下进行，工作精度的验收是在机床运转下进行的。

机床的几何精度是指最终影响机床工作精度的那些零件的精度，它包括基础件的单项精度，各部件间的位置精度，部件的运动精度、定位精度、分度精度和传动链精度等。工作精度是指机床在正常、稳定的工作状态下，按规定的材料和切削规范，加工一定形状工件时所测量的工作精度。

国际标准化组织制定了各种机床的精度验收标准和机床精度检验通则，我国也制定了与国际标准等效或相近的标准。这些标准规定了机床精度的检验项目、内容、方法和公差等，为机床精度检验的依据。

机床精度检验前，首先要作好安装与调平工作。按照机床使用说明书的要求，将机床安装在符合要求的基础上并调平。调平的目的是保证机床的静态稳定性，以利于检验时的测量，特别是那些与零件直线度有关的测量。

GB/T 4020—1997 中规定对卧式机床几项主要几何精度的检验项目是：纵向导轨在垂直平面内直线度的检验、横向导轨的平行度的检验，溜板箱移动在水平面内直线度的检验、主轴锥孔轴线的径向跳动的检验、主轴定心轴颈径向圆跳动的检验、主轴轴线对溜板移动的平行度的检验、主轴箱主轴轴线和尾座顶尖的等高度的检验等。

F　设备试验

设备试验的目的是通过规定的试验方法来考核设备的修理质量。下面以机床为例来说明设备的试验方法。

由于机床的几何精度是在静态下进行检验的，所以它不能代表机床的修理质量。机床在运动状态和负载作用下能否保持原有的几何精度，必须通过机床的各种试验，如机床空运转试验、负荷试验和工作精度试验等才能进行鉴定。

a　机床空运转试验

机床空运转试验的目的是进一步鉴定机床各部件的正确性、可靠性、操作性以及运动部件的温升、噪声等是否正常。

（1）机床主传动系统的试车检查。主轴试车从低速开始，依次逐级运转至高速，每级运转时间不少于 5min，高速运转时间不少于 30min，使主轴承达到稳定温度。低速运转时，检查操纵手柄停车动作的正确性及离合器的松紧程度；高速运转时，检查主轴承的温度应不超过 65℃，其他轴承的温度不得超过 50℃。检查主轴转速在 300r/min 时，操纵手柄扳到停止位置，主轴是否在 2~3 转内停止转动。如果不能停止转动，则应调整制动拉紧螺钉。

（2）进给机构的试车检查。在主轴最高转速和最大纵向、横向进给量运动时，工作速度平稳，没有冲击和较大的振动。检查开合螺母手柄的动作，应准确可靠，无阻滞或过松的感觉，检查进刀手柄和开合螺母手柄的互锁程度。检查自动走刀脱落蜗杆机构的工作灵活可靠性，能否在定铁位置上自动停止。

（3）溜板刀架部分的试车检查。检查刀架移动应均匀平稳，旋转丝杠手柄应灵活，反向空程应小于 1/20 转。

（4）挂轮部分试车检查。检查挂轮中交换齿轮啮合间隙和运转是否正常。

（5）尾座部分检查。顶尖套筒移动时，在整个移动范围内应松紧一致，转动手柄应灵活，锁紧机构松紧适当。

（6）润滑系统检查。检查主轴箱液压泵的供油情况以及各油孔是否畅通。

（7）电气部分检查。检查机床电气操纵、启动、停止等工作是否正常。

b 机床负荷试验

机床负荷试验是考核机床主传动系统能否达到设计允许的最大转矩功率，并考核这时机床所有机构是否正常工作，有无振动、噪声和温升等。在负荷试验时主轴转速的降低应在空载转速的 5% 以内，可以将摩擦离合器左边一组摩擦片适当调整 2~3 个切口，待切削完毕以后，再调松到正常位置。

卧式车床负荷试验的方法是将 $\phi100mm \times 250mm$ 的中碳钢试件，一端用卡盘夹紧，另一端用顶尖顶住，使用 YT5 硬质合金 45° 标准右偏刀，主轴转速为 58r/min，背吃刀量为 12mm，进给量为 0.6mm/r，进行强力切削外圆。

c 机床工作精度试验

机床工作精度试验的目的是：试验机床在加工工件过程中，各个部件之间的相互位置精度能否满足被加工零件的精度要求。在试验之前，必须对其几何精度进行复查。

卧式车床工作精度试验：

（1）精车外圆试验。以 $\phi50mm \times 250mm$ 的中碳钢为试件，卡盘夹持，采用高速钢精车刀精车外圆，切削速度 94m/min，主轴转速 600r/min，背吃刀量 0.15mm，进给量 0.1mm，圆柱度误差不大于 0.01/100mm，表面粗糙度 R_a 不高于 1.6μm。

（2）精车端面试验。采用铸铁试件，试件直径 $\phi300mm$，使用 BK8 硬质合金 45° 标准右偏刀，主轴转速 120r/min，背吃刀量 0.2mm，进给量 0.15mm/r，切削时试件用卡盘夹持。被加工的端面的平面度应小于 0.02mm。

（3）切断试验。切断试验用来检查机床加工系统的刚性，试件为 $\phi40mm \times 100mm$，54 号钢，采用标准 YT15 硬质合金 4mm 的切刀，主轴转速 76r/min，进给量 0.1~0.2mm/r，切断时不应有明显的振动。切断加工时可将纵向溜板紧固，小刀架楔铁适当调紧。如果发现主轴刚度不足，可调整主轴前轴承的径向间隙，而后轴承不调整。因为后轴承是锥度轴承，调得过紧后轴承大端相对滑动力增大，会使轴承产生过热。

6.2.3.2 齿轮的装配

齿轮传动是机械设备中应用最广的一种传动装置，它主要用来传递动力和改变速度。常用的齿轮传动装置有圆柱齿轮、圆锥齿轮和蜗杆传动三种。

齿轮装配的内容包括：将齿轮装配和固定在传动轴上，再将传动轴装进齿轮箱体。齿轮装配后的基本要求是：保证两啮合齿轮具有准确的相对位置，以达到规定的运动精度和接触精度、齿轮副齿轮之间的啮合侧隙以及保证轮齿的工作面能良好的接触。装配正确的齿轮传动装置在运转时，应该是速度均匀、没有振动和噪声。

三种齿轮传动装置的装配方法和步骤基本相同，只是装配质量要求各异。下面仅就最常见的圆柱齿轮的装配工艺作简单介绍。

圆柱齿轮传动的装配过程，一般是先将齿轮装在轴上，再把齿轮轴组件装入齿轮箱，然后检查齿轮的接触质量。

（1）齿轮与轴的装配。齿轮与轴的配合面在压入前应涂润滑油。齿轮与轴的配合多为过渡配合，过盈量不大的齿轮与轴在装配时，可用锤子敲击装入；当过盈量较大时可用热装或专用工具进行压装。在装配过程中，要尽量避免齿轮出现偏心、歪斜和齿轮端面未贴紧轴肩等情况。

对于精度要求较高的齿轮传动机构，装配好后的齿轮–轴应检查齿轮齿圈的径向跳动和端面跳动。

（2）齿轮轴组件装入箱体。齿轮轴组件装入箱体是保证齿轮啮合质量的关键工序。因此在齿轮轴装入齿轮箱之前，应对箱体的相关表面和尺寸进行检查，主要检查各轴线的平行度、中心距偏差是否在公差范围之内。

齿轮箱轴承座孔的中心距的检查，可在齿轮轴未装入齿轮箱以前，用特制游标卡尺来测量，也可利用内径千分尺和检验心轴进行测量，如图6-3所示。

轴线平行度的检查方法如图6-4所示。检查前，先将齿轮轴或检验心轴放置在齿轮箱的轴承座孔内，然后分别用内径千分尺和水平仪来测量两个方向上的轴线的平行度。

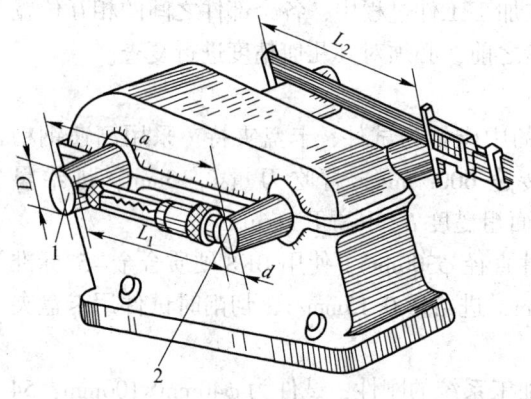

图6-3　测量齿轮箱轴承座孔的中心距
1，2—检验心轴

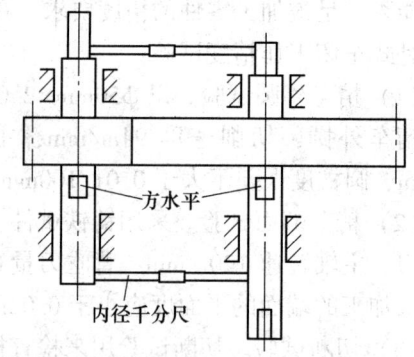

图6-4　检查齿轮轴线的平行度

（3）装配质量的检查。齿轮组件装入箱体后，应对齿面啮合情况和齿侧间隙进行检查。

1）齿面啮合检查。齿面啮合情况常用涂色法检查。将主动齿轮侧面涂上一薄层红丹粉，使齿轮按工作方向转动齿轮2~3转，则在从动轮轮侧面上会留下色迹。根据色迹可以判定齿轮啮合接触面是否正确。

正确的齿轮啮合接触面应该均匀分布在节线附近，接触面积应符合表6-4的要求。装配后齿轮啮合接触面常有如图6-5所示的几种情况。

表 6-4　圆柱齿轮齿面接触斑点规范

精度等级	7	8	9
接触斑点没齿高（不少于）/%	45	40	30
接触斑点没齿长（不少于）/%	60	50	40

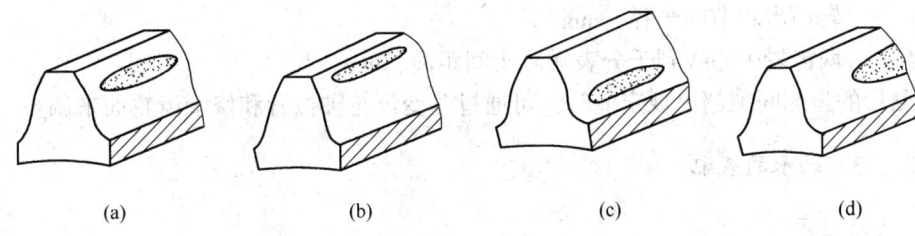

(a)　　　　　　　(b)　　　　　　　(c)　　　　　　　(d)

图 6-5　圆柱齿轮啮合印痕

（a）正确；（b）中心距太大；（c）中心距太小；（d）轴线不平行

为了纠正不正确的啮合接触，可采用改变齿轮中心线的位置、研刮轴瓦或加工齿形等方法来修正。

2) 齿侧间隙检查。齿侧间隙的功用是储存润滑油、补偿齿轮尺寸的加工误差以及补偿齿轮和齿轮箱在工作时的热变形。它是指相互啮合的一对齿轮在非工作面之间沿法线方向的距离。齿轮副的最小法向侧隙可查相关手册。

齿侧间隙的检查，可用塞尺、百分表或压铅丝等方法来实现。

①压铅法。如图 6-6 所示，在小齿轮齿宽方向上，放置两根以上的铅丝，并用于油粘在轮齿上，铅丝的长度以能压上三个齿为宜。齿轮啮合滚压后，压扁后铅丝的厚度，就相当于顶隙和侧隙的数值，其值可以用千分尺或游标卡尺测量。在每条铅丝的压痕中，厚度小的是工作侧隙，厚度较大的是非工作侧隙，而最厚的是齿顶间隙。这种方法操作简单，测量较为准确，应用较广。

②千分表法。这种方法用于较精确的测量。如图 6-7 所示，将千分表安放在平板或箱

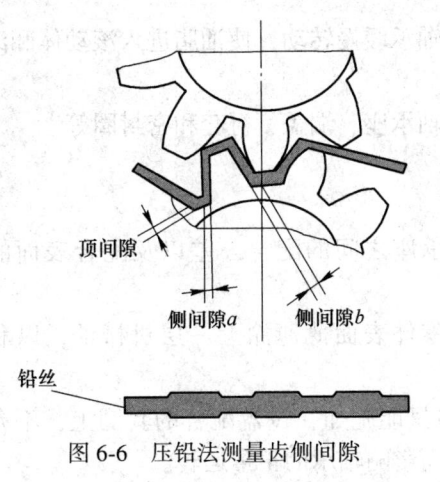

图 6-6　压铅法测量齿侧间隙

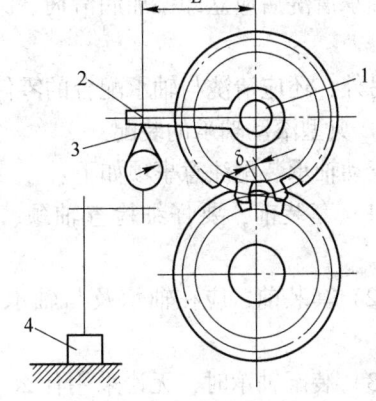

图 6-7　千分表法测量间隙

1—千分表架；2—检验杆；3—千分表触头；4—表座

体上，把检验杆 2 装在千分表架 1 上，千分表触头 3 顶紧检验杆。将下齿轮固定，然后转动上齿轮，记下千分表指针的变化值，则齿侧间隙 δ_0 可用下式计算：

$$\delta_0 = \delta \times \frac{r}{L} \qquad (6\text{-}1)$$

式中　δ——千分表上的读数值；

　　　r——转动齿轮节圆半径，mm；

　　　L——两齿轮中心线到千分表触测头间距离，mm。

当测量的齿侧间隙超出规定值时，可通过改变齿轮轴位置和修配齿轮面来调整。

6.2.3.3　轴承的装配

A　滚动轴承的装配

滚动轴承在各种机械中使用非常广泛，它一般由内圈、外圈、滚动体和保持架组成。滚动轴承的种类很多，在装配过程中应根据轴承的类型和配合确定装配方法和装配顺序。

滚动轴承的装配工艺包括装配前的准备、装配和间隙调整等。

a　装配前的准备

滚动轴承装配前的准备包括装配工具的准备、零件的清洗和检查。

（1）装配工具的准备。按照所装配的轴承准备好所需的量具及工具，同时准备好拆卸工具，以便在装配不当时能及时拆卸，重新装配。

（2）检查。检查轴承是否转动灵活、有无卡住的现象，轴承内外圈、滚动体和保持架是否有锈蚀、毛刺、碰伤和裂纹；与轴承相配合的表面是否有凹陷、毛刺和锈蚀等。

（3）清洗。对于用防锈油封存的新轴承，可用汽油或煤油清洗；对于用防锈脂封存的新轴承，应先将轴承中的油脂挖出，然后将轴承放入热机油中使残脂融化，将轴承从油中取出冷却后，再用汽油或煤油洗净，并用干净的白布擦干；对于维修时拆下的可用旧轴承，可用碱水和清水清洗；装配前的清洗最好采用金属清洗剂；两面带防尘盖或密封圈的轴承，在轴承出厂前已涂加了润滑脂，装配时不需要再清洗；涂有防锈润滑两用油脂的轴承，在装配时不需要清洗。

轴承清洗后应立即添加润滑剂。涂油时应使轴承缓慢转动，使油脂进入滚动体和滚道之间。

另外，还应清洗与轴承配合的零件，如轴、轴承座、端盖、衬套和密封圈等。

b　典型滚动轴承的装配

滚动轴承装配注意事项如下：

（1）套装前，要仔细检查轴颈、轴承、轴承座之间的配合公差以及配合表面的光洁度。

（2）套装前，应在轴承及与轴承相配合的零件表面薄薄涂上一层机械油，以利于装配。

（3）装配轴承时，无论采用什么方法，压力只能施加在过盈配合的套圈上，不允许通过滚动体传递压力，否则会引起滚道损伤，从而影响轴承的正常运转。

（4）装配轴承时，应将轴承上带有标记的一端朝外，以方便检修和更换。

若轴承内圈与轴为紧配合，外圈与轴承座孔为较松配合，可先将轴承压装在轴上，然后将轴连同轴承一起装入轴承座孔中。压装时应在轴承端面垫一个装配套管，装配套管的内径应比轴颈直径大，外径应小于轴承内圈的挡边直径，以免压在保持架上，如图 6-8 所示。

若轴承外圈与轴承座孔为紧配合，内圈与轴为较松配合，可先将轴承先压入轴承座孔，然后再装轴。轴承压装时采用的套筒的外径应略小于轴承座孔直径，如图 6-9 所示。

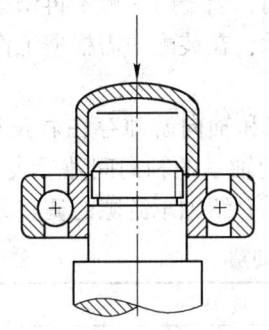
图 6-8 轴承在轴上的压装

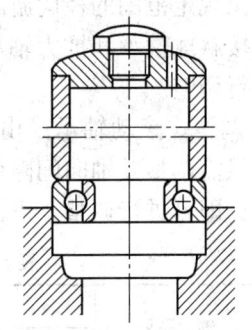
图 6-9 轴承压装到轴承座孔

对于配合过盈量较大的轴承或大型轴承可采用温差法装配，即热装法或冷装法。采用温差法安装时，轴承的加热温度为 80~100℃；冷却温度不得低于 -80℃，以免材料冷脆。

其中热装轴承的方法最为普遍。轴承的加热的方法有多种，通常采用油槽加热，如图 6-10 所示。将轴承放在油槽的网架上，小型轴承可悬挂在吊钩上在油中加热，不得使轴承接触油槽底板，以免发生过热现象。当轴承加热取出时，应立即用干净的布擦去附在轴承表面的油渍和附着物，一次推到顶住轴肩的位置。在冷却过程中应始终顶紧，或用小锤通过装配套管轻敲轴承，使轴承紧靠轴肩。为了防止安装倾斜或卡死，安装时应略微转动轴承。

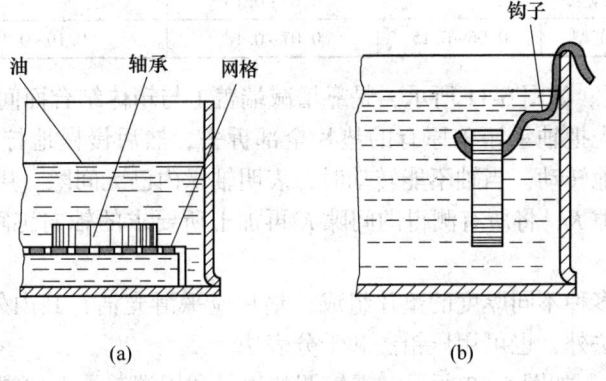
图 6-10 轴承的加热方法

滚动轴承采用冷装法装配时，先将轴颈放在冷却装置中，用干冰或液氮冷却到一定温度，迅速取出，插装在轴承内座圈中。

对于内部充满润滑脂的带防尘盖或密封圈的轴承，不得采用温差法安装。

c 滚动轴承游隙的调整

　　轴承游隙是指将内圈或外圈中的一个固定，使另一个套圈在径向或轴向方向的移动量。根据移动方向，轴承游隙可分为径向游隙和轴向游隙。轴承运转时工作游隙的大小对机械运转精度、轴承寿命、摩擦阻力、温升、振动与噪声等都有很大的影响。

　　按轴承结构和游隙调整方式的不同，轴承可分为非调整式和可调整式两类。向心轴承（深沟球轴承、圆柱滚子轴承、调心轴承）属于非调整式轴承，这一类轴承在制造时已按不同组级留出规定范围的径向游隙，可根据使用条件选用，装配时一般不再调整。圆锥滚子轴承、角接触球轴承和推力轴承等则属于可调整式轴承，在装配中需根据工作情况对其轴向游隙进行调整。

　　（1）可调整式滚动轴承。由于滚动轴承的径向游隙和轴向游隙存在着正比的关系，所以调整时只需调整其轴向间隙就可以了。各种需调整的轴承的轴向间隙见表 6-5。轴承间隙确定后，即可进行调整。下面以圆锥滚子轴承为例，介绍轴承游隙的调整方法。

表 6-5　可调式滚动轴承的轴向间隙　　　　　　　　　　　　　　　　mm

轴承内径	轴承系列	轴　向　间　隙			
		角接触球轴承	单列圆锥滚子轴承	双列圆锥滚子轴承	推力轴承
≤30	轻型	0.02~0.06	0.03~0.10	0.03~0.08	0.03~0.08
	轻宽和中宽型		0.04~0.11		
	中型和重型	0.03~0.09	0.04~0.11	0.05~0.11	0.05~0.11
30~50	轻型	0.03~0.09	0.04~0.11	0.04~0.10	0.04~0.10
	轻宽和中宽型		0.05~0.13		
	中型和重型	0.04~0.10	0.05~0.13	0.06~0.12	0.06~0.12
50~80	轻型	0.04~0.10	0.05~0.13	0.05~0.12	0.05~0.12
	轻宽和中宽型		0.06~0.15		
	中型和重型	0.05~0.12	0.06~0.15	0.07~0.14	0.07~0.14
80~120	轻型	0.05~0.12	0.06~0.15	0.08~0.15	0.06~0.15
	轻宽和中宽型		0.07~0.18		
	中型和重型	0.06~0.15	0.07~0.18	0.10~0.18	0.10~0.18

　　1）垫片调整法。如图 6-11 所示，是靠增减端盖 1 与箱体结合面间垫片 2 的厚度进行调整。调整时，首先把轴承压盖原有的垫片全部拆去，然后慢慢地拧紧轴承压盖上的螺栓，同时使轴缓慢地转动，当轴不能转动时，表明轴承内已无间隙，用塞尺测量轴承压盖与箱体端面间的间隙 K，将所有测得的间隙 K 再加上所要求的轴向游隙 c，$K+c$ 即是所应垫的垫片厚度。

　　一套垫片应由多种不同厚度的垫片组成，垫片应平滑光洁，其内外边缘不得有毛刺。间隙测量除用塞尺法外，也可用压铅法和千分表法。

　　2）螺钉调整法。如图 6-12 所示，螺钉调整法是利用端盖 1 上的螺钉 3 控制轴承外圈可调压盖的位置来实现调整。首先把调整螺钉上的锁紧螺母松开，然后拧紧调整螺钉，使可调压盖压向轴承外圈，直到轴不能转动时为止。最后根据轴向游隙的大小将调整螺钉倒转一定的角度 α。调整完毕，拧紧锁紧螺母 2 防松。

　　调整螺钉倒转的角度 α 可按下式计算：

$$\alpha = \frac{c}{p} \times 360° \tag{6-2}$$

式中　c ——规定的轴向游隙；

　　　p ——螺栓的螺距。

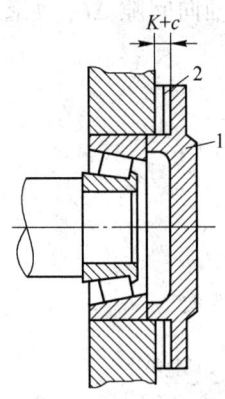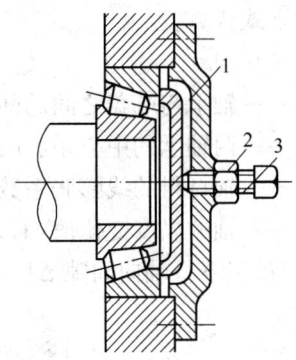

图6-11　垫片调整法　　　　　　　　　　　图6-12　螺钉调整法

1—端盖；2—垫片　　　　　　　　　　　1—端盖；2—螺母；3—螺钉

　　3）止推环调整法。如图6-13所示，它是把具有外螺纹的止推环拧紧，直到轴不能转动时为止，然后根据游隙的数值，将止推环倒转一定的角度，最后用止动垫片予以固定。

　　4）内外套调整法。当轴承成对安装时，两轴承间多利用隔套隔开，并利用两轴承之间的内套1和外套2的长度来调整轴承间隙，如图6-14所示。内外套的长度关系是根据轴承的轴向间隙确定的，具体算法如下。

　　当两个轴承的轴向间隙为零时，如图6-14所示，内外套长度差为：

$$\Delta L = L_2 - L_1 = (a_1 + a_2) \tag{6-3}$$

　　若两个轴承的轴向间隙分别为c，则内外套的长度差为：

$$\Delta L = L_2 - L_1 = (a_1 + a_2) + 2c \tag{6-4}$$

式中　L_1 ——外套的长度，mm；

　　　L_2 ——内套的长度，mm；

　a_1，a_2 ——轴承内外圈的轴向位移值，mm。

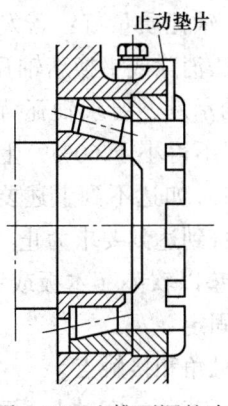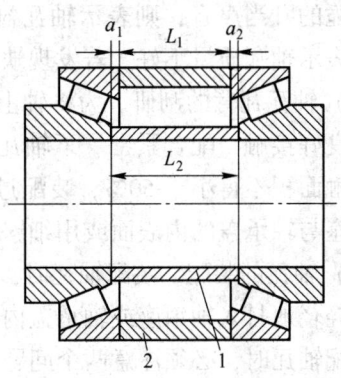

图6-13　止推环调整法　　　　　　　　　　图6-14　内外套调整法

1—内套；2—外套

（2）不可调整式滚动轴承。游隙不可调整的滚动轴承，在运转时受热膨胀的影响，轴承的内外圈发生轴向移动，会使轴承的径向游隙减小。为避免这种现象，在装配两端固定式的滚动轴承时，应将其中一个轴承和其端盖间留出一轴向间隙 ΔL，如图 6-15 所示。ΔL 值可按下式计算：

$$\Delta L = Lk_\alpha \Delta t \tag{6-5}$$

式中　　ΔL ——轴承与端盖之间的间隙，mm；

　　　　L ——两轴承的中心距，mm；

　　　　k_α ——轴材料的线膨胀系数，℃^{-1}；

　　　　Δt ——轴的温度变化值，℃。

在一般情况下，轴向间隙 ΔL 在 $0.25 \sim 0.50\text{mm}$ 范围内选取。

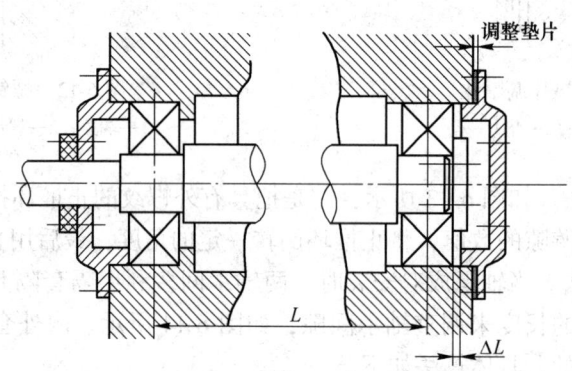

图 6-15　考虑热膨胀的间隙

B　滑动轴承的装配

滑动轴承的类型很多，常见的主要有剖分式径向滑动轴承和整体式径向滑动轴承。

a　剖分式滑动轴承的装配

剖分式滑动轴承的装配过程是清洗、检查、刮研、装配和间隙的调整等。

（1）轴瓦的清洗与检查。先用煤油、汽油或其他清洗剂将轴瓦清洗干净。然后检查轴瓦有无裂纹、砂眼及孔洞等缺陷。检查方法可用小铜锤沿轴瓦表面顺次轻轻地敲打，若发出清脆的叮当声音，则表示轴瓦衬里与底瓦黏合较好，轴瓦质量好；若发出浊音或哑音，则表示轴瓦质量不好。若发现缺陷，应采取补焊的方法消除或更换新轴瓦。

（2）轴瓦瓦背的刮研。为将轴上的载荷均匀地传给轴承座，要求轴瓦背与轴承座内孔应有良好接触，配合紧密。下轴瓦与轴承座的接触面积不得小于 60%，上轴瓦与轴承盖的接触面积不得小于 50%。装配过程中可用涂色法检查，如达不到上述要求，应用刮削轴承座与轴承盖的内表面或用细锉锉削瓦背进行修研，直到达到要求为止。

（3）轴瓦的装配。装配轴瓦时，可在轴瓦的接合面上垫以软垫（木板或铅板），用手锤将它轻轻地打入轴承座或轴承盖内，然后用螺钉或销钉固定。

装配轴瓦时，必须注意两个问题：轴瓦与轴颈间的接触角和接触点。

轴瓦与轴颈之间的接触表面所对的圆心角称为接触角。若此角度过大，不利润滑油膜的形成，影响润滑效果；若此角度过小，会增加轴瓦的压力，也会加剧轴瓦的磨损。故一般接触角应在 $60° \sim 90°$ 之间。当载荷大、转速低时，取较大的角；当载荷小、转速高时，取较小的角。在刮研轴瓦时应将大于接触角的轴瓦部分刮去，使其不与轴接触。

轴瓦和轴颈之间的接触点与机器的特点有关：低速及间歇运行的机器，取 $1 \sim 1.5$ 点/cm^2；中等负荷及连续运转的机器，取 $2 \sim 3$ 点/cm^2；高负荷及高速运行的机器，取 $3 \sim 4$ 点/cm^2。

用涂色法检查轴颈与轴瓦的接触，应注意将轴上的所有零件都装上。首先在轴颈上涂一层红铅油，然后使轴在轴瓦内正、反方向各转一周，在轴瓦面较高的地方则会呈现出色斑，用刮刀刮去色斑。刮研时，每刮一遍应改变一次刮研方向，继续刮研数次，使色斑分布均匀，直到接触角和接触点符合要求为止。

（4）轴承间隙的调整。轴瓦与轴颈的配合间隙有径向间隙和轴向间隙两种，径向间隙包括顶间隙和侧间隙，如图 6-16 所示。

顶间隙的主要作用是保持液体摩擦，以利形成油膜。侧间隙的主要作用是为了积聚和冷却润滑油，以利形成油楔。在侧间隙处开油沟或冷却带，可增加油的效果，并保证连续地将润滑油吸到轴承的受载部分。

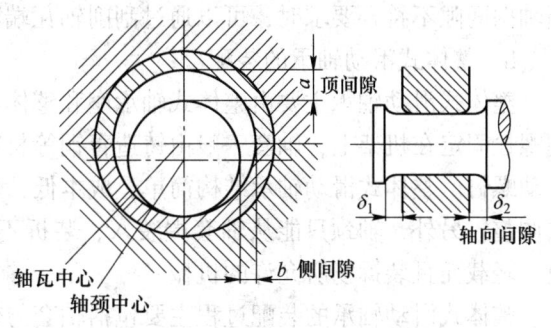

图 6-16　滑动轴承的配合间隙

顶间隙可通过计算确定，也可根据经验确定。对采用润滑油润滑的轴承，顶间隙为轴颈直径的 $0.01\% \sim 0.15\%$；对于采用润滑脂润滑的轴承，顶间隙为轴颈直径的 $0.15\% \sim 0.20\%$。

在调整间隙之前，应先检查和测量间隙。一般采用压铅测量法和塞尺测量法。

1）压铅测量法。测量时，先将轴承盖打开，用直径为顶间隙 $1.5 \sim 3$ 倍、长度为 $10 \sim 40mm$ 的软铅丝或软铅条，分别放在轴颈上和轴瓦的接合面上。因轴颈表面光滑，为了防止滑落，可用润滑脂黏住。然后放上轴承盖，对称而均匀地拧紧连接螺栓，再用塞尺检查轴瓦剖分面间的间隙是否均匀相等。最后打开轴承盖，用千分尺测量被压扁的软铅丝的厚度，如图 6-17 所示，并按下列公式计算顶间隙：

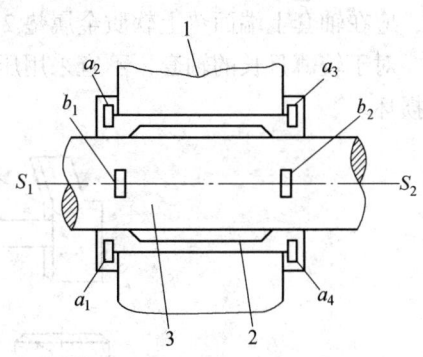

图 6-17　压铅法测量轴承顶间隙
1—轴承座；2—轴瓦；3—轴

$$
\begin{cases}
S_1 = b_1 - \dfrac{a_1 + a_2}{2} \\[2mm]
S_2 = b_2 - \dfrac{a_3 + a_4}{2}
\end{cases}
\tag{6-6}
$$

式中　S_1——一端顶间隙，mm；

　　　S_2——另一端顶间隙，mm；

　b_1，b_2——轴颈上各段铅丝压扁后的厚度，mm；

　$a_1 \sim a_4$——轴瓦接合面上各铅丝压扁后的厚度，mm。

按上述方法测得的顶间隙值如小于规定数值时，应在上下瓦接合面间加垫片来重新调整。如大于规定数值时，则应减去垫片或刮削轴瓦端面来调整。

轴瓦和轴颈之间的侧间隙不能用压铅法来进行测量时，通常是采用塞尺来测量。

2）塞尺测量法。对于轴径较大的轴承间隙，可用宽度较窄的塞尺直接塞入间隙内，测出轴承顶间隙和侧间隙。对于轴径较小的轴承，因间隙小，测量的相对误差大，故不宜采用。

对于受轴向负荷的轴承还应检查和调整轴向间隙。测量轴向间隙时，可将轴推移至轴承一端的极限位置，然后用塞尺或千分表测量。轴向间隙值 c 一般要求为 $0.1 \sim 0.8$mm。当轴向间隙不符合要求时，可以通过刮削轴瓦端面或调整止推螺钉来调整。

b　整体式滑动轴承的装配

整体式滑动轴承主要由整体式轴承座和整体式轴瓦组成。这种轴承与机壳连为一体或用螺栓固定在机架上，轴套一般由铸造青铜等材料制成。为了防止轴套的转动，通常设有止动螺钉。整体式滑动轴承结构简单，成本低，但轴套磨损后，轴颈与轴套之间的间隙无法调整。另外，轴颈只能从轴套端装入，装拆不方便。因而整体式滑动轴承只适用于低速、轻载而且装拆场所允许的机械。

整体式滑动轴承的装配过程主要包括轴套与轴承孔的清洗、检查、轴套安装等。

（1）轴套与轴承孔的清洗检查。轴套与轴承孔用煤油或清洗剂清洗干净后，应检查轴套与轴承孔的表面情况以及配合过盈量是否符合要求。

（2）轴套安装。轴套的安装可根据轴套与轴承孔的尺寸以及过盈量的大小选用压入法或温差法。

压入法一般是用压力机压装或用人工压装。为了减小摩擦阻力，使装配方便，在轴套表面应涂上一层薄的润滑油。用人工安装时，必须防止轴套损坏。不得用锤头直接敲打轴套，应在轴套上端面垫上软质金属垫 2，并使用导向轴 5 或导向套 4，如图 6-18 所示。

对于较薄且长的轴套，不宜采用压入法装配，而应采用温差法装配，这样可以避免轴套损坏。

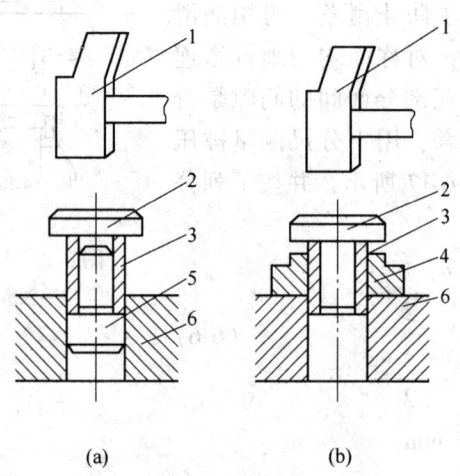

图 6-18　轴套的装配方法

（a）利用导向轴装配；（b）利用导向套装配

1—手锤；2—软垫；3—轴套；4—导向套；5—导向轴；6—轴承孔

由于轴套与轴承座孔是过盈配合，所以轴套装入后其内径或能会减小，因此在未装轴颈之前，应对轴颈与轴套的配合尺寸进行测量。通常在离轴套端部 10~20mm 和中间三处按互相垂直的方向用千分尺测量，检查其圆度、圆柱度和间隙。如轴套内径减小，可用刮研的方法进行修正。

6.2.3.4　密封装置的装配

密封装置的作用是防止润滑油脂从机器设备接合面的间隙中泄漏出来，并阻止外界的脏物、尘土和水分的侵入。泄漏会造成浪费、污染环境，影响机器设备正常的维护条件，严重时还可能造成重大事故。因此，密封性能的优劣是评价机械设备的一个重要指标。

机器设备的密封主要包括固定连接的密封（如箱体结合面、连接盘等的密封）和活动连接的密封（如填料密封、轴头油封等）。

A　固定连接密封

（1）密封胶密封。为保证机件正确配合，在结合面处不允许有间隙时，一般不允许只加衬垫，这时一般用密封胶进行密封。密封胶密封具有成本低、操作简便、耐温、耐压等优点，因此应用广泛。

密封胶的装配工艺如下：

1）密封面的处理。各密封面上的油污、水分、铁锈及其他污物应清理干净，并保证其应有的光洁度，以便达到紧密封结合的目的。

2）涂敷。一般用毛刷涂敷密封胶。若黏度太大时，可用溶剂稀释，涂敷要均匀，厚度要合适。

3）干燥。涂敷后要进行一定时间的干燥，干燥时间可按照密封胶的说明进行，一般为 3~7min。

4）连接。紧固时施力要均匀。由于胶膜越薄，凝附力越大，密封性能越好，所以紧固后间隙为 0.06~0.1mm 比较适宜。

（2）密合密封。由于配合的要求，在结合面之间不允许加垫料或密封胶时，常依靠提高结合面的加工精度和降低表面粗糙度进行密封。结合面除了需要在磨床上精密加工外，还要进行研磨或刮研使其达到密合，其技术要求是有良好的接触精度和做不泄漏试验。在装配时注意不要损伤其配合表面。

（3）衬垫密封。承受较大工作负荷的螺纹连接零件，为了保证连接的紧密性，一般要在结合面之间加刚性较小的垫片，如纸垫、橡胶垫、石棉橡胶垫、紫铜垫等。垫片的材料根据密封介质和工作条件选择。衬垫装配时，要注意密封面的平整和清洁，装配位置要正确，应进行正确的预紧。维修时，拆开后如发现垫片失去了弹性或已破裂，应及时更换。

B　活动连接密封

（1）填料密封。如图 6-19 所示，填料密封是通过预紧作用使填料与转动件及固定件之间产生压紧力的动密封装置。常用的填料材料有石棉织物、碳纤维、橡胶、柔性石墨和工程塑料等。

填料密封的装配工艺要点如下：

1）软填料可以是一圈圈分开的多环结构，安装时相邻两圈的切口应错开 180°。软填料有做成整条的，在轴上缠绕成螺旋形的多层结构。

2）当壳体为整体圆筒时，可用专用工具把软填料推入孔内。

3）软填料由压盖 5 压紧。为了使压力沿轴向分布均匀，装配时，应由左到右逐步压紧。

4）压盖螺钉 4 至少有两只，必须轮流逐步拧紧，以保证圆周力均匀。同时用手转动主轴，检查其接触的松紧程度，要避免压紧后再行松出。软填料密封在负荷运转时，允许有少量泄漏。运转后继续观察，如泄漏增加，应再缓慢均匀拧紧压盖螺钉。但不应为争取完全不漏而压得太紧，以免摩擦功率消耗太大或发热烧坏。

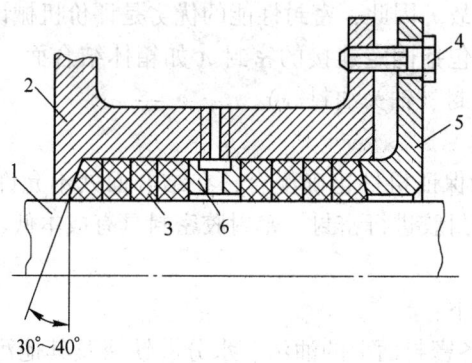

图 6-19　填料密封
1—主轴；2—壳体；3—填料；4—螺钉；5—压盖；6—孔环

（2）油封密封。油封是广泛用于旋转轴上的一种密封装置，如图 6-20 所示。其装配要点如下。

1）检查油封孔、壳体孔和轴的尺寸，壳体孔和轴的表面粗糙度是否符合要求，密封唇部是否损伤，并在唇部各主轴上涂以润滑油脂。

2）压入油封要以壳体孔为准，不可偏斜，并应采用专门工具压入，绝对禁止棒打锤敲等做法。油封外圈及壳体孔内涂以少量润滑油脂。

3）油封装配方向，应该使介质工作压力把密封唇部紧压在主轴上，而不可装反。如用作防尘时，则应使唇部背向轴承。如需同时解决防漏和防尘，应采用双面油封。

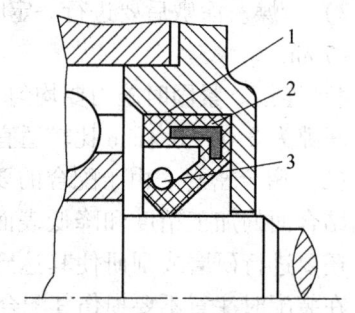

图 6-20　油封密封
1—油封体；2—金属骨架；3—压紧弹簧

（3）密封圈密封。密封元件中最常用的就是密封圈，密封圈的断面形状有圆形（O 形）和唇形。

O 形密封圈的截面为圆形，其结构简单、安装尺寸小，价格低廉、使用方便，应用十分广泛。

唇形密封圈工作时唇口对着有压力的一边，当工作介质压力等于零或很低时，靠预压缩密封，压力高时由介质压力的作用将唇边紧贴在密封面密封。按其断面形状不同，唇形密封圈又分为 V 形、Y 形、U 形、L 形等多种。图 6-21 所示为 V 形密封圈，它是唇形密封圈中应用最广泛的一种。它是由压环 3、密封环 2 和支承环 1 组成，其中密封环起密封作用，而压环和支承环只起支承作用。

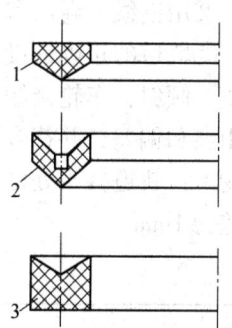

图 6-21   V 形密封圈
1—支承环；2—密封环；3—压环

1）O 形密封圈的装配。O 形密封圈装配时应注意以下几点：

①为了减小装配阻力，在装配前应将密封圈装配部位涂润滑油。

②当工作压力超过一定值（一般 10MPa）时，应安放挡圈，需特别注意挡圈的安装方向，单边受压，装于反侧。

③装配时不得过分拉伸 O 形圈，也不得使密封圈产生扭曲。

④为防止报废 O 形圈的误用，装配时换下来的或装配过程中弄废的密封圈，一定立即剪断收回。

2）唇形密封圈及装配。唇形密封圈的装配应按下列要求进行：

①唇形圈在装配前，首先要仔细检查密封圈是否符合质量要求，特别是唇口处不应有损伤、缺陷等。

②为减小装配阻力，在装配时，应将唇形圈与装入部位涂敷润滑脂。

③在装配中，应尽量避免使其有过大的拉伸，以免引起塑性变形。当装配现场温度较低时，为便于装配，可将唇形圈放入 60℃ 左右的热油中加热后装配。注意不可超过唇形圈的使用温度。

④当工作压力超过 20MPa 时，除复合唇形圈外，均须加挡圈，以防唇形圈挤出。挡圈均应装在唇形圈的根部一侧，当其随同唇形圈向缸筒里装入，为防止挡圈斜切口被切断，放入槽沟后，用润滑脂将斜切口黏结固定，再行装入。

⑤在装配唇形圈时，如需通过螺纹表面或退刀槽，必须在通过部位套上专用套筒，或在设计时，使螺纹和退刀槽的直径小于唇形圈内径。反之，在装配时如需通过内螺纹表面和孔口时，必须使通过部位的内径大于唇形圈的外径或加工出倒角。

6.2.4   任务实施

20t 抓斗式起重机大修的任务实施如下。

（1）检修前的准备。

1）编制检修计划，列出缺陷项目。做好检修预算，落实检测单位，并将检查所需要图纸及有关资料送达检修单位。

2）将检修所需材料运至检测现场，并安全堆放。

3）检查所有的待装零部件，发现并清除在运输和卸车过程中发生的缺陷。

4）将起重机开至检修位置，然后停电。将起重机车上的积灰以及妨碍检修的杂物清理干净。

（2）检修工艺及其技术质量标准。

1）安装或检查修理金属结构桥架及轨道时，必须对下列项目逐个检查：

①检查走台的栏杆和支撑，如有变形，应予以整形。

②用钢线、卷尺和水平仪检查桥架各部分尺寸及其偏差，并应符合表6-6中的规定。

③轨道的正确铺设对起重机的工作有很大的影响，违反相关要求就有可能导致起重机咬轨、倾斜，车轮接触不良，冲击负荷增大，并增加电力消耗，因此必须检查轨道的平直及距离和偏差，并符合下列规定：两根轨道接头位置应错开，错开距离不得等于前后两轮的轮距；轨道接头处之间间隙，一般接头为1~2mm，横向偏移和高低偏移或不平的允许误差为1mm。

表6-6　起重机桥架允许偏差

序号	项目名称及尺寸	允 许 偏 差
1	起重机的跨度 $L_K = 31.5\text{m}$	$< \pm 5\text{mm}$
2	起重机跨度与轮距的组成的短型的对角之差 ΔD	$< 10\text{mm}$
3	主梁的上拱度 $t_1 = L_K/1000 = 31.5\text{m}$	31.5mm
4	主梁旁弯度 $t_2 = K/2000$	$\pm 1/2000$
5	端梁上拱度 $t_3 = K/1500$	$\pm 1/1500$
6	端梁旁弯度 $t_3 = K/1500$	$\pm 1/2000$

注：K 为所测位置的距离。

2）现场组装或检查校正大车运行机构时，应符合下列要求：

①主动车轮和从动车轮跨距应相等，允许偏差±5mm，在同一端梁上的两个车轮应在同一水平面上，高低允许偏差为0.5mm，对称垂直平面的位置偏差不得大于2mm，同一主梁中两只车轮轴高低允许偏差为2mm，车轮端面的不垂直度为1.8mm，允许车轮上缘外倾，不允许内倾。

②轮缘中心线与轨道中心线应平行，其不平行度为1.0mm。

③用手盘动机构时，应旋转灵活，无卡阻现象。

④装配或校正大车轮组的轴承间隙时，应参考图纸上的技术要求，外侧轴承压盖与轴承外圈间的轴向间隙不大于0.5mm，而内侧轴承盖与轴承外圈间的轴向间隙不小于1.5mm。

3）在现场组装或检查校正小车运行机构时，应符合下列要求：

①主动车轮和从动车轮跨距应相等，允许偏差±2mm，且应平行于起重机的纵向中心线，同一侧车轮轴距允许偏差±2mm。

②装配或校正小车组时，应按图纸技术要求，轴承不应有轴向窜动间隙，但车轮应能灵活运动，车轮的单轮缘应安装在轨距的外侧，注意轴承箱油孔位置，将带油孔的一侧靠近车轮。

③每只车轮都必须与轨道接触，如有悬空及啃道现象，应设法消除。

④用手盘动车轮传动机构时应旋转灵活，车轮旋转一周时应无卡阻现象。

4）安装或检修校正小车卷扬机时，应符合下列要求：

①卷筒轴的水平度允许偏差为0.5mm/m。

②卷筒轴应与减速机被动伸出齿轮轴的中心线重合，其偏差不应超过2mm，安装时应参照卷筒组图纸。减速器被动伸出齿轮轴外侧端面应与卷筒上的齿盘接手内齿端面平行，且外齿端面应与齿盘接手内齿端面保持15mm的间隙。

③卷筒传动机构的联轴器、传动轴、减速器、制动器等，按通用标准或图纸技术条件处理。

5）抓斗及其他。

①斗部颚板撑杆与上横梁连接之轴孔同心度为±0.5mm，偏扭 0.3mm/m。

②挡铁与斗部焊接时先点焊，然后进行抓斗张开试验，保证张开量为 4200mm 条件下无卡阻，然后再焊牢。

③抓斗耳板轴孔与下横梁必须安装正确，其同轴度偏差不大于 0.2/1000。

④抓斗闭合后，两水平、垂直斗口不得错位，偏差不大于 2mm，两斗口接触处不得有间隙，偏差不大于 2mm。

⑤上下滑轮、平衡轮、绳轮安装正确，轮子转动灵活，无窜动现象。斗体上各止动板、销子齐全。

⑥手动干油润滑系统管路及给油器必须固定牢固，油路必须畅通，各接头应连接可靠，无漏油现象，胶管应尽量避开抓斗开闭时易碰触的位置。

⑦其余部分的检修安装按《冶金设备检修质量技术标准》第八篇第二章执行。

（3）大修需要的工具。卷扬机、钢绳以及其他检修用工具。

（4）大修内容。

1）小车部分。

①制动器磨损检查或更换。

②齿轮联轴器更换。

③小车轮、小车轨道的磨损检查，修复或更换。

④卷筒钢丝绳绳卡、隔板连接是否松动。

⑤检查处理结构件变形和焊缝开裂情况。

⑥减速机开盖检查清洗，更换轴承、轴、齿轮等易损件。

⑦卷筒磨损检查，更换钢丝绳。

⑧小车找水平。

⑨电动机定检。

2）大车部分。

①减速机开盖检查清洗，更换轴承、轴、齿轮等易损件。

②齿轮联轴器更换。

③车轮、轨道的磨损、修复或更换。

④制动器的磨损检查或更换。

⑤结构件变形、焊缝开裂修复。

⑥起重机主梁、端梁检查拱度及弯度。

⑦电动机定检。

3）抓斗部分。

①挡绳轮、平衡杆处处理灵活，夹板更换。

②下横梁磨损和润滑情况，轴承清洗加油或更换。

③小轴、小套、刀口板、侧板等检查，修复更换。

④滑轮组检查加油。

⑤结构件焊缝开裂、变形的修复处理。

（5）检修中的质量检查及记录。

1）每一项由施工单位进行自检并做好记录，检修人员要对关键项目进行检查，有权对任一项目进行抽查，对安全设施重点检查。

2）对重大问题的处理做好详细记录，技术负责人应签字认可。

3）本厂检修的项目由机动科和车间作业长检查，一般不作记录，但大、中修必须做好详细的检查记录。

（6）试车。

1）试车前的准备。

①试车前检修单位必须将起重机上的一切杂物清理干净，不得堆放备品备件，安全设施完全恢复。

②试车的组织：本厂检修由机动科组织，外单位检修由机动科和检修单位组织。

③试车前，先开动电机，检查旋转方向是否正确，然后开动机械设备，在确认无问题后方可开机试车。

2）试车程序。先空载试车，再静载试车，最后负载试车。

①空载试车。

Ⅰ小车运行：使空载小车沿着轨道来回运行三次，此时车轮不得打滑或行走过程中发生卡阻现象，启动和制动正常可靠，限位开关动作准确，而小车上的缓冲器与桥架上撞头应对准相撞，传动机构运转声响正常。

Ⅱ空钩升降：空载抓斗上升下降三次，此时限位开关动作应准确可靠，传动装置运转声响正常。

Ⅲ大车运行：先将大车轮处联轴器打开，察看其电动机的转速和转向是否相同，随后将小车开到大车端部，以最慢速度开动大车运行，检查轨道与车轮接触情况，无异常后，再以正常速度往返运行三次。检查运行机构的工作质量、启动或制动时，车轮不得打滑，应运行平稳，限位开关动作准确，缓冲器起作用。

②静载试车。将大车开到厂房立柱附近，小车开到大车一端，让机体平稳后标记出主梁中点下挠的零位。再将小车开到大车中部，再抓满一斗精矿，以最慢的速度提升到1000mm 左右的高度，空悬 10min，此时测定主梁中部的下挠度，大车的下挠度不应超过45mm，并且不允许有永久变形，如发现大车下挠超过上述数值时，应降低负载继续试验，直至下挠度不超过规定数为止，并测定负载重量，作出记录。

③负载试车。

Ⅰ将小车开到大车中部，用抓斗抓满一斗精矿反复起升和下降制动试车，然后让满载小车沿着轨道来回运行3~5 次，并进行反复启动和制动试车。

Ⅱ将小车开到大车的一端，开动大车运行机构，并作反复启动和制动试车。

Ⅲ试车时，要求各机构、制动器、限位开关和电气控制可靠、准确和灵活，车轮不打滑，桥架振动正常，机构动作平衡，而各机构及桥架在卸载后不能有残余变形。

3）对于试车中存在的问题应认真记录，分析并提出处理意见，联动试车、负荷试车必须在上次试车中存在的问题得到解决后才能进行。

4）本厂检修的负责一个检修周期，外单位检修的，应负责 72h 正常生产。

（7）交工验收及检修记录和图纸资料归档

6.2.5 知识拓展

机械设备的安装是按照一定的安装技术要求，将机械设备正确、牢固地固定在基础上。机械设备的安装是机械设备从制造到投入使用的必要过程，其质量的好坏对设备的使用性能将产生直接的影响。

机械设备的安装首先要保证机械设备的安装质量，机械设备安装之后，应进行试车，按验收项目逐项检测，对检查不合格的项目，应及时予以调整，直至检测项目全部符合验收标准，使机械设备在投入生产后能达到设计要求。其次，必须采用科学的施工方法，最大限度地加快施工速度，缩短安装的周期，提高经济效益。此外，必须重视施工的安全问题，坚决杜绝人身和设备安全事故发生。

6.2.5.1 机械安装前的准备工作

设备安装前的准备工作主要包括技术准备、机器检查与清洗、预装配和预调整、设备吊装的准备等。

（1）技术准备。

1）机械安装前，主持和从事安装工作的工程技术人员，应充分研究机械设备的图纸、说明书，熟悉设备的结构特点和工作原理，掌握机械的主要技术数据、技术参数、性能和安装特点等。

2）在施工之前，必须对施工图进行会审，对工艺布置进行讨论审查，注意发现和解决问题。例如，施工图与设备本身以及安装现场有无尺寸不符、工艺管线与厂房原有管线有无发生冲突等。

3）了解与本次安装有关的国家和部委颁发的施工、验收规范，研究制订达到这些规范的技术要求所必需的技术措施，并据此制订对施工的各个环节、安装的各个部位的技术要求。

4）对安装工人进行本次安装有关的针对性技术培训。

5）编制安装工程施工作业计划。安装工程施工作业计划应包括安装工程技术要求、施工程序、施工所需机具以及试车的方法和步骤。

（2）机具准备。机具准备是根据设备的安装要求准备各种规格和精度的安装检测机具和起重运输机具。在准备过程中，要认真地进行检查，以免在安装过程中不能使用或发生安全事故。

常用的安装检测机具包括水平仪、经纬仪、水准仪、准直仪、拉线架、平板、弯管机、电焊机、气焊及气割工具、扳手、万能角度尺、塞尺、千分尺、千分表及其他检测设备等。

起重运输机具分为索具、吊具和水平运输工具等几类，应根据设备安装的施工方案进行选择和准备。

吊装使用的索具有麻绳和钢丝绳。麻绳轻软、价廉，但承载能力低、易受潮腐烂，不能承受冲击载荷，用于手工起吊 1t 以下的物件。钢丝绳是设备吊装时的常用索具，其强度高、工作可靠，广泛用于起重、捆扎、牵引和张紧。

吊具包括双梁、单梁桥式起重机、汽车吊、坦克吊、卷扬机等；手工起重用的吊具还有滑轮、手拉葫芦、起重杆、千斤顶等。

水平运输最常用的方法是滚杠运输，其用具主要有滚杠、铰磨或电动卷扬机。运输时一般以钢管或圆钢作为滚杠，运输时，首先用千斤顶将设备连同其底座下的方木肢架顶起（或用撬杠撬起），将滚杠放到脚架下面，落下千斤顶，使设备重量全部压到滚杠上，这样就可以把平移的滑动摩擦变为滚动摩擦。

（3）机械的开箱检查与清洗。机械设备到货以后应立即开箱检查，根据设备装箱清单逐一核对零部件、备品配件、专用工具等是否齐全，运输中是否造成变形、锈蚀或损坏，并做记录。

开箱检查后，为了清除机器、设备部件配合面上的防锈剂及残存在部件内的欠缺屑、锈斑及运输保管过程中的灰尘、杂质，必须对机械设备的部件进行清洗。常用的清洗剂有碱性清洗剂、含非离子型表面活性剂的清洗剂、石油清洗剂三类。其中前两类成本低、清洗效果较好，使用较广。对一些在储运过程中有特殊保护的零件，需采用特别的方法清洗。

（4）设备的预装配与预调整。为了缩短安装工期，减少安装时的组装、调整工作量，常常要在安装前预先对设备的若干零部件进行预装和预调整，把若干零部件组装成大部件。用这些组合好的大部件进行安装，可以大大加快安装进度。此外，预装和调整常常可以提前发现设备所存在的问题，及时加以处理，确保安装的进度和质量。

大部件的整体安装是一项先进的快速施工方法，预装的目的就是为了进行大部件整体安装。大部件组合的程度应视场地运输和超重的能力而定，如果设备在出厂前已经调试完毕并已组装成大部件，且包装良好，就可以不进行拆卸清洗、检查和预装，而直接整体吊装。

6.2.5.2　机械设备的安装基础

A　安装基础概述

安装基础的作用，不仅要把机器牢固地紧固在要求的位置上，而且要能承受机器的全部重量和机器在运转过程中产生的各种力与力矩，并能将它们均匀地传递到土壤中去，吸收或隔离自身和其他动力作用产生的振动。因此如果安装基础的设计与施工不正确，不但会影响机器设备本身的精度、寿命和产品的质量，而且还会使周围厂房和设备结构受到损害。

（1）对安装基础的要求。根据安装基础的功用，对基础的基本要求如下：

1）基础应具有足够的强度、刚度和良好的稳定性。

2）能耐地面上、下各种气体、液体等腐蚀介质的腐蚀。

3）基础不会发生过度的沉陷和变形，确保机器的正常工作。

4）不会因机床本身运转时的振动对其他设备、建筑物产生影响。

5）在满足上述条件的前提下，能最大限度地节省材料及施工费用。

因此，在进行设备安装、调试之前，应弄清其工作运转中的各种动力、负载产生的原因和大小及其产生的振动频率，周围其他设施、厂房的振动频率，安装位置的地质状况等问题，为基础的设计与施工提供必要的技术参数。

（2）安装基础的形式。基础按其结构和外形可分为大块式和构架式两种。

大块式基础是将各台设备的基础连接在一起，建成连续的大块或板状结构，其中开有机器、辅助设备和管道安装所必需的以及在使用过程中供管理用的坑、沟和孔。这种基础的整体结构尺寸大，固有频率较高，因此具有刚性好、抗振性好的优点；但不利于企业产品调整时，相应设备变化的要求。

构架式基础是按设备的安装要求单独建造，不与其他设备的基础或车间厂房基础相连，一般用于安装高频率的机器设备。

（3）地脚螺栓与基础的连接。地脚螺栓与基础的连接方式有固定式和锚定式两种。

1）固定式。固定式的地脚螺栓的根部变曲成一定的形状再用砂浆浇注在基础里，它分为一次灌浆和二次灌浆两种结构。

一次灌浆法的地脚螺栓用固定架固定后，连同基础一起浇注，如图 6-22（a）所示。其优点是地脚螺栓与基础连接可靠、稳定性和抗振性较好，但调整不方便。

二次灌浆法是在浇注基础时，预先留出地脚螺栓的紧固孔，待机器安装在基础上并找正后再进行地脚螺栓的浇注，如图 6-22（b）、（c）所示。这种结构最大的优点是安装调整方便，但连接强度不高。若拧紧地脚螺栓的力过大，会将二次灌浆的混凝土从基础中拔出。

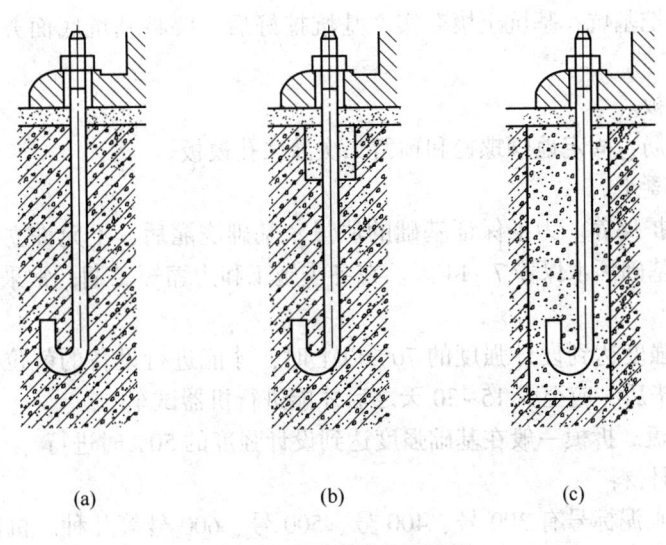

(a)　　　　　　(b)　　　　　　(c)

图 6-22　固定式地脚螺栓

2）锚定式。锚定式的地脚螺栓与基础不浇注在一起，基础内预留出螺栓孔，在孔的下部埋入锚板。安装时将螺栓从基础的预留孔及垫板穿过，再插入锚板后用螺母紧固，如图 6-23 所示。

这种结构固定方法简单、拆卸方便，但在使用中容易松动。

B　基础的施工

安装基础的施工是由企业的基建部门来完成的，但是生产和安装部门也必须了解基础施工过程，以便进行必要的技术监督和基础验收工作。

a　基础施工的一般过程

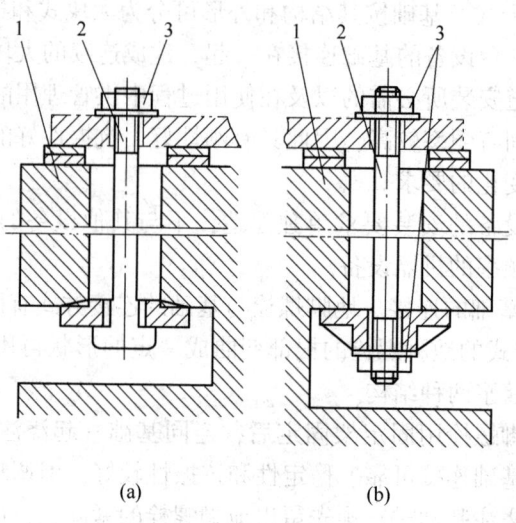

(a)　　　　　　　　　　(b)

图 6-23　锚定式地脚螺栓
1—基础；2—地脚螺栓；3—螺母

基础的施工过程大致如下。

（1）放线、挖基坑、基坑土壤夯实。基坑挖好后，要将基坑底面夯实，以防基础在使用中下沉。

（2）装设模板。

（3）安放钢筋，固定地脚螺栓和预留二次灌浆孔模板。

（4）浇灌混凝土。

（5）洒水维护保养。为了保证基础的质量，基础浇灌后，不允许立即进行机器的安装，应该至少对基础洒水保养 7~14 天。在冬季施工和为缩短工期，常采用蒸汽保养和电热保养的方法。

只有当基础强度达到设计强度的 70% 以上时，才能进行设备的就位安装作业。机器在基础上安装完毕后，应至少 15~30 天之后才能进行机器试车。

（6）拆除模板。拆模一般在基础强度达到设计强度的 50% 时进行。

b　基础常用材料

（1）水泥。水泥标号有 300 号、400 号、500 号、600 号等几种。机器基础常用的水泥为 300 号和 400 号。国产水泥按其特性和用途不同，可分为硅酸盐膨胀水泥、石膏矾土膨胀水泥、塑化硅酸盐水泥、抗硫酸盐硅酸盐水泥等。机器基础常采用硅酸盐膨胀水泥。

（2）砂子。砂子有山砂、河砂和海砂三种，其中河砂比较清洁，最为常用。按粗细不同，砂子有粗砂（平均粒径大于 0.5mm）、中砂（粒径 0.35~0.5mm）、细砂（粒径 0.2~0.5mm）之分。

（3）石子。石子分碎石（山上开采的石块）和砾石两种。石子中的杂质不能过多，否则在使用时应用水清洗干净。

C　基础的验收与处理

（1）基础的验收。机械设备在就位安装前，应对基础进行全面的质量检查。检查的主要内容包括：检验基础的强度是否符合设计要求；检查基础的外形和位置尺寸是否符合设计要求；基础的表面质量等。

基础的验收应遵照相关验收规范所规定的质量标准执行。

（2）基础的处理。在基础的验收中，发现不合格的项目，应立即采取相应的处理措施。不得在质量不合格的基础上安装设备，以防止影响设备安装工作的正常进行，或造成不应存在的质量隐患，致使安装质量得不到保证，影响以后的使用。不合格的基础常见的问题是：基础各平面高度尺寸超差、地脚螺栓偏埋等。

基础各平面在垂直方向位置尺寸超差，对实体尺寸偏大的基础，可用扁铲将其高出部分铲除，而对实体尺寸偏小的部分，则应将原表面铲成若干高低不平的麻点，然后补灌与基础标号相同的混凝土，并控制在验收标准规定的范围内。基础修正后，应采用同样的维护保养措施，以防补灌的混凝土层产生脱壳现象。

地脚螺栓的偏埋，应根据基础的情况，结合企业的技术装备现状，采用切实可行的措施进行矫正，如补接－焊接矫正法等。

6.2.5.3　机械设备的安装

机械设备的安装，重点要注意设置垫板、设备吊装、找正找平找标高、二次灌浆、试运行等几个问题。

A　设置垫板

一次浇灌出来的基础，其表面的标高和水平度很难满足设备安装精度要求，因此常采用垫板来调整设备的安装高度和校正水平；同时通过垫板把机器的重量和工作载荷均匀地传到基础去，使设备具有较好的"综合刚度"。

a　垫板的类型

垫板的类型如图 6-24 所示，有平垫板、斜垫板、开口垫板和可调垫板。

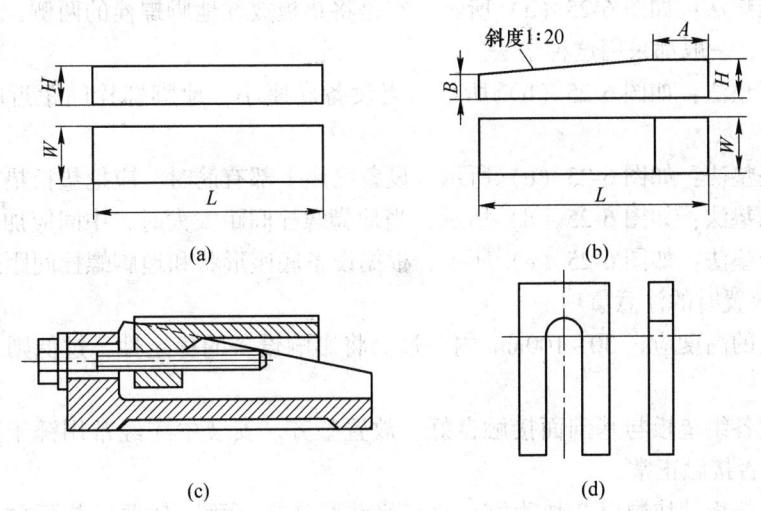

图 6-24　垫板的类型
(a) 平垫板；(b) 斜垫板；(c) 可调垫板；(d) 开口垫板

图 6-24 (a) 所示为平垫板，每块垫板的高度尺寸是固定的，调节高度时，靠增减垫

板数量来实现，使用不太方便，一般不采用。

图 6-24（b）所示为斜垫片，可成对使用带有斜面的垫板，调整垫板的高度，满足安装要求。

图 6-24（c）所示为螺杆调节式可调垫板，它利用螺杆带动螺母使升降块在垫板体上移动来调整设备的安装高度，具有调整方便的优点，在设备安装中大量使用。

图 6-24（d）所示为开口垫板，可方便在槽内插入地脚螺栓。

b　垫板的面积计算

设备的重量和地脚螺栓的预紧力都是通过垫板作用到基础上的，因此必须使垫板与基础接触的单位面积上的压力小于基础混凝土的抗压强度。其面积可由下式近似计算：

$$A = 10^9 \frac{Q_1 + Q_2}{R} C \tag{6-7}$$

式中　A ——垫板总面积，mm^2；

　　　Q_1 ——设备自重加在垫板上的负荷，kN；

　　　Q_2 ——地脚螺栓的紧固力，kN；

　　　R ——基础的抗压强度，MPa；

　　　C ——安全系数，一般取 1.5~3。

设备安装中往往用多个垫板组成垫板组使用。根据计算出的 A 值和使用的垫板结构就可得出垫板的数量来。

c　垫板的放置方法

放置垫板时，各垫板组应清洗干净；各垫板组应尽可能靠近地脚螺栓，相邻两垫板组的间距应保持在 500~800mm 以内，以保证设备具有足够的支承刚度。垫板的放置形式有以下几种：

（1）标准垫法：如图 6-25（a）所示，它是将垫板放在地脚螺栓的两侧，这也是放置垫板基本原则，一般都采用这种垫法。

（2）十字垫法：如图 6-25（b）所示，当设备底座小，地脚螺栓间距近时常用这种方法。

（3）筋底垫法：如图 6-25（c）所示，设备底座下部有筋时，应把垫板垫在筋底下。

（4）辅助垫法：如图 6-25（d）所示，当地脚螺栓间距太大时，中间应加辅助垫板。

（5）混合垫法：如图 6-25（e）所示，根据设备底座形状和地脚螺栓间距来放置。

d　垫板放置时的注意事项

（1）垫板的高度应在 30~100mm 内，过高将影响设备的稳定性，过低则二次灌浆层不易牢固。

（2）应使各组垫板与基础面接触良好，放置整齐。安装中应经常用锤子敲击，用听声法来检查是否接触正常。

（3）每组垫板的块数以 3 块为宜，宜将平垫板放在下面，较薄的垫板放在上面，最薄的放在中间，以免出现垫板翘曲变形，影响调试。

（4）各垫板组在设备底座外要留有足够的调整余量，平垫板应外露 20~30mm，斜垫板应外露 25~50mm，以利于调整。而垫板与地脚螺栓边缘的距离应为 50~150mm，以便于螺孔灌浆。

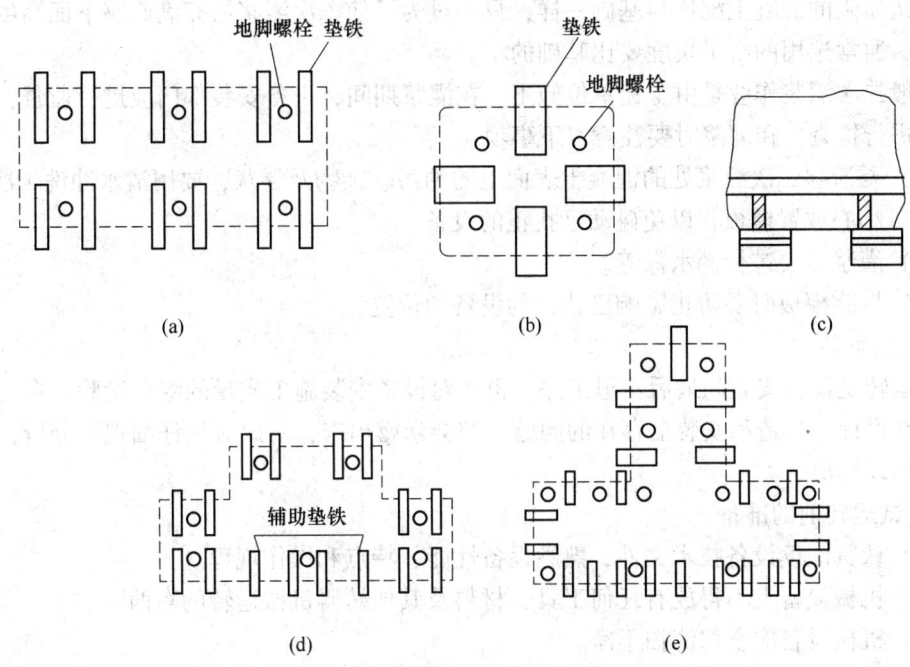

图 6-25   垫板的放置方法
（a）标准垫法；（b）十字垫法；（c）筋底垫法；（d）辅助垫法；（e）混合垫法

B   设备吊装、找正、找平、找标高

（1）吊装。用起重设备吊运到安装位置，使机座安装孔套入地脚螺栓或对准预留孔，安放在垫板组上。吊装就位时，如发现安装孔与地脚螺栓的位置不相吻合，应对地脚螺栓予以修正。

设备吊装前应仔细检查起重设备、吊索和吊钩是否安全可靠，零部件的捆绑是否牢靠等。起吊时，要注意控制起吊速度，并保持速度的均匀。在吊运过程中，应时刻注意观察起重机、绳索、吊钩等工作情况，以防止意外现象发生。

（2）找正。找正是为了将设备安装在设计的位置，满足平面布局图的要求。

（3）找标高。为了保证设备准确的安装高度，应根据设备使用说明书要求，用垂准仪或测量标杆来进行测量。若标高不符合要求，应将设备重新起吊，用垫板进行调整。

（4）找平。标高校准后，即可进行设备的找平。将水平仪放在设备水平测定面上进行，检查中发现设备不水平时，用调节垫片调整。被检平面应选择精加工面，如箱体剖分面、导轨面等。

设备的找平、找标高、找正虽然是各不相同的作业，但对一台设备安装来说，它们又是相互关联的。如调整水平时可能使设备偏移而需重新找正，而调整标高时又可能影响水平，调整水平时又可能变动了标高。因此要做综合分析，做到彼此兼顾。通常找平、找标高、找正分两步进行，首先是初找，然后精找。

C   二次灌浆

由于有垫板，在基础表面与机器座下部会形成空洞，这些空洞在机器投产前需用混凝土填满，这一作业称为二次灌浆。

二次灌浆的混凝土配比与基础一样，只不过为了使二次灌浆层充满底座下面高度不大的空间，通常选用的石子块度要比基础的小。

一般二次灌浆作业是由土建单位施工。在灌浆期间，设备安装部门应进行监督，并于灌完后进行检查，在灌浆时要注意以下事项：

（1）要清除二次灌浆处的混凝土表面上的油污、杂物及浮灰，要用清水冲洗干净。

（2）小心放置模板，以免碰动已找正的设备。

（3）灌浆后要进行洒水保养。

（4）拆除模板时要防止影响已找正的设备的位置。

D　试运转

试运转是设备安装的最后一道工序，也是对设备安装施工质量的综合检验。在运转过程中，在设计、制造和安装上存在的问题，都会暴露出来，对此必须仔细观察分析，找出问题，加以解决。

a　试运转前的准备

（1）认真阅读设备技术文件，熟悉设备性能、特点和操作规程。

（2）机械设备上不得放有任何工具、材料及其他妨碍机械运转的东西。

（3）机械设备应全部清扫干净。

（4）设备上各个润滑点，应按照产品说明书上的规定，保质保量地加上润滑油。在设备运转前，应先开动液压泵将润滑油循环一次，以检查整个润滑系统是否畅通。

（5）检查各种安全设施（如安全罩、栏杆、围绳等）是否都已安设妥当。

（6）设备在启动前要做好紧急停车准备，确保试运转时的安全。

b　试运行的步骤和程序

试运转的步骤一般是：先无负荷，后有负荷；先低速，后高速；先单机，后联动。

每台单机要从部件开始，由部件到组件，再由组件到单台设备；对于数台设备联成一套的联动机组，只有将每台设备分别试好后，才能进行整个机组的联动试运转；前一步骤未合格，不得进行下一步的试运行。

设备试运转前，电动机应单独试验，以判断电力拖动部分是否良好，并确定其正确的回转方向。

试运转时，能手动的部件先手动后再机动。对于大型设备，可利用盘车器或吊车转动两圈以上，没有卡阻等异常现象时，方可通电运转。

试运转必须由专人负责，严格按程序操作，随时观察设备的运转情况，如有异常情况应立即停车检查，查明原因及时调整，并确认无任何问题后，才能继续进行试运行检查。

试运转程序一般如下。

（1）单机试运行。对每一台机器分别单独启动试运转。其步骤是：手动盘车—电动机点动—电动机空转—带减速机点动—带减速机空转—带机构点动—按机构顺序逐步带动，直至带动整个机组空转。

在此期间必须检验润滑是否正常，轴承及其他摩擦表面的发热是否在允许范围之内，齿的啮合及其传动装置的工作是否平稳、有无冲击，各种连接是否正确，动作是否正确、灵活，行程、速度、定点、定时是否准确，整个机器有无振动。如果发现异常，应立即停车检查，排除后，再从头开始试车。

（2）联合试运转。单机试运转合格后，各机组按生产工艺流程全部启动联合运转，按设计和生产工艺要求，检查各机组相互协调动作是否正确，有无相互干涉现象。

（3）负荷试运转。负荷试运转的目的是为了检验设备能否达到正式生产的要求。此时，设备带上工作负荷，在与生产情况相似条件下进行。除按额定负荷运转外，某些设备还要做超载运转。

学 习 小 结

（1）设备大修前的各项准备工作，包括技术准备、生产准备和编制大修作业计划等。

（2）设备大修的基本概念、基本内容和技术要求。

（3）设备大修计划的整个实施过程，掌握设备的解体、零件的清洗、零件的检查、设备的修理装配和修理精度的检测等方面的知识。

（4）齿轮、轴承、密封装置的装配方法。

（5）机械设备的安装方法。

思考练习

6-1　什么是设备的大修？大修前准备工作的内容是什么？

6-2　什么是设备预检？其目的是什么？

6-3　设备大修时，需要编制的技术文件有哪些？

6-4　简述设备的大修过程。

6-5　设备修理技术任务书的内容主要有哪些？

6-6　什么是设备的解体？设备解体时应遵循哪些原则？

6-7　设备的大修工艺通常包括哪些内容？

6-8　设备解体时应遵循哪些原则？

6-9　零件检查时综合考虑的技术条件有哪些？

6-10　完全互换法的优点是什么？其适用场合有哪些？

6-11　以卧式车床为例，说明机床试验内容。

6-12　简述保证配合精度的装配方法及其适用场合。

6-13　过盈配合的装配方法有哪些？各适用于哪些场合？

6-14　圆柱齿轮副的中心距和轴线的平行度如何检查和测量？

6-15　保证齿轮传动装置正常工作的条件是什么？影响齿轮传动装置工作质量的因素有哪些？

6-16　圆柱齿轮副的啮合间隙和啮合接触斑点如何检查测量？

6-17　联轴器找正时为何要先找平行后找同心？

6-18　在装配中，哪些滚动轴承的游隙需要调整？常用的调整方法有哪些？

6-19　轴套、轴瓦装配时为什么要刮研？如何刮研？其质量指标是什么？

6-20　怎样调整滚动轴承的轴向和径向间隙？

6-21　剖分式径向滑动轴承的间隙怎样测量？

6-22　确定滚动轴承的内外圈与轴及轴承座之间的配合应考虑哪些因素？

【考核评价】

　　本学习情境评价内容包括基础知识与技能评价、学习过程与方法评价、团队协作能力评价及工作态度评价；评价方式包括学生自评、组内互评、教师评价。具体见表 6-7。

表 6-7　学习情境考核评价表

姓　名		班级		组别	
学习情境		指导教师		时间	

考核项目	考核内容	配分	学生自评 比重 30%	组内互评 比重 30%	教师评价 比重 40%
实践技能评价	本情境典型工作任务实践动手操作能力	40			
理论知识评价	本情境理论基础知识的认知能力	20			
学习过程与方法评价	各阶段学习状况及学习方法	20			
团队协作能力评价	团队协作意识、团队配合状况	10			
工作态度评价	纪律作风、责任意识、主动性、纪律性、进取心	10			
合　计		100			

附录　相关职业国家标准节选

附录1　设备点检员国家职业标准（节选）

1. 职业概况

1.1　职业名称
设备点检员。

1.2　职业定义
对在线生产设备（系统）进行定点、定期的检查，对照标准发现设备的异常现象和隐患，分析、判断其劣化程度，提出检修方案，并对方案的实施进行全过程监控的人员。

1.3　职业等级
本职业共设四个等级，分别为：中级设备点检员（国家职业资格四级）、高级设备点检员（国家职业资格三级）、设备点检技师（国家职业资格二级）、设备点检高级技师（国家职业资格一级）。

1.4　职业环境
室内、外，常温，噪声。

1.5　职业能力特征
身体健康、动作敏捷，具有较强的学习、沟通、组织、协调、分析、处理能力。

2. 基本要求

2.1　职业道德

2.1.1　职业道德基本知识
从事本职业工作在遵守纪律方面、待人接物方面应具备的知识。

2.1.2　职业守则
（1）爱岗敬业、忠于职守；（2）遵规守纪、按章操作；（3）刻苦学习、不断进取；（4）认真负责、确保安全；（5）团结协作、尊师爱徒；（6）谦虚谨慎、文明生产；（7）勤奋踏实、诚实守信；（8）厉行节约、降本增效。

2.2　基础知识

2.2.1　设备管理基础知识
（1）现代设备管理基础知识（设备管理的目的、意义、方法、模式，TPM全员设备维护，标准化作业等）；（2）设备管理各项业务的制度与流程（点检定修管理、事故故障管理、功能精度管理、维修成本、物料、设备技术管理等）；（3）设备管理相关业务的制度与流程（设计、安全、物流、采购、销售）；（4）常用的设备管理与分析工具（PDCA、自主管理、5S"整理、整顿、清洁、清扫、素养"等）。

2.2.2　专业技能基础知识（专业基础知识及技能）

（1）五感点检法、点检辅助工器具的使用方法；（2）设备故障的机理分析及常用诊断方法（振动、磨损、油液等）。

2.2.3　相关技术知识

（1）生产操作知识（工艺要求、生产计划、生产能力、作业条件等）；（2）计算机应用基本知识（Word、Excel、Power Point、网络应用等）。

2.2.4　安全和环保知识

（1）安全操作规程；（2）安全防火知识；（3）安全用电；（4）急救知识；（5）节能减排知识。

2.2.5　质量管理知识

（1）质量管理的基本方法（直方图、鱼刺图）；（2）质量管理对设备管理的要求；（3）全面质量管理认证基本知识。

2.2.6　相关法律、法规知识

（1）《中华人民共和国安全生产法》的相关知识；（2）《中华人民共和国环境保护法》相关知识；（3）《中华人民共和国劳动法》的相关知识；（4）《中华人民共和国劳动合同法》的相关知识。

3. 工作要求

本标准对中级、高级、技师和高级技师的技能要求依次递进，高级别涵盖低级别的要求。本职业分为机械、电气和仪表三个专业工种，同一级别的三个专业工种其职业功能模块一（设备点检管理）、模块四（设备状态优化）和模块五（总结、培训和创新）是通用的模块，而职业功能模块二（设备状态检测）和模块三（设备状态维护）是按三个专业分别编制的专业模块。特别在机械专业工种的职业功能模块二和模块三中，设置了行业特殊机械设备的工作内容（五），该工作内容（五）由行业根据自己的设备专业特殊性确定。

3.1　机械设备点检员（含冶金行业轧钢机械的工作内容）

中级机械设备点检员的工作要求见附表 1-1。

附表 1-1　中级机械设备点检员的工作要求

职业功能	工作内容	技能要求	相关知识
一、设备点检管理	（一）基础信息维护	1. 能按编码原则查询设备、零部件和备件等信息； 2. 能录入设备基础信息	1. 点检定修制基本概念； 2. 生产工艺流程和设备构成； 3. 设备编码知识与编码原则； 4. 设备信息管理系统的操作规程； 5. 维修技术标准的基本格式和含义； 6. 现场点检与检修的安全要素；
	（二）技术（标准）信息维护	1. 能录入设备技术标准（维修技术标准、点检标准、给油脂标准和维修作业标准）； 2. 能在点检活动中识别、选择和使用技术标准	
	（三）点检计划编制	1. 能根据工艺流程和设备布局选择点检路线； 2. 能编制设备的日常点检计划	
	（四）检修计划编制	1. 能根据设备状态和维修周期确定检修项目； 2. 能编制日、定修计划； 3. 能编制修复件的委托计划； 4. 能提出物料申购需求和备件申购建议	

职业功能	工作内容	技　能　要　求	相关知识
一、设备点检管理	（五）检修项目实施	1. 能向检修方提供设备检修有关技术资料； 2. 能识别危险源与环境因素； 3. 能对检修方进行安全交底； 4. 能在检修前进行三方安全确认	7. 点检路线制定的原则； 8. 点检、定修计划的基本概念和制定方法； 9. 资材管理的概念
二、设备状态检测	（一）齿轮、轴承及减速机检测	1. 能根据声音判断减速机工作状态是否正常； 2. 能用手感知箱体表面温度确认是否异常； 3. 能检查发现减速机轴向异常窜动； 4. 能通过异味判断减速机润滑异常状态； 5. 能通过减速机窗口检查齿轮啮合与润滑状态和磨损情况； 6. 能使用常用测量工具检测减速机润滑油液位、压力、温度等	1. 齿轮传动原理； 2. 五感点检方法； 3. 轴承检查方法； 4. 润滑材料的种类、作用及润滑作业流程； 5. 齿轮、轴承装配工艺； 6. 尺寸、压力、温度、流量等常用计量单位及国标应用
	（二）连接、传动系统检测	1. 能目视判断机械动作是否正确； 2. 能目视判断传动机构有无堵卡、偏载、跑偏； 3. 能查看确认连接部位是否有泄漏； 4. 能用简易听音棒检测异常冲击声； 5. 能使用点检锤检查判断紧固螺栓连接件是否有松动； 6. 能通过察看外形判断连接件是否出现断裂、变形、裂纹； 7. 能通过声音、肉眼判断万向联轴节的装配条件是否正确； 8. 能通过外观检测和判断皮带、链条的松紧度	1. 联轴器使用特点； 2. 简易诊断工具应用； 3. 连接件、传动件定期检查要点； 4. 传动系统外观检查的规范与标准
	（三）液（气）压传动及润滑系统检测	1. 能使用液位计、温度计检查油箱液位状态及温度是否正常； 2. 能视觉判断油缸运动是否平稳和低速油缸运动是否有爬行现象； 3. 能检查各测压点压力并判断是否正常； 4. 能检查液（气）压阀、液（气）压缸及管接头处是否有外泄漏； 5. 通过异音判断气动管道是否有泄漏和脱落； 6. 能通过检查油管振动判断是否存在液压冲击； 7. 能通过各润滑点指示器，检查判断润滑系统是否异常； 8. 能根据颜色、透明度初步判断润滑油使用性能状况	1. 液压元件与辅件的作用； 2. 液（气）压传动原理； 3. 液压密封种类； 4. 液压油液污染及其判别； 5. 润滑油脂的主要性能
	（四）旋转、往复运动设备检测	1. 能使用听音棒检测旋转、往复运动设备的回转声，确定故障位置； 2. 能嗅出旋转体、往复运动部件有无异味，判断故障位置； 3. 能检视油标油位、供油压力并补充油液； 4. 能通过手触摸机座表面温度和振动，判断设备运转状况是否正常； 5. 能使用点检锤敲击判断机座地脚螺栓连接是否松动	1. 简易诊断工具使用； 2. 地脚螺栓形式与应用； 3. 泵与风机工作原理； 4. 压缩机工作原理

职业功能	工作内容	技 能 要 求	相关知识
二、设备状态检测	（五）轧钢设备检测（冶金行业）	1. 能使用听音棒检测和判断轧机压下螺母的磨损情况； 2. 能通过轧件跑偏状态判断辊道磨损、位置偏差和联轴器错位等故障； 3. 能通过手感判断和确认设备冷却、润滑系统是否正常； 4. 能通过噪声及周期性频率初步判断轧机主传动系统故障的部位； 5. 能根据剪切端口形态判断剪刃磨损和装配间隙状态； 6. 能通过观察判断和确认炉底传动和冷却系统是否正常	1. 轧钢生产工艺流程； 2. 轧钢设备工作原理； 3. 轧钢机械点检方法
三、设备状态维护	（一）齿轮、轴承及减速机维护	1. 能排除齿轮减速机常见故障； 2. 能实施减速机运行前的润滑作业； 3. 能对轴、轴承和齿轮进行精度检查； 4. 能按技术要求装配调整轴承间隙； 5. 能按技术要求装配调整锥齿轮啮合间隙	1. 齿轮、轴承常见失效形式； 2. 减速机润滑方式及应用； 3. 减速机密封形式； 4. 常用量具使用方法； 5. 轴承装配方法； 6. 齿轮装配方法； 7. 减速机维护操作规程
	（二）连接、传动系统维护	1. 能按紧固力矩要求对连接部件进行调整和紧固； 2. 能更换损坏或失效的螺栓； 3. 能对配合运动副实施加油润滑作业； 4. 能根据油位显示值添加润滑油； 5. 能修配联轴器的键和键槽，确保轴、键和轮毂的装配符合技术要求； 6. 能对带轮和链条进行预紧和纠偏处理	1. 通用机械传动原理； 2. 联轴器种类和应用； 3. 机械摩擦原理； 4. 机械设备日常维护
	（三）液（气）压传动及润滑系统维护	1. 能处理管道、管接头泄漏； 2. 能根据过滤器污染程度更换过滤器； 3. 能更换损坏的泵、阀、缸和马达	1. 液压油液种类及特点； 2. 液压元件与辅件的结构； 3. 液压密封应用
	（四）旋转、往复运动设备维护	1. 能紧固机座连接螺栓； 2. 使按要求加热或冷却机件，拆卸和装配各种联轴器； 3. 能调整油、气、水的系统压力	1. 旋转设备操作方法及要领； 2. 旋转设备维护保养方法； 3. 金属材料特性及应用
	（五）轧钢设备维护（冶金行业）	1. 能更换牌坊架轧辊座滑动衬板； 2. 能拆卸、检查、更换、确认换辊作业中各类链接、管路、限位装置、锁紧装置； 3. 能检查和确认轧机压下传动设备装配精度和性能状态； 4. 能检查和确认轧辊轴承的磨损情况、装配精度、密封和冷却状态； 5. 能在试车过程中对设备实施热态紧固作业	1. 轧钢机械设备； 2. 管路、管道安装方法； 3. 轧钢机械维护； 4. 试车操作流程

职业功能	工作内容	技 能 要 求	相关知识
四、设备状态优化	（一）运行状态跟踪与检修方式选择	1. 能收集和整理管辖设备运行的动态数据； 2. 能选择设备检修方式及提出调整建议	1. 设备管理基本业务流程； 2. 设备检修方式的概念及特点； 3. 成本管理的概念
	（二）运行实绩分析与改进	1. 能收集和整理点检、检修、物料、费用等运行实绩信息； 2. 能编制实绩管理的规范文档； 3. 能根据实绩分析提出费用分配使用的建议	

附录 2　机修钳工国家职业标准（节选）

1. 职业概况

1.1　职业名称

机修钳工。

1.2　职业定义

从事设备机械部分维护和修理的人员。

1.3　职业等级

本职业共设五个等级，分别为：初级（国家职业资格五级）、中级（国家职业资格四级）、高级（国家职业资格三级）、技师（国家职业资格二级）、高级技师（国家职业资格一级）。

1.4　职业环境

大部分在常温、正常大气条件下室内作业；少数设备需在设备安装地进行维护修理时，受安装地环境所限，也可在室外、低温、高温、潮湿、噪声、有毒、有害、粉尘、高空或水下作业。

1.5　职业能力特征

具有一定的学习、表达和计算能力；具有一定的空间感、形体知觉及较敏锐的色觉，手指、手臂灵活，动作协调。

2. 基本要求

2.1　职业道德

2.1.1　职业道德基本知识

从事本职业工作在遵守纪律方面、待人接物方面应具备的知识。

2.1.2　职业守则

（1）遵守法律、法规和有关规定；（2）爱岗敬业、具有高度的责任心；（3）严格执行工作程序、工作规范、工艺文件和安全操作规程；（4）工作认真负责，团结合作；（5）爱护设备及工具、夹具、刀具、量具；（6）着装整洁，符合规定；保持工作环境清洁有序，文明生产。

2.2　基础知识

2.2.1　基础理论知识

（1）识图知识；（2）公差与配合；（3）常用金属材料及热处理知识；（4）常用非金属材料知识。

2.2.2　机械加工基础知识

（1）机械传动知识；（2）机械加工常用设备知识（分类、用途）；（3）金属切削常用刀具知识；（4）典型零件（主轴、箱体、齿轮等）的加工工艺；（5）设备润滑及切削液的使用知识；（6）工具、夹具、量具使用与维护知识。

2.2.3　钳工基础知识

（1）划线知识；（2）钳工操作知识（錾、锉、锯、钻、铰孔、攻螺纹、套螺纹、刮削等）。

2.2.4　电工知识

（1）通用设备常用电器的种类及用途；（2）电力拖动及控制原理基础知识；（3）安全用电知识。

2.2.5　安全文明生产与环境保护知识

（1）现场文明生产要求；（2）安全操作与劳动保护知识；（3）环境保护知识。

2.2.6　质量管理知识

（1）企业的质量方针；（2）岗位的质量要求；（3）岗位的质量保证措施与责任。

2.2.7　相关法律、法规知识

（1）《中华人民共和国劳动法》相关知识；（2）《中华人民共和国劳动合同法》相关知识。

3. 工作要求

本职业对初级、中级、高级、技师、高级技师的技能要求依次递进，高级别包括低级别的要求。

中级机修钳工的工作要求见附表 2-1。

附表 2-1　中级机修钳工的工作要求

职业功能	工作内容	技 能 要 求	相 关 知 识
一、机械设备安装与调试	（一）设备安装	1. 能进行车床、铣床、刨床等中型通用设备的定位； 2. 能进行车床、铣床、刨床等中型通用设备的水平调整与固定	1. 车床、铣床、刨床的工作环境与安装要求； 2. 框式水平仪的读数原理及使用知识
	（二）设备调试	1. 能进行车床、铣床、刨床等中型通用设备的安装精度调整； 2. 能进行车床、铣床、刨床等中型通用设备的试车	1. 车床、铣床、刨床的安装精度检测项目与要求； 2. 车床、铣床、刨床的调试安全规程
二、机械设备零部件加工	（一）划线操作	1. 能进行箱体、床身等较大型工件及形状复杂工件的立体划线； 2. 能进行锥体和多面体等有相贯线的钣金组合件的展开划线	1. 形状复杂工件的划线方法； 2. 划线基准的选择、找正和借料等相关知识； 3. 多面体的展开和钣金开料知识
	（二）锯削、锉削、錾削加工	1. 能刃磨油槽錾，并完成轴瓦上油槽的錾削； 2. 能锯削 $\phi 30 \sim 50mm$ 的 45 钢件，锯断面达到平面度公差 0.4mm 的要求； 3. 能锉削 20mm×50mm 的平面，并达到以下要求：平面度公差 0.05mm，尺寸公差 IT8，表面粗糙度 $R_a 1.6$	1. 各种不同形式錾子的刃磨要求和选用知识； 2. 形位公差及测量方法

职业功能	工作内容	技能要求	相关知识
二、机械设备零部件加工	（三）孔加工和螺纹加工	1. 能操作手电钻、高速钻床钻孔； 2. 能刃磨标准麻花钻，钻孔达到以下要求：尺寸公差 IT10，位置度公差 ϕ0.2mm，表面粗糙度 R_a2.5； 3. 能研磨铰刀，铰孔达到以下要求：尺寸公差 IT7，表面粗糙度 R_a0.8； 4. 能在盲孔上攻制螺纹； 5. 能攻制 M4 的螺纹； 6. 能修磨磨损的丝锥，恢复其切削功能	1. 标准麻花钻的切削特点、刃磨和一般的修磨方法； 2. 群钻的结构特点和切削特点； 3. 小孔、深孔、盲孔、孔系、相交孔的加工方法； 4. 铰刀的切削特点和研磨方法； 5. 丝锥折断的处理方法
	（四）刮削和研磨	1. 能刮削平板、方箱及燕尾形导轨，并达到以下要求：25mm×25mm 范围内接触点不少于 16 点，表面粗糙度 R_a0.8，直线度公差 0.02mm/1000mm； 2. 能刮削轴瓦，并达到以下要求：25mm×25mm 范围内接触点为 16～20 点，圆柱度 ϕ0.02mm，表面粗糙度 R_a1.6； 3. 能研磨 ϕ80mm×400mm 轴孔，并达到以下要求：圆柱度 ϕ0.02 mm，表面粗糙度 R_a0.8	1. 标准平尺、方尺和直角尺的使用和维护知识； 2. 机床导轨的技术要求、类型特点、截面形状及组合形式； 3. 机床导轨的精度和检测方法； 4. 圆柱表面的研磨方法及研具
三、机械设备维修	（一）外观检查	1. 能直观诊断车床、铣床、刨床等中型通用设备的故障； 2. 能用通用量具检测车床、铣床、刨床等中型通用设备的几何精度； 3. 能通过试加工方法检测车床、铣床、刨床等中型通用设备的工作精度	1. 车床、铣床、刨床的结构和工作原理； 2. 车床、铣床、刨床的常见故障； 3. 正弦规的工作原理和用途
	（二）传动机构维修	1. 能进行凸轮机构的维修； 2. 能进行链传动机构的维修； 3. 能进行齿轮传动机构的维修； 4. 能进行蜗轮蜗杆传动机构的维修； 5. 能进行曲柄滑动机构的维修； 6. 能进行螺旋传动机构的维修	1. 凸轮的种类、特点和工作原理； 2. 凸轮机构的常见故障； 3. 链传动的种类、特点和工作原理； 4. 链传动机构的常见故障； 5. 齿轮的种类、特点和工作原理； 6. 轮系的种类、特点和工作原理； 7. 齿轮传动的常见故障； 8. 蜗轮蜗杆的种类、特点和工作原理； 9. 蜗轮蜗杆传动机构的常见故障； 10. 曲柄滑动机构的种类、特点和工作原理； 11. 曲柄滑动机构的常见故障； 12. 螺旋传动的种类、特点和工作原理； 13. 螺旋传动机构的常见故障

职业功能	工作内容	技能要求	相关知识
三、机械设备维修	（三）典型零部件维修	1. 能进行车床主轴组件的维修； 2. 能进行车床导轨副的维修； 3. 能进行动压式滑动轴承的维修	1. 车床主轴的结构特点； 2. 定向装配法； 3. 花键的种类和特点； 4. 导轨直线度误差的计算方法； 5. 动压式滑动轴承的结构特点和工作原理； 6. 机床维修常用检具的种类和用途； 7. 静平衡原理
	（四）液压、气动系统维修	1. 能更换液压、气动系统中的元件； 2. 能进行液压、气动系统中的管件配接； 3. 能进行液压、气动系统中的压力调整； 4. 能进行液压、气动系统中的流量调整	1. 液压、气动元件的种类和功能； 2. 液压、气动控制阀的结构原理； 3. 油管的分类和型号； 4. 液压、气动元件的清洗知识； 5. 液压、气动基本控制回路的工作原理； 6. 液压油的选用知识
	（五）机械设备保养	1. 能进行车床、铣床、刨床等中型通用设备的操控装置、安全防护装置、润滑系统、冷却系统及温度装置、仪表装置的维护保养； 2. 能进行车床、铣床、刨床等中型通用设备易损件的更换和维修	1. 车床的保养与维护知识； 2. 铣床的保养与维护知识； 3. 刨床的保养与维护知识

附录3　装配钳工国家职业标准（节选）

1. 职业概况
1.1　职业名称
装配钳工。
1.2　职业定义
操作机械设备、仪器、仪表，使用工装、工具，进行机械设备零件、组件或成品组合装配与调试的人员。
1.3　职业等级
本职业共设五个等级，分别为：初级（国家职业资格五级）、中级（国家职业资格四级），高级（国家职业资格三级），技师（国家职业资格二级），高级技师（国家职业资格一级）。
1.4　职业环境
室内、常温。
1.5　职业能力特征
具有一定的学习、表达和计算能力；具有较强的空间感、形体知觉及较敏锐的色觉；手指、手臂灵活，动作协调。
2. 基本要求
2.1　职业道德
2.1.1　职业道德基本知识
2.1.2　职业守则
（1）遵守法律、法规和有关规定；（2）爱岗敬业，具有高度的责任心；（3）严格执行工作程序、工作规范、工艺文件和安全操作规程；（4）工作认真负责，团结合作；（5）爱护设备及工具、夹具、刀具、量具；（6）着装整洁，符合规定；保持工作环境清洁有序，文明生产。
2.2　基础知识
2.2.1　专业基础理论知识
（1）机械识图；（2）公差配合与测量知识；（3）常用金属材料及热处理知识；（4）常用非金属材料知识；（5）力学知识；（6）液压及气动知识。
2.2.2　机械加工工艺知识
（1）机械传动知识；（2）机械加工常用设备知识（分类、用途）；（3）金属切削常用刀具知识；（4）典型零件（主轴、箱体、齿轮等）的加工工艺；（5）设备润滑及切削液的使用知识；（6）工具、夹具、量具使用与维护知识。
2.2.3　钳工工艺知识
（1）划线知识；（2）钳工操作知识（錾、锉、锯、钻、绞孔、攻螺、纹、套螺纹）。
2.2.4　电工知识
（1）通用设备常用电器的种类及用途；（2）电力拖动及控制原理基础知识；（3）安全用电知识。

2.2.5　安全文明生产与环境保护知识

（1）现场文明生产要求；（2）安全操作与劳动保护知识；（3）环境保护知识。

2.2.6　质量管理知识

（1）企业的质量方针；（2）岗位的质量要求；（3）岗位的质量保证措施与责任。

2.2.7　相关法律、法规知识

（1）《中华人民共和国劳动法》相关知识；（2）《中华人民共和国劳动合同法》相关知识。

3. 工作要求

本标准对初级、中级、高级、技师和高级技师的技能要求依次递进，高级别涵盖低级别的要求。中级装配钳工的工作要求见附表 3-1。

附表 3-1　中级装配钳工的工作要求

职业功能	工作内容	技 能 要 求	相 关 知 识
一、装配零件加工	（一）划线操作	1. 能进行箱体、床身等较大型工件及形状复杂工件的立体划线； 2. 能进行锥体和多面体等有相贯线的钣金组合件的展开划线	1. 形状复杂工件的划线方法； 2. 划线基准的选择、找正和借料等相关知识； 3. 多面体的展开和钣金开料知识
	（二）锯削、锉削、錾削加工	1. 能刃磨油槽錾，并完成轴瓦上油槽的錾削； 2. 能锯削 $\phi30 \sim 50mm$ 的 45 钢件，锯断面达到平面度公差 0.4mm 的要求； 3. 能锉削 20mm×50mm 的平面，并达到以下要求：平面度公差 0.05mm，尺寸公差 IT8，表面粗糙度 $R_a1.6$	1. 各种不同形式錾子的刃磨要求和选用知识； 2. 形位公差及测量方法
	（三）孔加工和螺纹加工	1. 能操作手电钻、高速钻床钻孔； 2. 能刃磨标准麻花钻，钻孔达到以下要求：尺寸公差 IT10，位置度公差 $\phi0.2mm$，表面粗糙度 $R_a2.5$； 3. 能研磨铰刀，铰孔达到以下要求：尺寸公差 IT7，表面粗糙度 $R_a0.8$； 4. 能在盲孔上攻制螺纹； 5. 能攻制 M4 的螺纹； 6. 能修磨磨损的丝锥，恢复其切削功能	1. 标准麻花钻的切削特点、刃磨和一般的修磨方法； 2. 群钻的结构特点和切削特点； 3. 小孔、深孔、盲孔、孔系、相交孔的加工方法； 4. 铰刀的切削特点和研磨方法； 5. 丝锥折断的处理方法
	（四）刮削和研磨	1. 能刮削平板、方箱及燕尾形导轨，并达到以下要求：25mm×25mm 范围内接触点不少于 16 点，表面粗糙度 $R_a0.8$，直线度公差 0.02mm/1000mm； 2. 能刮削轴瓦，并达到以下要求：25mm×25mm 范围内接触点为 16～20 点，圆柱度 $\phi0.02mm$，表面粗糙度 $R_a1.6$； 3. 能研磨 $\phi80mm×400mm$ 轴孔，并达到以下要求：圆柱度 $\phi0.2mm$，表面粗糙度 $R_a0.8$	1. 标准平尺、方尺和直角尺的使用和维护知识； 2. 机床导轨的技术要求、类型特点、截面形状及组合形式； 3. 机床导轨的精度和检测方法； 4. 圆柱表面的研磨方法及研具

职业功能	工作内容	技 能 要 求	相 关 知 识
二、机械装配	（一）零件黏结	1. 能选择黏结剂； 2. 能确定和加工黏结的接头； 3. 能对被黏结物进行表面处理； 4. 能涂敷黏结剂，进行零件的黏结	1. 黏结剂的种类和特点； 2. 黏结的接头形式； 3. 被黏结物的表面处理方法； 4. 黏结剂的涂敷方法
	（二）固定连接装配	1. 能进行花键连接的装配和拆卸； 2. 能进行圆锥销连接的配钻、配铰，完成两个部件的定位安装	1. 花键连接的种类、应用特点和装配技术要求； 2. 定位销的种类、规格和拆装的技术要求
	（三）传动机构装配	1. 能进行圆锥齿轮传动机构的装配和调整； 2. 能进行蜗轮蜗杆传动机构的装配和调整	1. 圆锥齿轮传动机构装配的技术要求和检测方法； 2. 蜗轮蜗杆传动机构装配的技术要求和检测方法
	（四）轴承和轴组装配	1. 能进行滚动轴承的装配，并调整轴承和轴组的间隙； 2. 能进行对开式滑动轴承的装配和间隙调整； 3. 能进行离合器的装配和多片摩擦离合器间隙的调整	1. 滚动轴承的间隙和调整方法； 2. 轴组的固定方式和轴承的预紧； 3. 滑动轴承的间隙和调整方法； 4. 常见离合器的种类、结构和调整方法
	（五）液压传动装配	1. 能进行普通液压元件、齿轮泵、球阀的安装及密封件的装配； 2. 能进行各种液压辅件的安装	1. 液压传动的故障与排除相关知识； 2. 液压传动的各种元件的结构特点和工作原理
	（六）部件和整机装配	1. 能对旋转体进行静平衡试验； 2. 能进行压缩机、气锤、压力机、木工机械、普通车床、普通铣床等的整机装配	1. 旋转体的平衡知识及静平衡试验的方法和步骤； 2. 通用机械的工作原理和构造； 3. 装配尺寸链知识，装配精度和装配方法
三、设备检验、调试	（一）精度检验	1. 能使用标准量具校对和调整通用量具和专用量具； 2. 能使用标准量具进行精密尺寸的测量	1. 成套量块的构成、应用和尺寸组合，量块的维护和保养； 2. 正弦规的结构和测量原理

职业功能	工作内容	技能要求	相关知识
三、设备检验、调试	（二）装配质量检验	1. 能进行新装设备空运转试验； 2. 能使用常用量具对试件进行检验； 3. 能使用光学仪器检验普通车床、普通铣床等设备的几何精度	1. 通用机械质量检验项目和检验方法； 2. 通用机械装配常见质量问题的判断方法； 3. 光学仪器的结构、工作原理和使用方法
	（三）设备调试	1. 能对普通车床、普通铣床等设备的检查结果（如轴向窜动、径向跳动超差等质量问题）进行分析； 2. 能进行普通车床、普通铣床的整机调试	1. 机械设备的安装规程知识； 2. 光学仪器检测结果的分析方法

附录4　维修电工国家职业标准（节选）

1. 职业概况

1.1　职业名称

维修电工。

1.2　职业定义

从事机械设备和电气系统线路及器件等的安装、调试与维护、修理的人员。

1.3　职业等级

本职业共设五个等级，分别为：初级（国家职业资格五级）、中级（国家职业资格四级）、高级（国家职业资格三级）、技师（国家职业资格二级）、高级技师（国家职业资格一级）。

1.4　职业环境

室内、室外、常温。

1.5　职业能力特征

具有较强的学习、理解、观察、判断、推理和计算能力，手指、手臂灵活，动作协调。

2. 基本要求

2.1　职业道德

2.1.1　职业道德基本知识

从事本职业工作在遵守纪律方面、待人接物方面应具备的知识。

2.1.2　职业守则

（1）遵守法律、法规和有关规定；（2）爱岗敬业，具有高度的责任心；（3）严格执行工作程序、工作规范、工艺文件和安全操作规程；（4）工作认真负责，团结合作；（5）爱护设备及工具、夹具、刀具、量具；（6）着装整洁，符合规定；保持工作环境清洁有序，文明生产。

2.2　基础知识

2.2.1　电工基础知识

（1）直流电与电磁的基本知识；（2）交流电路的基本知识；（3）常用变压器与异步电动机；（4）常用低压电器；（5）半导体二极管、晶体三极管和整流稳压电路；（6）晶闸管基础知识；（7）电工读图的基本知识。

2.2.2　电子技术基础知识

（1）二极管及其基本应用；（2）三极管及其基本应用；（3）整流稳压电路。

2.2.3　常用电工仪器仪表使用知识

（1）电工测量基础知识；（2）常用电工仪表及其使用；（3）常用电工仪器及其使用。

2.2.4　常用电工工具、量具使用知识

（1）常用电工工具及其使用；（2）常用电工量具及其使用。

2.2.5　常用材料选型知识

（1）常用导电材料的分类及应用；（2）常用绝缘材料的分类及应用；（3）常用磁性

材料的分类及应用。

2.2.6 安全知识

（1）电工安全基本知识；（2）安全距离、安全色和安全标志等电气安全基本规定；（3）触电急救和电气消防知识；（4）电气安全装置；（5）接地知识；（6）防雷常识；（7）安全用具；（8）电气作业操作规程和安全措施。

2.2.7 其他相关知识

（1）钳工划线钻孔等基础知识；（2）供电和用电知识；（3）现场文明生产要求；（4）环境保护知识；（5）质量管理知识。

2.2.8 相关法律、法规知识

（1）《中华人民共和国劳动合同法》相关知识；（2）《中华人民共和国电力法》相关知识。

3. 工作要求

本标准对初级、中级、高级、技师和高级技师的技能要求依次递进，高级别涵盖低级别的要求。中级维修电工的工作要求见附表4-1。

附表4-1 中级维修电工的工作要求

职业功能	工作内容	技能要求	相关知识
一、继电控制电路装调维修	（一）低压电器选用	1. 能选用熔断器、断路器、接触器、热继电器、中间继电器、主令电器、指示灯及控制变压器； 2. 能选用计数器、压力继电器等器件	1. 常用低压电器的选用方法； 2. 计数器、压力继电器的工作原理和选型方法
	（二）继电器、接触器线路装调	1. 能进行三相绕线转子异步电动机启动电路的安装、调试、运行； 2. 能进行多台三相交流异步电动机顺序控制电路的安装、调试、运行； 3. 能进行三相交流异步电动机位置控制电路的安装、调试、运行； 4. 能进行三相交流异步电动机能耗制动、反接制动控制电路的安装、调试、运行	1. 三相绕线转子异步电动机启动电路原理； 2. 多台三相交流异步电动机顺序控制电路原理； 3. 三相交流异步电动机位置控制电路原理； 4. 三相交流异步电动机制动控制电路原理
	（三）机床电气控制电路维修	1. 能进行M7130平面磨床类似难度的电气控制电路故障检查、分析及排除； 2. 能进行C6150车床类似难度的电气控制电路故障检查、分析及排除； 3. 能进行Z3040摇臂钻床类似难度的电气控制电路故障检查、分析及排除	1. M7130平面磨床电气控制电路组成、原理及常见故障； 2. C6150车床电气控制电路组成、原理及常见故障； 3. Z3040摇臂钻床电气控制电路组成、原理及常见故障； 4. 机床故障现象分析及排除故障的方法

职业功能	工作内容	技 能 要 求	相 关 知 识
二、自动控制电路装调维修	（一）电气故障检修	1. 能识别、安装、调整光电开关； 2. 能识别、安装、调整接近开关； 3. 能识别、安装、调整磁性开关； 4. 能识别、安装、调整增量型光电编码器	1. 光电开关、接近开关、磁性开关的工作原理和应用知识； 2. 增量型光电编码器的工作原理和应用知识
	（二）可编和控制器控制电路装调	1. 能进行可编程控制器安装接线； 2. 能对可编程控制器输入输出外围线路进行接线； 3. 能掌握编程软件或便携式编程器中的任一种方法从可编程控制器中读取程序； 4. 能掌握编程软件或便携式编程器中的任一种方法为可编程控制器下载程序； 5. 能用基本指令编写和修改三相交流异步电动机正反转、星-三角启动控制电路等类似难度程序	1. 可编程控制器的结构与工作原理； 2. 从软、硬件方面了解可编程控制器提高抗干扰能力的措施； 3. 常用基本指令的含义及其应用； 4. 编程软件的主要功能和使用； 5. 便携式编程器的基本功能及使用方法； 6. 可编程控制器输入输出端的接线规则
	（三）变频器、软启动器的认识和维护	1. 能识别交流变频器、软启动器的操作面板、电源输入端、电源输出端及控制端； 2. 能按照交流变频器使用手册对照出错代码，确认故障类型	1. 交流变频器的组成和应用基础知识； 2. 软启动器的组成和应用基础知识
三、基本电子电路装调维修	（一）仪表仪器选用	1. 能选用单、双臂电桥并进行测量； 2. 能使用信号发生器、示波器对波形的幅值、频率进行测量	1. 单、双臂电桥的结构与使用方法； 2. 信号发生器的结构与工作原理； 3. 示波器的结构与使用方法
	（二）电子元件选用	1. 能为稳压电路选用集成电路； 2. 能为单相调光、调速电路选用晶闸管	1. 三端稳压集成电路知识； 2. 晶闸管的选用方法
	（三）电子线路装调维修	1. 能对应用78、79系列三端稳压集成电路的电路进行安装、调试、故障排除； 2. 能进行 RC 阻容放大电路的安装、调试、故障排除； 3. 能进行单相晶闸管整流电路的安装、调试、故障排除； 4. 能测绘上述电路各点的波形图	1. 三端稳压集成电路的应用； 2. RC 阻容放大电路原理； 3. 晶闸管、单结晶体管的结构与参数； 4. 单结晶体管触发电路原理； 5. 单相晶闸管整流电路原理

参 考 文 献

[1] 张翠凤. 机电设备诊断与维修技术 [M]. 2 版. 北京：机械工业出版社，2011.

[2] 蒋立刚，张成祥. 现代设备管理、故障诊断及维修技术 [M]. 哈尔滨：哈尔滨工程大学出版社，2010.

[3] 冯锦春，吴先文. 机电设备诊断 [M]. 2 版. 北京：机械工业出版社，2015.

[4] 杨志伊. 设备状态检测与故障诊断 [M]. 北京：中国计划出版社，2007.

[5] 刘昊，徐保强，李葆文. 欧洲国家设备管理及维修评价模式综述及启示 [J]. 中国设备工程，2010，26（6）：19-20.

[6] 郁君平. 设备管理 [M]. 北京：机械工业出版社，2011.

[7] 胡亿沩，刘欣中，吴巍. 设备管理与维修 [M]. 北京：化学工业出版社，2014.

[8] 马世宁. 现代设备维修技术 [M]. 北京：中国计划出版社，2006.

[9] 张碧波. 设备状态监测与故障诊断 [M]. 2 版. 北京：化学工业出版社，2011.

[10] 安勇. 电气设备故障诊断与维修手册 [M]. 北京：化学工业出版社，2014.

[11] 宝钢股份有限公司，上海宝钢工业检测公司. 宝钢设备管理模式的创新与实践 [J]. 冶金管理，2007，20（11）：4-7.

[12] 沈永刚. 现代设备管理 [M]. 2 版. 北京：机械工业出版社，2010.

[13] 刘凯. 机电设备电控与维修 [M]. 北京：北京理工大学出版社，2014.

[14] Terry Wireman. Preventive Maintenance（Maintenance Strategy Series）[M]. New York：Industrial Press Inc.，2007.

[15] 张友诚. 现代企业设备管理 [M]. 北京：中国计划出版社，2006.

[16] 李葆文. 现代设备资产管理 [M]. 北京：机械工业出版社，2009.

[17] Seiichi Nakajima，Norman Bodek. Introduction to TPM：Total Productive Maintenance（Preventative Maintenance Series）[M]. California：Productivity PR，1988.

[18] 李葆文. 设备管理新思维新模式 [M]. 3 版. 北京：机械工业出版社，2010.

[19] 国家经贸委. "九五"全国设备管理工作纲要 [J]. 有色设备，1996，10（02）：41-44.

[20] 李葆文. 全面规范化生产维护——从理念到实践 [M]. 2 版. 北京：冶金工业出版社，2005.

[21] 赵艳萍，姚冠新，陈骏. 设备管理与维修 [M]. 2 版. 北京：化学工业出版社，2010.

[22] 李葆文. 简明现代设备管理手册 [M]. 北京：机械工业出版社，2004.

[23] 张孝桐. 设备点检管理手册 [M]. 北京：机械工业出版社，2013.

[24] 林英志. 设备状态监测与故障诊断技术 [M]. 北京：北京大学出版社，中国林业出版社，2007.

[25] 机械设计手册编委会. 失效分析和故障诊断 [M]. 北京：机械工业出版社，2007.

[26] 钟秉林，黄仁. 机械故障诊断学 [M]. 2 版. 北京：机械工业出版社，2003.

[27] 马光全. 机电设备装配安装与维修 [M]. 2 版. 北京：北京大学出版社，2014.

[28] 杨国安. 机械设备故障诊断实用技术 [M]. 北京：中国石化出版社，2007.

[29] 袁晓东. 机电设备安装与维护 [M]. 2 版. 北京：北京理工大学出版社，2014.